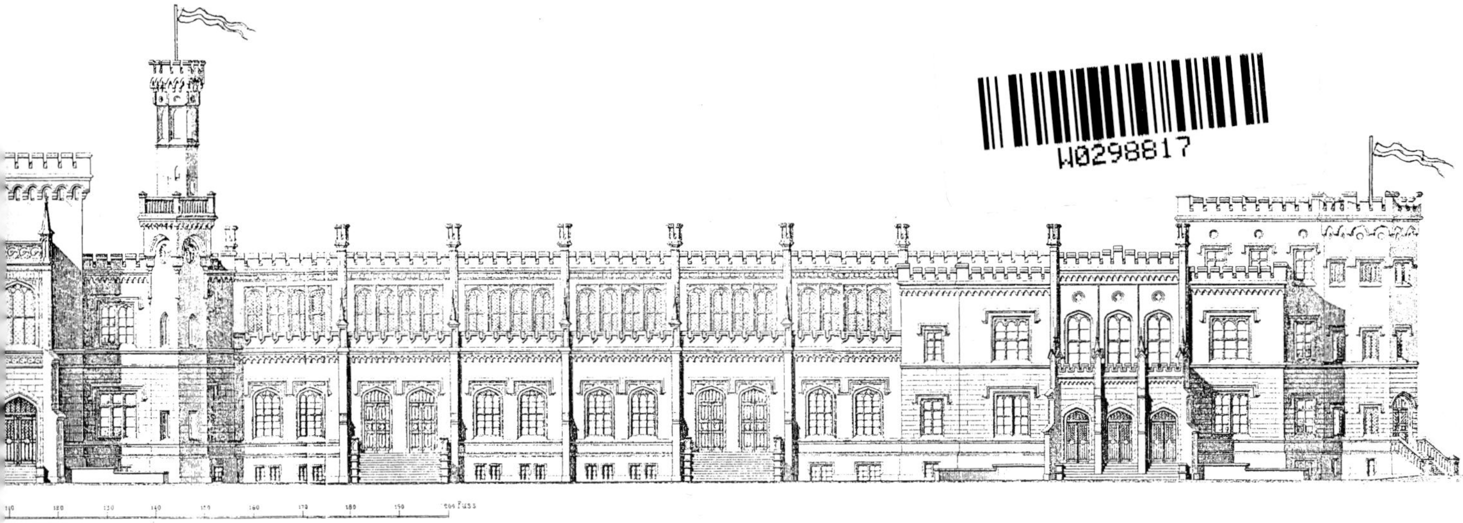

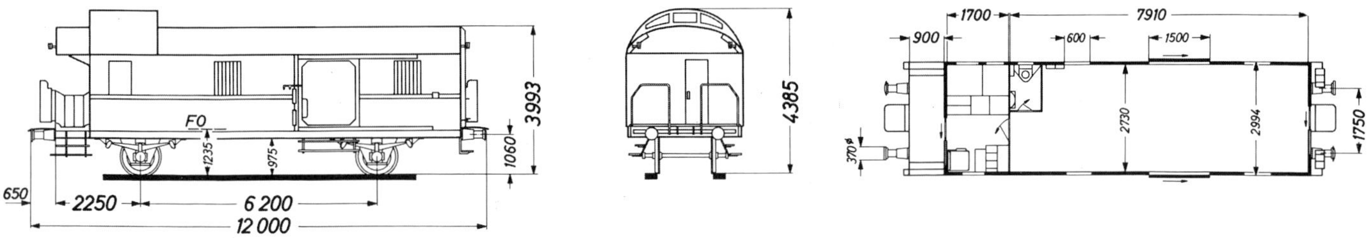

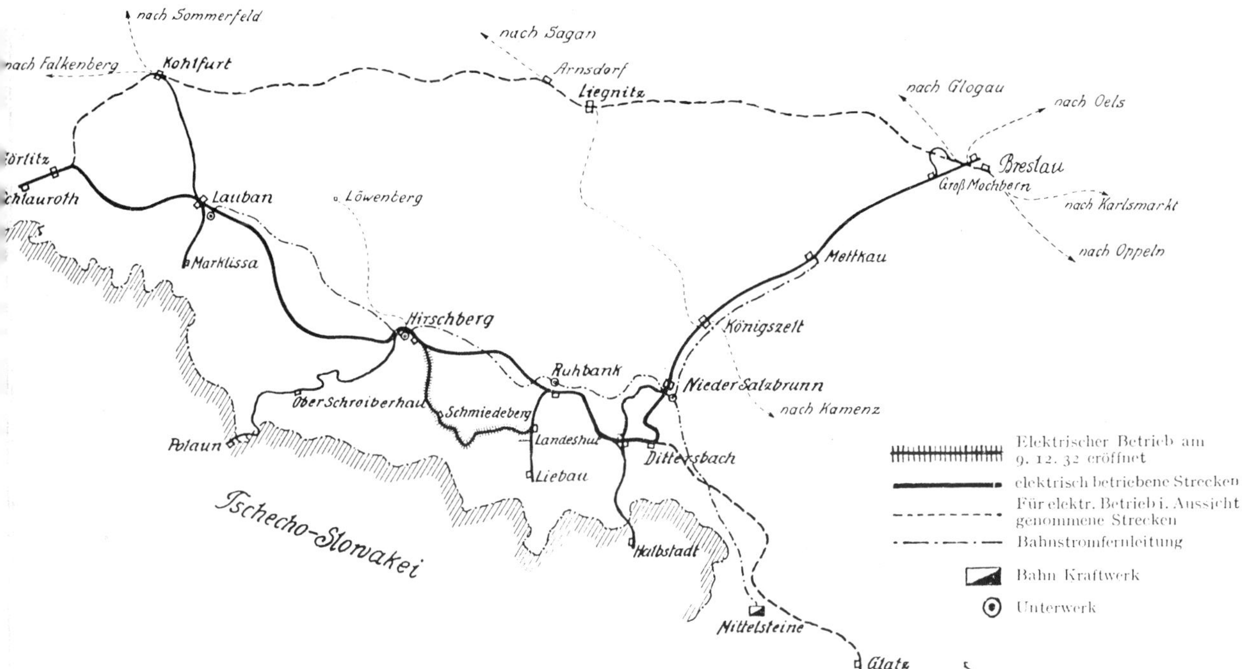

Übersichtsplan der elektrisierten Strecken Schlesiens.

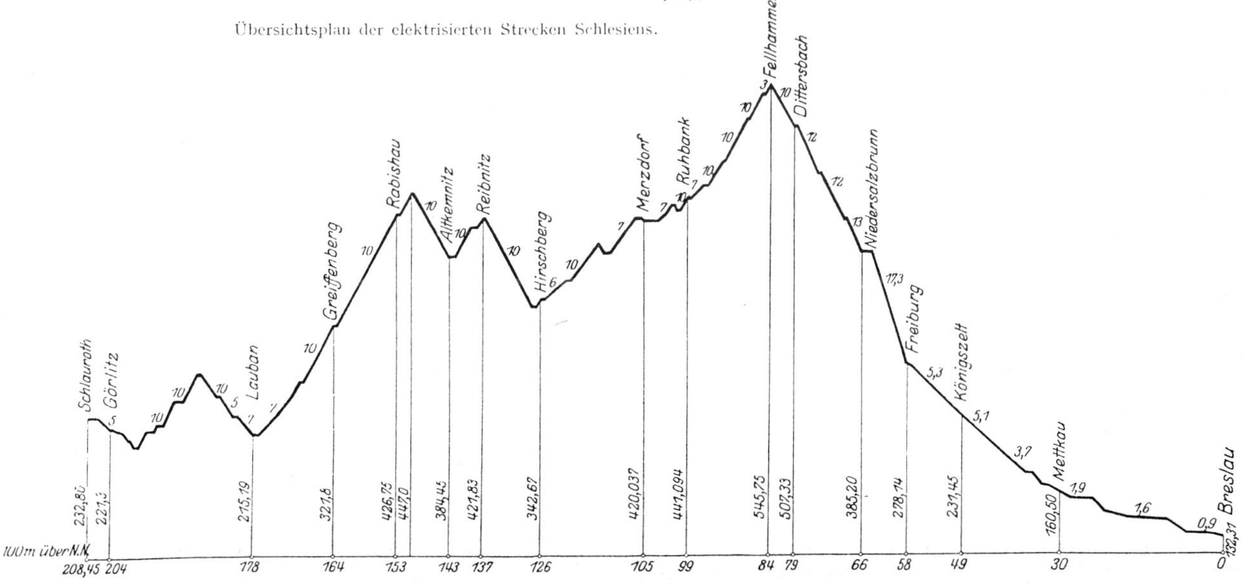

Höhenplan der Strecke Breslau--Görlitz (Schlauroth).

Eisenbahnen in Schlesien

Die Schlesische Gebirgsbahn, sowie einige Steilstrecken im Waldenburger Bergland und im Riesengebirge wurden besonders früh elektrifiziert, um ihre Leistungsfähigkeit wesentlich zu verbessern. Auch die Triebfahrzeuge gehörten zu den Pionierleistungen einer heute allgemein üblichen Technik. Im Juni 1936 befährt die E 90 57 mit nur zwei Güterwagen bei Josephinenhütte die Strecke Hirschberg–Polaun. Im Hintergrund der Reifträger.
Foto: Bellingrodt

Auf der Strecke Glatz–Schlaney wurden vor Reisezügen planmäßig Güterzuglokomotiven eingesetzt, die wegen der Steigung 1 : 40 nötig waren. Um 1936 rollt eine G 10 über den Viadukt in Lewin Richtung Glatz.
Geisler

Siegfried Bufe

Eisenbahnen in Schlesien

Ostdeutsche Eisenbahngeschichte
Band 4

Bufe-Fachbuch-Verlag · Egglham

Um 1930 fährt am Gleis 1 ein Personenzug Richtung Bad Kudowa ab. Skifahrer streben den verschneiten Hängen zu. *Geisler*

Titelbild
Unterhalb der Heilstätte Moltkefels mühen sich im Sommer 1916 zwei Lokomotiven, deren erste eine pr. T 9^3 ist, mit einem langen Personenzug bei Nieder Schreiberhau bergwärts. Schon damals standen hier Fahrleitungsmaste, doch konnte die Elektrifizierung erst 1923 vollendet werden. *Sammlung: C. J. Schulze*

Einband-Rückseite von oben
Über die Hemmsteinbrücke der Weistritztalbahn dampft die T 9 mit ihrem Personenzug bergan, der Wasserstation Kynau entgegen. *Verkehrsmuseum*

Mit der E 21 01 gelang dem AEG-Federtopfantrieb auf Anhieb der Erfolg, der ihn für zwei Jahrzehnte als Antrieb der Schnellzuglokomotiven unentbehrlich machte. Die Probelokomotive mit Schnellzug auf dem Hirschberger Boberviadukt, um 1928. *AEG-Werkfoto*

Vorsatz
Eine impossante Fassade erhielt der am 12. Oktober 1857 in Betrieb genommene spätere Hauptbahnhof in Breslau. *Latte*

Übersichtskarte zum Kursbuch Sommer 1939.

Nachsatz
Dieser Stempel der Fahrkartenausgabe Breslau–Schmiedefeld sollte noch zu einer Fahrt nach Berlin verhelfen. Ob das noch gelang?
Die Bahnhöfe Tarnowitz und Gleiwitz waren die großen Knoten am Westrand des Industriegebiets. Insbesondere der Gleisplan von Gleiwitz ist so umfangreich, daß er nur durch beschneiden (links entlang der Brücke zwischen Rangier- und Personenbahnhof) im Buch unterzubringen war. *Bundes-Archiv*

Die intensive Vernetzung zwischen Normalspur, Schmalspur und Werksbahnen ist bei diesem Teil der Beuthener Gleisanlagen gut zu erkennen. *Buurman*

Gestaltung Siegfried Bufe
Lithos: Repro-Center Färber & Co, München
3. unveränderte Auflage 2001
Gesamtherstellung: Gorenjski Tisk, Kranj, Slowenien
ISBN 3-922138-37-3

Inhalt

Um 1935 beschaffte die Kleinbahn Schönberg-Nikolausdorf zwei WUMAG-VT, die um 1938 gut besetzt gemeinsam die Strecke bedienen, womit das Umsetzen in den Bahnhöfen gespart werden konnte.

Vorwort

Am 22. Mai 1842 eröffnete Schlesiens erste Eisenbahn ihre Strecke Breslau–Ohlau als ersten Abschnitt einer Verbindung der Hauptstadt mit dem oberschlesischen Kohlerevier. Es war dies gleichzeitig der Auftakt zur Entwicklung des modernen Schienenverkehrsnetzes in den deutschen Ostprovinzen. Doch damals dachte noch kaum jemand so weitläufig – es ging zunächst mehr um regionale Interessen.

Aus der Erkenntnis, daß es nötig sei, die Tatsachen darzustellen, wie sie wirklich waren, wurde die Eisenbahngeschichte Schlesiens schon 1970 erarbeitet und 1971 veröffentlicht. Die seither fortgesetzten Quellenstudien führten zur Vertiefung unseres Wissens, wie auch das gesammelte Bildmaterial eine ungleich intensivere Illustration dieses Bandes ermöglicht. Mit besonderer Freude präsentiere ich den Farbbildteil, den ich selbst noch vor zwei Jahren nicht für möglich gehalten hätte.

Dieses Buch ist das Ergebnis zwei Jahrzehnte langer Materialsammlung, die durch bewährte Mitarbeiter noch bereichert wurde. Es war mein Bestreben, nur in solchen Fällen auf veröffentlichtes Bildmaterial zurückzugreifen, wo dies im Interesse der Gesamtdarstellung und der einwandfreien Geschichtsschreibung nötig erschien. Nachdem die Fotografen der Vorkriegszeit nicht mehr zu ermitteln sind, wurde bei den Bildtexten stets der Sammler genannt, der freundlicherweise mitgeholfen hat. Bilder ohne Quellenangabe entstammen der eigenen Sammlung. Veröffentlichte Fahrpläne können unmöglich die Gesamtsituation verdeutlichen. Wer sich einen guten Überblick verschaffen will, dem seien die Nachdrucke der Kursbücher aus dem Ritzau-Verlag wärmstens empfohlen.

Der reiche Inhalt in Wort und Bild wäre nicht möglich gewesen ohne die Mitarbeit vieler, denen Heimat und Eisenbahngeschichte gleich mir wichtiger Auftrag sind. Ihnen allen gilt mein besonderer Dank.

Zur zweiten Auflage

Nichts ist so gut, daß es nicht noch verbessert werden könnte!
In diesem Sinne wünsche ich der zweiten Auflage eine gute Verbreitung im Interesse der geschichtlichen Wahrheit.

Egglham, im Juni 1993 *Siegfried Bufe*

Besonderer Dank für Mitarbeit gebührt
AEG, Berlin
Arbeitsgemeinschaft Lokrundschau
Bernd Baran
Max Baselt
Carlheinz Becker
Dagmar Berjamin
J. G. W. Buurman
Heinz Csallner
Erna Fehrian
Kurt Fleiß
Herbert Geisler
Karl-Heinz Gewandt
Helmut Griebl
Winfried Gronwald
Peter Große
Nikolaus Günzl
Gerhard Gürsch
Georg Guthmann
Werner Handke
Winfried Hintermaier
Andreas Janikowski
Otto Jüttner
Eginhard Kalisch
Franz Karsch
Hans-Georg Kleine
Andreas Knipping
Dr. Mihály Kubinszky
Hildegard Kunz
Frank Helge Latte
Dirk Lawrenz
Ekkehard Loch
Dr. Rolf Löttgers
Ekkehard Martin
H. J. Meisenburg
Peter Pekny
Eberhard Pochadt
Horst Przystolik
Erich Quester
Manfred Raupach
Verlag Rautenberg
Joachim von Rohr
Klaus-Dieter W. Schall
Peter Scheffler
Thomas Scherer
Hans Schneeberger
Claus-Jürgen Schulze
Erich Schulze
Heinz Schulze
Siemens-Museum, München
Hans-Jürgen Sievers
Gerhard Simon
Gerhard Sladek
Heinz Sladek
Paul Spielmann
Dr. Wilfried Stahr
Heinz Stange
Klaus Stephan
Wilhelm Tausche
Christian Tietze
Otto Tietze
Verkehrsmuseum Nürnberg
Ernst Andreas Weigert
Thomas Wunschel
August Zopf

Übersicht über die schlesischen Bahnen

Die Daten geben den Tag der Betriebseröffnung an. Soweit die Bahnen von Privatgesellschaften gebaut sind, ist hinter der Strecke die Gesellschaft vermerkt worden; dabei bedeuten:
(O. E.) die Oberschlesische Eisenbahn
(N.-M. E.) die Niederschlesisch-Märkische Eisenbahn
(Br.-Fr. E.) die Breslau-Freiburger Eisenbahn
(W.-E.) die Wilhelms-Eisenbahn
(Br.-N. E.) die Brieg-Neisser Eisenbahn
(N. Zw.) die Niederschlesische Zweigbahn
(R.-O.-U.-E.) die Rechte-Oder-Ufer-Eisenbahn
(Ol. E.) die Oberlausitzer Eisenbahn
(Br.-W. E.) die Breslau-Warschauer Eisenbahn
(P.-Kr. E.) die Posen-Kreuzburger Eisenbahn
(Oe.-Gn. E.) die Oels-Gnesener Eisenbahn
(M.- P. E.) die Märkisch-Posener Eisenbahn
(B.-G. E.) die Berlin-Görlitzer Eisenbahn
(B.-St. E) die Berlin-Stettiner Eisenbahn
(St.-P. E.) die Stargard-Posener Eisenbahn
(L.-R. E.) die Liegnitz-Rawitscher Eisenbahn
(N.-G.-E.) die Neustadt-Gogoliner-Eisenbahn

Bis 1881

1. Breslau–Gleiwitz–Kattowitz–Myslowitz (O. E.):
   Breslau–Ohlau 22. 5. 1842
   Ohlau–Brieg 3. 8. 1842
   Brieg–Oppeln 29. 5. 1843
   Oppeln–Schwientochlowitz 31. 10. 1845
   Schwientochlowitz–Kattowitz–
   Myslowitz 3. 10. 1846
   mit Anschlüssen zur Grenze:
   an die Bahn von Oderberg nach Krakau:
   Myslowitz–Slupna 31. 10. 1847
   Myslowitz–Neuberun–Auschwitz . 12. 3. 1863
   an die Wien-Warschauer Bahn:
   Schoppinitz–Landesgrenze bei
   Sosnowitz. 24. 8. 1859
2. Breslau–Oels–Tarnowitz–Beuthen (R.-O.-U.-E.):
   Breslau–Kreuzburg–Voßwalde . . 15. 11. 1868
   Oppeln–Voßwalde–Tarnowitz. . . 24. 1. 1858
   Tarnowitz–Beuthen 26. 7. 1869
   Beuthen–Schoppinitz–Rosdzin . . 1. 2. 1870
   mit Anschlüssen zur Grenze:
   an die Oderberger-Krakauer Bahn:
   Schoppinitz–Rosdzin–Landes-
   grenze bei Dzieditz 24. 6. 1870
   an die Warschau-Wiener Bahn:
   Schoppinitz–Rosdzin–Landes-
   grenze bei Sosnowitz 1. 12. 1876
3. Breslau–Berlin über Liegnitz (N.-M. E.):
   Breslau–Liegnitz 19. 10. 1844
   Liegnitz–Bunzlau. 1. 10. 1845
   Bunzlau–Frankfurt (Oder) 1. 9. 1846
   Frankfurt–Berlin 23. 10. 1842
   Abkürzungsstrecke Arnsdorf bei
   Liegnitz–Gassen bei Sommerfeld 15. 5. 1875
4. Breslau–Raudten–Rothenburg (Oder), sowie Kamenz–Schweidnitz–Liegnitz–Raudten–Rothenburg nach Berlin und Stettin (Br.-Fr. E.):
   Breslau–Raudten 1. 8. 1874
   Raudten–Rothenburg (Oder). . . . 1. 10. 1871
   Rothenburg–Reppen. 1. 5. 1874
   Reppen–Frankfurt (Oder) [M.-P. E.] . 26. 6. 1870
   Frankfurt(Oder)–Berlin (N.-M. E.) . 23. 10. 1842
   Reppen–Küstrin–Stettin. 15. 5. 1877
   Kamenz–Frankenstein (O. E.) . . . 1. 4. 1874
   Frankenstein–Reichenbach 1. 11. 1858
   Reichenbach–Schweidnitz. 24. 11. 1855
   Schweidnitz–Königszelt 21. 7. 1844
   Königszelt–Liegnitz 16. 12. 1856
   Liegnitz–Rothenburg. 1. 10. 1871
5. (Breslau–)Kohlfurt–Görlitz–Reichenbach Landesgrenze(–Dresden [N.-M. E.]):
   Kohlfurt–Görlitz–Reichenbach . . 1. 9. 1847
   zum Anschluß an die kurz vorher eröffnete Verbindung mit Dresden
6. (Breslau–)Kosel–Oderberg (W.-E.):
   Kosel–Annaberg 1. 5. 1847
   Annaberg–Oderberg 1. 9. 1848
   die Verbindung Oderberg–Wien war bereits vorher eröffnet
   die Strecke Oderberg–Teschen–ungarische Grenze ist am 1. Januar 1871 eröffnet worden.
7. Breslau–Glatz–Mittelwalde–Wildenschwert (O. E.). 1. 10. 1871
   bis. 15. 10. 1875
   die Verbindungen Wildenschwert–Wien und Wildenschwert–Prag haben schon vorher bestanden
8. Breslau–Waldenburg–Hirschberg–Görlitz (–Berlin) sowie Waldenburg–Glatz:
   Breslau–Freiburg (Br.-Fr. E.). . . . 29. 10. 1843
   Freiburg–Waldenburg (Br.-Fr. E.) . 1. 3. 1853
   Waldenburg–Dittersbach 28. 5. 1868
   Dittersbach–Hirschberg 15. 8. 1867
   Hirschberg–Görlitz und –Kohlfurt . 20. 8. 1866
   Kohlfurt–Falkenberg (Ol. E.) 1. 6. 1874
   (Weißwasser–Muskau [Ol. E.] . . . 15. 10. 1872)
   Görlitz–Berlin (B.-G. E.) 31. 12. 1867
   Dittersbach–Glatz 15. 10. 1880
   mit Grenzübergängen:
   Ruhbank–Landeshut–Liebau . . . 29. 12. 1869
   Nieder Salzbrunn–Fellhammer–
   Halbstadt (Br.-Fr. E.) 15. 5. 1877
   Görlitz–Seidenberg–Reichen-
   berg (B.-G. E.). 1. 7. 1875
9. Breslau–Posen–Stargard–Stettin und Posen–Hohensalza–Bromberg sowie Thorn (O. E.):
   Breslau–Posen. 29. 10. 1856
   Posen–Stargard (St.-P. E.). 10. 8. 1848
   Stargard–Stettin (B.-St. E.). 1. 5. 1846
   Posen–Hohensalza–Bromberg . . 26. 5. 1872
   Hohensalza–Thorn. 25. 3. 1873
10. Bahnen im oberschlesischen Industriegebiet:
   (Oppeln–)Groschowitz–Groß Strehlitz–Morgenroth mit Abzweigungen nach Gleiwitz (Laband) und Beuthen (Borsigwerg [O. E.]) 1. 10. 1878
   bis. 15. 5. 1880
   Schwientochlowitz–Königshütte (O. E.). 15. 8. 1860
   Gleiwitz–Beuthen–Königshütte (O. E.) . 27. 10. 1872
   Buchenau(früher Nendza)–
   Rybnik–Idaweiche (W.-E.) 20. 12. 1858
   Kreuzburg–Posen (P.-Kr. E.). . . . 10. 12. 1875

ferner 42 für den Güterverkehr bestimmte Zweig- und Grubenbahnen von 1848 bis 1880

11. (Breslau–)Brieg–Neisse–Ziegenhals–Troppau und –Hannsdorf (O. E.):
Brieg–Neisse. 26. 11. 1848
Neisse–Ziegenhals 1. 11. 1875
zum Anschluß nach Jägerndorf–Troppau und Hannsdorf (nach Mährisch Schönberg und Lichtenau)

12. Kamenz–Neisse–Kosel mit Zweigbahn Roßthal–Leobschütz–Ratibor (O. E.):
Kamenz–Neisse–Kosel 1. 12. 1876
Roßthal–Leobschütz 15. 8. 1876
Leobschütz–Ratibor 1. 10. 1856
Leobschütz–Landesgrenze bei Jägerndorf. 25. 9. 1873

13. Bahnen in Niederschlesien:
Oels–Wilhelmsbrück (geplant für den Anschluß nach Sieradz–Lodsch [Br.-W. E.]) . 26. 5. 1872
Oels–Gnesen (Oe.-Gn. E) 30. 6. 1875
Sorau–Hansdorf–Sagan–Glogau–Lissa:
Sorau–Sagan (N. Zw.) 31. 12. 1871
Hansdorf–Sagan–Glogau (N. Zw.) 1. 11. 1846
Glogau–Lissa (O. E.) 30. 12. 1857
Brücken bei Glogau (O. E.) 18. 5. 1858

Von 1882 bis 1919

1. Im schlesischen Gebirge und Vorgebirge:
Hirschberg–Schmiedeberg 15. 5. 1882
Schmiedeberg–Landeshut 5. 6. 1905
Hirschberg–Petersdorf 28. 12. 1891
Petersdorf–Polaun 1. 10. 1902
Hirschberg–Boberröhrsdorf 1. 10. 1906
Boberröhrsdorf–Lähn–Löwenberg . 28. 8. 1909
Greiffenberg–Friedeberg– Grenze bei Heinersdorf
Greiffenberg–Friedeberg 1. 11. 1884
Friedeberg–Grenze bei Heinersdorf. 1. 11. 1904
Greiffenberg–Löwenberg 15. 10. 1885
Lauban–Marklissa. 15. 5. 1896
Striegau–Bolkenhain–Merzdorf und Abkürzungsstrecken
Striegau–Bolkenhain 1. 12. 1890
Bolkenhain–Merzdorf 1. 8. 1899
Abkürzungsstrecken und Schleifen bei Striegau, Merzdorf und Landeshut . . 15. 6. 1914
Liegnitz–Goldberg–Hermsdorf–Merzdorf
Liegnitz–Goldberg. 15. 10. 1889
Goldberg–Hermsdorf–Merzdorf . . 15. 8. 1896
Hermsdorf–Neudorf–Löwenberg . . 15. 5. 1896
Reichenbach–Langenbielau 25. 5. 1891
Glatz–Bad Kudowa-Sackisch–Schlaney
Glatz–Rückers 15. 12. 1890
Rückers–Bad Kudowa-Sackisch . . 10. 7. 1905
Sackisch–Schlaney 15. 5. 1906
Rengersdorf–Seitenberg 14. 11. 1897
Mittelsteine–Grenze bei Ottendorf. . 5. 4. 1889
Ziegenhals Hbf–Bad. 1. 5. 1914

2. In der schlesischen Ebene westlich der Oder:
Weißwasser–Forst 1. 9. 1891
Muskau–Teuplitz (Laus E. G.) 15. 7. 1898
Sagan–Freystadt–Neusalz und Freystadt–Waltersdorf–Reisicht
Sagan–Neusalz 1. 10. 1890
Freystadt–Reisicht 16. 5. 1892
Sorau–Benau–Christianstadt–Grünberg
Sorau–Christianstadt 1. 9. 1896
Christianstadt–Grünberg 1. 8. 1909
Siegersdorf–Lorenzdorf–Neuhammer (Queis)–Sagan 1. 8. 1905
Reisicht–Haynau und Haynau–Goldberg . . . . 1. 12. bzw. 15. 9. 1906
Jauer–Rohnstock 15. 10. 1896
Löwenberg–Siegersdorf. 20. 7. 1904
Maltsch–Striegau 1. 9. 1895
Breslau–Rößlingen–Bad Charlottenbrunn und –Gnadenfrei mit Seitenbahn
Breslau–Rößlingen–Ströbel 10. 7. 1885
Ströbel–Schweidnitz 15. 8. 1898
Schweidnitz–Bad Charlottenbrunn . 1. 10. 1904
Rößlingen–Heidersdorf 1. 10. 1898
Heidersdorf–Nimptsch und Kurtwitz–Strehlen 15. 10. 1884
Nimptsch–Gnadenfrei. 15. 11. 1894
Brieg–Glambach–Prieborn–Ottmachau und –Strehlen
Grottkau–Glambach–Strehlen . . . 15. 5. 1894
Wansen–Brieg und Prieborn–Ottmachau . . . . 15. 9. bzw. 1. 10. 1910
Ottmachau–Heinersdorf(Oberschlesische) –Grenze bei Barzdorf 1. 11. 1893
(Oppeln–)Stefanshöh–Goldmoor–Neisse 1. 9. 1887
Goldmoor–Deutsch Leippe 1. 10. 1887
Deutsch Wette–Groß Kunzendorf . . 15. 11. 1894
Gogolin–Neustadt (N.-G.-E.) 4. 12. 1896
Kosel–Bauerwitz–Troppau und Studzienna–Deutsch Krawarn
Kosel–Groß Neukirch 1. 10. 1898
Groß Neukirch–Bauerwitz Grenze vor Troppau 2. 8. 1909
Studzienna–Deutsch Krawarn. . . . 20. 10. 1895

3. Verbindungs- und Güterumgehungsbahnen bei den großen Städten:
Verbindungsbahn Görlitz–Schlauroth und Verbindungsbahn zwischen der Strecke Görlitz–Kottbus und Schlauroth . . . 1. 11. 1909
Breslauer Umgehungs- und Verbindungsbahnen:
Brockau–Breslau-Pöpelwitz und -Mochbern sowie Anschluß in Richtung nach Strehlen 1. 5. 1896
Breslau Freib. Bf–Mochbern. 6. 5. 1898
Breslau Hbf–Freib. Bf 1899
Breslau Hbf–Lohbrück. 1. 12. 1907
Lohbrück–Maria Höfchen 1. 5. 1905
Viehweidenweiche Bv–Richtung Hbf . 1. 5. 1908
Güterverbindungsbahn Brockau Vbf–Kattern 6. 9. 1909
Verbindungsbahnen bei Oppeln und Heydebreck
Oppelner Umgehungsbahn 10. 12. 1908
Oppeln-Einmündung an der Mühlgrabenbrücke 14. 8. 1899
Groschowitz–Stellwerk Got 1. 10. 1909
Oppeln Ost–Oppeln Hbf 1. 11. 1909
Heydebreck–Kosel Hafen 18. 4. 1895
Verbindungsbahnen bei Heydebreck. 1. 3. 1901
1. 12. 1912
1. 10. 1913
und 1. 6. 1914
Liegnitzer Umgehungsbahn 1925

4. Schlesische Ebene östlich der Oder:

Guhrau–Schmückert	14. 12. 1885
Guhrau–Glogau	1. 10. 1906
Trachenberg–Herrnstadt	15. 9. 1886
Liegnitz–Kobylin (L.-R. E.)	10. 2. 1898
Neusalz–Kontopp–Wollstein	1. 6. 1906
Gräditz (Glogau)–Schlesiersee und Linderei–Fraustadt	1. 10. 1913
Wohlau–Rathau–Leubus	15. 12. 1916
Großgraben–Neumittelwalde	20. 11. 1910
Hafenbahn bei Maltsch	1. 7. 1898
Breslau–Burgweide–Rosenthal	15. 10. 1885
Breslau–Trebnitz	1. 12. 1886
(Breslau–)Brockau–Kraftborn–Oppeln	1. 11. 1909
Fünfteichen (Meleschwitz)–Wüstendorf	1. 11. 1912
Breslau–Burgweide–Wüstendorf	1. 4. 1922
Namslau–Reichthal–Kempen	2. 11. 1912
Oppeln–Ilnau–Namslau	1. 8. 1889
Ilnau–Kreuzburg	1. 10. 1899
Kreuzburg–Rosenberg–Loben–Stahlhammer–Tarnowitz	15. 10. 1884
Loben–Voßwalde	10. 10. 1894
Loben–Grenze vor Russisch-Herby	1. 1. 1892
Groß Strehlitz–Voßwalde	15. 11. 1912

5. Oberschlesien südlich von Gleiwitz:

Annaberg–Olsau–Loslau–Niedobschütz	22. 12. 1882
Orzesche–Sohrau	1. 9. 1884
Sohrau–Pawlowitz (Kr. Pleß)	15. 8. 1910
Gleiwitz–Sosnitza–Orzesche	1. 10. 1888
Sosnitza–Grenze vor Makoschau-Bielschowitz	1. 2. 1904
Rybnik–Summin	1. 3. 1913
Bad Jastrzemb–Loslau	2. 12. 1913

6. Oberschlesisches Industriegebiet:

Beuthen Hbf–Karf–Beuthen Stadtwald–Razionkau	1. 10. 1890
Beuthen Hbf–Chorzow (Königshütte Ost)	1. 5. 1895
Borsigwerk–Ludwigsglück, Streckenverlegung	8. 6. 1899
Morgenroth Abzw.–Orzegow–Borsigwerk	1. 10. 1899
Abzw. bei Orzegow–Karf	1. 10. 1900
Bobrek–Karf	15. 12. 1900
Abzw. Bismarckhütte–Königshütte	1. 5. 1902
Königshütte–Chorzow (Königshütte Ost)	1. 5. 1903
Kochlowitz–Friedenshütte	2. 1. 1906
Gieraltowitz–Knurow	15. 7.. 1908
Knurow–Egersfeld	1. 10. 1909
Egersfeld–Rybnik	16. 7. 1912
Verbindung zwischen Strecke Peiskretscham–Borsigwerk und Bf Borsigwerk	13. 7. 1911

7. Schmalspurbahnen in Oberschlesien:

Borsigwerk–Ludwigsglück mit Abzw.	16. 9. 1895
Poremba–Guidogrube	4. 5. 1896
Guidogrube–Gleiwitzer Hütte	27. 12. 1895
Gleiwitzer Hütte–Gleiwitz mit Abzw.	6. 7. 1897
Ludwigsglück–Sosnitza	20. 6. 1898
Borsigwerk–Neukarf–Dombrowa	1. 11. 1898
Karf–Neukarf (Borsigwerk)	17. 9. 1900
Neukarf–Bobrek West mit Abzw.	17. 11. 1900
Baildonhütte–Marthahütte–Ferdinandhütte	1. 12. 1900
Poremba–Georgsschacht–Gotthardtschacht	10. 6. 1901
Abzw. Guidogrube–Königin Luisengrube–Makoschau	1913
Dombrowa–Radzionkau (Naklo)	1915

Von Selbstbewußtsein der Königlich-Preußischen Bahnbeamten zeugt diese Erinnerung an die Fahnenweihe in Görlitz. Geisler

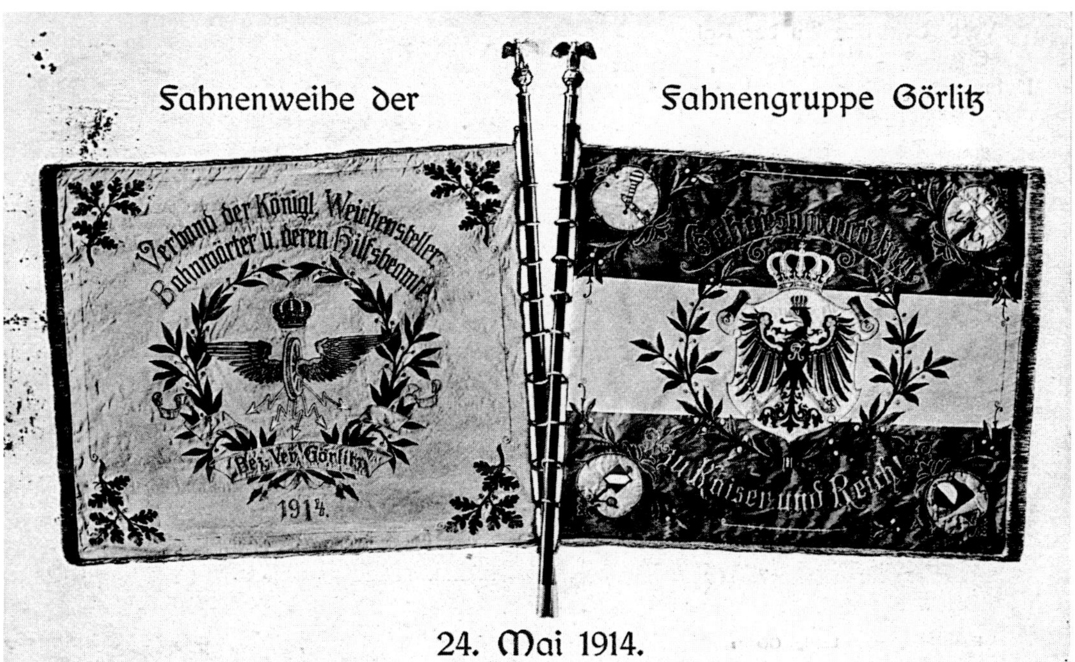

Die Vorgeschichte

Wäre der 1833 vom württembergischen Nationalökonom Friedrich List aufgestellte Entwurf für ein deutsches Eisenbahnnetz verwirklicht worden, so wäre Breslau Endstation einer Stichbahn von Berlin geworden. Das wäre es dann für Schlesien auch schon gewesen. – Der Entwurf war zwar löblich – ignorierte er doch im Interesse Gesamtdeutschlands die Grenzen der Kleinstaaten – doch nahm der keine Rücksicht auf die sich schon abzeichnende wirtschaftliche Entwicklung. Womit hätte man denn bei einer Verwirklichung die Lokomotiven heizen sollen, wo man doch die schlesischen Kohlenschätze abseits liegen ließ?

In Schlesien war man da realistischer. Lange vor Lists Plan gab es schon Überlegungen, Waldenburger und oberschlesische Kohle mit Hilfe der Eisenbahn zu transportieren, um so größere Märkte zu erschließen und damit auch die Förderung ausweiten zu können. Auf Straßen und Flüssen war der Transport nur in begrenztem Maße möglich, aber schließlich hatte man ja in England auch speziell für den Kohlentransport die Eisenbahn erfunden. Sie steckte zwar noch in den Kinderschuhen, aber immerhin – sie schien sich grundsätzlich für den Transport von Massengütern zu eignen. Zwei Jahre, nachdem in England erstmals eine Dampflokomotive acht beladene Wagen mit insgesamt 30 t Gewicht auf eisernen Schienen gezogen hatte, gab es 1816 in Schlesien schon erste Pläne für Schienenverbindungen! Ehe also konkret anderswo in Deutschland Bahnen geplant wurden, gab es in Schlesien Projekte, die sich im Gegensatz etwa zur Ludwigseisenbahn, die ja bekanntlich als erste in Deutschland realisiert wurde, nicht auf den Personenverkehr, sondern ausschließlich auf den Transport des Massengutes Kohle konzentrierten. Daß die schlesischen Pläne von 1816 nicht verwirklicht werden konnten, lag an der Regierung in Berlin, die ja nach den Befreiungskriegen gegen Napoleon ein großes Bauprogramm für Chausseen begonnen hatte, dem auch strategische Bedeutung zugemessen wurde. Eisenbahnen wurden dazu als Konkurrenz angesehen und eine Verzettelung der ohnehin knappen Mittel befürchtet. Obwohl also nicht verwirklicht, wissen wir einiges über die beiden Projekte von 1816, das der Nachwelt nicht vorenthalten werden soll. Es ist bezeichnend, welchen Wert man damals – in der Frühzeit der Industrialisierung – in der Energie Kohle erkannt hatte, daß man zu ihrer Verbreitung und Nutzung abseits der Fördergebiete ein neues, fast noch unerprobtes Verkehrsmittel einrichten wollte, von dem man – zu Recht, wie wir wissen – einen wesentlichen Vorteil gegenüber dem Transport auf der Straße erwartete. In einem Bericht des Schlesischen Oberbergamtes vom 22. April 1816 empfahl dieses den Bau einer Eisenbahn von Waldenburg zum Oderhafen Maltsch als Ersatz für die zwischen 1780 und 1790 angelegte Kohlenstraße. Damals wurde im Waldenburger Bergland noch mehr Kohle gefördert als in Oberschlesien. Das änderte sich erst 1822, als beide Reviere mit je 200 000 t praktisch die gleiche Förderkapazität hatten. Vermutlich war Toussaint von Charpentier der Vater dieses Eisenbahnplanes. Er war Mitarbeiter des Schlesischen Oberbergamtes ehe er 1830 Leiter des Oberbergamts in Dortmund wurde, wo er später mit Friedrich Harkort die Köln-Mindener Eisenbahn plante. An dem ersten schlesischen Eisenbahnprojekt beeindruckt die Tatsache, daß zwischen Waldenburg und Freiburg ein Höhenunterschied von 175 m auf einer Luftlinie von 13 km zu überwinden war, was damals und noch lange für die Bahn als unmöglich galt. Die talwärts beladenen Züge hätten zwar nur gebremst werden müssen, doch hielt man es 1843 noch für schwierig, daß Dampflokomotiven überhaupt eine solche Steigung bewältigen können. Deswegen erwog man noch beim dann endlich eröffneten Bahnbetrieb nach Waldenburg die Zugförderung durch Pferde in diesem Bereich. Möglicherweise ermunterte der Vorschlag vom 22. April den Leiter des preußischen Hüttenwesens, Karsten, seinerseits eine Denkschrift am 29. August 1816, also vier Monate später, zu veröffentlichen, die sich mit dem Bahntransport oberschlesischer Kohle von Zabrze – dem späteren Hindenburg – nach Breslau befaßte. Im Gegensatz zum Waldenburger Vorschlag, der generell den Ersatz der Kohlenstraße durch eine Eisenbahn vorsah, ging Karsten durchaus schon ins Detail. Sein Projekt sah eine zweigleisige dampfbetriebene Eisenbahn mit einer Länge von 27 Meilen (das sind fast 200 km) vor. Eine derart lange Bahnstrecke war zuvor nirgendwo auf der ganzen Erde – also auch in England nicht – geplant worden. Alle drei Meilen sollten Stationen errichtet werden, zehn also insgesamt. Ihre Aufgabe bestand wohl in der Ergänzung der Vorräte der Lokomotiven – speziell des Wassers. Denn bei der veranschlagten Geschwindigkeit von lediglich zwei Stunden für eine Meile, war der Zug schon sechs Stunden zwischen zwei Stationen unterwegs. Die Fahrt Zabrze–Breslau hätte also – Lokwechselzeiten gar nicht mitgerechnet – mindestens zweieinhalb Tage gedauert. Dennoch gegenüber dem Straßentransport oder den Unwägbarkeiten der Verschiffung auf der zur Versandung neigenden Oder ein beachtlicher Fortschritt. Aber statt dessen beschloß die preußische Regierung den Ausbau der Oder zur Wasserstraße. – Auch damals bevorzugten die Regierenden Straße und Schiffahrt gegenüber der Eisenbahn, nur mit dem Unterschied, daß sie zu der Zeit bei uns ihre Leistungsfähigkeit noch nicht hatte beweisen können, während sie heute unnötiger Konkurrenz – auch durch zunehmenden Luftverkehr – ausgesetzt ist.

Das nächste Projekt stammt von 1830. Damals setzte sich die Breslauer Kaufmannschaft für eine Bahn von Breslau nach Freiburg ein, das ein bedeutender Handelsplatz an der Sudeten-Randstraße geworden war. Vermutlich war aber auch hier der Transport von Waldenburger Kohle für den Hausbrand in Breslau und die mögliche Verschiffung auf der Oder in Konkurrenz zu Maltsch das wichtigste Motiv für die Planung. Preußens zuständiger Minister Rother lehnte jedoch das Projekt ab, schlug jedoch statt dessen eine Bahn von Breslau nach Frankfurt/Oder vor. Diese Linie wäre sicher nicht so wirtschaftlich geworden wie das Projekt der Breslauer Kaufleute, hätten doch dafür die Kohlen weit auf der Straße herantransportiert werden müssen, weshalb über des Ministers Vorschlag nicht weiter diskutiert wurde. Er kam jedoch nicht von ungefähr, denn im Falle einer Verwirklichung wäre erstmals ein Leistungsvergleich Bahn–Schiff und Straße möglich gewesen, denn alle drei Verkehrsträger hätten ja gleichen Ausgangs- und Endpunkt gehabt.

Noch ein Projekt gab es 1830. Der Liegnitzer Regierungsbaurat Krause beantragte den Bau einer Eisenbahn zwischen Tarnowitz und Oppeln entlang der Malapane. In diesem Bereich lagen damals noch um Malapane verstreut die Eisenhütten, die erst später die Nachbarschaft der Kohlengruben suchten. Sie benötigten aber Kohle und am Zielort Oppeln hätte die Kohle wiederum auf Oderkähne umgeladen werden können. Wir sehen, daß die frühen Eisenbahnprojekte Schlesiens alle um das Massentransportgut Kohle bemüht waren. Während Deutschlands erste gebaute Eisenbahnen den Güterverkehr noch weitgehend den Fuhrleuten überließen und sich nur Chancen im Personenverkehr ausrechneten, war in Schlesien die Grundlage aller Überlegungen der preiswerte und wirtschaftliche Transport der Kohle, wofür man aber im fernen Berlin noch kein Verständnis fand. Dennoch bohrte Krause weiter. – 1834 bemühte er sich um die Genehmigung einer Dampfeisenbahn von Breslau östlich der Oder durch Oberschlesien zur russischen Grenze bei Neuberun, von wo die Strecke nach Krakau hätte weitergeführt werden können. Zur Genehmigung des Planes hätte er aber einen Rentabilitätsnachweis führen müssen, was wegen fehlender Erfahrung nicht möglich war; es wurde also wieder nichts mit Schlesiens erster Eisenbahn.

Doch Krause ließ sich nicht entmutigen. Unmittelbar darauf schlug er eine Bahn links der Oder von Oberschlesien nach Breslau mit Verlängerung nach Berlin und Dresden vor. Zwar konnte er auch jetzt die Frage nach der Rentabilität nicht beantworten, doch wurde sein Plan zumindest diskutiert, vielleicht schon deswegen, weil jetzt aus Berliner Sicht auch Preußens Hauptstadt als Ziel genannt war. – Doch bis zur Entscheidung vergingen Jahre, in denen man in Preußen erst einmal die prestigeträchtigere Berlin-Potsdamer Eisenbahn schuf, der sich auch der König häufig bedienen konnte. Doch schließlich wurde am 24. März 1841 die Genehmigung zum Bau der ersten Teilstrecke in Schlesien erteilt, die zwischen Breslau und Ohlau am 22. Mai 1842 feierlich eröffnet werden konnte.

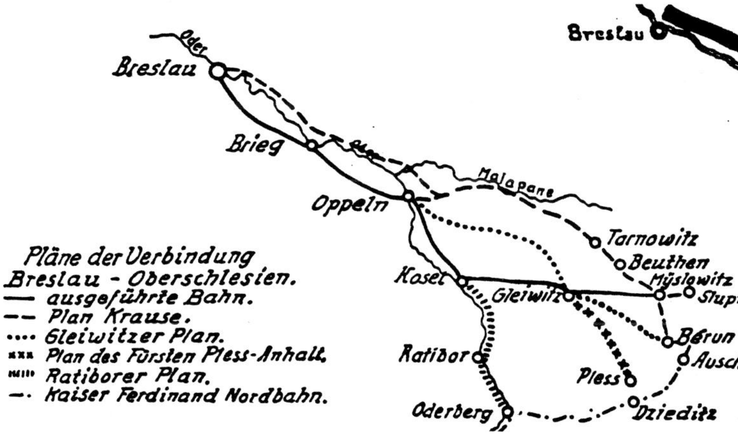

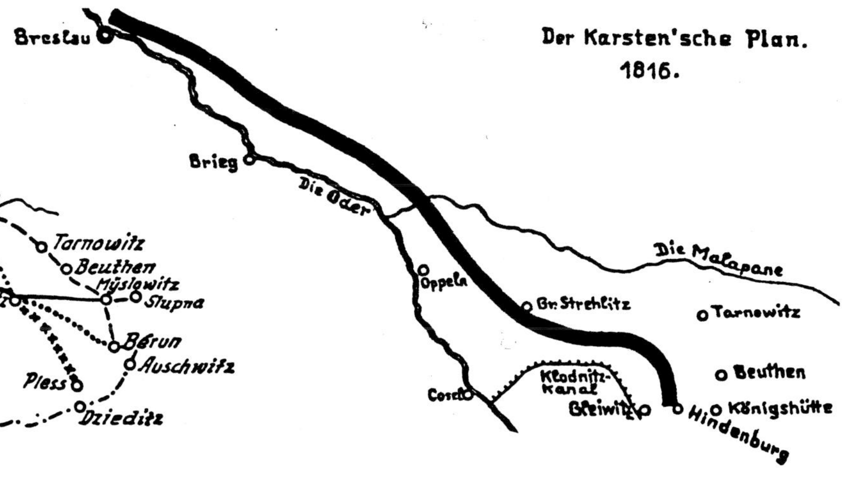

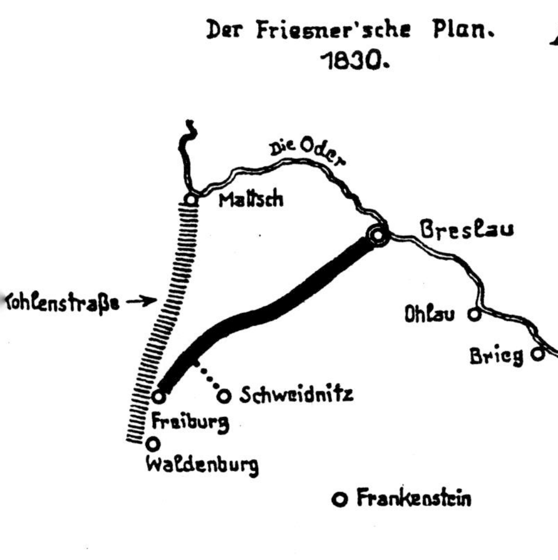

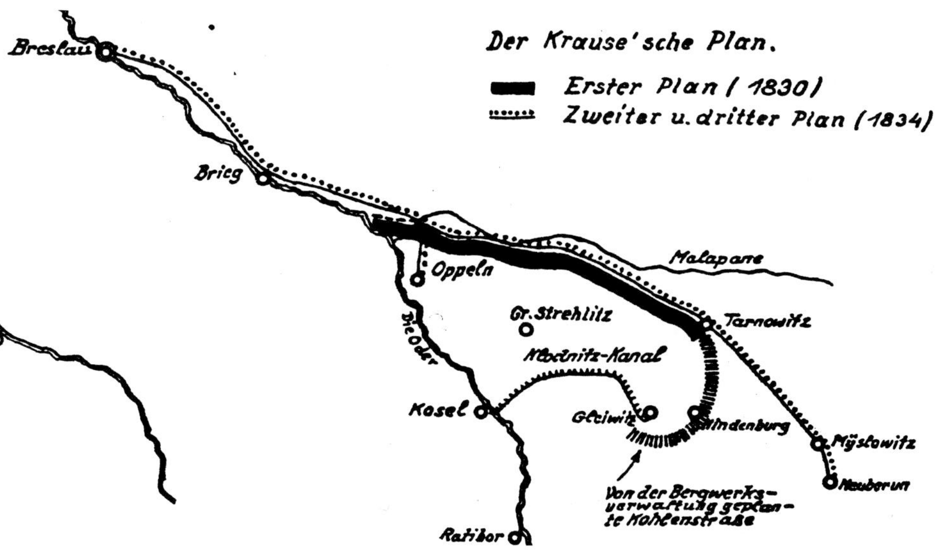

Der Friesner'sche Plan der Bahn von Breslau nach Freiburg i./Schles.

Bahnhof Beuthen der Breslau-Schweidnitz-Freiburger-Eisenbahn

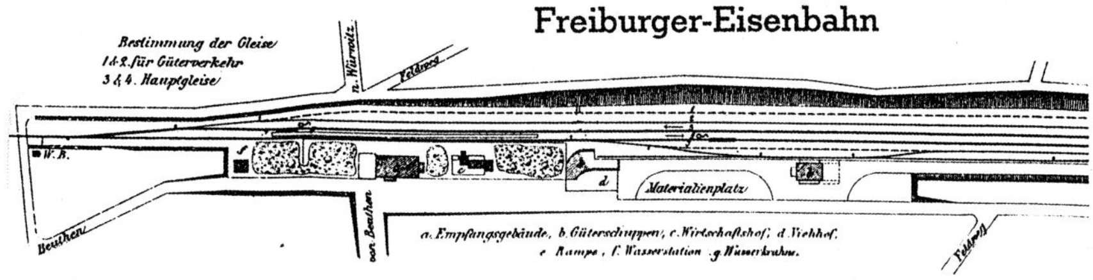

Die Anfänge

Mehr als ein Vierteljahrhundert war seit den ersten Projekten vergangen, bis endlich Schlesiens erste Eisenbahnlinie in Betrieb gehen konnte. Sie war aber nur das erste Teilstück der Oberschlesischen Eisenbahn. Ohlau war ein kleines Landstädtchen, 26 km von Breslau entfernt und eine Bahn, lediglich dorthin, hätte sich wohl kaum rentiert. So aber konnte man während des Weiterbaus Oderaufwärts bereits den Bahnbetrieb auf diesem Abschnitt üben. Letzteres Wort ist bewußt gewählt, denn es hat zwar sicher schon Vorschriften nach englischem Vorbild gegeben, jedoch war die Mehrzahl der Mitarbeiter des neuen Unternehmens im wahrsten Sinne des Wortes unerfahren. Erstaunlich ist die kurze Zeit, die zwischen Genehmigung und Eröffnung des ersten Abschnitts lediglich nötig war.
Die ersten Lokomotiven wurden – wie damals üblich – aus England beschafft und hießen Breslau, Ohlau und „Silesia" (lateinisch für Schlesien). Letztere zog wohl den ersten Zug von Breslau nach Ohlau. Der Oberschlesische Bahnhof wurde übrigens an der Flurstraße 3 errichtet und diente nach 1856 – als der uns bekannte spätere Hauptbahnhof gebaut war – als Postamt (noch im Zweiten Weltkrieg war er als Paketpostamt in Betrieb). Die Strecke der zunächst privaten Oberschlesischen Eisenbahn wurde am 29. Mai 1843 bis Oppeln verlängert. Vor der Einfahrt in diesen Bahnhof mußte erstmals die Oder überbrückt werden. Am Vortag war der neue Abschnitt offiziell eröffnet worden. Die zehn Wagen des Festzuges der Aktionäre führte die Lokomotive „Oppeln" in die spätere Regierungsbezirkshauptstadt.
Die weiteren Eröffnungsdaten sind der Übersicht zu entnehmen. Wesentlich ist, daß 1847 die gesamte Strecke Breslau–Myslowitz, also bis zur russischen Grenze, befahrbar war.
Zwischen 1846 und 1848 wurde dann die „Wilhelmsbahn" von Kosel über Ratibor nach Oderberg erbaut. Der Bahnhof Kosel, später Heydebreck, wurde zum ersten Abzweigbahnhof in Oberschlesien. Königszelt, Kosel, Kohlfurt sind typische Vertreter von durch die Eisenbahn bewirkter Ortsbildung im zuvor unbesiedelten Gelände, die besonders früh entstanden, ehe an die großen Rangierbahnhöfe, wie Brockau, Groschowitz oder Arnsdorf bei Liegnitz, überhaupt zu denken war.
Im österreichischen Oderberg hatte die Wilhelmsbahn Anschluß an die Kaiser-Ferdinands-Nordbahn, die von Wien her etwa gleichzeitig ihren Betrieb bis Oderberg ausdehnen konnte.
Krakauer und Breslauer Kaufleute setzten sich für eine Verbindung Krakaus mit Myslowitz ein, die auch bald zustande kam.
So schnell man in Oberschlesien vorangekommen war, so schwierig war es, die Verbindung Berlin–Breslau zustande zu bringen. Inzwischen hatten nämlich die meisten dazwischen liegenden Städte den Vorteil eines Bahnschlusses erkannt und warben um Berücksichtigung, worüber Zeit verging, die letztlich den Beginn des Baus verzögerte.
Besser erging es da der Breslau-Schweidnitz-Freiburger Eisenbahngesellschaft, die 1842 die Genehmigung erhielt und sogleich mit dem Bau begann. Die eingleisige Strecke zwischen Breslau Freiburger Bahnhof und Freiburg konnte bereits am 29. Oktober 1843 in Betrieb genommen werden. Der erste Fahrplan sah zwei Zugpaare vor, die sich jeweils um 9.11 Uhr und 6.11 Uhr abends in Ingramsdorf kreuzten. Bis dahin benötigten die Züge vom jeweiligen Abgangsbahnhof eine Stunde und erreichten nach einer weiteren Stunde ihr Ziel. Sofern sie eine Stunde vor Abfahrt bereitstanden, konnten Equipagen mitbefördert werden. Die modernen Autoreisezüge haben also ein klassisches Vorbild. Für die begüterten Breslauer war es sicher eine feine Sache, künftig bei ihren Reisen in die Sudeten die schnelle Eisenbahn mit den Vorteilen der eigenen Kutsche kombinieren zu können. Das unweit Freiburg in den Bergen gelegene Bad Salzbrunn war so schnell erreicht. Dem Kohlentransport kam die neue Bahn ebenfalls zugute. Zwar liegen die Waldenburger Gruben 15 bis 25 km von Freiburg entfernt, doch konnten durch die wegfallenden Transporte nach Maltsch die Fuhrleute insgesamt mehr Kohle hinunter nach Freiburg zur Bahnverladung bringen als zuvor abgefahren werden konnte. Die Linie war fast geradlinig angelegt worden – Hindernisse gab's in diesem Bereich praktisch nicht. Um sobald als möglich die beiden Kreisstädte Striegau und Schweidnitz anschließen zu können, wurde genau je eine Meile zwischen beiden am Kreuzungspunkt mit der ursprünglichen Strecke nahe Jauernick auf freiem Feld ein Bahnhof angelegt. Dieser auf dem Reißbrett entstandene Bahnhof erhielt am 1. September 1843 durch „Allerhöchste Kabinettsordre" den Namen Königszelt, in Erinnerung daran, daß hier in der Schlacht von Bunzelwitz das Zelt Friedrich des Großen gestanden haben könnte. 1844 konnte dann zunächst die hier nach Schweidnitz abzweigende Bahn in Betrieb genommen werden, womit die Grundlage zur sich entwickelnden Eisenbahnersiedlung geschaffen war. Bekannt sind die Namen der ersten elf Lokomotiven der Breslau-Freiburger-Bahn, von denen die ersten acht aus England kamen: Es waren „Breslau", „Canth", „Schweidnitz", „Freiburg", „Fürstenstein", „Rübezahl", „Glückauf", „Waldenburg", „Wrangel", „Hochwald" und „Eule", welche 1853 geliefert wurde.
Während im Gebirgsvorland schon eine Bahn zustande gebracht wurde, hatte man sich hinsichtlich der Verbindung Berlins mit Breslau doch auf eine Linie geeinigt oder besser: eine Linie durchgesetzt. Wir wissen, daß es nicht die kürzeste Verbindung war, weshalb es später zum Bau von Abkürzungen kam, auf denen die Schnellzüge bevorzugt verkehrten. Doch zunächst kam es darauf an, doch möglichst vielen Städten einen Bahnanschluß zu schaffen. Außerdem sollte möglichst auch noch von Dresden her über Görlitz eine Verbindung entstehen, so daß es sich anbot, die Bahn möglichst weit im Westen und weitab der Oder und der alten Poststraße zu führen, was für die dort gelegenen Städte und Orte besonders nachteilig sein sollte. Nachdem 1841 eine „Niederschlesische Eisenbahngesellschaft" infolge Kapitalmangels „ihre" Strecke über Sagan nicht bauen konnte, entschied eine „Allerhöchste Kabinettsordre" vom 7. Januar 1842, daß die „Sächsisch-Schlesische Eisenbahngesellschaft" die ihr vorschwebende Bahn mit dem Abzweigbahnhof Kohlfurt bauen dürfe. Die Strecke wurde zunächst 1844 zwischen Breslau und Liegnitz, 1845 zwischen Liegnitz und Bunzlau in Betrieb genommen. Am 1. September 1846 wurde dann

der 168,4 km lange Abschnitt Bunzlau–Frankfurt/Oder eröffnet, wo an die Berlin-Frankfurter Eisenbahn angeschlossen werden konnte. Damit konnte erstmals die oberschlesische Kohle unabhängig vom Wasserstand der Oder auf der Schiene in die künftige Reichshauptstadt rollen. Dazu bedurfte es in Breslau einer Verbindungsbahn zwischen dem Oberschlesischen und dem Niederschlesisch-Märkischen Bahnhof, die rechtwinklig die Freiburger Bahn ebenerdig kreuzte. Beim Blick auf die Karte fällt auf, daß man zwischen Breslau und Liegnitz nicht geradlinig trassierte, sondern einen Umweg über Nimkau und Maltsch vorsah. Dabei war weniger bedeutend, den Oderhafen Maltsch anzuschließen – man wollte ja die Kohle selbst nach Berlin transportieren – als befürchtete Geländeschwierigkeiten mit der „Neumarkter Platte" zu vermeiden. Das war zwar nur eine sanfte und flache Erhebung – für die Bahnbauer jedoch ein Grund, ihre Strecke an deren Rand vorbeizuführen. Der für Neumarkt bestimmte Bahnhof wurde daher 4 km außerhalb der Stadt angelegt. Dafür kam aus gleichen Gründen Haynau – zwischen Liegnitz und Bunzlau gelegen – zum Bahnanschluß. Einen beachtlichen Steinviadukt galt es bei Bunzlau über das Tal des Bober zu mauern. Von da ging es fast geradlinig nach Kohlfurt, dem projektierten Abzweigebahnhof in Richtung Görlitz. Doch infolge des langwierigen Baus des Viadukts über die Lausitzer Neiße kam es zuvor zur Eröffnung einer anderen Zweigbahn, die in Hansdorf (südlich Sorau) an die Hauptbahn anschloß. Es war dies die „Niederschlesische Zweigbahn", die einer Initiative der im „Glogauer Komitee" gemeinsam handelnden Städte Sagan, Sprottau und Glogau zu verdanken ist, die sich so ihren Wunsch auf Bahnanschluß selbst erfüllten. Am 1. November 1846 ging diese Nebenlinie der Niederschlesisch-Märkischen Eisenbahn, wie die Hauptbahn inzwischen hieß, in Betrieb.

Der Anschluß an die Sächsische Bahn in Görlitz führte durch schwieriges Gelände. Schon bei Hennersdorf mußte ein Seitental der Neiße überbrückt werden und in Görlitz selbst galt es, deren tief eingeschnittenes Tal zu überbauen. Einfacher wäre es gewesen, die Neiße bei Penzig zu überqueren, doch wäre man dabei in den Norden von Görlitz gekommen und dort war das Gelände für den Bahnbau eher noch schwieriger als südlich der Stadt. Also zog man es vor, den großen Viadukt zu mauern, wobei man auf einschlägige Erfahrungen, die man schon in Sachsen gemacht hatte – man denke an den Bau der Göltzschtal- und Elstertalbrücke – zurückgreifen konnte. Am 1. September 1847 war das große Werk vollendet – die Zweigbahn nach Görlitz konnte eröffnet werden, womit der Anschluß an die Linie von Dresden geschaffen war.

Obwohl schon 1844 begonnen, dauerte es bis 1848, daß die Zweigbahn einer zunächst eigenen Gesellschaft von Brieg nach Neisse eröffnet werden konnte. Zweifel an ihrer Rentabilität waren es, die den Bau verzögerten, zeitweise sogar ganz ruhen ließen, als es sich herumsprach, daß die Strecke Hansdorf–Glogau unrentabel sei. Die Zweifel waren nicht unberechtigt.

Neisse – obwohl das „Schlesische Rom" – wie auch Glogau hatten als Endpunkte von Stichbahnen nicht unerheblicher Länge ein zu geringes Verkehrsaufkommen. Hier gab's keine Kohle zu verladen wie in Freiburg, der Tourismus war noch unbekannt und Glogau war traditionell seinem Oderhafen verbunden. Während schon 1847 zwischen Oppeln und Cosel das zweite Gleis in Betrieb genommen werden mußte – ansonst waren die Hauptbahnen bis dahin eingleisig – was auf besonders hohes Verkehrsaufkommen schließen läßt, und die Hauptbahnen Schlesien zum großen Durchgangsland machten, blieben diese Zweigbahnen notleidend, mußten die Gesellschaften liquidiert, der Betrieb von der jeweiligen Hauptbahn übernommen werden.

Zumindest in Neisse gab es aber noch ein weiteres Hemmniß für eine günstige Verkehrsentwicklung. Die Stadt war damals noch Festung, weshalb aus militärischen Gründen die Anlage eines Bahnhofs innerhalb der Mauern versagt wurde. Um die Benutzung der Bahn überhaupt zu ermöglichen, wurde „viele Kilometer" außerhalb der Stadt ein Notbahnhof angelegt. Dies Provisorium dauerte immerhin bis 1875, also 27 Jahre! Inzwischen konnte man hier 1866 die Vorteile einer in Grenznähe führenden Bahn dem Militär deutlich machen. Auch der Krieg 1870/71 mit Frankreich hatte gezeigt, daß befestigte Städte kein Hindernis sein mußten – sie waren leicht zu umgehen.

Das Revolutionsjahr 1848 mit Straßenkämpfen in Breslau und Schweidnitz bewirkte einen tiefgreifenden Einschnitt der wirtschaftlichen Entwicklung, der auch die Anlage neuer Bahnen bremste. Immerhin war 1848 – nach nur sechs Jahren seit der ersten Zugfahrt – in Schlesien ein Netz vorhanden, das Durchgangsverkehr zwischen Berlin und Mitteldeutschland (Leipzig–Dresden) einerseits und Krakau sowie Wien andererseits erlaubte. Und nachdem man im Westen längst noch nicht soweit war, lief bis 1851 der gesamte Bahnverkehr zwischen Westeuropa und der Hauptstadt der Donaumonarchie – die damals auch noch deutsche Hauptstadt war – praktisch „hintenherum" durch Schlesien, denn erst ab 1851 konnte man auch über Dresden und Bodenbach nach Prag und damit nach Österreich reisen und die heute übliche Verbindung Westeuropa – Wien über München war gar erst 1860 fertiggestellt. So fuhr man eben von Paris nach Wien über Breslau, was um einiges schneller ging als mit der Postkutsche quer durch Süddeutschland. Dennoch war eine solche Reise recht beschwerlich, denn durchgehende Züge, die von einer Bahnverwaltung auf die andere übergingen, gab es noch nicht. In Schlesien mußte also im Fernverkehr Dresden–Wien in Görlitz, Kohlfurt, Breslau, Kosel und dann jenseits der Grenze in Oderberg umgestiegen werden. Bei den dünnen Reisezugfahrplänen – es rollten ungleich mehr Kohlenzüge – war das eine langwierige, mühsame Prozedur. Insbesondere Kosel wies in seien Wartesälen, weil hier auch Reisende aus Osteuropa eintrafen, ein besonders buntes Bild auf. Brockhaus schildert diesen Umsteigebahnhof als einen wahrhaft internationalen Treffpunkt für Reisende aus allen Ländern mit vielen Sprachen, unterschiedlichen Kleidungsgewohnheiten und seltsam anmutenden Gebräuchen.

Daß die Koseler Wartesäle damals (1847) – wir würden heute sagen – eine Stätte europäischer Begegnung waren, ergibt sich schon aus der Tatsache, daß auf der OSE täglich drei Reisezugpaare, auf der Wilhelmsbahn jedoch nur zwei verkehrten. Direkter Anschluß bestand nur bei einem Zugpaar. Überhaupt war das Reisen damals langwierig. Nachts wurde überhaupt nicht gefahren. Die jeweils Nachmittags um 5.45 bzw. 5.35 Uhr in Breslau und Myslowitz abgehenden Züge übernach-

teten in Oppeln und Gleiwitz. Der Zug ab Cosel 4.30 Nachmittags und der in Oderberg um 8 Uhr abends abgehende Zug der Wilhelmsbahn übernachteten in Ratibor.
Welches Ansehen die junge Eisenbahn damals zumindest in Schlesien hatte, geht aus einem Gerichtsurteil hervor, das die Direktion der Niederschlesisch-Märkischen Eisenbahn am 21. Januar 1848 im Öffentlichen Anzeiger des Breslauer Regierungs-Amts-Blattes veröffentlichen ließ. Ein Dieb, der Draht ihrer Telegraphenleitung gestohlen hatte, war zu 25 Peitschenhieben und sechs Monaten Zuchthaus verurteilt worden. Wie glimpflich kommen vergleichsweise heute Bahnfrevler davon!

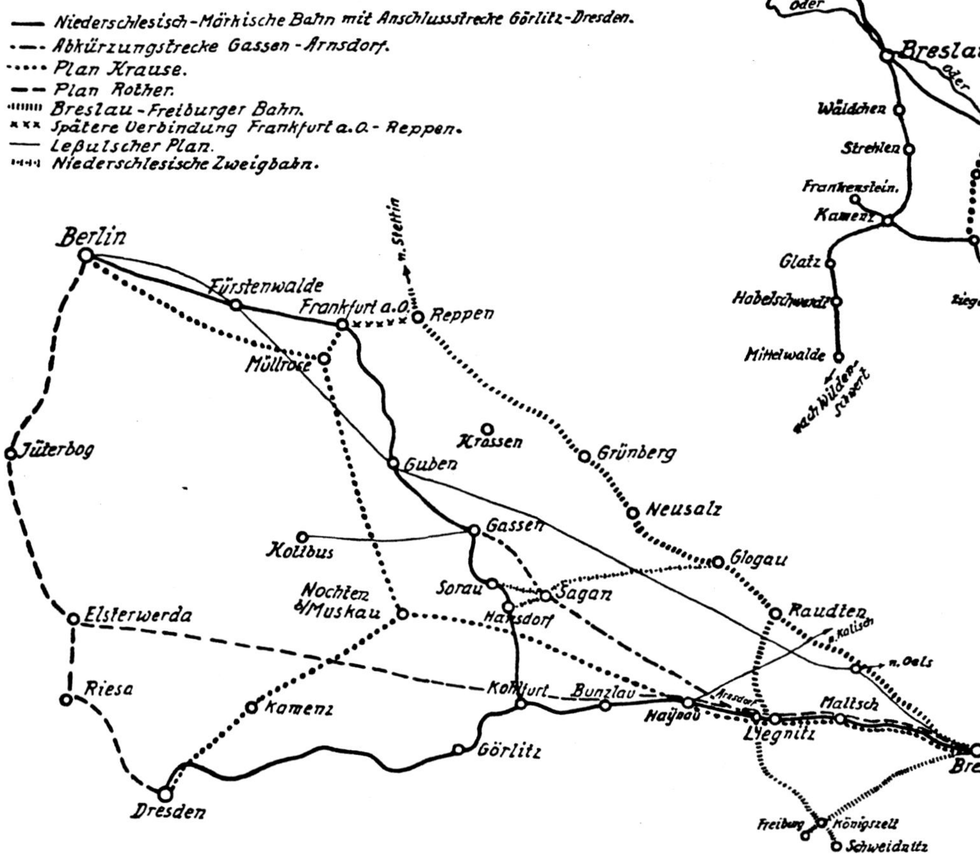

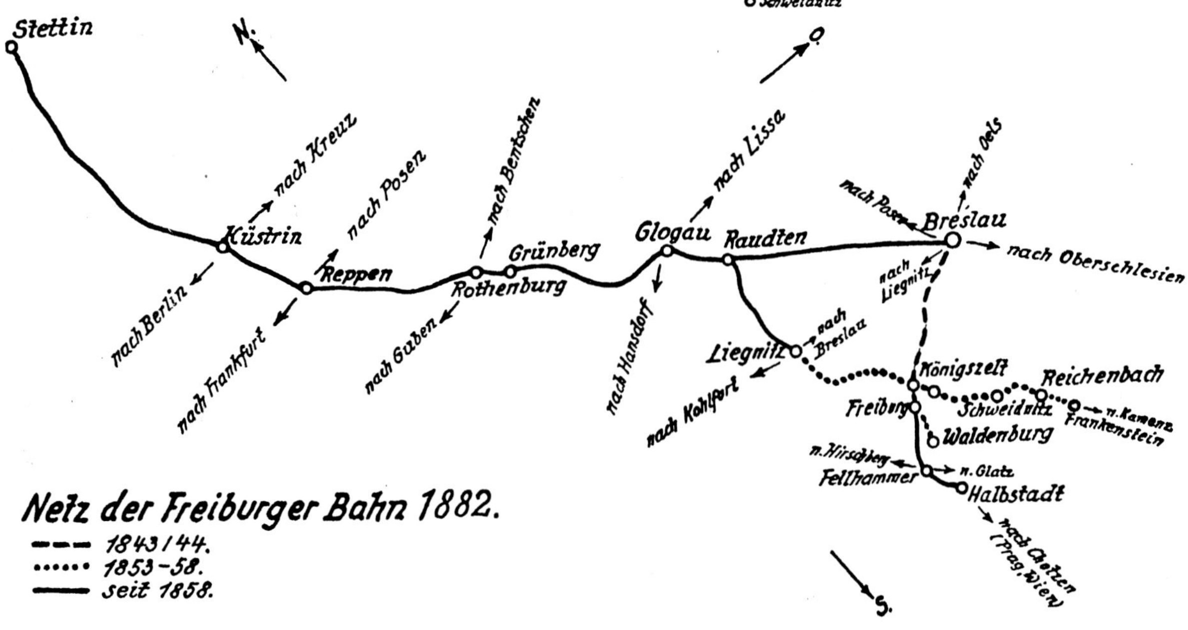

Netz der Freiburger Bahn 1882.
1843/44.
1853-58.
seit 1858.

Die weitere Entwicklung zur Privatbahnzeit

Das Revolutionsjahr 1848 hatte die privaten Unternehmer verunsichert. Dadurch war ihre Bereitschaft, in neue Bahnprojekte zu investieren, zunächst einmal gebremst. Doch die insgesamt bisher so erfreulich begonnene Entwicklung ließ sich auf die Dauer nicht aufhalten.

Um den Zusammenhang bei den einzelnen Bahngesellschaften nicht zu verwischen, wird im folgenden auf eine chronologische Berichterstattung verzichtet. Die zeitliche Folge der Entwicklung ergibt sich aus den Eröffnungsdaten.

Die steigende Kohleförderung zwang die O. S. E. zum Bau des zweiten Gleises auch in den restlichen Abschnitten ihrer Hauptstrecke bis 1853. Von jetzt an gab es hier die ersten durchgehenden Schnellzüge – damals Kurierzüge genannt – zwischen Berlin und Wien und ab 1857 auch zwischen Berlin und Krakau. Bei Abfahrt in Berlin am Abend erreichten sie nach knapp sieben Stunden Breslau. Der Personenverkehr war inzwischen so stark angestiegen, daß der erste Bahnhof in Breslau den Anforderungen nicht mehr genügte. 1856 und 1857 entstand der neue Bahnhof im Tudorstil, dessen großzügige Bauten noch heute dem Reiseverkehr der Odermetropole dienen. Bis zur Jahrhundertwende war die Gleisanlage jedoch noch ebenerdig ohne die Bahnsteighallen aufgeführt. Das hatte zunächst noch keine Nachteile auf die innerstädtische Entwicklung, denn die Stadt wuchs erst der Bahn entgegen und im Süden gab es noch Felder inmitten weniger Dörfer. Daß sich in den dreißiger Jahren unseres Jahrhunderts, als der Verkehr eine Größenordnung erreicht hatte, die von den Planern des späteren Hauptbahnhofs nicht vorausgesehen werden konnte, die Gleisanlagen als zu beengt erwiesen und infolge inzwischen erfolgter städtischer Bebauung nicht mehr zu erweitern waren, ist den Planern nicht anzulasten. Wir erleben derartiges heute im Luft- und Straßenverkehr ständig.

Ehe man sich entschloß, den neuen Bahnhof zu bauen, hatte 1854 der alte Bahnhof schon 26 Zugpaare täglich abzufertigen und im Güterverkehr bewältigte die O. S. E. 11 676 159 „Centner". Das brachte gute Erträge, die auch weitere Investitionen ermöglichten. 1856 eröffnete man die Strecke Breslau–Posen, wo man an die Stargard-Posener Bahn anschließen konnte. Damit war es möglich, oberschlesische Kohle auf verhältnismäßig kurzem Weg zur Hafenstadt Stettin zu transportieren, die sich damit auch zum Industriestandort entwickeln konnte. Der Transport über Posen war 125 km kürzer als zuvor über Berlin. Der Bau der Strecke Breslau–Posen erforderte die Durchquerung des Katzengebirges, wo die Bahn bei Obernigk auf 178 m ü. NN ihren Scheitelpunkt erreicht. Von hier geht's hinunter in die Bartschniederung, deren erste Station Gellendorf-Stroppen mit 112 m tiefer als Breslau liegt. Auf den Anschluß der Kreisstadt Trebnitz, die auch als Wallfahrtsort Bedeutung hat, mußte verzichtet werden, denn hier ist das Katzengebirge immerhin bis zu 255 m hoch und die sich ergebende Steigung wollte man vermeiden. Die bei Obernigk gegebene Neigung von 1 : 120 war für die Lokomotiven der Frühzeit ohnehin schon eine harte Prüfung.

Noch 1856 wurde die O. S. E. verstaatlicht, blieb aber als selbständige Gesellschaft bis zur Gründung der KPEV erhalten. Das hatte für den preußischen Staat den Vorteil, beim sich langsam abzeichnenden Wettbewerb der einzelnen Bahngesellschaften untereinander über eine leistungsfähige Gesellschaft zu verfügen, der er im Gegensatz zu den Konkurrenten auch Vorteile verschaffte. Wir werden noch sehen, daß es insbesondere die Breslauer-Freiburger Bahngesellschaft nicht leicht hatte, gegen die Interessen der O. S. E. überhaupt noch zu lohnenden Zielen bei der angestrebten Netzerweiterung zu kommen. Zunächst aber eröffnete die O. S. E. 1857 eine Zweigbahn von Lissa nach Glogau. In weiterer Folge verdichtete die O. S. E. ihr Netz im Industriegebiet, das sich geradezu stürmisch entwickelte und erschloß außerhalb Schlesiens weite Gebiete östlich von Posen bis Bromberg und Thorn, wobei sie in erster Linie die Versorgung West- und Ostpreußens mit oberschlesischer Kohle anstrebte. In Schlesien begeisterte sie die Breslauer, als sie 1857 den Plan einer Strecke Breslau–Strehlen–Glatz–Mittelwalde vorlegte als Alternative zur Breslau-Freiburger Bahn, die auch einen Anschluß des Glatzer Berglandes wollte, jedoch als Verlängerung ihrer Strecke Königszelt–Schweidnitz–Frankenstein, die 1857 im Abschnitt Reichenbach–Frankenstein eröffnet wurde. Doch der Breslau-Freiburger Bahn blieb die Genehmigung ihres Planes versagt, die O. S. E. erhielt statt dessen den Auftrag. Doch anstatt nun bald zu beginnen, ließ man sich Zeit, der lästige Konkurrent war ja ausgeschaltet. Erst 1874, also 17 Jahre später, erhielt Glatz Anschluß an die O. S. E., im Jahr darauf war die Landesgrenze bei Mittelwalde erreicht. Wenngleich hier die O. S. E. ihre erste Gebirgsbahn zu bauen hatte, können die topographischen Gegebenheiten für die Verzögerung nicht ausschlaggebend gewesen sein. Man hatte es einfach nicht eilig mit der neuen Strecke, erschloß man doch damit nicht unbedingt ein großes Absatzgebiet für Kohle. Der Fremdenverkehr zu den Bädern des Glatzer Berglandes war auch noch kein Argument für beschleunigten Bahnbau und im übrigen mögen die aufkommenden Spannungen zwischen Österreich und Preußen, die sich zum fatalen Bruderkrieg von 1866 steigerten, dem Bahnprojekt am meisten geschadet haben. Grenzüberschreitende Bahnen waren in dieser Zeit schon aus strategischen Gründen nicht gefragt.

Doch ihrer Konkurrentin, der Breslau-Freiburger Bahn, versetzte die O. S. E. noch einen weiteren Schlag. Standen die Signale für einen Weiterbau ab Frankenstein für die Privatbahngesellschaft auf Halt, so bedeutete das nur, daß die O. S. E. hier ein zweites Mal ihre Chance nutzte, um über Kamenz–Neisse–Kosel eine Strecke in Richtung Industriegebiet zu bauen, die schon 1844 von der Breslau-Freiburger Bahn geplant worden war und 1876 voll befahrbar war. Da an ihr Kosel einen unmittelbar am Stadtrand gelegenen Bahnhof erhielt, erfolgte jetzt die Umbenennung des östlich der Oder gelegenen Bahnhofs, der als Bahnknoten noch größere Bedeutung erlangte, in Kandrzyn. Auch hier entwickelte sich im Laufe der Jahrzehnte eine typische Eisenbahnersiedlung, die ab 1938, wie der Bahnhof, Heydebreck hieß.

Die O. S. E., die 1869 die Brieg-Neisser Eisenbahn übernommen hatte, war bei Gründung der Königlich Preußischen Staatsbahn (KPEV) eine der größten

Bahngesellschaften im Reich überhaupt. Sie lag mit ihrem Verkehr auf der Hauptbahn Breslau–Oberschlesien an der Spitze aller deutschen Eisenbahnstrecken und erwirtschaftete größte Erträge. Ihr Netz hatte eine Länge von 1 590 km erreicht und es wurden 17 500 Mitarbeiter beschäftigt. Gerade die letzte Zahl betont eindrücklich, welche großartige Entwicklung die Eisenbahn in Schlesien während nur vier Jahrzehnten aus kleinstem Anfang genommen hat. Es ergibt sich daraus aber auch, welch gewaltige Veränderung das zuvor fast ausschließliche Agrarland durch die fortschreitende Industrialisierung erfuhr. Aus Weilern wurden große Städte; von Bahnsiedlungen auf zuvor freiem Feld war schon die Rede. Der noch junge Beruf des Eisenbahners, der teilweise schon in zweiter Generation ausgeübt wurde, war begehrt, bot er doch gegenüber saisonaler Landarbeit relative Sicherheit durch Dauerbeschäftigung, wenn auch das uns vertraute Netz der Sozialleistungen noch unbekannt war.

Im Gegensatz zur „aristokratischen" O. S. E., auf der vorwiegend die neureichen Lenker der Wirtschaft reisten, galt laut Brockhaus die Breslau-Freiburger Bahn als „volkstümlich", weil in ihr die Breslauer ihre Ausflugsbahn ins Gebirge sahen. Im Gegensatz zu beiden war die Niederschlesisch-Märkische Bahn im Volksmund „bureaukratisch", denn hier reisten die königlichen Beamten und Minister.

Nach diesem Abschweifen zur damaligen öffentlichen Meinung wollen wir jetzt die weitere Entwicklung der Breslau-Freiburger Eisenbahn verfolgen, die eine Privatbahn blieb, was bei ihrem Expansionsdrang immer wieder Schwierigkeiten mit staatlichen Bahngesellschaften verursachte, die sich lohnende Ziele selbst erschlossen. Die Breslau-Freiburger Bahn war gewissermaßen von der Niederschlesisch-Märkischen Bahn im Westen (verstaatlicht 1852) und der O. S. E. im Osten in die Zange genommen. Es spricht für die Tatkraft ihrer Direktoren, daß sie ungeachtet der daraus resultierenden Schwierigkeiten, beharrlich die Verwirklichung ihres bald gesteckten Zieles, einen möglichst kurzen Weg von der Ostsee zur Adria anbieten zu können, anstrebten. Das war zunächst beabsichtigt in der Verlängerung der Strecke Königszelt–Frankenstein über Glatz nach Mittelwalde, was die O. S. E. verhinderte. So mußte man nach einer anderen Lösung suchen. – Zunächst aber wurden die Waldenburger Kohlengruben am 1. März 1853 an das Schienennetz angeschlossen. Der Kohlentransport auf der Straße bis Freiburg hatte sich als völlig unzureichend erwiesen. Um das Ziel überhaupt zu erreichen, mußte man vor dem bisherigen Bahnhof in Freiburg – der später nur noch Güterbahnhof war – eine weite Linkskurve abzweigen, an der der neue Durchgangsbahnhof angelegt wurde. Eine weite Rechtskurve führte von diesem hinein in die Berge. Von den insgesamt 17 km neuer Strecke entfiel fast die Hälfte auf künstliche Längenentwicklung, um den großen Höhenunterschied zu meistern. Der Personenverkehr endete zunächst in Altwasser, einem später eingemeindeten Stadtteil Waldenburgs. Dahinter begannen die Kohlengruben. Diese sorgten dafür, daß sich die Baukosten rasch amortisierten und die Gesellschaft anderswo weiterbauen konnte. 1856 erreichte man von Königszelt über Striegau und Jauer Liegnitz und konnte somit die Kohlenabfuhr in Richtung Berlin und Sachsen erheblich verkürzen. Doch man wollte weiter. So plante und baute man ab Liegnitz über Raudten nach Glogau, erreichte 1871 Neusalz, Grünberg und Rothenburg. 1874 war auch die Bahn Breslau–Raudten fertig, in deren Verlauf die Oder bei Dyhernfurth und Steinau überbrückt werden mußte. Der Weiterbau oderabwärts in Richtung Stettin war damit schon vorprogrammiert. Hinter Rothenburg mußte dazu die Oder mit einem breiten Sumpfgebiet überquert werden, doch war schließlich in Etappen 1877 Stettin auf dieser Strecke erreicht, womit die beiden Provinzhauptstädte eine Direktverbindung ohne Umweg über Berlin oder Posen erhielten.

Durch die Sudeten gibt es eigentlich nur zwei natürliche Übergänge ins Böhmische. Der bei Mittelwalde war der O. S. E. vorbehalten und den bei Liebau wollte die 1862 gegründete staatliche Schlesische Gebirgsbahn für sich nutzen. Wollte die Breslau-Freiburger Eisenbahn dennoch ihren Wunsch auf Anschluß an die österreichische Eisenbahn verwirklichen, mußte sie eine Strecke im schwierigen Gelände bauen. Als Ziel bot sich das böhmische Halbstadt an, wohin die K. K. Staatsbahn eine Strecke baute. Um dorthin zu gelangen, wurde vom Bahnhof Nieder Salzbrunn eine Strecke abgezweigt, die am Rande des Waldenburger Kessels in weiten Bögen und Steigungen um 14,3 ‰ hinauf nach Fellhammer führte, wo sie ihren Scheitelpunkt erhielt (550 m) und gleichzeitig die schon in Betrieb befindliche Schlesische Gebirgsbahn kreuzte. Jetzt senkte sich die Strecke hinab nach Friedland und erreichte schließlich Halbstadt. Damit war am 15. Mai 1877 eine mit 1 600 km verhältnismäßig kurze Direktverbindung von der Ostsee (Stettin) mit dem Adriahafen Triest geschaffen, die im Besitz von nur drei Bahngesellschaften stand: Der Breslau-Freiburger Eisenbahn in Preußen, der K. K. Staatsbahn zwischen Halbstadt und Wien sowie der Österreichischen Südbahn südlich Wien. Für den Transport Waldenburger Kohle ist diese Verbindung bis zum Ende des Ersten Weltkriegs von Bedeutung gewesen. Damals ging nahezu ein Drittel der Waldenburger Steinkohle hinüber ins Böhmische. 1880 wurden im Waldenburger Revier 2,6 Mio t Kohle gefördert, die bis 1910 auf über 5,5 Mio t gesteigert wurden. Der 1918 neu entstandene Staat drosselte jedoch die Importe stark, so daß 1925 nur 363 000 t Kohle und 170 000 t Koks ins Böhmische rollten.

Ihr Streben in die Ferne hatte die O. S. E. offensichtlich ihr eigentliches Gebiet, das oberschlesische Industrierevier, vernachlässigen lassen, das ja in stürmischem Wachstum begriffen war. Das nutzte eine neu gegründete Privatbahngesellschaft, die Oppeln-Tarnowitzer Eisenbahngesellschaft aus. 1858 nahm sie ihre über Voßwalde führende Strecke voll in Betrieb und erschloß damit den nördlichen Teil des Reviers für die Kohlenabfuhr. Den Personenverkehr sah sie als notwendiges Übel an, was sich in wenig komfortablen Wagen äußerte. Deshalb deutete der Volksmund ihre Initialen O. T. E. bald als „O traurige Erfindung". Das hinderte die neue Bahn jedoch nicht, weiter zu expandieren. Östlich der Oder lag noch eine Reihe von Städten, denen eine Bahn höchst gelegen kam. 1868 begann der Bau der „Rechten Oderufer-Eisenbahn", wie sich die Gesellschaft fortan nannte. Wegen der schlechten Bezahlung ihrer Mitarbeiter deuteten Spötter die neuen Initialen R. O. U. E. schnell in „Reichtum oben, unten Elend". In Breslau errichtete die neue Gesellschaft ihre eigenen Bahnhöfe. Da war zunächst der nördlich des Märkischen Bahnhofs an der Schwertstraße gelegene Stadtbahnhof, wo Anschluß zu den Nachbarbahnen bestand. Nach der Verstaatlichung 1884 wurde er aufgelassen bzw. in den Freiburger Güterbahnhof einbezogen. Das Empfangsgebäude wurde 1896 Sitz der Oberzolldirektion. Als „ihren" Hauptbahnhof betrachtete die R. O. U. E. den Odertorbahnhof, wo sie auch ihre Betriebswerkstätten, das spätere RAW Breslau-Odertor errichtete. Auch ein eigenes Hafenbecken mit Gleisanschluß wurde westlich des Bahnhofs zur Kohlenverladung angelegt. Die Strecke überquerte alsbald die Oderarme. Weiter ging's über Oels, Namslau und Kreuzburg nach Voßwalde, wo an die bestehende Stammstrecke angeschlossen werden konnte. 1870 war diese „Melioratsbahn" in voller Länge fertig, so daß auch hier Kohlenzüge nach Breslau rollten. Anschließend gab es noch Verlängerungen im Revier, von Tarnowitz nach Beuthen und Morgenroth und 1876 Pleß-Dzieditz und Sosnowitz.

Im Vorfeld der preußisch-österreichischen Spannungen um die Vormacht in Deutschland fand auch der Wunsch der bis dahin abseits von Bahnplanungen gebliebenen Riesengebirgsorte nach Anschluß ein offenes Ohr, zumal er von seiten der Militärs ebenfalls geschürt wurde. Schon 1853 wurde die Bahn befürwortet, die Berlin mit Wien über Görlitz–Hirschberg–Dittersbach–Glatz–Mittelwalde verbinden sollte. Diese Linie ist fast 120 km kürzer als die Verbindung über Dresden und Prag. Für die schlesischen Bergregionen wäre eine derartige Hauptbahn ideal gewesen. Widerspruch dagegen fand sich sofort in Österreich, denn hier erkannte man sehr wohl die strategische Bedeutung einer Bahn für Preußen, die zwischen Lauban und Mittelwalde immer mehr oder weniger nahe parallel zur Grenze verlaufen würde. Daraus ergab sich, daß es zum durchgehenden Bau einer „Berlin-Wiener-Zentralbahn" unter den gegebenen Umständen nicht kommen würde. Allerdings konnte man in Österreich den Bau in Preußen auch nicht verhindern. Doch für eine aufwendige Gebirgsbahn, die zudem auch keine lohnenden Frachten erwarten ließ, fanden sich natürlich – wie bei der preußischen Ostbahn – keine privaten Geldgeber. Sollten hier in absehbarer Zeit Züge verkehren, so mußte schon der Staat selbst aktiv werden. Am 24. September 1862 wurde das Gesetz zum Bau der Schlesischen Gebirgsbahn beschlossen. Diese Bahn war eine Staatsbahngesellschaft, wenngleich sich auch private Kreise beteiligten. Insbesondere die Niederschlesische Bergbaukasse sowie mehrere Grubenbesitzer im Waldenburger Revier steuerten über 200 000 Taler bei, weil sie sich durch diese Bahn einen besseren Absatz ihrer Kohle versprachen. Mit den Arbeiten wurde bald begonnen, von Kohlfurt und Görlitz-Moys aus wurde rasch im hier nur hügeligen Land Lauban als künftiger Abzweigbahnhof erreicht und am 20. September 1865 der Betrieb bis Reibnitz, am 20. August 1866 bis Hirschberg verlängert. Trotz der Schwierigkeiten im Bobertal war immerhin schon ab 15. August 1867 Waldenburg erreicht. Es mag sein, daß der preußisch-österreichische Krieg von 1866 den Bahnbau beschleunigt hat, daß gar das Militär zuvor am Bau mitwirkte, denn es galt, vor dem Kriegsausbruch möglichst weit fahren zu können. Tatsächlich ist ja dann der größte Teil des preußischen Heeres über Landeshut–Liebau nach Böhmen marschiert. Es ist somit nicht auszuschließen, daß die Strecke evtl. bis Merzdorf oder Ruhbank für Militärtransporte provisorisch vorzeitig in Betrieb genommen wurde. Aber nach dem „Blitzkrieg", den die Eisenbahn ermöglicht hatte, kamen wieder normale Zeiten und es wurde weitergebaut. Am 28. Mai 1868 wurde in Altwasser an die Breslau-Freiburger Eisenbahn angeschlossen. Nicht so schnell ging es mit dem Weiterbau nach Glatz. Hier galt es, das noch schwierigere Gelände zu bezwingen: lange Viadukte, Tunnels, Dämme und Einschnitte wechselten einander zumindest zwischen Dittersbach und Neurode ab. Die Mittel für diese teure Trasse wurden erst am 17. Juni 1874, also nach dem deutsch-französischen Krieg von 1870/71 genehmigt. Dieser dürfte sich somit verzögernd ausgewirkt haben. Dagegen war schon am 29. Dezember 1869 die Zweigbahn Ruhbank–Liebau–Landesgrenze eröffnet worden, die an die Süd-Norddeutsche Verbindungsbahn von Königsgrätz anschloß. Damit war eine Verbindung mit Innerböhmen und weiter über Iglau bis Wien hergestellt, die aber nie in dieser Relation Bedeutung erlangte, vermutlich, weil sie mehr die Provinzen erschloß, als große Städte bediente. Inzwischen hatte die 1864 gegründete „Berlin-Görlitzer Eisenbahngesellschaft" am 31. Dezember 1867 ihre Strecke im Restabschnitt Cottbus–Görlitz eröffnet und damit die Basis für die noch in unserem Jahrhundert so bekannten Riesengebirgs- und Bäderschnellzüge geschaffen, die sich dieser kurzen Direktverbindung bedienten. Die Verlängerung der Bahn von Görlitz zur Landesgrenze südlich Seidenberg zum Anschluß an die Strecke der Süd-Norddeutschen Verbindungsbahn von Reichenberg–Friedland ging am 1. Juli 1875 in Betrieb, hat aber nie die Bedeutung der Schlesischen Gebirgsbahn erlangt. Zurück zu deren Ostabschnitt, der fälschlich manchmal auch die Eulengebirgsbahn genannt wurde. Zwar erschließt die Linie Dittersbach–Glatz auch das Eulengebirge, doch verbindet sie mit der privaten Eulengebirgsbahn, die viel später gegründet wurde, nur ein Anschlußgleis in Mittelsteine. Nachdem die verstaatlichte O. S. E. ja schon 1874 Glatz erreicht hatte, war es naheliegend, die Hauptbahn durch das Eulengebirge auch von dort aus zu bauen, und weil es hier leichter ging, konnte zunächst am 15. Oktober 1879 der Abschnitt Glatz–Neurode eröffnet werden, ehe die noch bestehende Lücke auf den Tag genau ein Jahr später geschlossen wurde.

Um die Entwicklung vor der Verstaatlichung abschließen zu können, bedarf es nun eines Sprunges – weg von den Bergen hinunter zur Rechten-Oderufer-Eisenbahn. Breslauer Kaufleute vermißten noch immer eine direkte Verbindung nach Lodsch und Warschau, mit denen sie in vielfacher Hinsicht Handelsbeziehungen pflegten. Sie gründeten die Breslau-Warschauer Eisenbahn, die 1870 ihre preußische Konzession erhielt. Mit dem Bau ab Oels wurde sofort begonnen; bis dahin konnte man ja die ROUE mitbenutzen. Schon am 10. November 1871 war trotz des Krieges im Westen der Betrieb bis Groß Wartenberg, am 1. März 1872 bis Kempen möglich. Der Restabschnitt bis zur Grenze bei Wilhelmsbrück folgte am 26. Mai desselben Jahres – und dabei blieb es. Denn die russischen Behörden, die damals in Polen regierten, hatten kein Interesse an dieser Direktverbindung der Oder- mit der Weichselmetropole. Selbst als sich die Gesellschaft bereit erklärte, auch die Kosten für den Bau auf der polnischen Seite zu tragen, blieb es beim „njet". Daran konnten auch jahrelange, hartnäckige Verhandlungen nichts mehr ändern. Schließlich blieb nichts anderes übrig, als das Gleis zwischen Wilhelmsbrück und der Reichsgrenze abzubauen und die Strecke als Nebenbahn zu betreiben. Für eine 55 km lange Stichbahn in rein landwirtschaftlich orientierter Gegend war aber ihr Betrieb recht aufwendig und unrentabel. Als die Strecke schließlich 1904 verstaatlicht wurde, waren die Gesellschafter sicher ein Sorgenkind losgeworden.

1875 wurden noch zwei Privatbahnen eröffnet, die sich beide mit der Verbindung zwischen Schlesien und der Provinz Posen befaßten. Am 30. Juni ging die Oels-Gnesener Bahn in voller Länge (160 km) in Betrieb und am 10. Dezember folgte die Posen-Kreuzburger Eisenbahn mit 200 km. Beide Bahnen hatten in Jarotschin ihren Kreuzungspunkt und letztere machte Kempen zum Kreuzungsbahnhof mit der Breslau-Warschauer Eisenbahn. Das brachte dieser jedoch auch kaum Aufschwung, denn die Posen-Kreuzburger Bahn war in erster Linie die kürzeste Verbindung Oberschlesien–Posen und es ist naheliegend, daß sie zur wichtigen Kohlenabfuhrstrecke in den Nordosten, ja bis zum Oderhafen Stettin wurde.

Noch eine Kohlenabfuhrstrecke wurde in dieser Zeit gebaut. Die O. S. E. plante sie von Borsigwerk über Groß Strehlitz nach Groschowitz bei Oppeln und nahm sie am 1. Oktober 1878 in Betrieb.

Offener Personenwagen III Kl. der Breslau-Freiburger Eisenbahn, 1843.

Vor allem im Winter kein angenehmes Reisen war den Fahrgästen der 3. Klasse geboten. Doch schon ein Regenguß im Sommer war höchst unangenehm, erging es ihnen doch nicht anders als dem Personal auf Lokomotive und Bremsersitz. Baselt

Eines der größten Bauwerke der schlesischen Eisenbahn ist der Görlitzer Neisseviadukt (465 m lang, 38 m hoch). Der Zug rollt aus Richtung Liegnitz dem Hauptbahnhof entgegen. Verkehrsmuseum

Niederschlesisch-Märkische Eisenb 1850 Stephenson.

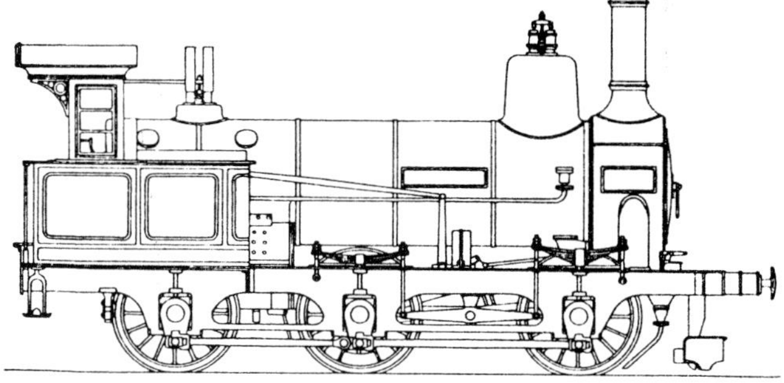

Niederschlesisch-Märkische B 1865 Borsig.

4. B. Niederschlesische Zweigbahn.

(Hansdorf-Glogau.)

Nach Glogau. Züge 1.	2.	3.	Abfahrt von	Nach Hansdorf. Züge 1.	2.	3.	Pers-Geld f. d. einz. Stat in Silbergr. I.	II.	III.
$5\frac{3}{4}$ fr.	2 Nm.	7 Ab.	Hansdorf 1)	—	—	—			
$6\frac{1}{4}$ -	$2\frac{1}{2}$ -	$7\frac{1}{2}$ -	**Sagan** 2)	$11\frac{3}{4}$ V.	$8\frac{3}{4}$ fr.	$3\frac{3}{4}$ Nm.	12	$7\frac{1}{2}$	5
			Buchwald				$7\frac{1}{2}$	5	3
$6\frac{3}{4}$ -	3 -	8 -	**Sprottau** 3)	$11\frac{1}{4}$ -	$8\frac{1}{4}$ -	$3\frac{1}{4}$ -	$7\frac{1}{2}$	5	3
			Waltersdorf				15	10	6
$7\frac{1}{2}$ -	$3\frac{3}{4}$ -	$8\frac{3}{4}$ -	Quaritz	$10\frac{1}{4}$ -	$7\frac{1}{4}$ -	$2\frac{1}{4}$ -	12	$7\frac{1}{2}$	5
$7\frac{3}{4}$ -	4 -	9 -	Klopschen	10 -	7 -	2 -	4	3	2
—	—	—	**Glogau** 4)	$9\frac{1}{2}$ -	$6\frac{1}{2}$ -	$1\frac{1}{2}$ -	15	10	6
in Glogau			Ankunft	in Hansdorf			f.d.ganze Tour		
$8\frac{1}{4}$ fr.	$4\frac{1}{2}$ Nm.	$9\frac{1}{2}$ Ab.		12 Mit.	9 Ab.	4 Nm.	72	$47\frac{1}{2}$	29

1. Hansdorf. Anschluss an die Fahrten d. Niederschles.-Märk. Eisenbahn vergl. Seite 15.

2. Sagan. Nach **Crossen** Pers.-Post (über Naumburg a. B.) tägl. 3 U. Nm.; Abg. aus Cr. 5 U. fr. ($7\frac{1}{2}$ Ml. in 7 St. f. $1\frac{1}{4}$ Thlr.) — Nach **Neusalz** Pers.-Post (übe· Freystadt) tägl. 3 U. Nm.; Abg. aus N. 5 U. fr. (5 Ml. in $5\frac{1}{2}$ St. f. 25 Sgr.)

3. Sprottau. Nach **Bunzlau** und **Neusalz** vergl. Nied.-Schles.-Märk. Eisenbahn unter Bunzlau.

4. Glogau. Nach **Klopschen** Pers.-Post tägl. 12 U. Nachts; Abg. aus K. 11 U. Vm. in Anschl. an d. Pers.-Post nach und von Frankfurt (2 Ml. in 2 St. f. 10 Sgr.) — Nach **Liegnitz** vergl. Niederschl.-M. Eisenbahn unter Liegnitz. — Nach **Lissa** Pers.-Post tägl. * 6 U. fr., 10 U. Vm., * 7 U. Ab.; aus L. * $6\frac{1}{2}$ U. fr., 12 U. Mitt., * 8 U. A. (6 Ml. in $4\frac{3}{4}$ St. f. 1 Thlr.) — In Lissa Anschluss der mit * bez. Posten an die P.-P. nach und von Posen und Breslau. — Nach **Nimkau** vergl. N.-Schl.-Märk. Eisenb. unt. Nimkau. — Nach **Steinau** Pers.-Post tägl. 3 U. Ab.; aus St. 4 U. fr. (5 Ml. in $5\frac{1}{4}$ St. f. 25 Sgr.) — Nach **Winzig** Pers.-Post tägl. 7 U. Ab., aus W. 5 U. fr. ($8\frac{1}{4}$ Ml. in $7\frac{1}{4}$ St. f. 1 Thlr. $11\frac{1}{4}$ Sgr.) — Nach **Züllichau** Fahrpost tägl. 10 U. Ab.; aus Z. 3 U. Nm. (9 Ml. in 11 St. f. $1\frac{1}{2}$ Thlr.)

5. A. Breslau-Freib.-Schweidnitzer Bahn.

Nach Freiburg u. Schweidnitz. Züge 1.	2.	3.	Abfahrt von	Nach Breslau. Züge 1.	2.	3.	Personengeld f. d. einz. Stationen in Silbergr. I.	II.	III.
fr.	Nm.	Ab.		fr.	Nm.	Ab.			
6.	2.	5.30.	**Breslau** 1)						
6.19.	2.19.	5.49.	Schmolz	7.56.	2.35.	9 23.			
6.37.	2.37.	6. 7.	Canth	7.41.	2.38.	9. 8.	16.	11.	7.
6.58.	2.58.	6.28.	Mettkau 2)	7.17.	2.14.	8.44.			
7. 9.	3. 9.	6.39.	Ingramsdorf	7. 9.	2. 6.	8.36.	12.	8.	5.
7.39.	3.39	7. 9.	Königszelt 3)	6.39.	1.36.	8. 6.	10.	7.	5.
			Freiburg 4)	6.18.	1.15.	7.45.	8.	6.	4.
			Schweidnitz	6.15.	1.10.	7.40.	15.	10.	5.
in Freib. u. Schwdn.			Ankunft	in Breslau			V. Bresl. b. Freib. u. Schweidnitz		
7.55. fr.	3.55. Nm.	7.25. Ab.		8.13. fr.	3.10. Nm.	9.40. Ab.	45.	30.	20.

1. Breslau. Andere Eisenbahn-Verbindungen von hier aus siehe die betreffenden Pläne. — Post-Verbindungen siehe Oberschlesische Eisenbahn unter Breslau.

2. Mettkau. Nach **Zobten** Pers.-Post tägl. $7\frac{1}{2}$ U. fr. u. $7\frac{1}{2}$ U. Ab.; aus Z. $4\frac{1}{2}$ U. fr. u. 4 U. Nm. (2 Ml. in 2 St. f. 10 Sgr.)

3. Königszelt. Nach **Striegau** Pers.-Post tägl. 8 U. fr. u. $7\frac{1}{2}$ U. Ab.; aus Str. $5\frac{1}{2}$ U. fr. u. $6\frac{1}{2}$ U. Ab. ($1\frac{1}{4}$ Ml. in 1 St. f. 4 Sgr.)

4. Freiburg. Nach **Hirschberg** Pers.-Post (üb. Landeshut) tägl. $8\frac{1}{2}$ U. fr.; aus Hirschb. $10\frac{1}{2}$ U. Vm. ($7\frac{1}{2}$ Ml. in $8\frac{1}{2}$ St. f. $1\frac{1}{4}$ Thlr.) — **Ebendahin** (über Bolkenhain) Pers.-Post tägl. 8 U. Ab.; aus H. 10 U. Ab. ($6\frac{1}{4}$ Ml. in $6\frac{3}{4}$ St. f. 1 Thlr. $1\frac{1}{4}$ Sgr.) — Nach **Prag** Pers. Post (üb. Landeshut, Trautenau, Jungbunzlau) tägl. 8 U. Ab.; aus Prag 4 U. Nm. ($25\frac{3}{4}$ Ml. in 25 St. f. $6\frac{1}{6}$ Thlr.) — Nach **Salzbrunn** Pers.-Post tägl. $8\frac{1}{2}$ U. fr., $4\frac{1}{2}$ U. Nm., $8\frac{1}{2}$ U. Ab.; aus S. $4\frac{1}{2}$ U. fr., $11\frac{1}{2}$ U. Vm. u. $5\frac{1}{2}$ U. Ab. ($1\frac{1}{4}$ Ml. in $1\frac{1}{2}$ St. f. 5 Sgr.) — Nach **Waldenburg** Pers.-Post (über Salzbrunn und Altwasser) tägl. $8\frac{1}{2}$ U. fr. u. $8\frac{1}{2}$ U. Ab.; aus W. 4 U. fr. und $4\frac{1}{2}$ U. Nm. (2 Ml. in $2\frac{1}{2}$ St. f. 10 Sgr.)

Fahrpläne der Schlesischen Bahnen im Sommer 1847.

IV. Niederschles.-Märkische Eisenbahn.

a) Berlin-Breslau.

Nach Breslau. Pers.-Züge.			Gtz.	Abfahrt von	Nach Berlin. Pers.-Züge.			Gtz.
Vm.	Ab.	Ab.	Ab.		Ab.	früh	Vm.	Vm.
7.	6.	10.45.	6.45.	**Berlin** 1)				
7.23.	6.23.	11. 8.	7.16.	Cöpenick 2)	7.15.	4.42.	9.32.	11. 3.
7.48.	6.48.	11.33.	7.48.	Erkner	6.50.	4.17.	9. 7.	10.31.
8.32.	7.32.	12.19.	8.46.	Fürstenwalde 3)	6. 6.	3.33.	8.26.	9.43.
9. 1.	8.	12.48.	9.23.	Briesen	5.34.	2.59.	7.54.	9. 3.
	Geht blos zwischen Berlin und Frankfurt.	früh	früh.		Nm.	Nacht	Geht blos zwischen Berlin und Frankfurt.	früh
9.57.		1.42.	7. 5.	**Frankfurt** 4)	4.55.	2.20.	7.15.	8. 8.
10.37.		2.22.	7.57.	Fürstenberg	4. 2.	12.53.		6.11.
10.52.		2.37.	8.15.	Neuzelle	3.50.	12.41.		5.55.
11. 4.		2.49.	8.31.	Wellmitz	3.35.	12.26.		5.37.
11.31.		3.16.	9. 8.	**Guben** 5)	3.11.	12. 2.		5.30.
Nm.						Ab.		Nm.
12. 7.		3.52.	9.49.	Jesnitz	2.32.	11.23.		5.52.
12.27.		4. 7.	10.10.	Sommerfeld 6)	2.20.	11.11.		5.36.
1.23.		5. 1.	11.12.	Sorau 7)	1.31.	10.22.		4.41.
1.46.		5.24.	11.37.	Hansdorf 8)	1. 8.	10. 2.		4.14.
2.		5.38.	11.55.	Halbau	12.46.	9.40.		3.51.
			Nm.					
2.23.		6. 1.	12.27.	Rauscha 9)	12.26.	9.20.		3.23.
					Vm.			
3.15.		6.53.	1.15.	Kohlfurt 10)	11.59.	8.53.		2.50.
3.37.		7.15.	1.42.	Siegersdorf	11. 9.	8. 3.		1.43.
4. 9.		7.45.	2.20.	**Bunzlau** 11)	10.45.	7.39.		1.
								Vm.
5. 3.		8.34.	3.23.	Hainau 12)	9.56.	6.50.		11.42.
6.20.		9.11.	4.10.	**Liegnitz** 13)	9.17.	6.14.		10.52.
6.34.		9.35.	4.37.	Spittelndorf	8.47.	5.44.		10.18.
6.58.		9.59.	5.20.	Maltsch 14)	8.29.	5.26.		9.55.
7.16.		10.15	5.45.	Neumarkt	8. 6.	5. 3.		9.18.
7.40.		10.36.	6.11.	Nimkau 15)	7.47.	4.44.		8.55.
8. 1.		10.57.	6.39.	Lissa	7.21.	4.21.		8.28.
				Breslau 16)	7. fr.	4 Nm		8.
in Breslau				Ankunft	in Berlin			
8.19. Ab.		11.15. Vm.	7. 2. Ab.		7.33. Ab.	5. früh	9.50. Vm.	11.26. Vm.

Der Lokalzug zw. Berl. u. Frkfrt. trifft in Frkfrt. 8.35 Ab. ein.

4. A. Niederschles-Märkische Eisenbahn.

b) Kohlfurt-Görlitz.

Nach Görlitz. Züge 1.	2.	3.	4.	Abfahrt von	Nach Kohlfurt. Züge 1.	2.	3.	4.
früh	Vorm.	Nm.	Ab.		früh	Vorm.	Nm.	Ab.
6.38.	11.37.	2.53.	8.45.	Kohlfurt 1)				
	Nm.							
7. 3.	12. 2.	3.18.	9.10.	Penzig	5.27.	10.54.	2.10.	7.49.
				Görlitz 2)	5.15.	10.22.	1.38.	7.15.
in Görlitz				Ankunft	in Kohlfurt			
7.30. früh	12.29. Nm.	3.45. Nm.	9.37. Ab.		6. 7. früh	11.14. Vorm.	2.30. Nm.	8. 7. Ab.

Personengeld:

Berlin	bis Görlitz	235	$172\frac{1}{2}$	$102\frac{1}{2}$ Sgr.
Kohlfurt	- -	$27\frac{1}{2}$	20	$12\frac{1}{2}$ -

1. Kohlfurt. Anschluss an die Eisenbahnfahrten nach Berlin u. Breslau vergl. die vor. Tab.

2. Görlitz. Nach **Hirschberg** Pers.-Post (über Lauban, Greiffenberg, Spiller) tägl. 5 U. fr.; Abg. aus H. $4\frac{1}{2}$ U. Nm. ($9\frac{3}{4}$ Ml. in 10 St. f. 1 Thlr. $28\frac{1}{2}$ Sgr.) — Nach **Löbau** Pers.-Post (zum Anschluss an die Dampfwagenfahrten nach Dresden (vergl. dies.) tägl. 5 U. fr. u. 5 U. Nm.; aus L. $6\frac{1}{2}$ U. fr. u. 8. U. Ab. ($3\frac{1}{2}$ Ml. in 3 St. f. 21 Sgr.) — Nach **Prag** Pers.-Post tägl. 8 U. fr.; Abg. aus Pr. 4 U. Nm. (21 Ml. in 21 St. f. $5\frac{1}{6}$ Thlr.) — Nach **Zittau** Pers.-Post tägl. 7 U. fr.; aus Z. 7 U. fr. ($4\frac{3}{4}$ Ml. in $4\frac{1}{2}$ St. f. $28\frac{1}{2}$ Sgr.)

5. B. Oberschlesische Eisenbahn.

(Eröffnet bis Myslowitz.)

Nach Myslowitz. Personenz. †		Gtz.	Abfahrt von	Nach Breslau. Personenz. †		Gtz.	Personeng. zwischen den Hauptstationen in Silbergr.		
Nm.	Ab.	früh		Nm.	Vm.	Ab.			
12.15.	5.35.	7.30.	**Breslau** 1)						
			Cattern °)						
			Leisewitz °)						
1. 5.	6.38.	8.32.	**Ohlau** 2)	2.12.	9.39.	8. 2.	21.	16.	10.
1.40.	7.17.	9.10.	**Brieg** 3)	1.42.	9. 9.	7.22.	13.	9.	6.
			Lossen °)						
2. 8.	8.	9.52.	Löwen °)	1. 6.	8.33.	6.41.	13.	10.	6.
			Czeppelwitz °)						
			Czepanowitz °)						
3.	früh 6. 5.	11.	**Oppeln** 4)	12.20.	7.47.	5.40.	20.	15.	9.
3.38.	6.54.	11.49.	Gogolin 5)	Vm. 11.37.	früh 7. 4.	Nm. 4.44.	18.	13.	8.
			Dschieschowitz °)						
4.25.	7.49.	Nm. 12.48.	**Cosel** 6)	11.	6.27.	3.56.	18.	13.	8.
			Schlawenzig						
4.54.	8.31.	1.30.	Rudzinitz	10.17.	5.44.	3. 9.	13.	9.	6.
			Laband °)						
5.50.	9.32.	2.31.	**Gleiwitz** 7)	9.33.	5.	2.31.	18.	13.	8.
			Babrze °)						
			Ruda °)						
6.38.	10.40.	3.24.	Königshütte 8)	8.50.	Ab. 6.33.	1.28.	15.	12.	7.
			Kattowitz °)						
			Myslowitz	8.12.	5.45.	12.40.	18.	12.	8.
in Myslowitz			Ankunft	in Breslau			von Breslau bis Myslowitz		
7. 5.	11.20.	4. 4.		2.57.	10.24.	9.	159.	119.	73.
Ab.	Vm.	Nm.		Nm.	Vm.	Ab.			

°) Anhaltepunkte, an denen gleichfalls Passagiere abgehen können und aufgenommen werden.

Die mit † bez. Personenzüge vermitteln durch directen Anschluss an die Wilhelmsbahn die unmittelbare Verbindung nach und von Wien.

5. C. Wilhelmsbahn.

(Cosel - Oderberg.)

Nach Oderberg. Züge. 1.	2.	3.	Abfahrt von	Nach Cosel. Züge. 1.	2.	3.	Pers.-Geld in Silbergr. I.	II.	III.
Nm.	Nm.	früh		Vm.	früh.	Nm.			
4.30.	1.	8.	**Cosel** 1)						
5.	1.30.	8.30.	Hammer	10. 4.	5.38.	3. 8.	11.	8.	5.
5.40.	früh 7.10.		**Ratibor** 2)	9.40.	5.15.	2.45.	15.	11.	8.
6. 3.	7.33.	blos bis Ratibor.	Krzizanowitz (Annaberg)	8.30.	Ab. 8.14.	blos zw. Ratib. u. Cosel.			
			Oderberg 3)	8.15.	8.				
in Oderberg			Ankunft	in Cosel					
6 15.	7 45.			10.30.	6. 5.	8.35.			
Nm.	früh			Vm.	früh	Nm.			

Die Züge 1 vermitteln die ununterbrochene Verbindung zwischen Wien und Hamburg.

1. Cosel. Anschl. an die Bahnen n. **Breslau** (Berlin etc.) **Myslowitz** (Krakau) vergl. die vorhergehenden Fahrpläne.

2. Ratibor. Nach **Neisse** Pers.-Post (üb. Neustadt) tägl. 2 U. Nm.; aus N. 2½ U. fr. (11½ Ml. in 11¾ St. f. 1 Thlr. 27½ Sgr.) — Nach **Pless** Pers.-Post tägl. 3 U. Nm.; aus Pl. 5 U. fr. (8 Ml. in 8¼ St. f. 1⅓ Thlr.) — Nach **Troppau** Pers.-Post tägl. 6¾ U. Ab.; aus Tr. 4 U. fr. (4 Ml. in 3½ St. f. 20 Sgr.)

3. Oderberg. Nach **Hultschin** Pers.-Post tägl. 6¾ U. Ab.; aus H. 6½ U. fr. (1½ Ml. in 1¼ St.)

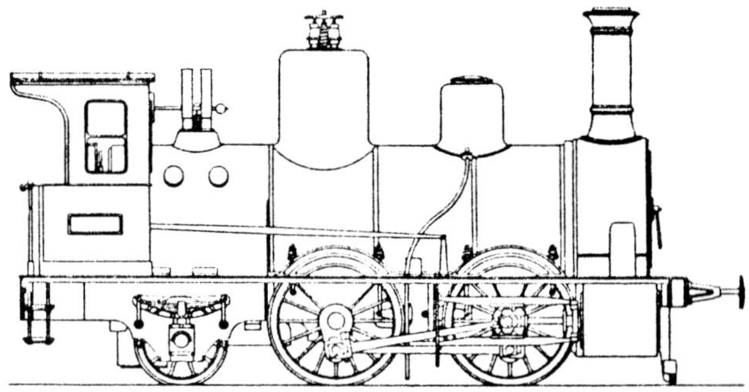

Oberschlesische Eisenbahn 1878 bis 1882 Hartmann.

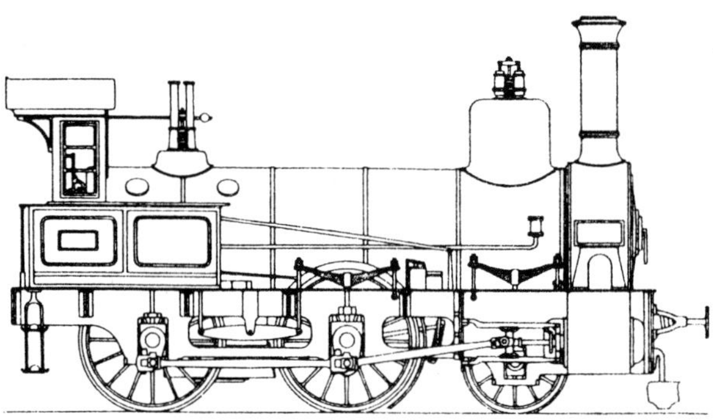

Niederschlesisch Märkische B 1864 Borsig.

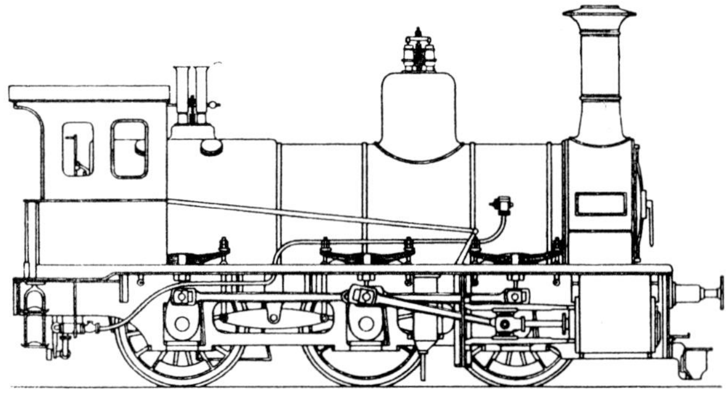

Rechte Oder-Ufer-Eisenb 1871 Vulcan u. '1872 Henschel.

Die Niederschlesisch-Märkische Bahn hatte neben dem Freiburger Bahnhof ihren eigenen errichtet. Ab 1909 wurde er nur noch als Güterbahnhof genutzt. *Baselt*

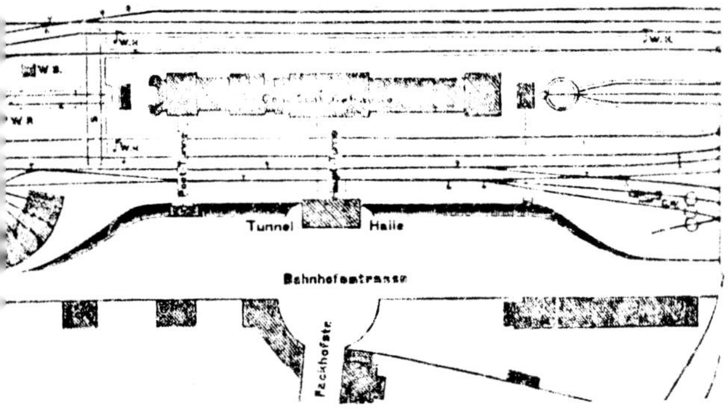

Ein Inselbahnhof war der erste Hauptbahnhof in Görlitz, der von 1910 bis 1915 grundlegend neu gebaut wurde.

Ab der Jahrhundertwende fuhr die Straßenbahn zur Landeskrone nach Biesnitz. *Geisler*

Diese Aufnahme um 1850 zeigt ihn mit noch einfacherem Gleisplan als die Zeichnung. *Raupach*

Nur wenig steht Bunzlaus Boberviadukt dem Viadukt in Görlitz nach. Gleichzeitig entstand er auf 420 m Länge, 26 m hoch mit 35 Sandsteingewölben.

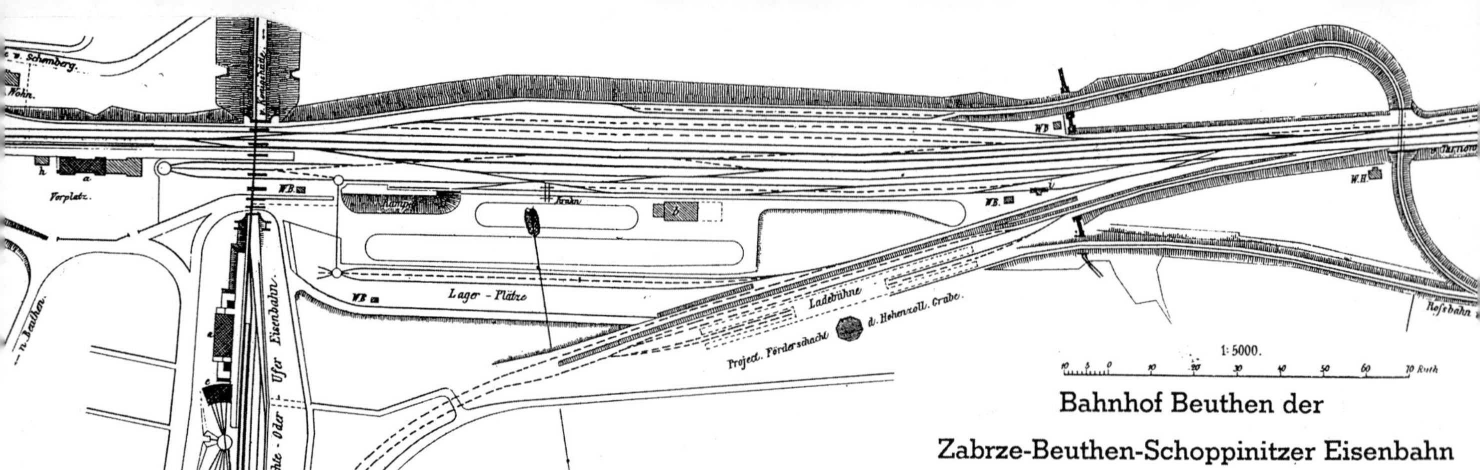

Bahnhof Beuthen der Zabrze-Beuthen-Schoppinitzer Eisenbahn

Eiserner Überbau zur Brücke über die alte Oder bei Breslau in der Rechten Oder-Ufer-Eisenbahn

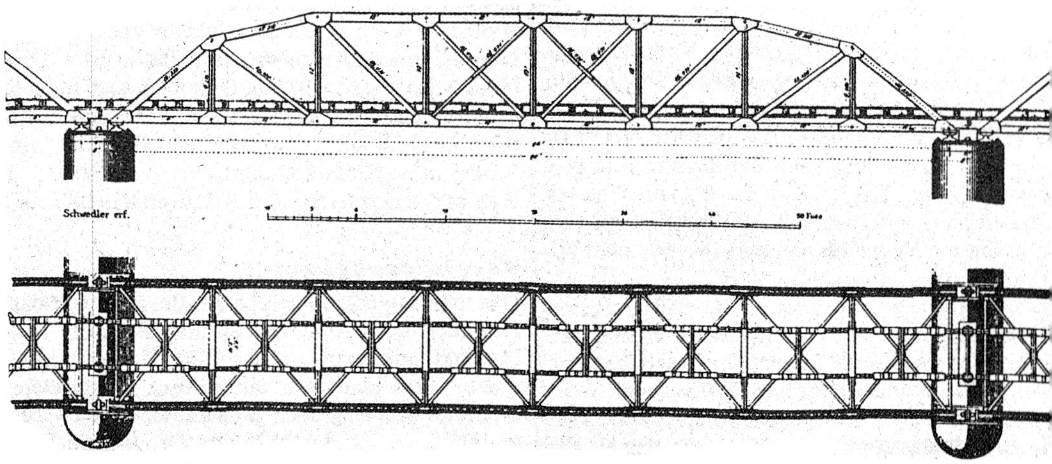

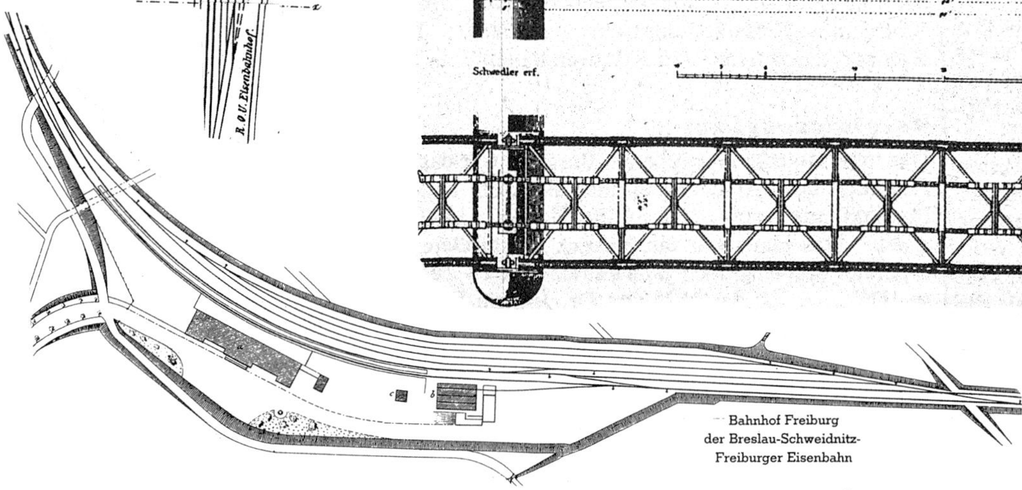

Bahnhof Freiburg der Breslau-Schweidnitz-Freiburger Eisenbahn

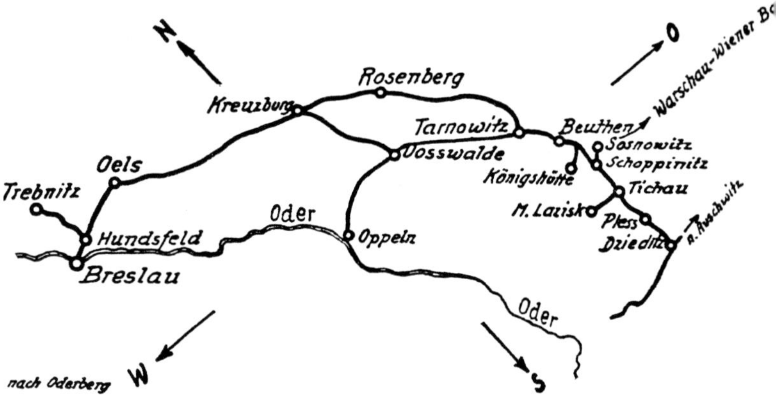

Rechte-Oder-Ufer-Eisenbahn 1882.

Berlin-Görlitzer Bahn und Projekte der Verbindung Berlin-Wien.

—— Berlin-Kottbus – – Kottbus-Löbau-Reichenberg —— Reichenberg-Pardubitz: Plan der Wiener Zentralbahn.
—— Berlin-Görlitz-Reichenberg-Pardubitz: Niederschlesischer Gegenplan.
– – Berlin-Frankfurt-Liegnitz-Reichenbach-Glatz-Mittelwalde: Vorschlag der Heeresverwaltung.
---- Schlesische Gebirgsbahn Görlitz-Glatz.

Die Königlich Preußische Eisenbahnverwaltung (KPEV)

Bei der Blockstelle Liebichau zwischen Freiburg und Nieder Salzbrunn streben zwei Loks, deren erste eine P 4 ist, mit langem Personenzug in der 20 ‰-Rampe bergan. Um 1910.

Ilnau (früher Jellowa) liegt 20 km nördlich von Oppeln an der eingleisigen Bahn, die von Oppeln durch die tiefen Wälder an dem verträumten Bad Carlsruhe vorbei nach Namslau (59,92 km) führt. Eine Abzweigung führt seit 1. Oktober 1889 ab Ilnau nach Kreuzburg (25,09 km). Sladek

Die KPEV übernahm in Schlesien ein Netz im wesentlichen gut trassierter Hauptbahnen, das sie in ihren Direktionen Kattowitz und Breslau verwaltete. Strecken im nördlichen Bereich Niederschlesiens wurden ab 1895 von der neugegründeten ED Posen übernommen. In diesen Bereich fielen auch die Bahnbetriebswerke (Bw) Grünberg und Glogau und die Strecken nördlich von Reisicht, Glogau, Obernigk, Oels und Kreuzburg. Die stürmische industrielle Entwicklung stellte an die Bahn immer größere Anforderungen, denen sie bald nicht mehr gewachsen war. Man stelle sich nur vor: in Breslau führte die Hauptbahn Oberschlesien–Berlin noch ebenerdig durch die Stadt und kreuzte zudem die Freiburger Bahn. Die Stadt war aber im Begriff nach Süden zu wachsen, was durch fast ständig geschlossene Schranken ziemlich erschwert war. Da es die Güterumgehungsbahn noch nicht gab, rollten auch alle Kohlen- und Leerwagenzüge parallel zur Gartenstraße durch die Stadt. Diesen Engpaß galt es schnellstens zu beseitigen. Da auch die Hauptstecke Breslau–Oberschlesien überlastet war, bedurfte es einer großen Lösung. Planung und Ausführung benötigten geraume Zeit, so daß mit der Inbetriebnahme auch des letzten Teilabschnitts erst nach der Jahrhundertwende zu rechnen war. Grundsätzlich war man bestrebt, den Güter- vom Personenverkehr weitgehend zu trennen, weshalb man die großen Rangierbahnhöfe in Gleiwitz, Groschowitz bei Oppeln, Brockau und Mochbern bei Breslau und Arnsdorf bei Liegnitz sowie Schlauroth bei Görlitz plante. Wo dies platzmäßig möglich war, wurden alte Bahnhöfe dem verstärkten Güteraufkommen entsprechend ausgebaut. Hier sind vor allem Dittersbach bei Waldenburg und Kohlfurt zu nennen. Genauso wichtig aber war der Bau neuer Hauptstrecken zur Entlastung der Hauptbahn. Ab Groschowitz über Oppeln Ost–Karlsmarkt – also rechts der Oder, die sie erst bei Tschirne überquerte, nach Brockau (in Betrieb seit 1. Oktober 1909) entstand eine völlig neue Hauptbahn. Zur Entlastung des Hauptbahnhofs Breslau wurde die Güterumgehungsbahn Brockau–Mochbern und Pöpelwitz mit Abzweigungen von und zu den anderen Strecken, die von Breslau ausgingen, gebaut. Diese Güterumgehungsbahn erhielt vier Gleise, weil man hier einen besonderen Engpaß erkannt hatte (in Betrieb ab 1. Mai 1896). Jetzt war es auch an der Zeit, die zum Hauptbahnhof führenden Gleise hoch zu legen. Es wurde dafür der gemauerte Bahndamm für vier Gleise errichtet, gleichzeitig wurden die Gleisanlagen im Hauptbahnhof höhergelegt, die Verkehrshalle und die bekannte Hallenkonstruktion über die vier Bahnsteige gebaut. Damit erhielten die Breslauer Bahnanlagen das uns vertraute Gesicht. In Kohlfurt und Görlitz sowie Oppeln und Kattowitz wurden die Personenbahnhöfe modernisiert und erhielten neue Empfangsgebäude, wobei das in Görlitz erst im Weltkrieg fertig wurde. Aber auch andere Aktivitäten mußte die KPEV entwickeln, wollte sie leistungsfähig bleiben. Es versteht sich fast von selbst, daß sie der Tarifvielfalt der Privatbahnen bald ein Ende bereitete und einheitliche Tarife einführte. Auch die Bezahlung der Bediensteten wurde einheitlich geregelt und natürlich trugen die jetzt gleiche Uniformen. Länger dauerte es, bis aus der Vielzahl privater Fahrzeugtypen ein einheitlicher Lok- und Wagenbestand wurde, der sich aus den bekannten preußischen Normalien zusammensetzte, und laufend modernisiert wurde. In die KPEV-Zeit fiel die Entwicklung der Heißdampflokomotive. Die KPEV beschaffte schließlich Lokomotiven, die sich über sechs Jahrzehnte gegen moderne Konkurrenz behaupten konnten, denken wir nur an die legendäre P 8, die zwar gern als unschön gescholten wurde, stets jedoch durch ihre Leistung zu überzeugen wußte. Von Schlesiens Hauptbahnen war sie schließlich im Personenzugdienst nicht wegzudenken, von einer Ausnahme abgesehen: der Hauptbahn Breslau–Hirschberg–Görlitz. Hier beschritt die KPEV anderweitig Neuland. In diesem Bereich wurde noch vor dem Ersten Weltkrieg mit dem elektrischen Zugbetrieb begonnen. Als erste wurde zwar nur die Nebenbahn Nieder Salzbrunn–Halbstadt umgestellt (in Betrieb mit sechs Triebwagen ab 1. Januar 1914), doch war das Programm für die weitere Entwicklung schon fertig. Es sollte die schlesische Gebirgsbahn in Abschnitten elektrifiziert werden, wobei man zunächst die Steilrampen im Waldenburger Bergland in Angriff nahm. Hier sollte die neue Traktionsart ihre Bewährungsprobe bestehen. Doch der Krieg behinderte den Baufortschritt und die Fahrzeugbeschaffung. So konnte man lediglich am 1. Januar 1916 die Strecke Freiburg–Gottesberg mit einer Lokomotive in Betrieb nehmen, die den planmäßigen Dampfloks vorgespannt wurde. Ansonst kamen von der zuvor errichteten mitteldeutschen Flachlandstrecke Dessau–Bitterfeld, deren elektrischer Betrieb kriegsbedingt eingestellt worden war, zu schwache Lokomotiven, die für den Gebirgsbetrieb nicht konzipiert waren, auf den Waldenburger Steilstrecken zum Einsatz.

Den Umständen zum Trotz erreichte der elektrische Betrieb ab 1. April 1917 noch Königszelt, während der schon im Bau befindliche Abschnitt Gottesberg–Hirschberg wieder rückgebaut werden mußte. Der Kupferbedarf der Kriegsindustrie ließ keine andere Lösung zu.

Auch der fahrleitungsunabhängige elektrische Betrieb wurde eingeführt. Hierzu beschaffte man die von Varta entwickelten Akkumulatoren-Triebwagen (AT) der Bauart Wittfeld, die ab November 1908 in Beuthen und ab September 1910 in Lauban stationiert wurden, wo zu ihrer Versorgung Ladestationen eingerichtet wurden.

Anfang 1914 waren in Beuthen fünf solcher AT beheimatet, die bis Sosnowitz, Myslowitz und über Gleiwitz bis Knurow kamen. Die damals vier AT Laubans kamen voll auf dem Dreieck Görlitz–Kohlfurt–Lauban zum Einsatz. Sie liefen darüber hinaus bis Marklissa, Schlauroth, Bunzlau und Rabishau. In Kohlfurt hatten sie eine Zwischenladestation, ohne die die Fahrten nach Bunzlau sowie von Kohlfurt nach Görlitz undenkbar gewesen wären.

Denn der Fahrbereich war auf 100 km begrenzt. Stärkere Batterien ermöglichten später, bei zwei der Laubaner AT schon ab März 1914, einen Fahrbereich von 130 km. Von Linke-Hofmann wurde zwar ein dreiteiliger AT mit Edison-Batterien in fünf Exemplaren gebaut, von denen die beiden ersten am 12. November 1916 eine offizielle Probefahrt von Breslau nach Glatz unternahmen, doch sind sie wohl nicht in den Plandienst gekommen. Jedenfalls ist über ihren weiteren Einsatz nichts bekannt. Auch die ersten Triebwagen mit Verbrennungsmotor (VT) wurden gleichzeitig mit den AT beschafft. Sie kamen allerdings nur in insgesamt zehn Stück zum Einsatz, von denen die ED Breslau drei erhielt. Davon beheimatete sie zwei in Neisse, die von dort aus nach Ziegenhals und weiter auf der Strecke der Mährisch-Schlesischen Zentralbahn nach Langenbrück, der letzten Station in Preußen, liefen, die in späteren Kursbüchern als Wildgrund zu finden ist. Auch die kurze Stichbahn nach Ziegenhals Bad wurde nach ihrer Eröffnung am 1. Mai 1914 von diesen Triebwagen bedient. Der dritte VT kam nach Oels, wo er die 55 km lange Nebenbahn nach Wilhelmsbrück mit ihrem spärlichen Verkehrsaufkommen bediente. An dieser lag zwar auch die Kreisstadt Groß Wartenberg, doch war deren Bahnhof bei der Planung – man wollte ja möglichst geradlinig nach Warschau – weit ab der Stadt angelegt worden und daher nur bedingt nutzbar. Weil wir gerade wieder von Bahnhöfen und Strecken sprechen: in ihrer Zeit erfolgte durch die KPEV die weitere, enge Vermaschung des schlesischen Eisenbahnnetzes. Hatten, von Ausnahmen abgesehen, die Privatbahnen in erster Linie die großen Hauptstrecken erbaut, so blieb es der KPEV vorbehalten, die wichtigsten Zweigbahnen zu schaffen. Sie baute auf dem flachen Land die Verbindungen zwischen benachbarten Kreisstädten und die Bahnen in die Kurorte der Gebirge. Mit dem Bau der Strecken Wohlau–Maltsch und Breslau-Burgweide–Fünfteichen, die beide erst von der Reichsbahn vollendet werden konnten, aber von der KPEV geplant waren, hatte die Entwicklung des schlesischen Bahnnetzes weitgehend ihren Abschluß gefunden. Der Reichsbahn blieb es lediglich vorbehalten, bedingt durch die neue Grenzziehung Probleme mit Umgehungs- oder Ergänzungsbahnen zu lösen.

In diesem Zusammenhang sei ausdrücklich auf das Kapitel mit den Eröffnungsdaten hingewiesen, das aus „Hundert Jahre Eisenbahn in Schlesien" stammt und damit verläßliche Zahlen nennt.

Bei ihren Fahrplänen pflegte die KPEV in manchen Schnellzugverbindungen noch Traditionen aus der Privatbahnzeit. Die Reichsbahn gestaltete ihre Fahrpläne kaum noch nach diesen Gesichtspunkten, zumal manche Verbindung durch die Grenzen von 1920 ohnehin unterbunden war. Aber zur Jahrhundertwende gab es noch einen Schnellzug Berlin–Kattowitz, der in Breslau unter Umgehung des Hauptbahnhofes von Mochbern zum Odertorbahnhof und dann weiter über Oels–Kreuzburg fuhr. Für 1914 sind noch zwei Schnellzugpaare auf der Strecke Stettin–Glogau–Breslau belegt, von denen eines mit Speisewagen weiter über Oels–Kreuzburg nach Kattowitz lief. Jetzt war allerdings das Anlaufen und Umspannen in Breslau Hauptbahnhof üblich geworden. Zwischen Stettin und Breslau gab es auch ein durchgehendes Zugpaar über Posen. Zwischen Breslau und Wilhelmsbrück gab es noch 1914 in zwei Zugpaaren durchlaufende Wagen, mit denen der Reisende das Umsteigen in Oels sparen konnte.

Überhaupt bezeugte der Fahrplan im Sommer 1914 den Höhepunkt im Reiseverkehr der alten Staatsbahnen. Es gab Direktverbindungen von Breslau nach Genf, Chur mit Anschluß nach St. Moritz, Bozen, Marienbad, Geestemünde. Parallel zur Hauptstrecke über Waldenburg lief ein Eilzugpaar zwischen Breslau und Hirschberg im Abschnitt Königszelt–Merzdorf über Striegau–Bolkenhain. Damit hatten diese Städte ihre Direktverbindung zur Landeshauptstadt und ins Riesengebirge. Von Görlitz gab es ein Personenzugpaar nach Lissa und Posen über Kohlfurt–Sagan–Glogau.

In den Jahren 1911 bis 1914 schuf sich die KPEV auch ihr neues Direktionsgebäude an der Malteserstraße in Breslau, das seither zu den repräsentativsten Bauten der Stadt zählt.

Vieles schaffte die KPEV, nur in einem ging es ihr nicht besser als Jahre zuvor der Breslau-Warschauer Eisenbahn. Als sie am 10. Juni 1905 die schwierige Verlängerung ihrer im Glatzer Bergland westwärts führenden Strecke von Bad Reinerz bis Bad Kudowa-Sackisch fertig hatte, wurde noch weiter bis Schlaney gebaut und dieser 2,44 km lange Abschnitt am 15. Mai 1906 in Betrieb genommen.

Die Fotos des Endbahnhofs beweisen deutlich, daß hier eigentlich ein Durchgangsbahnhof angelegt worden war. Allerdings blieb österreichischerseits die Genehmigung, die Bahn über die Grenze zu verlängern und gleich jenseits an die Linie Chotzen–Halbstadt anzuschließen, versagt. Dies ist um so überraschender, als sonst verhältnismäßig viele Bahnen die Grenze zwischen Preußen und Böhmen überwanden, darunter sogar Kleinbahnen. An den Geländeschwierigkeiten kann das Projekt nicht gescheitert sein; sie wurden 1945 gemeistert. Obwohl uns die Gründe für die österreichische Ablehnung unbekannt sind, gibt es eine Vermutung: Über Halbstadt und den von Mittelsteine führenden österreichischen Schienenstrang liefen verhältnismäßig viele Kohlentransporte nach Böhmen. Es ist nicht auszuschließen, daß man befürchtete, daß bei Verwirklichung des gewünschten Grenzüberganges, diese Transporte länger durch Preußen gefahren und erst hier übergeben wurden. Das aber hätte die österreichischen Strecken nördlich des neuen Grenzübergangs in starkem Maße unrentabel gemacht. Diese Befürchtung dürfte zwar unbegründet gewesen sein, denn die Strekke Glatz–Schlaney war ohnehin nur aufwendig zu trassieren gewesen und wäre für starkes Güteraufkommen nicht in Frage gekommen, doch war sie wohl der Grund für die Absagen an die KPEV. – Schlaney als Endstation gab aber kaum einen Sinn. So wurden bis hierher lediglich zwei Zugpaare durchgeführt, während alle anderen in Bad Kudowa-Sackisch wendeten. An dieser Regelung sollte sich über die Jahrzehnte nichts ändern. Es dominierte hier eigentlich stets der Reisezugverkehr zu den bekannten Badeorten mit etlichen Kurswagenverbindungen von Breslau. Den berühmten Bäderschnellzug von Berlin führte allerdings erst die Reichsbahn ein. Die KPEV führte allerdings einen D-Zug mit Speisewagen Berlin–Kattowitz über Hirschberg–Glatz, der guten Anschluß zu den Bädern des Berglandes hatte.

Wie wir schon bei der Elektrifizierung gesehen haben, bedeutete der Kriegsausbruch 1914 das plötzliche Ende einer gedeihlichen Entwicklung. Lokomotiven, Wagen und Personal zogen in den Krieg. Insbesondere Güterzuglokomotiven und Güterwagen wurden für den Nachschub an die Fronten gebracht. Mangel an Personal und Fahrzeugen führte zu eingeschränkten Fahrplänen im Reisezugdienst.

Im Herbst 1939 sollte sich dies alles wiederholen. Im Verlauf des Krieges mußte auch die sonst übliche Wartung an Fahrzeugen und Strecken vernachlässigt werden. An diesen Hypotheken sollte die Reichsbahn noch ein Jahrzehnt lang zu tragen haben. Innerhalb der Kriegswirtschaft hatte jedoch alles Vorrang, was mit

Kohlen- und Erztransport zu tun hatte und dies betraf immerhin Schlesiens Hauptstrecken und ihre Fahrzeuge des Güterverkehrs. Hier mußten die Lücken, die der Kriegsbeginn durch Abrollen an die Front gerissen hatte, bald aufgefüllt werden. Doch das Kriegsende verordnete im Versailler Vertrag die Ablieferung modernster Heißdampflokomotiven an die Sieger, als Reparation. Das gleiche Schicksal ereilte einen großen Teil des einsatzfähigen Wagenbestandes, ehe 1920 und 1922 die wertvollen Gebiete an Polen abgetreten werden mußten.

Die Strecken der Kgl. Eisenbahndirektion Kattowitz

Breslaus erste Eisenbahndirektion an der Nordseite des Bahnhofsplatzes. Davor ein Pferdebahnwagen der Gürtellinie. *Baselt*

Von 1895 bis 1922 war in diesem Gebäude die ED Kattowitz untergebracht.

Im Tunnel unterquert die Strecke nach Zittau die Linie Görlitz–Liegnitz. Um 1900. Geisler

Preußische und sächsische Lokomotiven liefen zur Staatsbahnzeit auf der Görlitz-Zittauer Bahn, die um 1910 noch eingleisig war. Preußische P 3 fährt südwärts. Tausche

Um 1900 rollt oberhalb der Aktienbrauerei in Görlitz eine sächsische Lok mit ihrem Personenzug in Richtung Zittau. Geisler

Der Neisseviadukt um 1910 mit dem dem Hauptbahnhof entgegenrollenden Personenzug, geführt von P 4. *Tausche*

Kohlfurt, der große Bahnknoten in der Niederschlesischen Heide, zur Jahrhundertwende. Eine P3 (links, auf der Sorauer Seite) und eine G3 (rechts auf der Görlitzer Seite) warten auf das Eintreffen ihrer Züge, die hier Lokwechsel haben.

In den Bahnhof der Strecke Sorau–Kohlfurt rollt ein Personenzug von Sorau ein. Es führt eine P 3. *Scheffler*

Vermutlich eine T9.3 hält mit dem Personenzug nach Greiffenberg in Liebenthal. Die Aufnahme vom Wasserturm liefert den gesamten Gleisplan einer einfachen Landstation mit Kreuzungsgleis, Kopframpe und Freiladegleis.

Die Szene mit dem überfüllten Bahnsteig 1 dürfte zwar erst nach 1920 aufgenommen worden sein, doch hat man sicher an den Bahnanlagen bis zur Elektrifizierung nichts verändert. Rechts der Zug der Riesengebirgsbahn, der die vielen Reisenden, die jetzt auf den Anschluß nach Hirschberg warten, gebracht hat.

Nur eine Landstation, doch welch Betrieb, um 1910. Viele Reisende erwarten den Personenzug mit der preußischen T16. Aber auch der Güterumschlag ist beachtlich. Bahnhof Rückers an der Strecke Glatz–Bad Kudowa-Schlaney.

Bahnhof der Hauptbahn Kohlfurt–Falkenberg/Elster mit G 5 um 1910.

Ein stattliches Empfangsgebäude besitzt Freiburg, wo um 1907 eine G 3 rangiert. *Scheffler*

Der Bögen-Viadukt in Schweidnitz entstand 1856 bei der Verlängerung der Strecke Königszelt–Frankenstein. Beim zweigleisigen Ausbau um 1910 wurde das beachtliche Bauwerk in einen Damm einbezogen. Um 1900 mit Personenzug, gezogen von P 2. Rechts vor der Stadtpfarrkirche der Damm der Verbindung Schweidnitz Hbf–Schweidnitz Niederstadt. *Geisler*

Am Bahnsteig des Inselbahnhofs Königszelt nimmt während des Aufenthalts eine P 8 Wasser. Um 1915.
Gronwald/Scheffler

Lang waren vielfach auch die Personenzüge der Nebenbahnen, wie hier unterhalb Goldberg im Katzbachtal.
Geisler

In Hermsdorf Bad zweigt von der Linie Liegnitz–Merzdorf die Strecke nach Löwenberg–Greiffenberg ab. Beim Blick von den Rabendocken erkennen wir eine T 15 beim Rangieren. Sommer 1912.

Im Bahnhof der Kreisstadt steht eine T 3 mit respektablem Zug bereit. Um 1910.

Am 25. Juni 1902 empfangen die Schreiberhauer den ersten Zug, den eine T 9^2 gebracht hat.

Die neue Bahn sollte bald die Unbilden des Riesengebirgswinters zu spüren bekommen! Die Strecke war deshalb wochenlang unterbrochen. Siehe auch nebenan.

Im Einschnitt bei Nieder Schreiberhau stand lange das mit 91 m höchste Signal Deutschlands. T 15 um 1905.

Das war Rübezahls Scherz mit der „neumodschen Boahne"! Sieben Wochen steckte der Zug mit der T 15 zwischen Karlsthal und Grünthal im Schnee fest, ehe er am 1. März 1905 befreit werden konnte. Eisenbahner und T 9² beim Erinnerungsfoto in Ober Schreiberhau. Foto: Gillert

Ganz hervorragende Aufnahmen schufen die Ansichtskartenfotografen im Bahnhof Ober Schreiberhau. T 15 um 1913.

Als letzte vor der Elektrifizierung eingesetzte Gattung kam auch noch die T 16 auf die Zackenbahn. Knipping

Ein Bild vom Winterbetrieb in Oberschreiberhau. Die T16 steht ausfahrbereit nach Hirschberg. Vorn sind die Anfänge des Wintersports zu sehen.

Talwärts rollt um 1910 ein Zug mit zwei Lokomotiven, deren erste eine T 9^3 ist. *Geisler*

Am 4. Juni 1905 wurde die Strecke Landeshut–Schmiedeberg eröffnet. Bei dem von einer T 9^2 geführten Zug, der in Landeshut bereit steht, dürfte es sich allerdings nicht um den Eröffnungszug gehandelt haben. *Scheffler*

Beim Kloster Wartha überquert die Breslau-Mittelwalder Bahn die Glatzer Neisse. Um 1910. *Geisler*

Südlich Glatz Stadt rollt dieser Zug mit $T\ 9^2$ um 1902 in Richtung Bad Landeck. *Scheffler*

Haltepunkt Habelschwerdt Stadt mit Richtung Mittelwalde ausfahrendem Personenzug. Um 1895. *Csallner*

Mächtig aufgelegt hat der Heizer dieses Personenzugs bei der Ausfahrt aus Habelschwerdt Stadt. 1899 gibt es bereits einen überdachten Vorbau am Haltepunkt.

Nach Verlassen des Langenauer Tunnels erreicht der Personenzug mit P 2 den Haltepunkt Langenau Bad. Um 1910.

Grenzbahnhof zur K. K. Staatsbahn war bis 1920, dann zur CSD, Mittelwalde, wo zur Jahrhundertwende ein Zug von Breslau eingelaufen ist. Geisler

Im Höllental bei Bad Altheide dampft dieser Zug mit $T\,9^3$ um 1910 bergwärts.

Bei dieser Aufnahme ist zwar die Lok stark retuschiert, doch ergibt sich ein guter Eindruck, welch langen Zug sie durch das reizvolle Tal zu schleppen hat. *Geisler*

War die Höhe von Keilendorf erklommen, ging es leicht zu Tal. $T\,9^3$ im kurvenreichen Abschnitt vor Lewin. *Verkehrsmuseum*

Mit der Überführung und der Dreiwegweiche in der Einfahrt wird deutlich, daß der Bahnhof Schlaney nicht als Endstation geplant war. Geisler

Eine T 7 rollt im Herbst 1899 mit Personenzug von Glatz im Endbahnhof Seitenberg ein.

Östlich vom Zentrum gibt's in Schweidnitz noch den Bahnhof Niederstadt, an der Strecke Breslau – Bad Charlottenbrunn. Diese Strecke führte von hier direkt zum Knoten Kroischwitz. Eine Verbindungskurve zum Hauptbahnhof erlaubte aber auch, diesen zu bedienen, was die Regel war. Den direkten Weg wählten meist Sonderzüge von Breslau ins Eulengebirge. T 11 bringt Zug von Breslau, um 1910.

Es ist nicht anzunehmen, daß die T 9³ den Lazarettzug im Sommer 1915 allein von Schweidnitz nach Bad Charlottenbrunn gebracht hat. *Pekny*

46b–46g (Vom 1 Mai 1914) **46b Glatz–Landeck–Seitenberg** (Grafsch. Glatz)

□ nur bis 31/8 ‡ nur bis 13/9 sowie am 9/7, 16/7, 23/7, 30/7 u. 6/8 ● vom 16/8 ab ‡ nur Dl u. Ft ○ nur bis 15/8

F-Züge nur St — Durchl. Wagen s. 46 — ▪ nur bis 13/9

Z 1003	Z 1005	Z 1007	Z 1009	F 1011	Z 1013	Z 1013	Z 1015	Z 1019	km	(Preuß. Stsb. Dir. Breslau)	Z 1002	Z 1004	Z 1006	Z 1008	Z 1010	Z 1012	Z 1014	F 1018
7·14	9‖10	11·45	1·52	▪ 2·40	□ 4·14	5·14	5·30	8‖56	0,0	Ab **Glatz** Hbf (46a. 57d / 46) An	6‖53	8·44	11·33	1·35	3·39	6‖50	8 3	9 50
7·19	9·15	11·50	1·57	2·46	4·19	5·19	5·36	9 1	1,7	Glatz Stadt	6·49	8·40	11·29	1·31	3·35	6 46	7 59	9 46
7·28	9·24	»	2·6	2·56	4·30	5·28	5·47	9 10	6,9	Nieder Rengersdorf	6·40	»	11·19	»	3·26	6 37	7 50	9 37
7·34	9·30	»	2·12	3·3	4·37	5·34	5·54	9 17	10,1	Eisersdorf	6·34	8·28	11·11	»	3·19	6 30	7 43	9 30
7·40	9·36	12·7	2·18	3·12	4·43	5·40	6 1	9 24	13,4	Ullersdorf (Biele)	6·28	8·22	11·3	1·13	3·12	6 23	7 36	9 23
7·49	9·45	»	2·27	3·24	4·54	5·49	6 13	9 34	18,8	Kunzendorf (Biele)	6·19	8·13	10·51	»	3·2	6 13	7 27	9 13
7·55	9·51	»	2·33	3·32	5·1	5·55	6 19	9 41	21,9	Raiersdorf	6·13	8·7	10·43	»	2·55	6 7	7 20	9 6
8·1	9·57	12·23	2·39	3·39	5·8	6 0	6 24	9 47	25,3	An **Landeck** (Schlesien) Ab	6·7	8·1	10·35	12·56	2·48	6 1	7 13	8 59
8·4	10·0	12·25	2·44	3·40	5·11	6 5	6 27	9 48	25,3	Ab **Landeck** (Schlesien) An	6·5	7·57	10·32	12·53	2·43	5·58	7 10	8 57
8·9	10·5	12·30	2·49	3·46	5·17	6 10	6 32	9 54	27,6	Olbersdorf	6·1	7·52	10·28	12·49	2·39	5·54	7 6	8 52
8·14	10‖10	12·35	2·54	▪ 3·52	□ 5·23	6 15	6 37	10‖0	30,9	An **Seitenberg** (Gräfsch. Glatz) Ab	5‖54	7·45	10·21	12·43	2·31	5‖47	6 58	8 45

Nur bis 30/8: F 1017 7 35 – 7 43

(Vom 1 Mai 1914) ● von Ottmachau s. 46g **46c Strehlen** (Schles.)**–Grottkau** ‡ nach Ottmachau s. 46g

	Z 1490	Z 1492	Z 1494	Z 1496	Z 1498		km	(Preuß. Staatsb. Dir. Breslau)		Z 1491	Z 1493	Z 1495	Z 1497		Z 1499
...	5 0	7·53	11‖23	3·18	7 4	...	0,0	Ab **Strehlen** (Schles.) 46. 46e s. a. 46d An	...	7·10	9‖8	12·40	3·8	...	8 50
...	5 14	8·5	11·34	3·31	7 14	●	6,7	Glambach	‡	7·1	8·57	12·27	2·55	...	8 41
...	5 20	8·12	11·40	3·38	7 20		9,9	Mückendorf		6·55	8·50	12·18	2·48	...	8 32
...	5 28	8·21	11·47	3·47	7 28	Z 1538	14,2	Crummendorf	Z 1531	6·48	8·41	12·7	2·41	...	8 25
...	5 37	8·31	11·55	3·56	7 41	8 19	18,2	Prieborn 46g	5 31	6·41	8·34	11·57	2·34	...	8 18
...	5 45	8·39	12·2	4·4	7 49	8 27	21,9	Oberrosen	5 24	6·34	8·20	11·48	2·24	...	8 8
...	5 52	8·46	12·8	4·11	7 59	8 34	25,0	Giersdorf (Kr. Grottkau)	5 17	6·29	8·11	11·40	2·18	...	8 1
...	5 59	8·53	12·13	4·18	8 8	8 40	28,0	Voigtsdorf (Kr. Grottkau)	5 10	6·24	8·2	11·33	2·12	...	7 51
...	6·9	9·3	12‖22	4·28	8 16	8 50	33,5	An **Grottkau** 41a Ab	5 9	6·16	7‖49	11·22	2·2	...	7 38

(Vom 1 Mai 1914) **46d Strehlen** (Schles.)**–Wansen–Brieg** (Bz. Breslau) ▪ nur St bis 13/9

Z 1510	Z 1512	Z 1514	Z 1516	Z 1518	Z 1520	F 1522	km	(Preuß. Staatsb. Dir. Breslau)	Z 1511	Z 1513	Z 1515	Z 1517	Z 1519	Z 1521	
5 13	7·20	9·15	1‖14	5·25	7 37	▪ 10 0	0,0	Ab **Strehlen** (Schles.) 46. 46e s. a. 46c An	6‖49	8·52	10·58	12·59	5·1	8 49	Z 1499
5 25	7·37	9·36	1·26	5·39	7 47	10 12	6,7	Glambach	6·38	8·40	10·44	12·44	4·46	8 40	
5 35	7·50	9·49	1·36	5·50	7 57	10 22	12,4	An Wansen Ab	6·27	8·27	10·25	12·30	4·32	8 27	...
5 36	7·55	...	1·38	5·54	7 59	10 23	12,4	Ab Wansen An	6·26	8·24	...	12·21	4·24	8 25	...
5 45	8·5	...	1·46	6 4	8 7	10 31	16,5	Mechwitz	6·18	8·16	...	12·11	4·14	8 17	...
5 51	8·11	...	1·52	6 11	8 14	10 37	18,8	Günthersdorf	6·12	8·10	...	12·3	4·7	8 12	...
6·2	8·22	...	2·2	6 23	8 26	10 48	24,2	Laugwitz	6·1	7·59	...	11·47	3·54	8 1	...
6·9	8·29	...	2·9	6 31	8 35	10 55	27,3	Mollwitz	5 54	7·52	...	11·37	3·45	7 55	
6·21	8·41	...	2‖20	6 44	8 50	▪ 11 6	33,7	An **Brieg** (Bz. Breslau) 41. 41a. 42 Ab	5‖42	7·40	...	11·21	3·30	7 44	

(Vom 1 Mai 1914) **46e Strehlen** (Schles.)**–Heidersdorf**

	Z 1171		Z 1173		Z 1175	Z 1177	km	(Preuß. Staatsb. Dir. Breslau)	Z 1172		Z 1174		Z 1176		Z 1178
...	7‖20	...	11·22	...	3·17	7‖3	0,0	Ab **Strehlen** (Schles.) 46. 46c. d. An	9‖7	...	1·6	...	5·5	...	8‖45
...	7·25	...	11·27	...	3·22	7 8	1,9	Niclasdorf	9·3	...	1·1	...	5·1	...	8 41
...	7·31	...	11·33	...	3·27	7 14	4,1	Karschau	8·57	...	12·54	...	4·55	...	8 35
...	7·42	...	11·45	...	3·38	7 25	9,6	Kurtwitz 102 F	8·46	...	12·40	...	4·44	...	8 24
...	7‖55	...	11·58	...	3·51	7‖38	17,0	An **Heidersdorf** 41e Ab	8‖32	...	12·22	...	4·30	...	8‖10

Nebenbahnfahrpläne vom Sommer 1914.

Bald nach Eröffnung der Nebenbahn Prieborn–Ottmachau im Herbst 1910 entstand das Foto mit dem von T9.3 bespannten Personenzug nach Ottmachau im Bahnhof Gläsendorf, der 500 m abseits des Dorfes erbaut worden war.

Blick ins Schlesiertal mit der Weistritzbrücke in Hausdorf-Oberdorf.

Grafischer Nachmittagsfahrplan vom Sommer 1900 der Verbindung Oppeln–Beuthen über Groß Strehlitz.

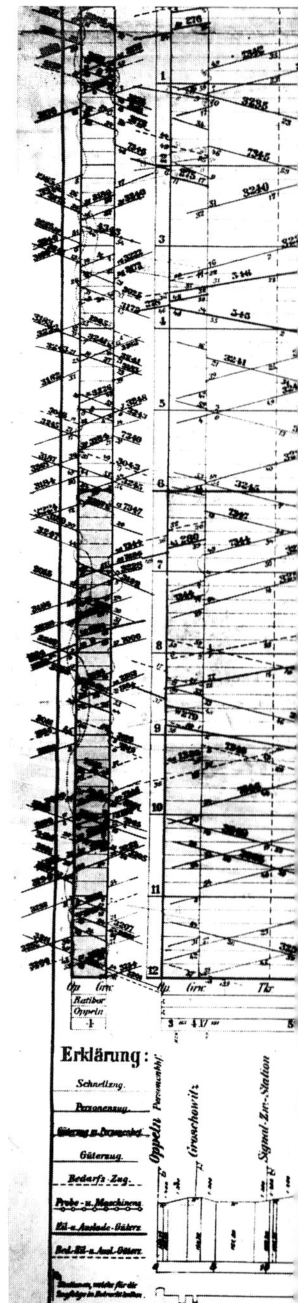

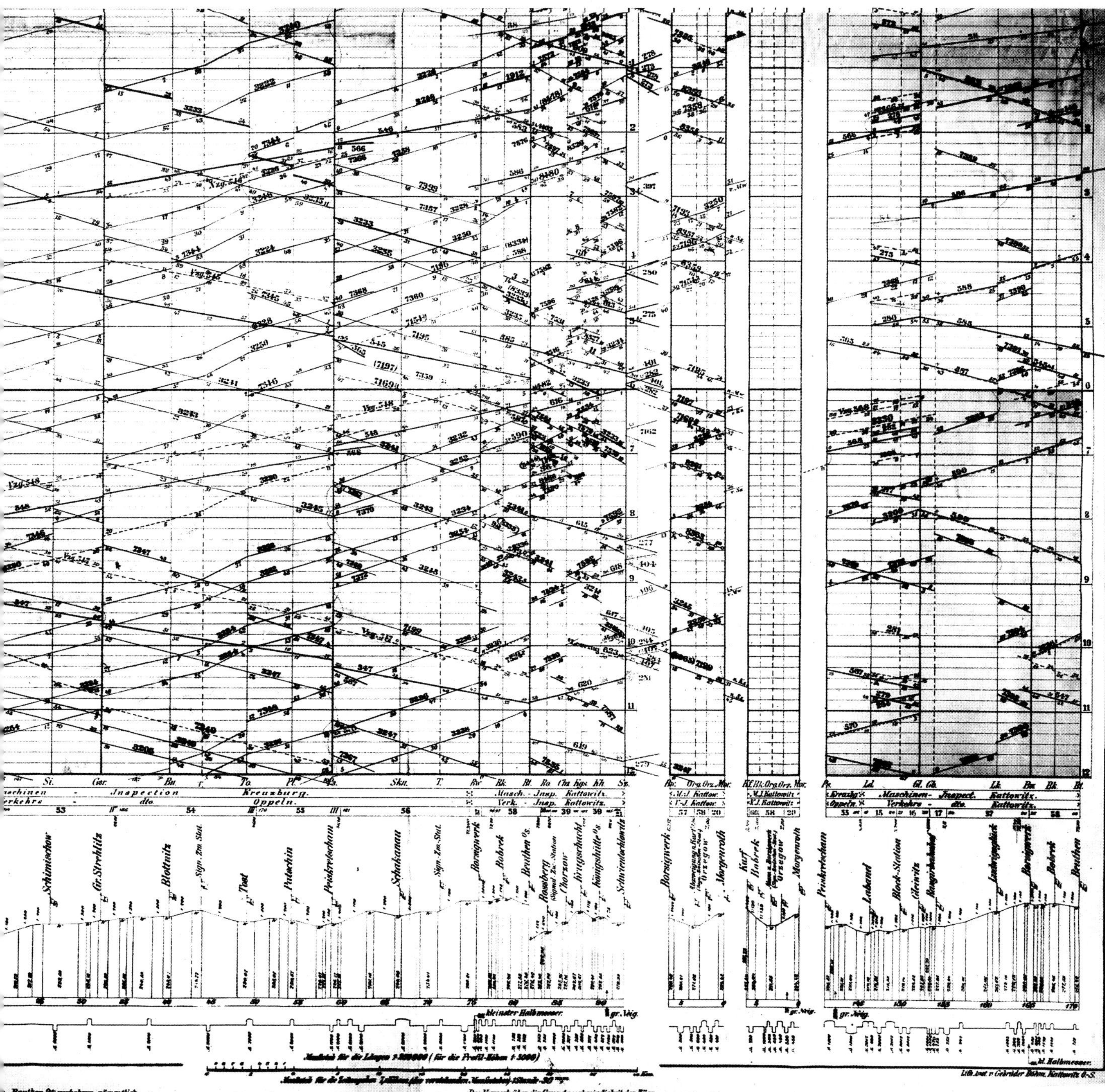

...-Beuthen O.S. verkehren sämmtlich ...ber 60 km. in der Stunde.

Der Vermerk über die Grundgeschwindigkeit der Züge auf der Strecke Beuthen O.S. - Schwientochlowitz befindet sich auf Blatt III 9

Nach 1900 entstand die brückenreiche, und damit recht teure Weistritztalbahn. Der Haltepunkt Breitenhain liegt zwischen zwei Brücken. *Geisler*

Einfahrender Personenzug von Ratibor in Nicolai. Empfangsgebäude mit angebautem Stellwerk, vorn ein Arbeitswagen der Bahnmeisterei, um 1910.

Hamm und Gleiwitz wetteiferten lange, den größten Rangierbahnhof Deutschlands zu haben. Je nach Ausbaustufe konnte sich jeder einmal dieses Superlativs rühmen. Um 1910 wurden in Gleiwitz täglich ca. 240 Güterzüge und 90 Reisezüge abgefertigt. Eine G 3 rangiert. *Verkehrsmuseum*

Blick über einen Teil der Bahnanlagen in Kattowitz zur Mühlstraße. Um 1910.
Geisler

In Kreuzburg rangiert ein T 7, um 1910.

Schneeschleuder der ED Breslau. Nicht nur im Riesengebirgswinter hatte sie ihre Aufgaben.

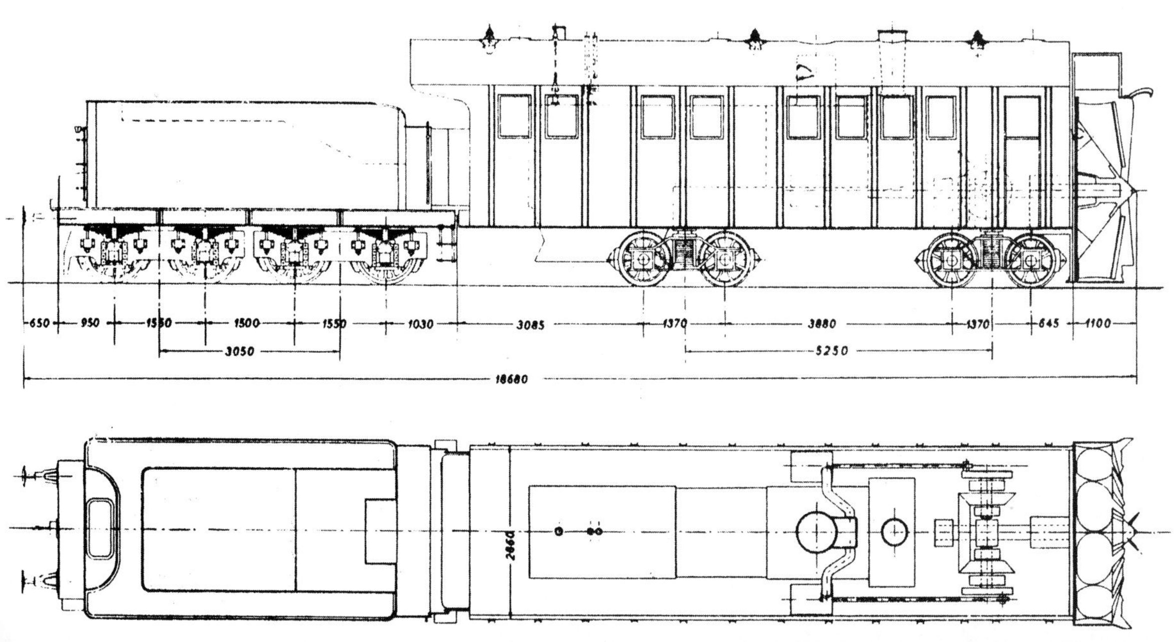

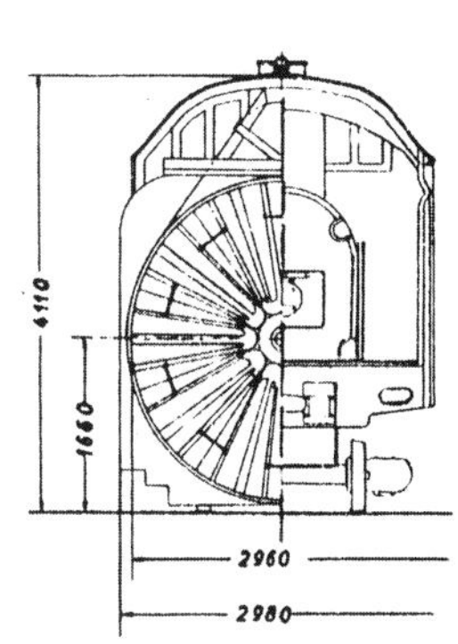

Mit zwei Gleisen mußte im Bahnhof Wohlau noch um 1900 auszukommen sein. Einfahrender Personenzug nach Breslau mit P 3. Scheffler

P 4 in Glogau am Bahnsteig Richtung Lissa, um 1910.

Vermutlich eine T7 bespannte den Zug von Trebnitz oder Oels. Beim Halt in Hundsfeld, um 1910. Scheffler

G 5 des Bw Hirschberg rollen im Juli 1914 zum Kriegseinsatz im Westen. Im Hintergrund die Boberbrücke. Der Fahrleitungsmast sollte noch lange auf die Fahrleitung warten. Fehrian

Die Deutsche Reichsbahn

17 260, eine S 10.2, mit D-Zug nach Dresden kurz vor der Abfahrt in Görlitz, um 1930.

An einem Sägewerk bei Breitenhain vorüber fährt eine 64er des Bw Schweidnitz mit modernen Nebenbahnwagen – spätere Eisenbahnfreunde werden sie respektlos „Donnerbüchsen" nennen – im Weistritztal bergwärts in Richtung Bad Charlottenbrunn. Juni 1936.

Schon Bismarck wollte die reichseigene Bahnverwaltung, doch konnte er diese zu seiner Zeit nicht durchsetzen. Das Ende des Ersten Weltkriegs mit der Abdankung der Monarchen, deren Staatsbahnen durch Kriegswirtschaft und Reparationen in einem erbarmungswürdigen Zustand waren, schuf jetzt die Voraussetzungen.

In Schlesien wirkte sich das bei der Verwaltung zunächst kaum aus. Es änderte sich ab 1. April 1920 nur der Name. Direktionen und Ämter blieben zunächst. Für neue Uniformen fehlte es zunächst an Geld und bis zur Aufstellung der Umzeichnungspläne für Lokomotiven verging auch noch geraume Zeit.

Eine Randerscheinung nach außen war nach dem Ende der Monarchie das Verschwinden des „Königliche" im Namen der Staatsbahn, die sich offiziell bis zur Übernahme durch die Reichsbahn „Preußische Staatseisenbahn Verwaltung" nannte.
Gravierend waren dagegen die politischen Auswirkungen der Niederlage, die im Vertrag von Versailles formuliert wurden.
Daß das geschlagene Deutsche Reich dem Zugriff des östlichen Nachbarn schonungslos ausgeliefert war, zeigte sich eigentlich schon unmittelbar nach der Niederlage in aller Deutlichkeit. Eigentlich sollte ja das Selbstbestimmungsrecht der Bevölkerung über strittige Gebiete entscheiden, weshalb der Versailler Vertrag Oberschlesien ausdrücklich nicht Polen zuschlug, sondern zunächst unter alliierte Aufsicht stellte. Am 21. März 1921 sollte dann eine Volksabstimmung über das weitere Schicksal des Landes und seiner Menschen entscheiden. Indessen war bereits Anfang Januar 1920 die Provinz Posen an Polen abgetreten worden – kleine Grenzkorrekturen zu dessen Gunsten inbegriffen. So wurden die niederschlesischen Orte Triebusch und Katschkau samt Umland zu Polen geschlagen, das dadurch eine durchgehende Bahn- und Straßenverbindung zwischen Rawitsch und Lissa unter Umgehung deutschen Gebiets erhielt. Auch in den Kreisen Namslau und Groß Wartenberg ergaben sich Gebietsverluste mit Abtretung von 32,25 km Bahnstrecken.
Ohne Abstimmung wurde auch das Hultschiner Ländchen der Tschechoslowakei zugeschlagen, die an der bisherigen Grenze zu Österreich dessen Nachfolge angetreten hat.

Polnischerseits erhob man zwar Anspruch auf Oberschlesien, war sich offensichtlich aber darüber im klaren, daß die Volksabstimmung kaum das gewünschte Ergebnis bringen würde. Deshalb kam es zu zwei von jenseits der Grenze inszenierten Aufständen mit dem Ziel, die Oberschlesier anschlußwillig zu machen. In dieser Zeit regierte der Terror, den die Alliierten duldeten und dem deutscherseits die Freikorps entgegentraten. Gesprengte Brücken und Stellwerke ließen zeitweise auch den Bahnverkehr zum Erliegen kommen. Dennoch rollten vor dem Abstimmungstag die Sonderzüge mit Abstimmungsberechtigten – das waren alle gebürtigen Oberschlesier – ins Land. Das Ergebnis der Volksabstimmung war eindeutig: 712 000 Stimmen für Deutschland, für Polen 485 000. Demnach wäre Oberschlesien ungeteilt bei Deutschland geblieben. Doch das Ergebnis bewirkte einen dritten Polenaufstand. Auch dieser wurde zwar zurückgeschlagen, doch wurde das Land im Genfer Spruch am 18. Juni 1922 getrennt und dabei der weitaus größte Teil des Industriegebiets Polen zugesprochen.
Daß man deutscherseits mit Fairneß von seiten des Völkerbunds nicht rechnen konnte, beweist schon 1921 Dr.-Ing. Jänecke in seinem Aufsatz „Die eisenbahnbetrieblichen Folgen der Zerreißung Oberschlesiens", dem wir folgende Einzelheiten entnehmen:
„Die vielen wechselseitigen Beziehungen der Industrie, der Koksbedarf der Hochöfen, der Austausch von Halb- und Fertigfabrikaten machen eine Teilung des Bahnverkehrs unmöglich. Ebensowenig kann man die Bahnanlagen auseinanderreißen. Schon die weit ausgedehnten Bahnhofsanlagen wird man in dem engen Gebiet an der Grenze schwer trennen können. Ausgeschlossen aber ist es, die Arbeit des Rangierbahnhofs Gleiwitz für die Zugbildung der auf polnischem Gebiet liegenden Bahnhöfe und Strecken einem polnischen Bahnhof zuzuweisen oder für sie auf polnischem Gebiet Ersatz zu schaffen, so daß die Bahngebiete beider Teile voneinander unabhängig wären.
Auch würde ein Rangierbahnhof mitten im Industriegebiet betrieblich denkbar ungünstig liegen. Aber nicht nur die Bahnanlagen sind schwer zu trennen, sondern auch die Einheitlichkeit der Betriebsmittel, der Lokomotiven und Wagen schwer zu entbehren. So liegen die Lokomotiv- und Wagenwerkstätten in Gleiwitz auf deutschem Gebiet, ihr Ersatz in Polen wird lange Zeit erfordern.
Daß der Betrieb in eine Hand gehört, braucht nicht lange ausgeführt zu werden. Die Zugbildung kann in dem dichten Industriegebiet nicht an den Grenzen haltmachen. Dasselbe gilt vom Fahrplan, insbesondere dem Güterzugfahrplan. Er läßt sich nicht von der Leistung der Rangierbahnhöfe trennen und muß für das ganze Gebiet einheitlich, dem Verkehr entsprechend, aufgestellt werden.
Mit dem Fahrplan eng verbunden ist der Fahrdienst, auch er muß im Industriegebiet einheitlich geregelt werden. Die Verlegung von Lokomotiv- und Personalwechsel auf dazu nicht ausgebaute Bahnhöfe würde mit Sicherheit zu betrieblichen Schwierigkeiten führen.
Noch weniger ist die Teilung des Wagendienstes, insbesondere der Leerwagenverteilung bei dem Hin und Her der beladenen und leeren Wagen bei den dicht beieinander liegenden Empfangs- und Versandbahnhöfen möglich. Sie werden zu großen unwirtschaftlichen Leerläufen und zu unnötiger Belastung des kaum noch aufnahmefähigen Bahnnetzes führen und katastrophale Wirkungen zeitigen.
Wir haben somit gesehen, daß Oberschlesien im Bahnbetrieb und -verkehr ein Ganzes bildet. Trotzdem wird aber mit Sicherheit auf den Zollgrenzen das Bestreben einsetzen, den Bedarf soweit wie möglich aus eigenem Lande zu decken. Dies wird eine gewisse Verschiebung im inneren Verkehr Oberschlesiens hervorrufen. Dazu wird das Bestreben Polens kommen, den Verkehr, z.B. nach Danzig, durch polnisches Gebiet zu leiten. Die für die Verkehrsänderung nötigen Um- und Neubauten werden nicht so schnell durchgeführt werden können. Vor allem wird aber der Übergang des einen Teils der Bahn in polnische Hände eine andere Personalbesetzung zur Folge haben, denn es wird nach dem bisherigen Vorgehen der Polen sich nur ein kleiner Teil der deutschen Beamten und Arbeiter dazu verstehen, in Polen zu bleiben.

Schon die zu erwartende Verkehrsverschiebung wird auf den nicht so schnell ausgebauten Bahnen die Leistung herabdrücken, auch wird der Betrieb selbst, z.B. bei der Rangierbildung, Wagenverteilung und im Fahrplan, sich nicht so schnell darauf einstellen können. Sie bilden also in dem dichten Netz eine Gefahr. Dazu kommen die Hemmungen des Grenzverkehrs, ferner werden die Betriebs- und Bahnanlagen durch den Übergang in die ungeübten polnischen Hände schlechter unterhalten und die Betriebsleistungen herabgedrückt werden. Am nachteiligsten wird sich aber auf allen Gebieten der Wechsel im Personal bemerkbar machen. Vor allem fehlt den Polen die Erfahrung für einen so schwierigen Bahnbetrieb und eine ausreichende Zahl eingearbeiteter Betriebsbeamter. Es ist daher anzunehmen, daß die Betriebsleistungen erheblich zurückgehen werden und es ohne Stockungen nicht abgehen wird."

Und so kam es denn auch. Aus dem abgetretenen Teil Oberschlesiens fluteten 4 068 Bedienstete in das deutsche Gebiet. Die polnische Presse brachte Meldungen über die verfahrenen Verkehrsverhältnisse. Gleich nach der Übernahme machten sich Stockungen vor allem des Güterverkehrs bemerkbar, verbunden mit Überfüllung der Strecken und Bahnhöfe, Verspätungen und Nichtübernahme von Leerzügen aus Deutschland, schleppende Zollabfertigung, für die Stunden gebraucht wurden.

Die 1895 gegründete Eisenbahndirektion Kattowitz, die 27 Jahre lang die Bahn in Oberschlesien gut verwaltet und weiterentwickelt hatte, lag auch im abzutretenden Gebiet. Sie mußte nach Oppeln verlagert werden, wo ein neues Gebäude für die RBD Oppeln gebaut und am 25. Mai 1925 eingeweiht wurde. Ihr erster Präsident war der spätere Reichsverkehrsminister Dr. Julius Dorpmüller.

Selbst den Siegermächten war klar, daß die Zerreißung eines in sich geschlossenen Industriegebiets auch für den Begünstigten Probleme aufwarf. Es wurden ja nicht nur Bahnen und Straßen, sondern auch Wasser- und Elektrizitätsversorgung getrennt. Deshalb wurde im Genfer Vertrag vom 15. Mai 1922 verfügt, wie die Wirtschaft Oberschlesiens trotz der Trennung 15 Jahre lang aufrecht erhalten werden sollte. Demnach wurden die Oberschlesischen Eisenbahnen gemeinsam von einem Oberkomitee verwaltet, dem je eine deutsche und polnische Direktion unterstanden. O. Wehde-Textor führt darüber unter anderem aus:

Besonders interessant war die Regelung des für ein Industrierevier lebenswichtigen Güterwagendienstes. Dem Kondominium der „Oberschlesischen Eisenbahnen", gebildet von der Reichsbahndirektion Oppeln und der polnischen Staatsbahndirektion Kattowitz, stand ein gemeinsamer Güterwagenpark zur Verfügung, der von Deutschland geliefert wurde. Das Eigentum an der Hälfte der Güterwagen behielt das Deutsche Reich, das der anderen Hälfte erhielt Polen. Dieser Wagenpark wurde von beiden Direktionen gemeinsam benutzt und innerhalb Oberschlesiens von einem beim Oberkomitee eingerichteten Wagenamt ausgeglichen.

Zwischen der Reichsbahndirektion Oppeln und der polnischen Staatsbahndirektion Kattowitz einerseits und den übrigen Reichsbahndirektionen und polnischen Staatsbahndirektionen andererseits galten die Grundsätze des RIV, d.h., die Wagen der Oberschlesischen Eisenbahnen galten außerhalb Oberschlesiens als Fremdwagen. Und entsprechend hatte die Reichsbahndirektion Oppeln die Wagen der Reichsbahn und die polnische Staatsbahndirektion Kattowitz die polnischen Staatsbahnwagen als Fremdwagen zu behandeln. Das bezog sich sowohl auf die Wagenbenutzung wie auf die Mietabrechnung.

Mit der Zeit konnten die betrieblichen Schwierigkeiten der Reichsbahn, die durch die Abtrennung entstanden waren, gemeistert werden. Was aber immer wieder von Neuem an die Reichsbahndirektion Oppeln herangetragen wurde, das waren tarifarische Wünsche der Wirtschaft. Die Handelskammer Oppeln schrieb hierzu: „Der für Oberschlesien durch den Versailler Vertrag, die Zerschlagung Österreichs, die Aufteilung des Industriegebietes und die dadurch hervorgerufene Verlagerung der ostoberschlesischen Industrie bewirkte Verlust seines bisherigen Hinterlandes und bedeutender Absatzgebiete machte die ungünstige Lage nunmehr ganz besonders fühlbar und rückte damit auch die von jeher so wichtigen Verkehrs- und Frachtfragen in verstärktem Maß in den Vordergrund seiner Wünsche."

Ein besonderes Kapitel waren die alljährlichen Erzbezüge von mehreren hunderttausend Tonnen des Witkowitzer Eisenwerks aus Schweden nach Mährisch-Ostrau. Dem Werk standen die Wege über Gdingen und die polnische Bahn einerseits sowie andererseits über Stettin und die Oder bis Cosel-Hafen und ab dort mit der Deutschen Reichsbahn sowie über den geschlossenen Bahnweg Stettin-Oderberg zur Verfügung. Es war nur natürlich, daß das Werk die hohen Tarifermäßigungen der polnischen Staatsbahn gegen die deutschen Wege ausspielte und die Fracht aufs Äußerste zu drücken versuchte.

Mit der Sanierung der Finanzen nach der Inflation konnte man auch daran denken, durch Umgehungs- und Ergänzungsbahnen die Auswirkungen der Grenzziehung zu mildern.

Obwohl das Genfer Abkommen auch gegenseitigen privilegierten Durchgangsverkehr vorsah, erwies sich dieser als störanfällig und sollte vermieden werden. Vordringlich war eine Strecke von Mikultschütz nach Brynnek zur Verbindung der zweimal durch die Grenze zerrissenen Strecke Oppeln–Groß Strehlitz–Beuthen. Sie wurde am 7. Oktober 1928 fertig. Auch die PKP baute zwischen Tarnowitz und Kattowitz eine Umgehungsbahn anstelle der alten Strecke über Beuthen. Tarnowitz wurde Ausgangspunkt der Kohlenbahn nach Gdingen.

Immerhin lief über nahezu alle neuen Grenzübergänge im Vertragsgebiet ein bescheidener Verkehr mit Reisezügen, der sich in vielen Fällen auf ein bis zwei Zugpaare beschränkte. Die neue Situation bewirkte auch das Entstehen neuer Wohnsiedlungen für die Eisenbahner aus dem polnisch gewordenen Teil besonders in Beuthen, Gleiwitz und Oppeln. Was nun Niederschlesien betrifft, so wurde an der neuen Grenze zu Polen auf dessen Betrieben so manche Bahn unterbrochen. Davon waren nicht nur die Kleinbahnen betroffen, sondern auch Reichsbahnstrecken, die zuvor den engen, gut nachbarlichen Beziehungen gedient hatten. Vollständig unterbrochen wurden die Strecken Neusalz–Wollstein, Glogau–Bojanowo, Oels–Kempen, Namslau–Kempen.

Auf den übrigen – es waren praktisch die großen Hauptlinien zuvor – spielte sich ein bescheidener Ver-

kehr ab. So gab es im Sommer 1925 keinen durchgehenden Zug auf der Strecke Breslau–Posen!
Keinerlei Restriktionen gab es dagegen im Grenzverkehr mit der Tschechoslowakei. Hier wurden weder Strecken stillgelegt, noch die Fahrpläne ausgedünnt. Überhaupt erfreute sich das Gebiet westlich der Oder stets der besonderen Aufmerksamkeit der DR, lagen doch hier die Strecken in die Berge, die zu Ausflügen und Urlaub lockten. Hier wurde elektrifiziert, worüber noch gesondert berichtet wird. Hier wurden Fahrpläne verdichtet und dem steigenden Verkehrsaufkommen angepaßt. Östlich der Oder hatte man es da schon schwerer.
Insbesondere die Bewohner der neuen Grenzkreise führten häufig berechtigt Klage, ohne daß sich Wesentliches geändert hätte. Speziell Direktverbindungen nach Breslau wurden vermißt und flottes Fahren verlangt. So beanstandet eine Denkschrift von 1927 schon die Fahrzeiten Breslau–Groß Wartenberg, wo man für 60 km zwei Stunden im Zug saß. Besonders schlecht kam dabei die Relation Guhrau–Breslau weg, für die man bei 60 km Luftlinie 111 km mit Umsteigen in Krehlau und Steinau vier Stunden und 20 Minuten benötigte. Das bedeutete, daß ein Guhrauer an einem Tag keine Erledigungen in Breslau machen konnte; er mußte eine Übernachtung einplanen!
Reklamiert wurde auch das Fehlen einer Kreisstädteverbindung von Wohlau über Trebnitz nach Oels, doch sie wäre wohl nie rentabel geworden, verkennt eine solche Forderung doch die Sogwirkung der Großstadt. Als besonders notwendig wurde aber eine Strecke Guhrau–Herrnstadt verlangt, um den Kreis Guhrau besser anzuschließen. Als Sofortprogramm wurde auch eine Bahn von Neumittelwalde nach Buchelsdorf bei Namslau gefordert, die von Namslau aus weiter nach Brieg führen sollte. Doch erst 1936 konnte mit einem grenznahen Teilabschnitt dieser Bau begonnen werden. Ab 1940 ging die Bahn im Abschnitt Groß Wartenberg-Buchelsdorf ratenweise in Betrieb.
Die Fertigstellung der Gesamtstrecke bis Kriegsende war jedoch nicht mehr zu schaffen.
Die Grenzschwierigkeiten führten zu Umbauten von Bahnanlagen, so wurde in Gleiwitz ein neues Bahnhofsgebäude errichtet und am 9. Dezember 1925 in Betrieb genommen, die gesamten Umbauten der Bahnhofsanlage zogen sich bis 1928 hin. Auch in Beuthen wurde ein neues Bahnhofsgebäude errichtet und 1930 vollendet.
Unabhängig von den notwendigen Verbesserungen im Bereich der Grenze vollendete die DR die KPEV-Planungen Wüstendorf–Breslau–Schottwitz 1922, Maltsch–Leubus 1923, Güterumgehungsbahn Liegnitz–Arnsdorf 1926.
Zwischen 1926 und 1928 erfolgte der Ausbau der Bahnhöfe in Arnsdorf, Mochbern, Breslau-Odertor, Königszelt, Waldenburg-Altwasser, Dittersbach, Freyhan (neuer Grenzbahnhof), Kohlfurt, Liegnitz, Neumittelwalde. 1929 schließlich war der neue Personenbahnhof in Liegnitz vollendet. 1933 konnte der Bahnhof Breslau-Mochbern weitergebaut werden. 1934 wurde Glatz Hbf erweitert. Schließlich erhielt auch Glogau am 10. Mai 1935 seinen neuen Bahnhof, für den es erste Planungen bereits 1908 gegeben hatte. Wir sehen daraus, wie erschwerend und verzögernd sich die politischen Verhältnisse und ihr Einfluß auf die finanzielle Situation der Bahn sich auf notwendige Verbesserungen im Schienennetz und Betrieb auswirkten.
1936 konnte der Umbau im Empfangsgebäude Ratibor, das zeitgemäßen Anforderungen nicht mehr entsprach, abgeschlossen werden.
Eine Neubaustrecke entstand zwischen Heydebreck und Groß Strehlitz am Rand des Annabergs entlang. Wer die zeitlos schönen Bahnhofsgebäude entlang der Strecke kennt und sieht, wie das Empfangsgebäude von Leschnitz-St. Annaberg speziell für die Abfertigung einer großen Reisendenzahl eingerichtet ist, der weiß, daß hier vordergründig für den Sonderverkehr von Ausflugs- und Wallfahrerzügen geplant wurde. In den zwanziger Jahren begannen erste Versuche mit der Verdieselung. Eine erste Probelokomotive mit 120 PS Leistung wurde bei Linke-Hofmann gebaut und anschließend auf der Strecke Breslau–Obernigk erprobt. Zum Bau eines für den Vorortverkehr dieser Strecke 1926 geplanten Dieseltriebwagens mit Anhänger ist es jedoch nicht gekommen. Vielmehr wurden ab 1928 alle in Schlesien stationierten Akkutriebwagen in Breslau konzentriert, um hier intensiveren Vorortverkehr durchführen zu können. In Beuthen war die Stationierung durch die Randlage ohnehin seit 1922 nicht mehr sinnvoll, lag doch der Bahnhof am Ende des DR-Netzes, so daß die AT zunächst nach Lauban kamen, und in Lauban verdrängte der elektrische Fahrdraht die Vorreiter des elektrischen Zugbetriebes. So ganz allmählich stellten sich auch die ersten Einheitslokomotiven in den Bahnbetriebswerken Schlesiens ein. Insbesondere die langen Nebenbahnen, wie Breslau–Bad Charlottenbrunn oder Sagan–Hirschberg, waren mit den lange eingesetzten preußischen Nebenbahnlokomotiven nicht mehr optimal zu bedienen. Stärkere Zuglasten und das Bemühen, die Fahrzeiten zu straffen, führten hier zum Einsatz der neuen Baureihen 64 und 86. Auch die Baureihe 44 kam für die schwereren Kohlen- und Erzzüge in schlesische Bw.
Besonders deutlich wurde jedoch in den dreißiger Jahren die Ablösung der preußischen Lokomotiven im Schnellzugdienst der Hauptstrecken Berlin und Dresden–Liegnitz–Breslau–Beuthen betrieben. Hier wurde bald die in Breslau neu stationierte Baureihe 03 allgegenwärtig, wobei die Stromlinienlokomotiven überwogen. Eine zuvor versuchte Stationierung der pr. P 10 (Baureihe 39), die ja seinerzeit vorwiegend im Schnellzugdienst eingesetzt war, wurde bald rückgängig gemacht. Sie war für Mittelgebirgsstrecken sicher besser geeignet als der „Flachlandrenner" 03, der allerdings oft beim Anfahren schwerer D-Züge Schwierigkeiten hatte. Deshalb wurden solche Züge bei der Ausfahrt in Oppeln und Breslau häufig nachgeschoben, wobei die BR 74 zu beobachten war. Höhepunkt des Schnellverkehrs der dreißiger Jahre wurde allerdings der „Fliegende Schlesier", ein Schnelltriebwagen der Bauart „Leipzig", der ab 15. Mai 1936 Beuthen mit Berlin als Tagesrandverbindung bediente. Er ermöglichte bei Abfahrt in Beuthen um 5.24 Uhr, in Breslau um 7.09 Uhr, Ankunft in Berlin Schlesischer Bf um 9.54 Uhr, eine bequeme Tagesreise nach Berlin, wo die Rückfahrt um 20.06 Uhr war. Ankunft in Breslau 22.46 Uhr, Beuthen 0.31 Uhr. Gehalten wurde in Gleiwitz, Heydebreck und Oppeln. Die 329,5 km zwischen Breslau und dem „Schlesischen" in Berlin wurden ohne Halt zurückgelegt (128,4 km/h – eine damals beachtliche Reisegeschwindigkeit).
Im Gegensatz zu früher eingerichteten SVT-Verbindungen führte die „Fliegende Lerge", wie der Triebwagen im Volksmund auch genannt wurde, die 2. und 3. Wa-

genklasse, konnte also auch von weniger Betuchten benutzt werden.
Der Sommerfahrplan 1939 sah eine weitere derartige Verbindung von Leipzig nach Breslau vor, die nach Fertigstellung eines im Bau befindlichen SVT aufgenommen werden sollte. Doch dazu kam es nicht mehr. Vielmehr wurden sofort mit Kriegsbeginn alle SVT-Verbindungen im Reich eingestellt und die Triebwagen für Zwecke des Militärs verwendet. In der zweiten Hälfte der dreißiger Jahre begann die große Herausforderung an die Leistungsfähigkeit der Reichsbahn. Es soll hier nicht erneut auf die Tatsache eingegangen werden, daß die DR die Autobahnen zu finanzieren, zu planen und zu bauen hatte, was bedeutete, daß sie finanziell und personell ihre eigentlichen Interessen nicht entsprechend wahrnehmen konnte, sondern künftiger Konkurrenz des Schienenverkehrs den Weg bereiten mußte. Die Rede ist vielmehr von zwei Großveranstaltungen, die 1937 und 1938 in Breslau stattfanden und deren Bewältigung die Reichsbahn vor Aufgaben stellte, wie sie seit den Abstimmungszügen nach Oberschlesien 1922 in Ostdeutschland nicht mehr vorgekommen waren.
Vom 28. Juli bis 1. August 1937 fand das 12. Deutsche Sängerbundfest in Breslau statt, im Jahr darauf das Deutsche Turn- und Sportfest. Insbesondere vom Sängerbundfest liegen uns Einzelheiten über die Organisation und Durchführung der 114 Sonderzüge vor, die vor allem am 29. Juli am Freiburger- und Hauptbahnhof ankamen. Von diesen kamen immerhin 30 Züge aus dem Ausland – etwa aus Deutsch-Österreich, wie eine Bildunterschrift in „Die Reichsbahn“ besagt. Zurück fuhren lediglich 81 Sonderzüge, weil man den Sängern, die schon so weit angereist waren, Gelegenheit bot, günstig anschließend auch das Land und insbesondere die schlesischen Berge kennenzulernen und mit fahrplanmäßigen Zügen wieder zurückzureisen. Zusätzlich zu diesen Sonderzügen aus der Ferne kamen am Samstag noch 197 Sonderzüge aus allen Teilen Schlesiens, die am Sonntag morgen wieder ins Land hinausgingen. Um den Hauptbahnhof zu entlasten, wurden die spärlichen drei Zugpaare der Nebenbahn Breslau–Burgweide–Fünfteichen durch Buskurse ersetzt und alle Sonderzüge aus der Richtung Oppeln endeten im Bahnhof Breslau–Güntherbrücke. Immerhin mußte dort eigens für diese Veranstaltung ein Kommandoturm errichtet werden. Außerdem mußte eine 6 m breite Fußwegüberführung gebaut werden, denn die ebenerdige Straßenkreuzung in der östlichen Bahnhofsausfahrt galt als zu gefährlich. Auch im Odertorbahnhof mußten Bahnsteige verlängert und weitere Ausfahrtmöglichkeiten geschaffen werden.
Durch Verwendung der „Fernzüge“ während ihres Stilllagers für die innerschlesischen Sonderzüge – zum Teil sogar mehrfach – wurden für letztere nur 51 Garnituren zusätzlich benötigt. Damit wurde auch der Großraum Breslau von unnütz herumstehenden Leergarnituren entlastet. Abgestellt mußten die Sonderzüge ohnehin in weitem Bereich werden, wobei Glogau, Bunzlau und Reisicht genannt werden. Zusätzlich beengt war der Betrieb und das Wagenaufkommen ohnehin durch die Tatsache, daß am gleichen Wochenende in Ostdeutschland die Sommerferien zu Ende gingen, was an sich schon verstärkten Verkehr aus den Urlaubsgebieten zurück in die Großstädte brachte. Andererseits hatten die Organisatoren ihre Rechnung nur zum Teil richtig aufgemacht. Es stellte sich nämlich heraus, daß die innerschlesischen Sonderzüge gar nicht so beansprucht wurden, wie erwartet. Um über das ganze Wochenende in Breslau bleiben zu können und nicht nur der Veranstaltung am Samstag abend beizuwohnen, lösten sich viele Schlesier lieber eine Sonntagrückfahrkarte.
Es liefen deshalb etliche Sonderzüge so schwach besetzt nach Breslau, daß man die Rückfahrt von 22 Schlesierzügen sparte und die damit Angereisten auf Planzüge verwies. Tatsächlich setzte der Rückreiseverkehr erst am Sonntag nach 18.00 Uhr ein, was bewirkte, daß zu vielen Planzügen Vor- und Nachzüge eingesetzt werden mußten, für die zum Teil kurzfristig Bedarfspläne zu erstellen waren. Am Montag morgen setzte die zweite Rückreisewelle ein. Jetzt verließen die Fernsonderzüge Breslau, außerdem begannen die Ausflüge ins Gebirge. Insbesondere die Züge in Richtung Hirschberg mußten doppelt, teilweise gar dreifach geführt werden. Insgesamt kamen noch 103 Entlastungszüge zum Einsatz. Daß trotz dieses starken Reisezugverkehrs der Güterverkehr nicht gedrosselt werden konnte, ist naheliegend. Hier versuchte man, durch zeitliche Verlegung den Erfordernissen gerecht zu werden. So wurden Leerwagen vorzeitig den Verladern zugestellt. Am Samstag mußten allerdings in Oberschlesien beladene Züge zurückgehalten werden. Sie wurden in den Zugpausen des Sonntags abgefahren.
Zur Bewältigung des gesamten Mehrverkehrs standen der RBD Breslau zusätzlich 100 Lokomotiven zur Verfügung, welche die Sängerzüge gebracht hatten. Unterstützung kam aber auch von den Nachbardirektionen Oppeln, Osten und Dresden. Während die Sängerzüge mit 85 km/h fuhren, wurden für die Schlesierzüge und Leerzüge einheitlich 55 km/h vorgesehen, um hier auch Güterlokomotiven einsetzen zu können. Für den Lokomotivdienst mußten zusätzlich 500 Mann eingesetzt werden, die man u. a. in den Ausbesserungswerken und Bahnmeistereien abzog. Im Jahr darauf dürfte sich der Sonderzugdienst für das Deutsche Turn- und Sportfest in ähnlicher Weise vollzogen haben. Jetzt sollte es aber eine noch größere Aufgabe für die schlesischen Eisenbahner geben. Das Münchner Abkommen vom 21. September 1938 beendete die langanhaltende Sudetenkrise. Es bestimmte die Eingliederung der von Deutschen bewohnten Randgebiete Böhmens und Mährens in das Reichsgebiet. Diese Gebiete sollten zwischen 1. und 10. Oktober 1938 von der tschechischen in deutsche Verwaltung übergehen. Den Truppen folgten sogleich Eisenbahner, um den Bahnbetrieb wieder aufzunehmen. Verwaltungsmäßig gingen die angrenzenden Gebiete des Sudetenlands in die Direktion über, die bisher den Grenzverkehr in diesem Bereich betrieb. Das Ostsudetenland zwischen Riesengebirge und Mährischer Senke kam in die Verwaltung der RBD Breslau und Oppeln. Das Olsagebiet um Oderberg und Teschen wurde von Polen besetzt. Einzelheiten der Geschichte der Bahnen in den neuen Reichsgebieten finden sich in „Eisenbahnen im Sudetenland“. Deshalb hier nur soviel: Die RBD Oppeln erhielt durch diese Maßnahmen 533 km zusätzliche Strecken im Bereich Troppau–Jägerndorf–Freiwaldau. Die RBD Breslau wurde im Bereich Mährisch Schönberg–Zwittau–Trautenau um 467 km Strecken erweitert. Die mit der Übernahme

dieser Strecken verbundenen Probleme waren erheblich, denn die Tschechen hatten nicht nur die Betriebsmittel weggebracht, sondern teilweise auch Bahnhofseinfahrten unbefahrbar gemacht. Es galt ferner, neue Grenzbahnhöfe einzurichten, zumeist an Orten, deren Bahnhöfe dafür kaum geeignet waren. Schon am 10. November 1938 kam es zur Aufnahme zweier Transitverbindungen von Schlesien über Mähren nach Wien, die ebenfalls vertraglich gesichert waren.
Weniger spektakulär war dabei die D-Zug-Verbindung Breslau–Glatz–Mittelwalde–Wildenschwert–Brünn–Lundenburg–Wien. Sie führte 70 km durch tschechisches Gebiet. Allerdings lagen hier die Schwierigkeiten, die einer größeren Reisegeschwindigkeit hinderlich waren. Dreimal mußte auf der Gesamtstrecke die Lok gewechselt werden – in Mittelwalde, Böhmisch Trübau und Lundenburg, dazu kam noch ein Betriebshalt in Wildenschwert zum Kopfmachen (für den Laien: die Lok muß ans andere Ende des Zuges umsetzen). Eingleisige Abschnitte Breslau–Kamenz (dieser wurde bis 1944 nur bis Strehlen zweigleisig ausgebaut), Rengersdorf–Wildenschwert wechselten mit zweigleisigen ab.
Zwischen Mittelwalde und Wildenschwert erlaubte der Oberbau nur eine Achslast von 15 t bei teilweiser Steigung von 11,25 ‰ auf fast 12 km Länge. Immerhin brauchte der D-Zug nicht an den vielen Grenzübergängen zu halten, denn die ethnographische Grenzziehung hatte die Verkehrsverbindung rücksichtslos zertrennt. So wurde die Grenze allein zwischen dem tschechischen Wildenschwert und Brüsau–Brünnlitz, dem letzten Bahnhof der RBD Breslau, viermal überfahren. Zuvor schon war zwischen Lichtenau und Wildenschwert fünfmal die Grenze zu queren.
Angesichts derartig schwieriger Betriebsverhältnisse in vorwiegend landschaftlich reizvoller Mittelgebirgslandschaft war an Schnellfahren ohnehin nicht zu denken. Deswegen war der erste Zug, der Breslau Richtung Wien verließ, mit der 38 3167 des Bw Glatz bespannt. Sie müßte in Mittelwalde von einer weiteren P 8 abgelöst worden sein, die bis Böhmisch Trübau, ab Wildenschwert rückwärts fuhr. Dort ist er wohl von einer 33^1 (k. k. St. B. 113) übernommen worden. Einer anderen Quelle zufolge wäre diese schon in Wildenschwert zum Zuge gekommen und bis Wien Ost durchgelaufen. Mit einem Schnellzugpaar blieb diese Verbindung stets im Schatten der Verbindung über Oderberg, deren durchgehende Trassierung als zweigleisige Hauptbahn im Flachland für Schnellzüge ungleich günstiger war. Es wurden sogleich drei D-Zugpaare in Betrieb genommen, die alle von Berlin bis Wien Ost verkehrten. Im Durchlauf Heydebreck–Wien Ost wurden hier zunächst in Heydebreck stationierte S 10^1 verwendet. Bekannt sind die 17 1060, 1073, 1091, 1145, 1146, 1147 und 1148. Doch sie erwiesen sich vor den schweren Zügen als unzureichend, so daß dem Bw Heydebreck bayerische S 3/6 zugewiesen wurden. Es wurde mit den 18 425 bis 431 und 434 östlichstes Einsatz-Bw dieser berühmten Lokomotivgattung. Allein, die oberschlesischen Personale kamen mit dieser ungewohnten Vierzylinderlok nicht recht klar, mochte sie auch anderswo den berühmten „Rheingold“ fahren. So währte das S 3/6-Gastspiel in Oberschlesien und auf Mährens Schienen nur bis zum Frühjahr 1940, dann wurden sie von der Baureihe 03 ersetzt. 03 031 und 074 bis 079 blieben in diesem Dienst bis April 1944, dann wurden sie von der Baureihe 19^1 (der erbeuteten polnischen Pt 31) abgelöst. Allerdings fuhren die Korridor-03 bald nur noch zwischen Oderberg und Wien Ost. Bis zu Kriegsbeginn wurde übrigens das von Polen annektierte Oderberg ohne Halt passiert. Umgekehrt fuhr die PKP zwischen Rybnik und Oderberg über das deutsche Gebiet in Annaberg.
Man ist versucht, die Sudetenlandbesetzung als Generalprobe anzusehen für die Aufgaben, die nach dem 1. September 1939 von den schlesischen Eisenbahnern zu lösen waren. Zuvor schon war Schlesiens Grenze zu Polen Aufmarschgebiet des Militärs. Da wurde so manche Nebenbahn über Nacht zur wichtigen Verbindung in Richtung Ostgrenze. Insbesondere der Verkehr in der Relation Neisse–Oppeln–Kreuzburg muß in diesen Tagen ganz beträchtlich angewachsen sein. Nach der Niederlage Polens wurde nördlich der RBD Breslau wieder eine Direktion in Posen errichtet. Die RBD Oppeln dagegen übernahm weite angrenzende Gebiete im östlichen Oberschlesien und darüber hinaus bis an die Grenze zur Ostbahn, wie die Bahn im Generalgouvernement, dem restlichen Polen, hieß. Damit erweiterte sich ihr Streckennetz auf fast 4 000 km; vor dem Sudetenanschluß umfaßte es lediglich 1 000 km. Die Zahl der Mitarbeiter stieg in der gleichen Zeit von 17 000 auf 90 000. Die sich allein aus diesen Zahlen ergebenden Probleme lassen sich zwar nur annähernd erahnen, denn es galt ja trotz des Zuwachses, immer mehr Personal und Fahrzeuge an die Front abzustellen. Zwar konnten in gewissem Rahmen – zum Teil sogar drastisch – die Fahrpläne ausgedünnt werden, doch mußte der Güterverkehr infolge des Bedarfs der Wehrmacht und der Rüstungsindustrie gegenüber den Friedensjahren eher erheblich verstärkt werden. Zum Teil sorgten im bombensicheren Oberschlesien neu angesiedelte Unternehmen, wie das Hydrierwerk bei Heydebreck, allein schon für erheblichen Verkehrszuwachs bereits in der Bauphase und erst recht nach Aufnahme der Produktion. Da waren die ab 1943 zunächst in großen Zahlen aus den Werken rollenden Kriegslokomotiven Baureihen 42 und 52 in höchstem Maße erforderlich, um den Verkehr überhaupt aufrecht erhalten zu können. Mit ihren vereinfachten Bauformen, speziell mit dem glatten Kessel, machten ihre ersten Exemplare auf den damals ganz jungen Autor im Vergleich zu den sonst üblichen G 12 und BR 44 einen hervorragenden Eindruck, der durch den grauen Anstrich noch betont wurde. Die wenigen verbliebenen Schnellzüge liefen zum Teil weit über die alte Reichsgrenze hinaus. Krakau war jetzt Zielort im Südosten. Das D-Zugpaar Wien–Breslau über Glatz wurde über Posen bis Königsberg verlängert. Die allgemeine Ausdünnung der Reisezugpläne wurde im Bereich der elektrifizierten Strecken kaum erforderlich. Hier waren zunächst genügend Lokomotiven vorhanden, die vor den Auswirkungen der Luftangriffe weder im Süden noch in Mitteldeutschland vonnöten waren. Das Kraftwerk Mittelsteine wurde mit relativ schlechter Kohle aus dem Bergwerk „nebenan“ versorgt. Damit waren die Voraussetzungen gegeben, den Betrieb in diesem Bereich uneingeschränkt weiterzuführen, was insofern auch nötig war, als in den Gebirgsorten jetzt viele Lazarette und Erholungsheime für verwundete Landser eingerichtet werden mußten. Erst 1943 mußten die ersten E-Loks an die bereits bombengeschädigten an-

deren Netze abgegeben werden. Auf der Gebirgsbahn verkehrte übrigens seit dem Sudetenlandanschluß ein D-Zugpaar Berlin–Glatz weiter über Kamenz–Neisse –Jägerndorf bis Troppau und zurück.
Hatten deutsche Truppen im Verlauf des Rußlandfeldzuges Leningrad und Moskau bedroht, Stalingrad besetzt und den Kaukasus erreicht, so wendete sich mit dem Fall Stalingrads das Blatt. Nun ging es für die deutschen Armeen rückwärts, bis sich schließlich die alliierten Sieger bei Torgau an der Elbe zum Gruß die Hände reichten. Damit aber war das Schicksal auch unserer Heimat besiegelt. Wer im August 1944 östlich der Oder durchs Land fuhr, dem konnte nicht entgehen, daß hier und da in ihren Sommerferien Hitlerjungen u.a. „schanzten", d.h. Panzergräben aushoben. Das war zwar nur eine „vorsorgliche Maßnahme" – wie es hieß –, doch hätte man sie sich sparen können: diese Sperren waren für die russischen Panzer im darauffolgenden Januar keinerlei Hindernis. Und so nahm das Verhängnis seinen Lauf! Aus dem Weichselbogen stießen russische Truppen binnen weniger Tage bis an die Oder vor. War bis zum Jahresende 1944 Schlesien „Deutschlands Luftschutzkeller", wo man erstmals alliierte Bomber im September kennengelernt hatte, so verwandelte sich das Land jetzt in einen Hexenkessel, in dem kaum noch einer durchblickte. Von Osten zogen schon die Deutschen aus dem Posener Land nach Westen, als auch hier – vielfach zu spät – mit der Evakuierung der Bevölkerung begonnen wurde. So hieß es bei uns in Oppeln am 16. Januar offiziell, man solle bis zum Abend für 14 Tage wegen Frontnähe die Stadt verlassen. Obwohl die Reichsregierung die alliierten Pläne längst kannte, wurde die Bevölkerung über die Zukunft im Unklaren gelassen. So nahmen wir unser Luftschutzgepäck und fuhren zu Oma nach Breslau – wie sonst am Wochenende auch – als ob das eine Lösung gewesen wäre. Vorsorglich gingen wir aber nicht zum nahen Ostbahnhof, sondern zum Hauptbahnhof, wo der Zug ja bereitgestellt wurde. Obwohl wir zwei Stunden vor der Abfahrt ankamen, war es schwierig, noch Platz zu finden, denn die in Oppeln endenden Züge aus den Richtungen Groß Strehlitz, Tarnowitz und Kreuzburg hatten ja schon überfüllt den Hauptbahnhof erreicht. Teilweise kamen sie verspätet an, so daß sich unsere Abfahrt stark verzögerte. Im Ostbahnhof jedenfalls hätten wir zwar lange warten müssen – doch umsonst. Zwar hielt der Zug dort zum ersten Mal – doch nur, um bei den Wartenden trügerische Hoffnung zu wecken. Auf die Einzelheiten unserer Flucht soll hier nicht näher eingegangen werden, nur soviel: Bis Mitte März konnten wir noch bei einer Tante im damals noch ganz friedlichen Waldenburger Bergland bleiben, ehe es endgültig quer durch Böhmen ins ferne Bayern ging. All diese Entfernungen konnten wir Städter mit der Reichsbahn zurücklegen, die letzte, größte Etappe von Hirschberg/Riesengebirge nach Ergoldsbach in einem langen Sonderzug, gebildet aus den bekannten preußischen Abteilwagen. Während unten im Tiefland heftige Kämpfe tobten – Breslau war bald eingeschlossen und band als Festung bis wenige Tage vor Kriegsende wertvolle russische Truppen – ging es im Raum Waldenburg wohl gemerkt, recht friedlich zu.
So konnten wir ungehindert mehrfach von Steingrund nach Waldenburg und Nieder Salzbrunn fahren. Nur nachts war ferner Kanonendonner zu hören. Tagsüber genoß der junge Eisenbahnfreund – den Begriff gab's noch gar nicht– das Spektakel, wenn auf der Weistritztalbahn schwere Güterzüge, bespannt mit zwei 52ern, bergwärts strebten und in der Kurve in Lehmwasser liegenblieben, und oben auf der Gebirgsbahn glitten zumindest noch hier vornehm die D-Züge durch die verschneite Landschaft. Daß so etwas noch möglich war, verdanken wir einer Bahnstrecke, die am Rand der Sudeten entlang lief, und die es ermöglichte, daß hier schnell Truppen in gefährdete Frontabschnitte verlegt werden konnten. Es war dies die zweigleisige Hauptbahn Liegnitz–Kamenz–Heydebreck, der wir unsere befristete Ruhe verdankten.
Sie funktionierte und hielt als Verteidigungslinie, als die Russen schon die Hauptbahn von Lemberg durch Oberschlesien über Groß Strehlitz bis Brockau auf ihre Breitspur umgenagelt hatten, um immer neue Truppen und Nachschub in ihren Kampf gegen die Festung Breslau zu werfen.
Noch kurz bevor sich der Ring der russischen Armeen wie ein Würgegriff um die Stadt schloß, konnte die RBD Breslau evakuiert werden. Am Sonntag, den 21. Januar sollte um 16.00 Uhr abgefahren werden mit Ziel Görlitz. Aber in dem herrschenden Chaos war das nicht realisierbar. Aus Oberschlesien kamen schon die Kohlenzüge nicht mehr durch. Der Start wurde auf den 22. Januar verschoben. Es sollte am Abend vom Freiburger Bahnhof aus nach Schweidnitz gehen. Im Bahnhof herrschte ein großes Gedränge, denn verständlicherweise wollten noch viele die Stadt verlassen. In einem völlig überfüllten Werkstattzug gelang dies Familienangehörigen. Endlich, am 23. Januar gegen 3.30 Uhr, konnte ein weiterer Räumungszug – er bestand zum Teil aus alten „Berliner Wagen" ohne Abort, war wohl somit das letzte Aufgebot – am Bahnsteig 5 des Hauptbahnhofs bereitgestellt werden. Er erreichte gegen 6.00 Uhr Schweidnitz. Von dort versuchte man, nach Görlitz zu gelangen, doch gab es zunächst keine Möglichkeit. Doch am 31. Januar konnte nach mehreren Versuchen in Schweidnitz-Niederstadt gegen 16.30 Uhr gestartet werden. Immerhin gab es gegen die eisige Kälte Stroh auf den Holzbänken in den zwei bereitgestellten Werkstattzügen, die aus MCi-(Kriegspersonen-)Wagen gebildet waren. Schon in Kroischwitz gab es längeren Halt, weil der 50-Wagenzug geteilt werden mußte. Denn auf der Bergstrecke nach Bad Charlottenbrunn war die Lok ohnehin auch mit der halben Garnitur überfordert. Wegen Dampfmangel mußte auf freier Strecke vor Oberweistritz, bei Kynau und in der schon erwähnten Kurve in Lehmwasser vor der Auffahrt zum Bahnhof Bad Charlottenbrunn gehalten werden.
Die Fahrt der beiden Zugteile über dieses Streckenstück währte die ganze Nacht und erst am nächsten Vormittag wurden sie wieder vereint. In der darauffolgenden Nacht ging's dann weiter über Hirschberg nach Görlitz, wo der Zug endlich am nächsten Abend gegen 17.30 Uhr eintraf und alsbald Richtung Erfurt weiterrollte.
In dieser Zeit äußerster Bedrängnis, als vorübergehend die Gebirgsbahn durch die Eroberung Laubans unterbrochen war, das nur in hartem Ringen freigekämpft werden konnte, wurde schließlich sogar noch eine neue Bahn erbaut! Es war dies die schon bald nach der Jahrhundertwende von der KPEV geplante Verbindung Schlaney–Nachod zum Anschluß an die Bahn in Böh-

men. Jetzt, wo durch die Zerbombung Dresdens der Weg nach Westen schon fast nicht mehr möglich war – es ging ja nur noch über die wenigen Bergstrecken in den Sudeten, die für hohes Verkehrsaufkommen nicht eingerichtet waren – wurde dieses Projekt schließlich vollendet! Eigentlich war die Neubaustrecke gar nicht lang. Es mußte lediglich von der Hochfläche ein Damm geschüttet werden, dann war es Aufgabe der Pioniere, eine Brücke über das Grenzflüßchen Mettau zu schlagen, sodann konnte die Kurve in den Bahnhof Nachod angelegt werden.

Damit war eine weitere Nabelschnur nach Westen gewonnen, die zudem wesentlich kürzer war als die nächste Verbindung über Mittelwalde. Am 8. Mai kapitulierte die deutsche Wehrmacht. Damit war für die Russen der Zeitpunkt gekommen, die von ihnen nicht erkämpften schlesischen Gebiete – im wesentlichen die Sudeten und ihre Vorgebirge – zu besetzen. Diese Gebiete fielen ihnen – vom hart umkämpften Lauban abgesehen – praktisch unversehrt in den Schoß. Doch noch am Tag vor der Kapitulation wurden völlig unnötigerweise der Rohrlacher Tunnel, der Hirschberger Boberviadukt und der Neisseviadukt in Görlitz gesprengt. Als bald darauf zwischen Waldenburg und Hirschberg wieder Züge verkehrten, wurden sie über die Nebenbahn Landeshut–Schmiedeberg geleitet. Wenngleich viele elektrische Triebfahrzeuge noch vor Kriegsende nach Bayern abgefahren wurden, war es dennoch möglich, diesen bescheidenen Verkehr mit E-Lok abzuwikkeln. Einen dieser Züge bespannte eine E 44. Daß in diesem Bereich die Eisenbahner bestrebt waren, im Rahmen des Möglichen trotz der Besetzung wieder normale Verhältnisse zu schaffen, beweist der in den Amtlichen Nachrichten für Stadt und Kreis Glatz am 23. Mai 1945, also nur zwei Wochen nach der Kapitulation, veröffentlichte Fahrplan für die zwei wichtigsten Strecken des Glatzer Berglandes. Diese Bemühungen zur Normalisierung endeten mit dem Einzug der Polen, die alsbald die deutschen Dienststellen auflösten bzw. übernahmen.

Noch die KPEV vollendete 1914 den Bau der späteren RBD Breslau an der Malteserstraße südlich des Hauptbahnhofs.

RBD Breslau

Am 1. Januar 1857 übernahm der Preußische Staat Verwaltung und Betrieb der Oberschlesischen Eisenbahn für Rechnung der Gesellschaft. Hierzu wurde eine besondere Kgl. Direktion der Oberschlesischen Eisenbahn zu Breslau eingesetzt. Als 1883 das oberschlesische Eisenbahnunternehmen verstaatlicht wurde, änderte der Erlaß vom 24. Januar 1884 die Firma der bis dahin bestellten Kgl. Direktion in „Kgl. Eisenbahndirektion zu Breslau“ ab.
Dieser Direktion unterstanden die Oberschlesische Eisenbahn einschließlich Neisse-Brieger-Eisenbahn, Wilhelmsbahn (Kosel–Oderberg); die Niederschlesische Zweigbahn (Glogau–Hansdorf), Rechte-Oder-Ufer-Eisenbahn, die Posen-Kreuzburger- und die Oels-Gnesener-Eisenbahn. 1885 wurde ihr noch die Strecke Breslau–Glogau–Stettin, eine Linie der ehemaligen Breslau-Schweidnitz-Freiburger-Eisenbahn, zugeteilt. Im gleichen Jahre wurden die Strecken Sagan–Sorau und Camenz–Frankenstein an die Direktion Berlin, Posen–Hohensalza–Thorn an die Direktion Bromberg, 1888 die Strecke Jarotschin–Gnesen an Bromberg abgegeben.
In den nächsten Jahrzehnten baute der Staat im Breslauer Bezirk ein dichtes Nebenbahnnetz aus. An wichtigen Hauptbahnen entstanden: Rosenberg–Tarnowitz (1884), die Güterschleppbahn Oppeln–Karlsmarkt–Brockau (1909) und die Breslauer Güterumgehungsbahn (1896).
Mit der Neuorganisation gemäß Erlaß vom 15. Dezember 1894 trat am 1. April 1895 eine bedeutende Änderung ein. Aus dem östlichen Teil des Bezirks entstand der selbständige oberschlesische Eisenbahndirektionsbezirk Kattowitz (heute Oppeln).
Nun folgen kleinere Änderungen: Am 1. April 1896 ging die Strecke Zittau–Nikrisch an die Sächsische Staatsbahn, am 1. April 1899 der Bf. Glogau an die Direktion Posen ab, die Strecke Sagan–Hansdorf kam von Posen zu Breslau. Am 1. April 1903 gingen die Nebenbahnen Neusalz–Freystadt–Sagan und Freystadt–Waltersdorf–Reisicht und am 1. April 1905 Benau–Christianstadt–Grünberg auf die Direktion Posen über.
Nach dem Umsturz am 9. November 1918 lautete die Firma „Eisenbahndirektion“.
Als die Polen im Frühjahr 1919 größere Teile Posens besetzten, übernahm die Eisenbahndirektion Breslau gemäß Erlaß vom 26. April 1919 vorläufig die Strecken der B. A. Lissa (Posen) 1 und 2, Glogau 1 und 2 und die noch freien Strecken der B. A. Wollstein und Krotoschin. Von diesen Strecken hat Breslau nach dem Erlaß der Preußischen Staatsregierung vom 19. Dezember 1919 Obernigk–Landesgrenze bei Rawitsch, Trachenberg–Herrnstadt, Oels–Militsch–Landesgrenze bei Zduny und Groß Graben–Landesgrenze bei Neu Mittelwalde behalten.
Die übrigen Strecken hat die neu errichtete Eisenbahndirektion Osten am 1. April 1920 übernommen.
Am 23. Februar 1920 mußte die Eisenbahndirektion Kattowitz auf Verlangen der Interalliierten Abstimmungskommission für Oberschlesien an die Eisenbahndirektion Breslau folgende Strecken vorläufig abgeben: Dittersdorf–Deutsch Wette, Schiedlow–Neisse, Schiedlow–Deutsch Leippe, Dambrau–Briegischdorf, Eckersdorf–Namslau, Grambschütz–Oels, Buchelsdorf–Namslau.
Die Strecke Karlsmarkt(ausschließlich)–Czarnowanz ging zum gleichen Zeitpunkt von Breslau auf Kattowitz über. Diese Regelung wurde durch Erlaß vom 31. Mai 1922 endgültig bestimmt.
Im Jahre 1922 wurden noch am 1. April die Grenze der Bezirke Halle (Saale) und Breslau auf der Strecke Cottbus–Sagan von km 58,0 nach km 51,0 verlegt und am 1. September die im Kreise Namslau gelegenen Abschnitte der Strecken Oels–Namslau–Kreuzburg und Namslau–Jellowa–Oppeln von der Direktion Oppeln an Breslau abgegeben.
Die Firma lautet seit dem 6. Juni 1922: „Reichsbahndirektion“ und seit dem 11. Oktober 1924: „Deutsche Reichsbahn-Gesellschaft, Reichsbahndirektion Breslau.“
Am 31. Dezember 1927 betrug die Betriebslänge 2 645 km, die Zahl der Ämter 26, der Stationen 512, der Bahnmeistereien 157, der Bahnbetriebswerke und Bahnbetriebswagenwerke 25, der Personalstand (Kopfzahl) 37 235 einschließlich Werkstättenarbeiter des Werkstättenbezirks 3 (Breslau und Oppeln).

Reichsbahndirektionsbezirk Breslau
Gutschein Nr. 546755
über
ZWEI MILLIONEN MARK
Dieser Gutschein wird von der Eisenbahnhauptkasse in Breslau und den Eisenbahnstationskassen des Direktionsbezirks bis zum Ablauf des 30. September 1923 eingelöst. Er verliert nach diesem Tage seine Gültigkeit.
Breslau, den 15. August 1923
Reichsbahndirektion
2000000
REICHSBAHNDIREKTION BRESLAU
DRUCK VON W. G. KORN.

Dokumente der von äußeren Krisen bestimmten Reichsbahnzeit: Notgeld der RBD Breslau von 1923. Fahrerlaubnis zum Weihnachtsbesuch der Eltern, 1943. Geradezu normal wirkt dagegen die Platzkarte für den Sonderzug ins Riesengebirge während der Weltwirtschaftskrise.

Reichsbahndirektionsbezirk Breslau

Nr. 441919

100

Gutschein über

Einhundert Millionen Mark

Dieser Gutschein wird von der Eisenbahnhauptkasse in Breslau und den Eisenbahnstationskassen des Direktionsbezirks bis zum Ablauf des 31. Dezember 1923 eingelöst. Er verliert nach diesem Tage seine Gültigkeit.

Breslau, 27. September 1923. Reichsbahndirektion

Reichsbahndirektion Breslau

Druck von W. G. Korn.

Reichsbahndirektionsbezirk Breslau

Nr. 210749

50

Gutschein über

Fünfzig Milliarden Mark

Dieser Gutschein wird von der Eisenbahnhauptkasse in Breslau und den Eisenbahnstationskassen des Direktionsbezirks bis zum Ablauf des 31. Dezember 1923 eingelöst. Er verliert nach diesem Tage seine Gültigkeit. Breslau, 25. Oktober 1923.

Reichsbahndirektion

Reichsbahndirektion Breslau

Sonderzug

am 1. Juli 1931

ab Görl. Bf. 11[38]

nach d. Riesengebirge

Ausweis

für einen Platz im

Nichtraucher ~~Raucher~~ - Abteil

Nr. 26

00206

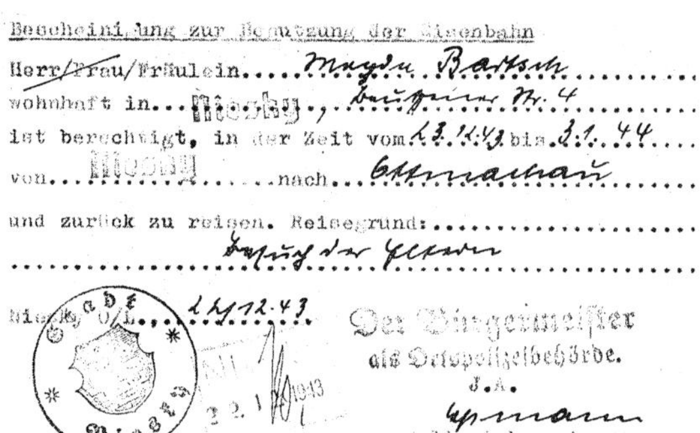
Bescheinigung zur Benutzung der Eisenbahn

Herr/~~Frau~~/Fräulein ..... [illegible]

wohnhaft in ..... Niesky, [illegible]

ist berechtigt, in der Zeit vom 23.12.43 bis 3.1.44

von ..... Niesky ..... nach [illegible]

und zurück zu reisen. Reisegrund: .....

[illegible]

Niesky O/L. 21.12.43

Der Bürgermeister als Ortspolizeibehörde.

I.A.

Stadt Niesky

Aug. 39

Monatskarte

Personenzug

Weidenhof

nach [illegible]

über [illegible]

(Eigenhändige Unterschrift des Inhabers. Vor- und Familienname Tinte od. Tintenstift ausgeschrieben)

3.Kl. 24 km 17,00 RM

Nicht übertragbar

0727

Mitteleuropäisches Reisebüro

Deutsche Reichsbahn

Für alle Züge in Verbindung mit Schnellzugzuschlagschein; für FD- und L-Züge tarifmäßiger Zuschlag

20%

2. Klasse Preis 19,60 RM Nr 37405

Gültig 2 Monate

Beliebige Fahrtunterbrechung ohne Bescheinigung

Berlin Stadtb. od. Görl. Bf. — Breslau Hbf.

oder

Breslau Hbf. — Berlin Stadtb. od. Görl. Bf.

über Frankfurt / Cottbus

Ausgabestelle:

Erster Geltungstag:

Mitteleuropäisches Reisebüro

Berlin Stadtb. od. Görl. Bf. — Breslau Hbf.

Reihe 204 336 km 2. Klasse Nr 37405

Reihe 204 336 km

Im Vorortverkehr nach Kattern bei der Schönstraße in Breslau läuft der Akkutriebwagen um 1930 im grünen Anstrich. ▶

Klitscher

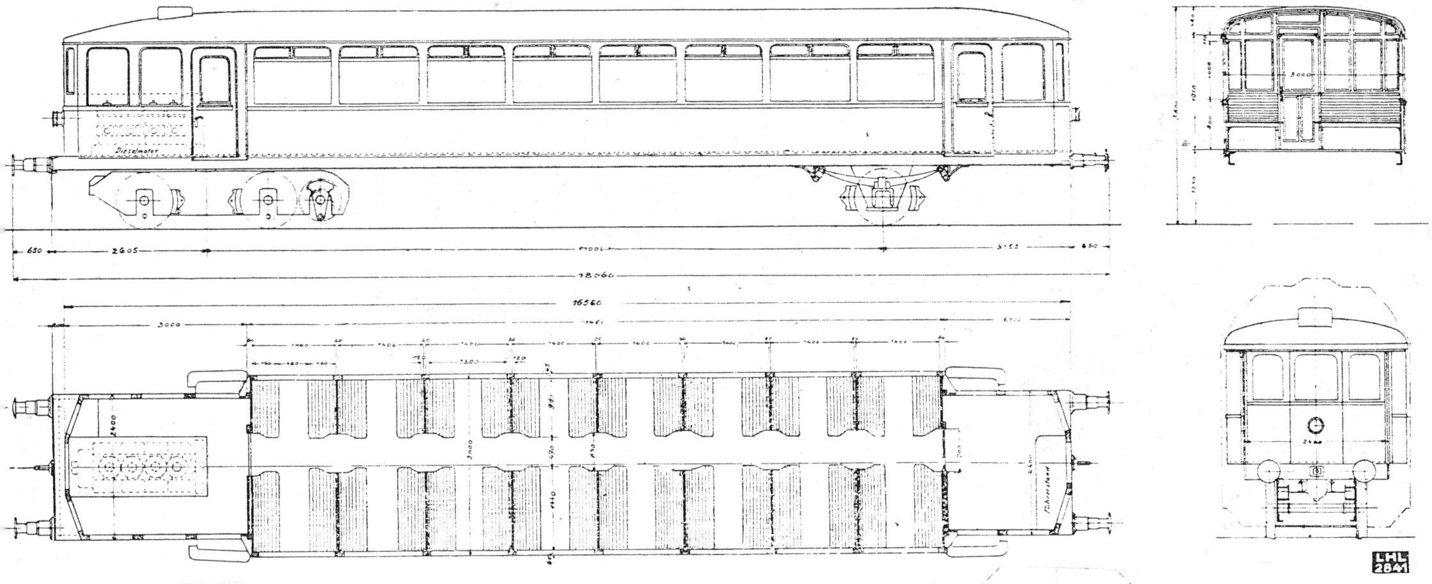

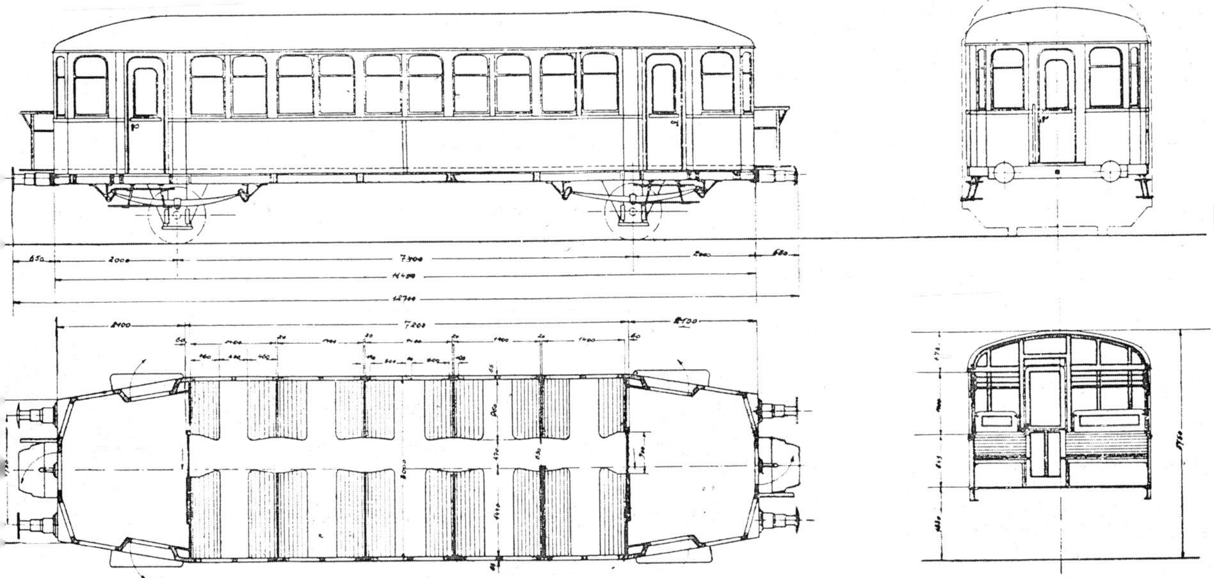

LHL
2840

Mit diesem Triebwagenzug propagierten die Linke-Hofmann-Werke um 1927 einen wirtschaftlich-flotten Vorortverkehr zwischen Breslau und Obernigk.

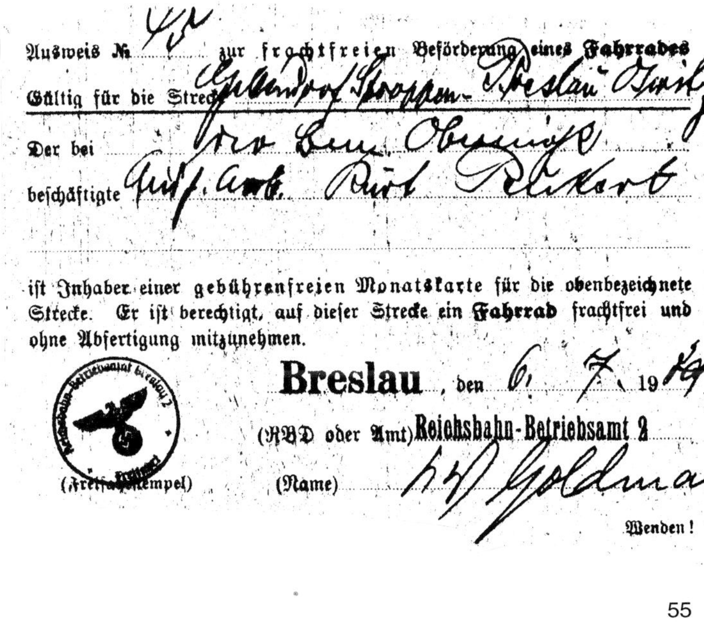

Ausweis Nr. 45 zur frachtfreien Beförderung eines Fahrrades

Gültig für die Strecke Gellendorf Stroppen – Breslau Oswitz

Der bei vor dem Obernigk

beschäftigte Hilfs. Arb. Kurt Pelikart

ist Inhaber einer gebührenfreien Monatskarte für die obenbezeichnete Strecke. Er ist berechtigt, auf dieser Strecke ein Fahrrad frachtfrei und ohne Abfertigung mitzunehmen.

Breslau, den 6. 7. 1944

(RBD oder Amt) Reichsbahn-Betriebsamt 2

(Freistempel) (Name) i.V. Goldmann

Wenden!

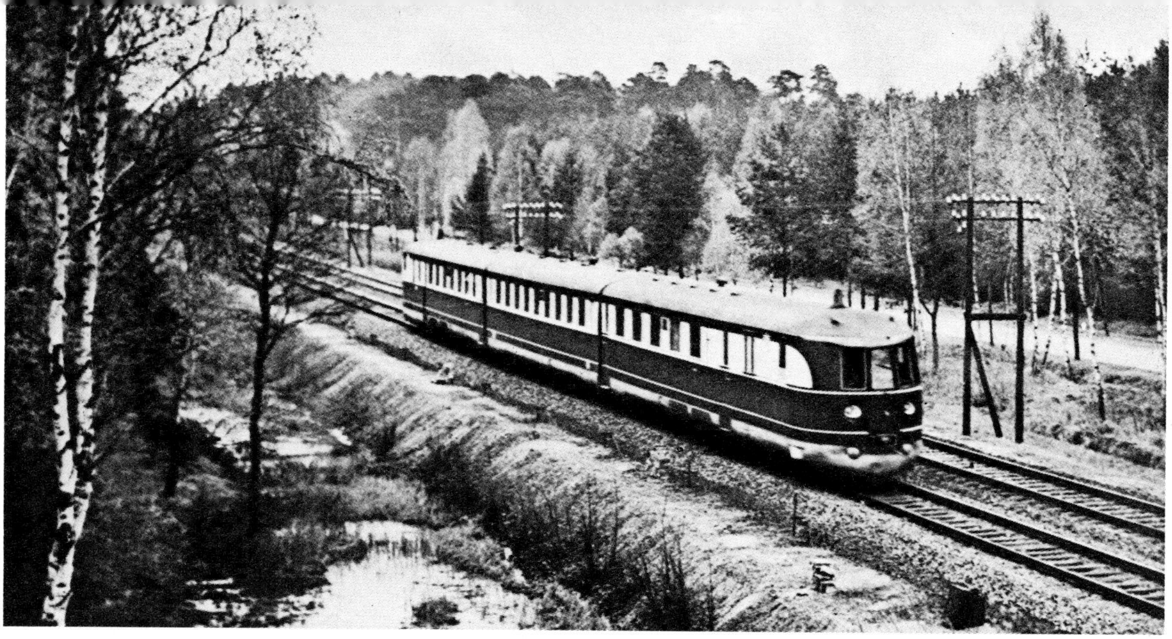

Der „Fliegende Schlesier“ 1937 in der Heide zwischen Guben und Sagan.

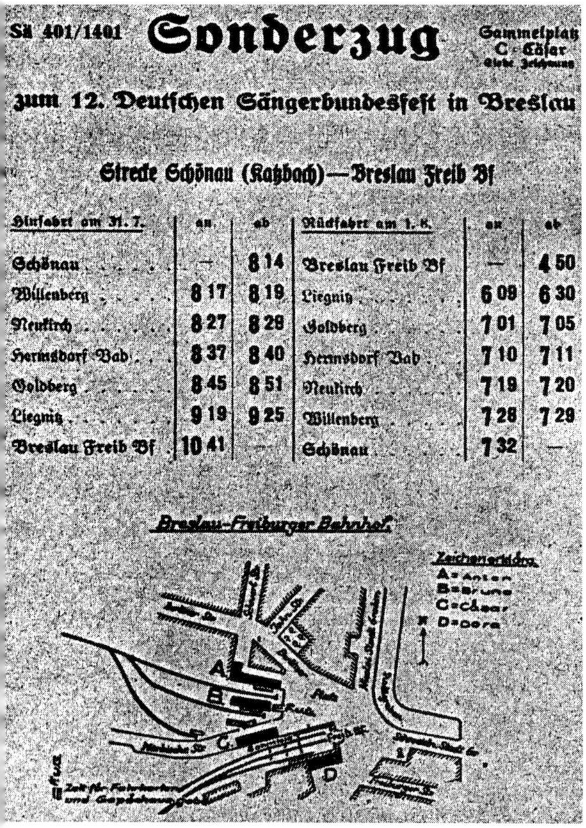

Sä 401/1401 **Sonderzug** Sammelplatz C Cäsar Siehe Zeichnung

zum 12. Deutschen Sängerbundesfest in Breslau

Strecke Schönau (Katzbach)—Breslau Freib Bf

Hinfahrt am 31. 7.	an	ab	Rückfahrt am 1. 8.	an	ab
Schönau	—	8 14	Breslau Freib Bf	—	4 50
Willenberg	8 17	8 19	Liegnitz	6 09	6 30
Neukirch	8 27	8 28	Goldberg	7 01	7 05
Hermsdorf Bad	8 37	8 40	Hermsdorf Bad	7 10	7 11
Goldberg	8 45	8 51	Neukirch	7 19	7 20
Liegnitz	9 19	9 25	Willenberg	7 28	7 29
Breslau Freib Bf	10 41	—	Schönau	7 32	—

Breslau-Freiburger Bahnhof

Zeichenerklärg.
A = Anton
B = Bruno
C = Cäsar
D = Dora

Fahrkarten aus den Sammlungen Csallner, Geisler, Gottwaldt und Loch.

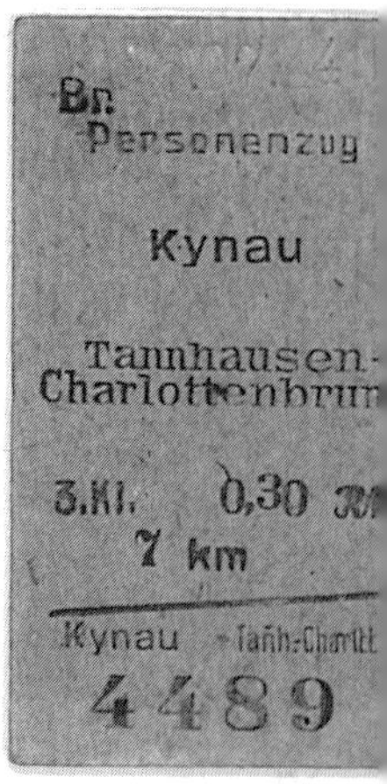

Zu den schönsten Strecken Schlesiens zählten die Bahnen Hirschberg–Polaun, Hirschberg–Schmiedeberg–Landeshut sowie Glatz–Schnellau, das bis 1938 Schlaney hieß.

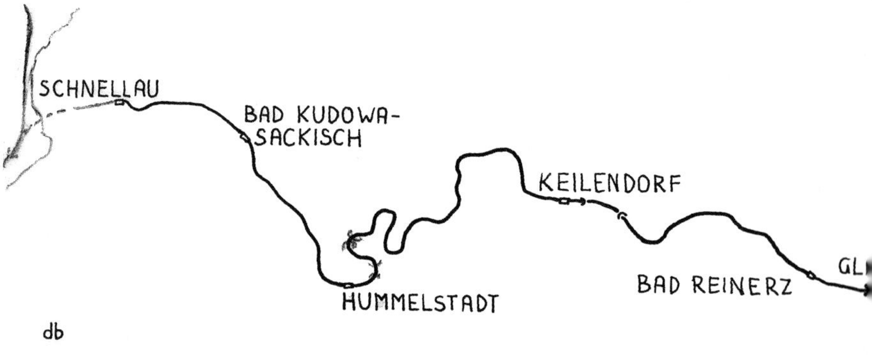

Ungewöhnlich kurzer Personenzug nach Bad Kudowa auf dem Viadukt in Lewin mit T 16[1]. Verkehrsmuseum

Im schlesischen Höllental unweit Rückers wurde dieser vermutlich von der G 10 geführte Zug aufgenommen. Reichsbahn-Kalender

Zwei T 9[3] haben oberhalb Lewin mit ihrem Zug nach Glatz große Mühe. Nach dem Viadukt haben sie inzwischen den Galgenberg-Tunnel durchfahren. Geisler

Personal der Bahnmeisterei in Oberkauffung, um 1938. Foto: Simon

Statt für die RBD Breslau auch einen „Gläsernen Zug" anzuschaffen, richtete die DR eine Omnibuslinie Görlitz–Glatz ein. An der großen Mauer der Sudetenstraße im Juni 1939. Tietze

Im Sommer wie im Winter war das Einfahrtsignal von Kynau aus Richtung Bad Charlottenbrunn ein beliebtes Motiv der Fotografen der RBD Breslau. Reichsbahn-Kalender

Während über dem Weistritzstausee die Kynsburg das Tal beherrscht und Ausflügler anlockt, dampft der Schlesiertalexpress, geführt von BR 64, Hausdorf entgegen. *Reichsbahn-Kalender*

Mit der Bimmelbahn nach Liebenthal

Das Städtchen Greiffenberg war zwar kein besonders bedeutender Bahnknotenpunkt, besaß aber immerhin einen Umsteigebahnhof. Dort hielten neben den langen Personenzügen der Hauptstrecke Hirschberg–Görlitz, auch die schnittigen auf dieser Linie verkehrenden Eil- und D-Züge einen Augenblick an, um ein Paar Reisende auszuspucken, die hier Anschluß nach der Kreisstadt Löwenberg oder dem noch kleineren Friedeberg am Queis suchten, von wo eine Stichbahn bis hinauf nach Bad Flinsberg führte.

Waren es bei den Personenzügen meist ein gutes Dutzend Personen, die hier ausstiegen, so verließen die schnelleren Züge allenfalls fünf bis sechs Reisende, denen man ansah, daß sie sich in der großen weiten Welt auskannten. Während die ersteren zielstrebig der weißgekachelten Unterführung entgegenhasteten, bewegten sich die weltgewandten Herrschaften gemessenen Schrittes dem gleichen Ziel entgegen.

Das stählerne Ungetüm an der Spitze des Zuges reckte ungeduldig die gefederten Stromabnehmer der Fahrleitung entgegen. Der Lokomotivführer mit seinem weißen Stehkragen blickte von oben herab auf das Gewimmel, aufmerksam das Zeichen zur Weiterfahrt erwartend, das der lässig mit roter Mütze herumstehende Fahrdienstleiter jeden Augenblick durch Erheben der „Fliegenklatsche“ erteilen mußte. Der Zugführer mit roter gelackter Lederschärpe verziert, machte sich zum schnellen Aufstieg auf das Trittbrett des Gepäckwagens bereit, wohl wissend, daß sich dieser elektrisch betriebene Zug schnell in Bewegung setzte und das Tempo so beschleunigte, daß ein verspätetes Aufspringen ein lebensgefährliches Risiko darstellte. Wenn die ausgestiegenen Reisenden die Unterführung erreicht hatten, vernahmen sie über sich das Rollen des ausfahrenden Zuges. Sie standen hier am Scheideweg. Wer in Greiffenberg bleiben wollte, um hier seiner Beschäftigung in den „Greiff-Werken“ nachzugehen oder einige Einkäufe zu tätigen, hatte sich links zu halten. Reisende hingegen, die ihre Fahrt auf einer der Nebenstrecken fortzusetzen beabsichtigten, wandten sich nach rechts und stiegen dort die Treppe hinauf zum zweiten Bahnsteig. Es handelte sich bei diesem zwar nicht um einen Kleinbahnhof im technischen Sinne, aber es war hier alles zwei Nummern kleiner und altmodischer, als drüben auf dem Bahnsteig der Hauptstrecke.

Schon die Wagen, die hier rechts und links zur Abfahrt bereitstanden, waren offensichtlich „zweiter Garnitur“. Mindestens einer davon hatte bis vor kurzem noch als Wagen 4. Klasse fungiert und war bei der Umstellung auf das Drei-Klassen-System zur 3. Klasse befördert worden, wo er jetzt laut Aufschrift zum Transport von „Reisenden mit Traglasten“ bestimmt war. Die Dampflokomotive stieß gewaltige Wolken schwarzen Rauchs aus. Ihr Führer, der gelangweilt das leicht geschwärzte Gesicht zeigte, trug keinen weißen Kragen, ganz zu schweigen vom Heizer, der hinter ihm das Feuer schürte. Die emsigen Schaffner, die die Bremsen kontrollierten und die umklappbaren Aschenbecher säuberten, trugen nicht so schneidige Uniformen wie das Personal der Durchgangszüge. Das persönliche Verhältnis zwischen ihnen und den Reisenden schien schon auf den ersten Blick menschlicher. Das war sicher nicht zuletzt darauf zurückzuführen, daß ein erheblicher Teil der Fahrgäste tagtäglich diese Route befuhr und man so miteinander bekannt war. Das galt insbesondere für die Schüler mit den bunten Mützen, die in Liebenthal die höhere Schule besuchten und regelmäßig in dem gleichen Abteil zusammenkamen, um gemeinsam dem 7 km entfernt liegenden Schulort entgegenzureisen. Es war natürlich ein Abteil 3. Klasse, in dem man sich traf. Das heißt, so ganz natürlich war das nicht! Drei privilegierte Mitschüler, deren Eltern dem Kaufmannstand angehörten, benutzten die 2. Klasse und hockten dort einsam, jeder für sich in einem Abteil, auf den gestreiften Polsterbänken. Da war es in der 3. Klasse schon kurzweiliger! Dort gab es stets etwas zum Lachen. Erwachsene, die in Unkenntnis der Tatsache, daß dieses Abteil herkömmlicherweise nur von Fahrschülern besetzt wurde, zugestiegen waren, verließen diese Stätte meist schnell wieder oder ließen sich vom Schaffner ein anderes Abteil zuweisen.

Pünktlich setzte sich das Züglein langsam in Bewegung und ließ auf dem gegenüberliegenden Bahnsteig den dort abgestellten Zug, der später nach Friedeberg fahren würde, zurück.

Folgte die Strecke zunächst eine kleine Weile der Hauptstrecke nach Lauban, so bog sie dann nach rechts ab und zog sich zwischen den Wiesen, die der Ölsebach durchfloß, dahin. Links drängte sich bald dunkler Nadelwald an die Bahn heran, der zur Gemarkung Schosdorf gehörte.

Wenn vor der Lokomotive ein Feldweg die Strecke querte, stieß diese zusätzlich zu dem monotonen leisen Gebimmel einen gellenden Pfiff aus, obwohl kaum jemals auch nur der Schatten eines Fahrzeuges in der Nähe der Gleise zu sehen war.

Das änderte sich allenfalls, wenn sich das Züglein der Ortschaft Krümmöls näherte. Da kam es schon vor, daß ein Kleinbauer mit seinem Kuhgespann dem jenseits der Bahn gelegenen Feld zustrebte. In respektvoller Entfernung von dem sich nähernden Expreß hielt er dann an, besänftigte die nervösen Zugtiere und schickte wohl einen unwirschen Blick zu den lachenden Schülergesichtern hinauf, die aus den geöffneten Fenstern blickten.

Die Häuser und Häuslein des Dorfes lagen verstreut im Gelände. Einige scharten sich um den strohgedeckten „Wacholderkretscham“.

Nach 5 km Fahrt wurden die Bremsen angezogen. Der Zug hielt an. Er nahm fast regelmäßig ein paar Frauen auf, die mit Taschen und Körben dem nahen Städtchen Liebenthal einen Besuch abzustatten gedachten. Ihnen heftete sich sogleich der geschäftige Schaffner an die Fersen, um ihnen eine Fahrkarte zu verkaufen. Das gehörte zu seinen Amtspflichten, denn einen Schalter gab es in Krummöls nicht. Fahrscheinblock und Knipszange zählten zu den Insignien des Schaffners. Krummöls hatte auch keinen Fahrdienstleiter. Dessen Aufgabe nahm der Zugführer wahr. Er setzte eine Trillerpfeife an den Mund. Auf sein Signal hin lockerte der Lokomotivführer die Bremsen, gab Dampf, und schon setzte sich das Züglein wieder in zockelnden Gang. Es fuhr hier beängstigend nahe an vorspringenden Hausecken vorbei. Gelegentlich mußte mit großem Hallo eine Kuh

Auf den von Greiffenberg ausgehenden Nebenbahnen war um 1930 noch die 90 012 eingesetzt.
Foto: Meisenburg

von den Gleisen vertrieben werden, die hier in der Nähe des angestammten Hofes ihre Stellung zu halten entschlossen war, bis sie schließlich der Gewalt wich.
Links auf der Höhe über dem Dorf erhob sich die stolze Basilika.
Kurz vor der Einfahrt in den Liebenthaler Bahnhof stand, noch auf Krummölser Territorium, ein alter runder Turm. Kam er in Sicht, war es Zeit, die Bücher einzupacken, die man vorher zur Beruhigung des eigenen Gewissens nochmals kurz aufgeschlagen hatte, ohne allerdings eine wesentliche Bereicherung seines Wissens zu erzielen.

Mitten durchs Dorf bimmelte die Lok, wenn sie zwischen Löwenberg und Greiffenberg in Schmottseifen unterwegs war.
Reichsbahn-Kalender

R. Obernik

Aus der Geschichte der Buchelsdorfer Eisenbahn (1930)

Die Bahn nach Buchelsdorf ist die kürzeste und jüngste des Kreises Namslau. Ihre Geschichte ist trotz dessen reich an Ereignissen. Die Bahn war ja auch nicht immer so kurz wie heute. Erst zehn Jahre besteht dieser unglückselige Zustand. Nochmals zehn Jahre zurück, dann sind wir an den Zeitpunkt gelangt, an dem mit dem Bau der Strecke begonnen wurde, die damals von Kempen bis Namslau führte. Von Kempen aus schritten die Arbeitsgruppen vor, und 1911 war es bereits möglich, die Teilstrecke von Kempen bis Reichthal in Betrieb zu nehmen. Die neuen Bahnhöfe wurden durch die Stationsmeister für die Eröffnung eingerichtet. Für reichen Festschmuck sorgte man überall. Am Sonntag, dem 1. Oktober 1911, erwartete die Bevölkerung der Umgegend den ersten Zug. Es gab auch eine besondere Freude. Die Bahnverwaltung hatte an die Einwohner der umliegenden Orte Ausweiskarten verteilt, die zur unentgeltlichen Fahrt mit dem ersten Zuge berechtigten. In Kempen waren 10 bis 15 Herren der Eisenbahndirektion Kattowitz, unter ihnen auch der Präsident, eingetroffen. Der Salonwagen nahm nun auch die Landräte von Kempen und Namslau auf. Für die Fahrgäste wurden acht Wagen mit Abteilen der 2. bis 4. Klasse angehängt. Kurz nach 14.00 Uhr nachmittags rollte der Zug aus dem Bahnhof Kempen auf dem neuen Schienenstrange dahin. Nach mehr als einer Stunde Fahrzeit fuhr er etwa um 15.30 Uhr in Reichthal ein. Der wichtige Tag wurde durch ein Festessen gefeiert. Gegen 17.30 Uhr trat der Festzug mit allen seinen Fahrgästen die Rückreise nach Kempen an. Am folgenden Tag, etwa um 6.00 Uhr morgens verließ der erste planmäßige Zug Kempen. Nun verkehrten täglich drei Züge hin und zurück, auch mit Güterbeförderung.

Inzwischen war an der Reststrecke bis Namslau weitergebaut worden. Auf dem kurzen Wege von Namslau bis in die Nähe von Reichen hat die Bahn allein zwei Unter- und zwei Überführungen. Die größte Arbeit verursachte die Unterführung der neuen Strecke unter der Kreuzburger Eisenbahn. Die Bodenmassen fanden zweckmäßige Verwendung beim Bau der großen Überführung der Brieger Straße. Diese kreuzte früher die Eisenbahn in zu großer Nähe des Bahnhofes. Da sich nun der Bahnverkehr noch mehr verstärken sollte, war es nicht mehr angängig, die flache Straßenkreuzung weiterbestehen zu lassen. So kam es zur Verlegung mit gleichzeitigem Bau einer Überführung. Der Streckenbau war im Herbst 1912 beendet, und ein geschmückter Sonderzug mit nur einem Personenwagen, in dem die Vertreter der Eisenbahn und der Behörden saßen, unternahm die Probefahrt nach Reichthal. Am 1. November 1912 durchfuhr der planmäßige 6.00-Uhr-Zug von Kempen zum ersten Mal die ganze Strecke unter reger Beteiligung der Bewohner. Bald darauf wurden noch zwei Züge eingelegt, so daß nunmehr täglich vier Züge hin und zurück verkehrten, außerdem ein Güterzug, von Reichthal bis Namslau eine Zeitlang auch ein Güterzug mit Personenbeförderung.

Die neue Strecke erfreute sich eines regen Verkehrs. So war die Güterbeförderung 1913 und 1914 derart stark, daß besondere Güterzüge von Reichthal nach Breslau angefordert werden mußten. Im Verkehr war das Holz sehr stark vertreten. In Buchelsdorf waren ständig zwei Lager von Schnittholz. Ähnlich verhielt es sich mit dem Stückgutverkehr. Die Station Reichthal hat z. B. monatlich 1 500 bis 1 700 Frachtbriefe abgefertigt. Der Personenverkehr zeigte gleichfalls gute Einnahmen. Reichthal zählte 4 000 bis 5 000 Fahrkarten im Monat.

Kein dauerndes Glück war der mit vieler Mühe erbauten Strecke beschieden. Es kam der Tag des Friedensvertrages, der rücksichtslos auf beiden Seiten der neuen Grenze tote Strecken schuf. Manche der Beteiligten, besonders auch die Bahnbeamten, denken heute mit Wehmut an die Januartage 1920. Für die Reichthaler Bahn war es der 17. Januar 1920, ein Sonnabend, an dem der letzte fahrplanmäßige Zug nach Kempen fuhr. Dort wurde er von den Polen angehalten. Sie wollten ihn und sein Personal behalten. Nach dem Fahrplan sollte er 18.45 abends wieder von Buchelsdorf nach Namslau abfahren. Nur nach langem Verhandeln wurde erreicht, daß ihn die Polen wieder aus Kempen herausließen, und so kam er erst gegen 22.00 Uhr abends zurück und fuhr als letzter Personenzug von Reichthal bis Namslau. Am Sonntag (18. Januar) früh wurde noch ein besonderer Zug in Richtung Kempen abgeschickt, der in Reichthal anhielt. Die Maschine holte auf allen Stationen bis Laski, da die Polen noch nicht so weit waren, die Wagen zusammen. So bildete sich in Reichthal ein langer Zug, der im Laufe des Vormittags zurückkam. Die Steigung bei Buchelsdorf konnte nur nach wiederholtem Anlauf überwunden werden. Montag frühzeitig brachte ein Bahnbediensteter unter Zuhilfenahme der Reichthaler Rottenarbeiter noch einen zurückgebliebenen Wagen von Reichthal nach Buchelsdorf herübergestoßen. Der Bedienstete bekam am Bahnhof Buchelsdorf Beschäftigung und eine Notwohnung. Sonst verblieben die Beamten zunächst im abgetretenen Gebiet. Am gleichen Tage erfolgte die amtliche Übergabe an Polen. In der ersten Zeit nach der Abtretung wurden etwa noch für Reichthal ankommende Güter durch den dortigen Bahnspediteur abgeholt oder mit einer Draisine hinübergeschafft. Dann wurde das Gleis auf der deutschen Seite, wie auch heute noch, als Abstellgleis benutzt; bis zu 200 Wagen haben schon dort gestanden. Ende 1921 haben aber die Polen auf ihrer Seite die Strecke bis kurz vor Reichthal vollständig abgebrochen. Sie nahmen sogar die Schienen auf dem Grenzwege, die ihnen nicht zustanden, und die sie daher wieder einsetzen mußten. – Wer heute dort an der Grenze steht, sieht die vergrasten Schienen und die letzte deutsche Telegraphenstange, mit dem abgerissenen Draht umwickelt, die wie ein stummer Wächter traurig hinüber auf den wüsten Damm und das verlorene Reichthal blickt.

Marktfrauen erwarten im Bahnhof Glogau ihren Zug zur Heimreise. *Reichsbahn-Kalender*

Ein Fuhrwerk rumpelt noch gemächlich über das Gleis, ehe die Schrankenwärterin bei Neusalz an der Hauptstrecke Breslau–Stettin mit dem Kurbeln beginnt. *Reichsbahn-Kalender*

Im Sommer 1934 entgleiste 91 1519 bei Festenberg. Zur Bergung der schrottreifen Tenderlok mußte eine G 8[1] mit dem Hilfszug ausrücken. Ein Behelfsgleis wurde verlegt. Tietze

Abfahrt des ersten D-Zugs Breslau–Mittelwalde–Wien mit 38 3167 am 10. November 1938. Die Reichsbahn

Fahrpläne vom Sommer 1939.

123 w Striegau–Rohnstock–Bolkenhain–Merzdorf

Alle Züge 4. 3. Klasse

884	864	385	866	868		1646	870	872	872	km	ZugNr RBD Breslau ZugNr	861	889	863		867	1647	871	386	873	879
a									c			bG									c
0.10	6.38	von Jauer	10.40	14.57	...	von Jauer	18.32	20.46	...	0,0	ab Striegau Bhf 123v, 125 ... an	5.20	5.48	7.23	...	13.59	nach Jauer	19.09	nach Jauer	21.53	23.19
0.13	6.42		10.43	15.01	...		18.36	20.50	...	1,7	Striegau Stadt	5.17	5.45	7.21	...	13.57		19.06		21.50	23.16
0.17	6.46		10.47	15.05	...		18.40	20.54	...	3,6	Gräben	5.13	...	7.17	...	13.53		19.02		21.46	23.12
0.25	6.53		10.55	15.12	...	16.52	18.48	21.01	...	9,9	an Rohnstock 123x ab	5.04	...	7.09	...	13.45	17.35	18.54		21.38	23.04
0.26	6.55	b	10.56	15.13	...	16.53	18.52	21.05	...		ab Rohnstock an	5.03	...	7.08	...	13.44	17.34	18.50		21.37	23.03
0.32	7.03		11.01	15.20	...	16.59	18.57	21.13	ab	13,5	Kauder	4.58	...	7.04	...	13.39	17.29	18.45		21.32	22.58
0.40	7.11	7.23	11.10	15.30	...	17.07	19.06	21.20	21.24	19,9	Bolkenhain	4.50	...	6.54	...	13.31	17.20	18.36	b 21.04	21.23	22.49
an	7.19		11.18	15.39	...	an	19.15	an →	21.32	24,7	Alt Röhrsdorf	...	...	6.45	...	13.23	...	18.27		21.15	22.41
bθ	7.28		11.26	15.49	...	...	19.25	...	|	29,7	Großhau	...	...	6.37	...	13.16	...	18.19		21.08	|
...	7.32		11.30	15.54	...	...	19.30	...	21.45	31,5	Thomasdorf	...	...	6.33	...	13.12	...	18.15		21.04	22.31
...	7.40	7.49	11.38	16.03	...	...	19.39	...	c 21.54	37,2	an Merzdorf (Rsgb) 123 p, 124 ... ab	...	...	6.24	...	13.03	...	18.06	20.37	20.55	22.22
...	8.12	8.24	12.17	16.35	...	...	20.07	...	22.24		an Hirschberg (Rsgb) 124 ab	...	...	5.54	...	12.23	...	17.23	20.05	20.11	21.50

a = n S und am 28. V. 39 b = 1. VII. bis 31. VIII. täglich, sonst S bis 30. IX. c = S bis 30. IX. 39

123 s Maltsch–Wohlau

Alle Züge 2. 3. Klasse

	1661	1661		1663		1665		1667		km	Zug Nr RBD Breslau Zug Nr			1662		1664	1664		1666	1668	
...	a 6.09	b 6.32	...	8.25	...	14.30	...	19.09	...	0,0	ab Maltsch 121, 123v, 130 h an	...	...	8.05	...	c 13.30	d 13.54	...	17.49	22.32	...
...	6.17	6.40	...	8.33	...	14.38	...	19.18	...	5,0	Koitz	...	...	7.58	...	13.23	13.47	...	17.41	22.25	...
...	6.23	6.46	...	8.39	...	14.44	...	19.23	...	8,8	Leubus	...	...	7.52	...	13.17	13.41	...	17.36	22.19	...
...	6.30	6.53	...	8.46	...	14.51	...	19.31	...	12,1	Rathau	...	...	7.45	...	13.10	13.34	...	17.29	22.12	...
...	6.36	6.59	...	8.52	...	14.57	...	19.36	...	14,7	Klein Kreidel	...	...	7.40	...	13.05	13.29	...	17.24	22.07	...
...	6.43	7.06	...	8.59	...	15.04	...	19.43	...	19,2	Mondschütz	...	...	7.32	...	12.57	13.21	...	17.17	21.59	...
...	6.50	7.13	...	9.06	...	15.11	...	19.49	...	23,9	an Wohlau 122	...	...	7.25	...	12.50	13.14	...	17.10	21.52	...

a = bis 30. IX. 39 b = ab 1. X. 39 c = bis 1. X. 39 d = ab 2. X. 39

125 b Glatz - Bad Reinerz - Bad Kudowa-Sackisch Schnellau (Schlaney)

Alle Züge 2. 3. Klasse

1043	1045	1045		1047	E177	1049		1051	1053	km	Zug Nr RBD Breslau Zug Nr	1042		1044	1046	1048	1048		1050		1054	
8.11	9.27	...	...	13.32	15.24	16.15	...	19.05	21.32	0,0	ab Glatz Hbf ⊕ } 124 c, 125 a, 125 d an	7.02	...	9.06	12.50	...	14.56	...	18.58	...	21.15	...
8.15	9.33	...	...	13.36	15.28	16.19	...	19.10	21.37	1,7	Glatz Stadt •	6.59	...	9.03	12.47	...	14.53	...	18.54	...	21.12	...
8.20	9.39	...	...	13.42	|	16.24	...	19.15	21.42	4,8	Pfaffenmühle	6.53	...	8.57	12.38	...	14.46	...	18.47	...	21.06	...
8.24	9.43	...	...	13.47	|	16.28	...	19.20	21.46	6,9	Ndr Altwilmsdorf	6.49	...	8.53	12.34	...	14.41	...	18.43	...	21.02	...
8.30	9.49	...	...	13.53	|	16.34	...	19.25	21.52	9,7	Altwilmsdorf	6.44	...	8.47	12.29	...	14.36	...	18.37	...	20.56	...
8.41	9.58	...	...	14.03	15.46	16.43	...	19.34	22.01	14,3	Altheide Bad	6.37	...	8.40	12.22	...	14.28	...	18.29	...	20.49	...
8.52	10.10	...	...	14.17	|	16.53	...	19.45	22.12	20,0	Rückers	6.27	...	8.31	12.12	...	14.19	...	18.19	...	20.39	...
9.06	10.25	...	...	14.34	16.06	17.08	...	20.00	22.26	26,1	Bad Reinerz	6.14	...	8.19	12.00	...	14.07	...	18.05	...	20.27	...
9.16	10.36	...	...	14.45	|	17.18	...	20.14	22.37	31,4	Keilendorf	6.00	...	8.08	11.45	W	13.56	...	17.54	...	20.15	...
9.32	10.52	W	...	15.01	|	17.35	...	20.29	22.52	40,1	Lewin (Kr Glatz)	5.39	...	7.47	11.21	an	13.39	...	17.34	...	19.53	...
9.39	10.59	11.15	...	15.07	16.35	17.42	...	20.37	22.59	43,9	Bad Kudowa-Sackisch	5.31	...	7.39	11.13	13.24	13.29	...	17.23	...	19.45	...
an	an	11.20	...	an	an	an	...	an	an	46,4	an Schnellau (Schlaney) ... ab	...	...	...	...	13.19	...	...	...	...	...	...

Die RBD Oppeln entstand als Nachfolger der ED Kattowitz ab 1922 in der Schlageterstraße. *Die Reichsbahn*

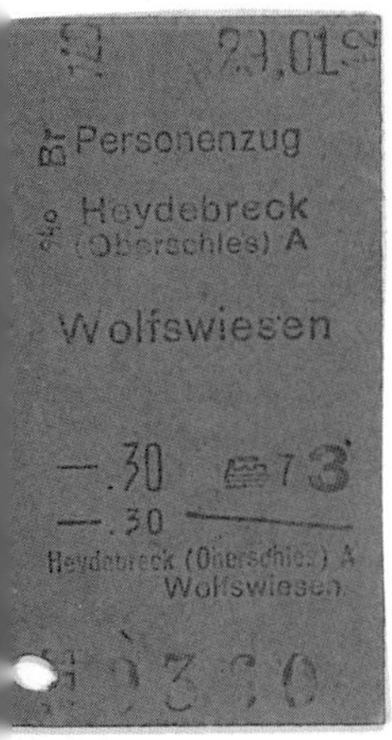

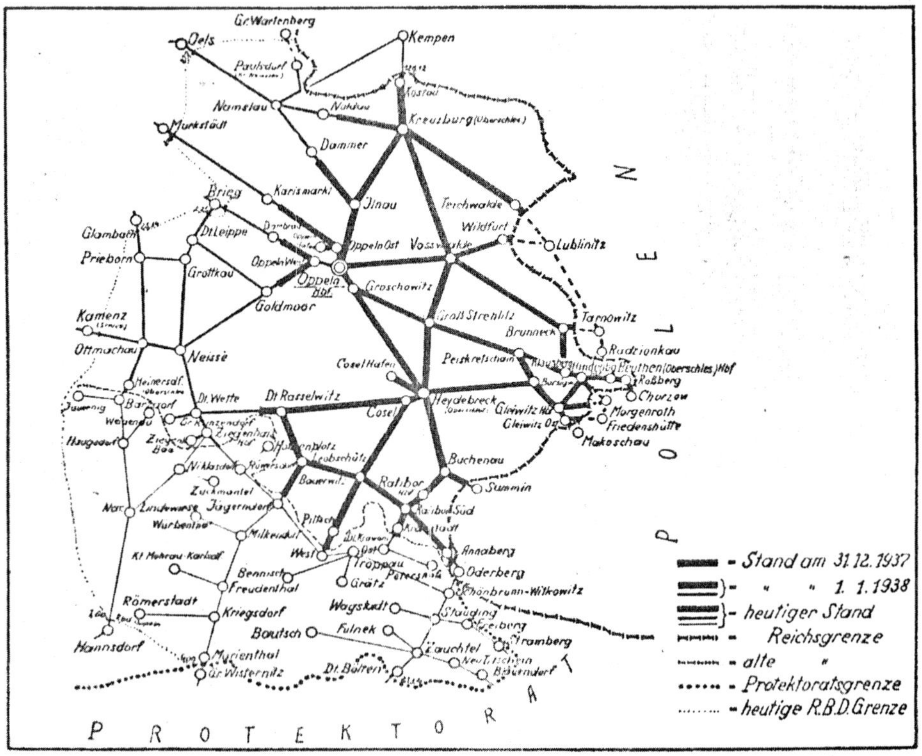

Karte des Reichsbahndirektionsbezirks Oppeln

Fahrpläne vom Sommer 1939.

126 d Prieborn – Ottmachau

Alle Züge 2. 3. Klasse

...	...	...	...	1533	...	...	1535	...	...	1537	...	km	Zug Nr *RBD Oppeln* Zug Nr	...	1532	...	...	1534	...	...	1536	...	...	...	...
...	...	...	...	8.20	...	...	13.50	...	...	20.22	...	0,0	ab **Prieborn** 125 g .... an	...	7.38	...	...	13.01	...	...	20.07	...	...	...	...
...	...	...	...	8.28	...	...	13.57	...	...	20.29	...	4,8	Schreibendorf (Kr Strehl.) (Creutzberg)	...	7.30	...	...	12.54	...	...	20.00	...	...	...	...
...	...	...	...	8.34	...	...	14.03	...	...	20.36	...	7,9	Deutsch Jägel	...	7.23	...	...	12.48	...	...	19.54	...	...	...	...
...	...	...	...	8.41	...	...	14.11	...	...	20.43	...	12,2	Gläsendorf	...	7.16	...	...	12.39	...	...	19.45	...	...	...	...
...	...	...	...	8.48	...	...	14.18	...	...	20.50	...	16,0	Lärchenhain (Tscheschdorf)..	...	7.08	...	...	12.33	...	...	19.38	...	...	...	...
...	...	...	...	8.57	...	...	14.26	...	...	20.59	...	20,4	Klodebach	...	7.00	...	...	12.26	...	...	19.31	...	...	...	...
...	...	...	...	9.03	...	...	14.32	...	...	21.05	...	23,9	Feldheim (Ogen)........	...	6.51	...	...	12 19	...	...	19.24	...	...	...	...
...	...	...	...	9.11	...	...	14.39	...	...	21.13	...	28,4	Mühlrain (Matzwitz)	...	6.43	...	...	12.11	...	...	19.16	...	...	...	...
...	...	...	...	9 16	...	...	14 45	...	...	21.18	...	32,1	an **Ottmachau** 126, 129s .... ab	...	6.35	...	...	12.05	...	...	19.10	...	...	...	...
...	...	...	...	9.54	...	...	15.30	...	...	21.46	...		an *Neisse* 126.............. ab	...	5.53	7..	...	11.37	...	...	18.35	...	...	...	...

126 p Ratibor – Summin (Sumina)

Alle Züge 2. 3. Klasse

912	202	814	208	816	818	820	822	224	824	826	km	Zug Nr *RBD Oppeln* Zug Nr	813	815	817	209	819	821	215	829	823	217	825	827	223
4.24	5.05	...	9.10	..	12.00	13.40	17.54	19.20	...	21.35	0,0	ab **Ratibor** Hbf 121 A, 126 n an	w 6.27	7.39	...	10.44	14.58	...	17.21	18.00	...	19.15	21.10	S22.47	23.11
4.30	5.10	...	9.15	...	12.06	13.46	18 00	19.25	...	21.41	4,2	Markdorf OS (Murkowitz)	6.22	7.34	...	10.39	14.53	...	17.16	17.55	...	19.10	21.05	22.42	23.06
4 35	5.16	w	9.21	...	12.11	13 51	18 05	19.30	...	21.46	9,3	an **Buchenau** 121 A ab	6.15	7.27	...	10.33	14.46	...	17.09	17.48	...	19.04	20.58	S22.35	22.59
4.45	5.17	5 21	9.22	9.25	12.13	13.53	18.07	19.31	19.34	21.53		ab **Buchenau** an	6.13	7.25	10.28	10.32	14.43	16.33	17.08	...	18.43	19.03	20.48	22.33	22.58
4.48	nach Heydebreck	5.24	nach Heydebreck	9.28	12.16	13.56	18.10	n Heydebreck	19.37	21.56	12,0	Buchenau Dorf	6.10	7.22	10.25	von Heydebreck	14.40	16.30	von Heydebreck	...	18.40	von Heydebreck	20.45	22.30	vom Heydebreck
4.54		5 30		9.34	12.22	14 02	18 16		19.43	22.02	14,2	Simsforst (Piela)	6.05	7.17	10.20		14.35	16.25		...	18.35		20.40	22.25	
4.59		5.35		9.39	12.27	14.07	18.21		19.48	22.07	17,2	an Waldeck (Gurek) ... ab	w 6.00	7.12	10.15		14,30	16.20		...	18.30		20.35	22.20	
w5.12		...		S 9.53	...	14.22	...		20.03	...		ab an	...	w6.57	S10.07		...	16.05		...	...		20.20	...	
w5.14		...		S 9.55	...	14.24	...		20 05		18,3	an **Summin** (Sumina) ... ab		w6.55	S10.05		...	16.03		...	...		20.18	...	
5.57		...		10.59	...	15.06	...	...	20.50	...		an *Rybnik* .... ab	...	6.12	9.05		...	15.21		...	...		19.31	...	
7.27		...		12.27	...	16.58	...	...	22.42	...		an *Kattowitz* (Katowice) . ab	...	4.40	7.33		...	13.36		...	...		17.30	...	

Mit Maschinengewehren ausgerüstete Klappdeckelwagen, gezogen von einer T 16: das war der Panzerzug Brunner, mit dem heimattreue Ratiborer polnische Freischärler 1921 in Schach hielten. Verkehrsmuseum

Zur Volksabstimmung führte im März 1921 die Reichsbahn Abstimmungsberechtigte in Sonderzügen in die oberschlesische Heimat. Trotz eindeutigen Ergebnisses für Deutschland wurde das Industriegebiet zugunsten Polens geteilt. Geisler

1927/28 erhielt die Hauptbahn Breslau–Oberschlesien in Oppeln eine neue Oderbrücke. Kalisch

Wegekarte des Bahnhofs Gleiwitz

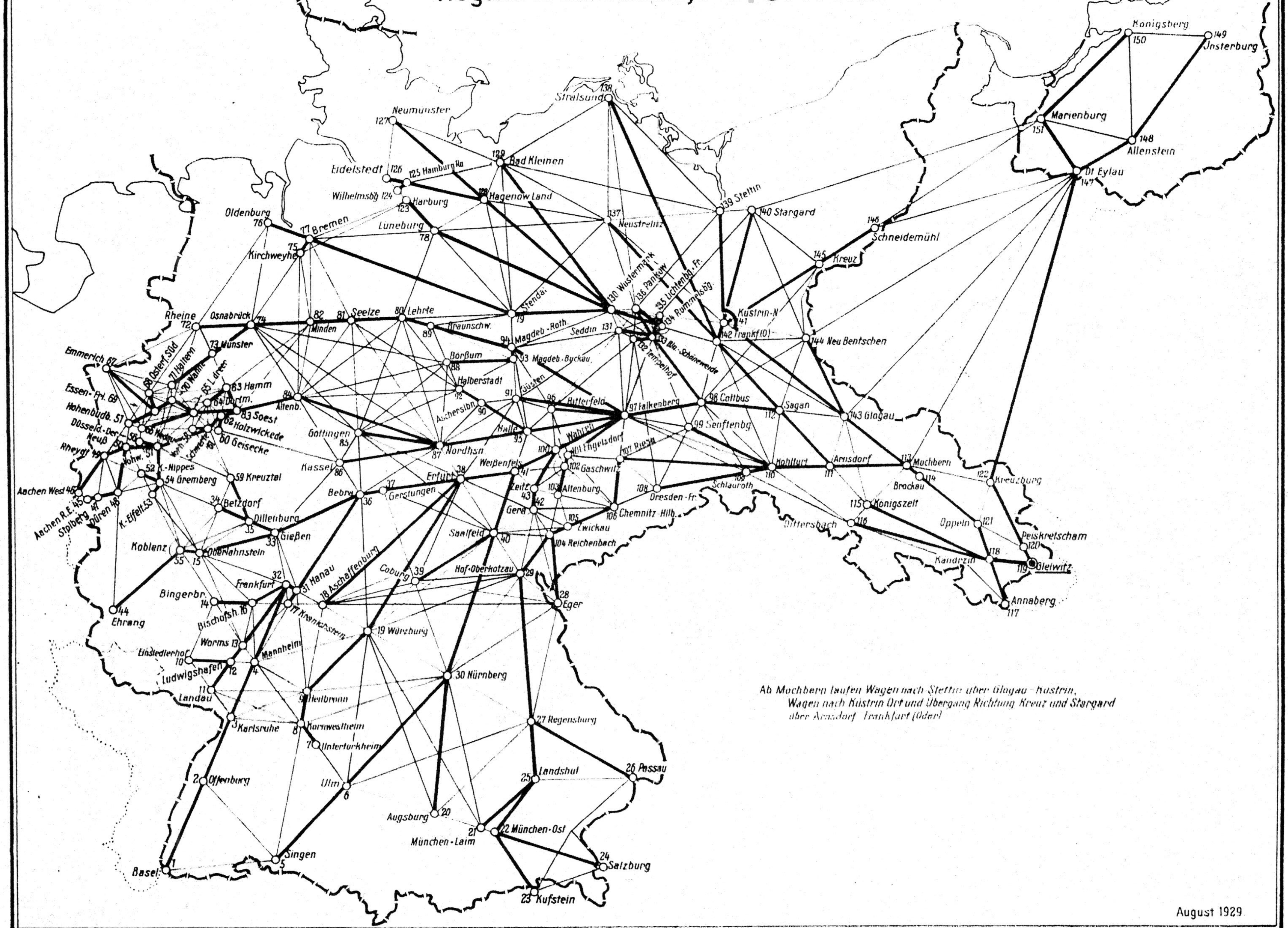

Ab Mochbern laufen Wagen nach Stettin über Glogau - Küstrin,
Wagen nach Küstrin Ort und Übergang Richtung Kreuz und Stargard
über Arnsdorf - Frankfurt (Oder)

August 1929

Als Zugbildungsbahnhof des Industriegebiets hatte Gleiwitz stets besondere Bedeutung.

Heinz und Gerhard Sladek

Der Schülerzug von Ilnau nach Oppeln

Viele Pendler, insbesondere aber Schüler aus den Räumen Hermannsthal, Lugendorf, Ilnau, Königshuld und Turawa benutzten den Schülerzug, der in Ilnau um 6.54 Uhr von Bahnsteig 3 abfuhr.
Für uns Schüler bedeutete das schon vor 6.00 Uhr aufzustehen. Mit dem Fahrrad ging es den Alten Bahnhofsweg hinauf zum Bahnhof Ilnau. Meist hörten wir das Pfeifen des aus Namslau kommenden Zuges, der sich dann zwischen Schnitterfeld und Ilnau befand. Um so mehr mußte in die Pedalle getreten werden. Am Bahnhof angekommen, sahen wir den Zug in der leichten Rechtskurve einfahren. Die Fahrräder wurden im Garten des Bahnhofswirts abgestellt, bei Zeitknappheit einfach hingeworfen. Dann ging es im Laufschritt zum Bahnsteig 3. Gott sei Dank, der Zug war erreicht!
Jeder von uns hatte in einem bestimmten Abteil seinen angestammten Platz, wo schon Mitschüler und Freunde warteten. Erreichte man dieses Abteil am Bahnsteig nicht, mußte man während der Fahrt durch die Wagen dahin gehen.
Einen Vorteil hatten die Fahrschüler gegenüber den Oppelner Schülern: während der halbstündigen Fahrt konnte man Schularbeiten, die man zu Hause versäumt hatte, kurz nacharbeiten. Dafür mußte man auch wesentlich früher aufstehen. Waren ausnahmsweise keine Schularbeiten zu machen, konnten wir rechts und links aus den Abteilfenstern schauen. Nach der Ausfahrt sah man links die Revierförsterei und das Sägewerk des Bürgermeisters an der Bahnhofsstraße. Nach 1 200 m überquert der Zug die Brünne, einen Bach, der in den Wiesen südlich von Ellguth-Turawa seine Quelle hat. Die Brünne speist und durchfließt die Turawaer Teiche, aus denen mancher Karpfen unser Heilig-Abend-Essen bereicherte. Sie schlängelt sich in Richtung Westen durch die Wiesen unterhalb des Dachsberges, wo pfiffige Jungen durch eine Verbreiterung und einen Stau des Baches eine Badegelegenheit für uns Ilnauer Jungen und Mädchen schufen. Ihren weiteren Verlauf nimmt die Brünne durch Lugendorf-Eichen, Brünne, Kupp, Alt-Schalkendorf, um schließlich nach 45 km westlich von Poppelau im Baudendorfer Bach – in der Nähe von Stober und Oder – zu enden.

An der Kreuzung der Chaussee Oppeln–Rosenberg mit der Bahn steht der Bahnhof Königshuld, der aber nicht von den Königshuldern, sondern von den Lugendorfern angenommen wurde. Seine Bedeutung hatte der Bahnhof durch das Stahlwerk in Königshuld (ab Königshuld 6.59 Uhr).

Nach einigen Kilometern erreichte man den kleinen Haltepunkt Königshuld-Neuwiese (Abfahrt 7.04 Uhr). Hier benutzten die Königshulder den Zug. 600 m danach kam die große Brücke über die Malapane. Die Malapane füllt ca. 3 km östlich der Bahn seit 1939 mit ihrem Wasser den Stausee Turawa.

Der See hat ein Fassungsvermögen von 90 Millionen Kubikmeter. Mit den Talsperren in Marklissa, Mauer und Ottmachau reguliert er die Oderwasserführung und bannt zusätzlich die Hochwassergefahr der Oder. 9 km ist der Stausee von Ilnau entfernt. Mit dem Fahrrad war diese Strecke schnell bewältigt. Noch war das Strandleben nicht sehr ausgeprägt, doch für uns reichte die Badegelegenheit am Nordstrand.

Schließlich erreichte der Zug den Bahnhof Klein-Kochen (Abfahrt 7.10 Uhr). In der Nähe kreuzt die Straße von Oppeln nach Turawa. Inzwischen hat der Zug die Malapane-Niederung verlassen, durchfährt einen herrlichen Kiefernwald, danach die Ehrenfelder Hutung, bis er nach dem bisher längsten Abschnitt von 7 km den letzten Bahnhof vor Oppeln, Ehrenfeld (Abfahrt 7.21 Uhr) erreicht. Ganz in der Nähe verläuft die Straße Oppeln–Malapane. Nach 2,5 km befährt jetzt der Zug eine stärkere Rechtskurve, trifft nunmehr auf die ab hier parallel verlaufende Strecke Oppeln–Malapane–Voßwalde, unterfährt sodann die vom Oppelner Ostbahnhof kommende Güterzugstrecke nach Groschowitz und erreicht den Ortsrand von Bolko. An der Zementfabrik Silesia überqueren beide parallel laufende Strecken die Groß-Strehlitzer-Straße. Die genannten Bahnübergänge waren alle mit Schranken gesichert. Doch gab es außerdem viele unbeschrankte Bahnübergänge, deren Benutzer vom Lokführer durch Läuten und einem schrillen Pfeifton der BR 93 oder dem dumpftönenden Signal der 64er gewarnt wurden.
Kurz darauf sehen wir unter uns die zweigleisige Strekke, die den Oppelner Güterbahnhof mit Groschowitz verbindet und vor uns das dreiflüglige Einfahrsignal, das uns die Weiterfahrt zum Hauptbahnhof freigibt. Auf der Höhe des Einfahrsignals erspähen wir auf der rechten Seite den Lokschuppen mit vielen qualmenden Dampflokomotiven davor, die auf ihre Einsätze warten. Bevor wir den Bahnsteig erreichen, kommen wir rechts am Güterschuppen und links an einer weiteren Zementfabrik vorbei. Die nördlichen Bahnsteige beginnen kurz hinter einer langen Brücke, die über die Groß-Strehlitzer-Straße und das Bahngelände hinweg die Innenstadt mit den Orten Bolko und Groschowitz verbindet. Auf Bahnsteig 3 Nord kommen wir planmäßig um 7.30 Uhr an und es heißt dann: „Alles aussteigen, Endstation!“ Auf den Nordbahnsteigen 1 und 2 kommen ferner die Fahrschüler der Strecken von Neisse, Karlsmarkt und Voßwalde fast zu gleicher Zeit an. Einige Schüler der Karlsmarkter Strecke steigen bereits in Oppeln Ost aus, um von dort aus die Berufs-, Fach-, Mittel- und höheren Schulen zu besuchen. Auf den Bahnsteigen der Südseite hatten die Schüler und Schülerinnen der Strecken von Groß-Strehlitz, Heydebreck und Brieg ihr Ziel.
Nach dem Unterricht erwartete uns der Schülerzug zur Heimfahrt ab Oppeln Hbf um 13.30 Uhr, an Ilnau 14.05 Uhr. Auf der Rückfahrt waren wir Schüler ein ausgelassenes Völkchen und je nach gutem Verlauf des Unterrichts zu manchen Späßen und Streichen bereit. Wie wichtig dieser Zug für viele Menschen war, ersieht man am Beispiel meiner Familie. Mein älterer Bruder benutzte den Schülerzug von 1935 bis 1941 und ich von 1938 bis 1943 zum Besuch des Staatlichen Burggymnasiums in Oppeln. Desgleichen fuhren mein jüngerer Bruder zur Schlosserlehre und mein Vater zu seinem Dienst beim Postamt nach Oppeln.
Der Zug war für mich nicht nur ein notwendiges Beförderungsmittel. Die Zeit, die wir in ihm verbrachten, konnte man nutzen mit Vorbereitungsarbeiten für Schule, Lehre oder für den Beruf. Die Zeit reichte aber auch aus für einen Plausch mit Freunden und Bekannten, manchmal auch, um versäumten Schlaf nachzuholen oder ganz einfach zum Träumen.

Der Schülerzug wurde auch von anderen Reisenden gut angenommen, so daß der Wagenpark, der 1935 aus drei zweiachsigen Personenwagen und einem Packwagen bestand, auf fünf und Samstag sogar auf sechs Personenwagen in den Jahren 1940/41 aufgestockt werden mußte. Sogar an einzelne Lok-Nummern kann ich mich noch erinnern, da ich die Loks oft zu Gesicht bekam wie 38 2532, 64 262, 93 039, 93 276, 93 323, 93 330, 93 705. Ab und zu verirrte sich die Güterzuglok 55 5021 vor unserem Zug.

Besonders beliebt waren bei uns Fahrschülern die Verspätungen des Frühzuges, denn uns blieb dann das Abfragen der lateinischen oder der griechischen Vokabeln erspart. Soweit ich mich erinnern kann, blieben jedoch die Verspätungen in Grenzen.

Ein weiteres Ereignis ist mir noch in besonders guter Erinnerung geblieben. Bei der Rückfahrt von der Schule war eines Tages eine Schnellzuglok der Reihe 03 mit dem Tender voran an unseren Schülerzug gespannt. Ich sicherte mir gleich einen Stehplatz auf der Plattform des ersten Personenwagens und genoß alle Abfahrtsgeräusche sowie die dunkel tönenden Signale dieser riesigen Lok. Es blieb für mich ein einmaliges unvergeßliches Erlebnis, das wert gewesen wäre, auf Tonband aufgenommen zu werden. Unsere schadhafte Lok konnte die Heimfahrt nach Namslau an diesem Tage nicht antreten, so daß das Bw Oppeln eine Ersatzlok in der Gestalt der 03 stellte. Am nächsten Morgen brachte uns diese Lok wieder nach Oppeln.

Aus dieser Zeit habe ich auch die Verladung der Blaubeeren in die bereitgestellten Güterwagen auf dem Ilnauer Bahnhof in lebhafter Erinnerung. An guten Erntetagen wurden dort mehrere Güterwagen beladen und zusammen mit den anderen Wagen der Strecke nach Oppeln gebracht, wo sie in die Eilgüterzüge nach Berlin und Hamburg eingestellt wurden. Bahnhof Oppeln stellte in der Blaubeeren-Saison täglich bis zu 113 Güterwagen mit etwa 340 t in die Eilgüterzüge ein. In Ilnau wurden außerdem ständig Grubenholz und Geflügel verladen.

Mit Anfang des Zweiten Weltkrieges begann dann eine außergewöhnliche Zeit. Besonders im August 1939 belebte sich die Strecke Oppeln–Kreuzburg wegen der Durchschleusung der vielen Militärzüge in die Bereitstellungsräume. Ende August dröhnten die Auspuffschläge der 50er Loks so mächtig, daß es schien, als ob die Züge in Sichtabstand führen. Am Samstag, dem 9. September 1939, gegen 14.00 Uhr, traf der Führerzug im Bahnhof Ilnau ein. Das Führerhauptquartier hatte sich auf den Geleisen des Bahnhofs Ilnau etabliert und blieb einige Tage dort.

Während des Krieges wurde die Strecke Ilnau–Namslau zeitweise zum Abstellgleis für vollbeladene Kohlenzüge degradiert. Dagegen wurde die Strecke Oppeln–Kreuzburg zu einem wichtigen Bindeglied zwischen dem Süden und dem Norden des Reiches. Es verkehrten eine große Anzahl von Ganzzügen mit Zement, Lazarettzüge, Kesselwagenzüge und andere Züge nach Sonderfahrplänen. Das erhöhte übrige Frachtaufkommen machte es erforderlich, einen Dg von Oppeln nach Kreuzburg zusätzlich in den Fahrplan aufzunehmen.

Unvorstellbar groß war alljährlich die Blaubeerenernte in den Wäldern östlich der Oder in Oberschlesien. Verladung von Blaubeeren in Ilnau, Sommer 1938. *Die Reichsbahn*

Sommer 1939

126f Deutsch Leippe – Goldmoor

Alle Züge 3. Klasse

1509	1501	1503	1531	1505		1511	8081	1513			km	Zug Nr RBD Oppeln Zug Nr		1506	1500	1530		8082	1502	1504	1510
...	...	*6.11*	...	*12.02*	...	*15.23*	...	*20.45*	...	...		ab *Brieg* 126a ... an	...	...	*6.51*	...	...	*12.22*	*12.22*	*16.03*	*19.35*
...	...	*6.25*	...	*12.34*	...	*15.39*	...	*20.47*	...	...		ab *Grottkau* 126c ... an	...	...	*6.49*	...	...	...	*12.32*	*15.52*	*19.28*
nS u am 29.V.	...	7.02	...	12.43	...	15.48	...	21.06 nach Oppeln	...	...		ab **Deutsch Leippe** 126c ... an	...	nS und am 29.V.	6.26	...	...	w10.48	11.58	15.00	19.17
	...	7.10	...	12.51	...	15.55	...	21.15	...	...	5,4	Auenrode (Os:ea) ...	...		6.19	...	...	10.38	11.51	14.53	19.10
	w	7.16	...	12.57	...	16.00	...	21.21	...	...	8,2	Rauschwalde (Raschwitz) ...	...		6.14	...	...	|	11.45	14.47	19.04
	6.40	7.23	...	13.05	...	16.06	...	21.28	...	...	12,1	Graase ...	...		6.08	...	...	10.16	11.38	14.40	18 58
	6.47	7.30	...	13.12	...	16.13	...	21.35	...	...	16,3	Schedlau ...	...		6.01	...	...	9.34	11.30	14.33	18 52
nS	6.53	7.35	...	13.17	...	16.18	w	21.40	...	...	19,7	an Falkenberg (Oberschles) ... ab	...		5.56	...	...	9.21	11.24	14.27	18.47
0.30	6.54	7.45	9.50	13.42	...	16.28	18.50	21.43	...	...		ab ... an	...	0.16	5.54	8.36	...	8.51	10.40	14.26	18.46
|	6.59	7.49	9.54	13.46	...	16.32	|	21.47	...	...	22,2	Baumgarten ...	...	0.12	5.51	8.33	...	|	10.36	14.22	18.42
0.39	7.04	7.55	10.00	13.52	...	16.38	19.04	21.53	...	...	26,6	an **Goldmoor** (Schiedlow) 126e ab	...	0.06	5.45	8.27	...	w 8.37	10.30	14 16	18.36
1.06	*7.34*	*8.46*	*10.28*	*14.36*	...	*17.09*	*21.32*	*22.17*	...	...		an *Oppeln* 126e ... ab	...	*23.42*	*5.20*	*7.45*	...	*7.45*	*10.03*	*13.35*	*18.11*

Einfahrtsignal von Ilnau aus Richtung Kreuzburg, Dezember 1941.
Foto: Sladek

An der Julienhütte in Bobrek vorüber zieht eine G 12 einen Ganzzug mit Großraumselbstentladewagen.
Die Reichsbahn

Mit BR 78 ausfahrender Personenzug. Sicher anregend ist die Motivsuche im Gleisplan des Nachsatzes. *Tausche*

Schon Neues ist um 1930 zu erkennen: Den Zug führt eine BR 64, der 2. Klasse-Wagen ist bereits eine moderne „Donnerbüchse“. *Verkehrsmuseum*

Auch dieser Personenzug hat schon seine „2.-Klasse-Donnerbüchse“, ansonst ist er aber noch völlig preußisch. Vorn eine G 8^1 beim Rangieren. *Tausche*

Personenzug mit 64 311 des Bw Gleiwitz verläßt Bobrek, um 1938.

Industrielandschaft von Bobrek mit ausfahrbereitem Güterzug – geführt von G 8^3. Um 1935.

Siegfried Bufe

Die Fahrt nach Nieder Lindewiese

War das ein Herbst im Jahre 1944! Über Schlesien zog wochenlang kein Wölkchen; die Tage waren sonnig-warm, die Ernte entsprechend gut. Die Natur meinte es gut mit den Menschen, die nur noch kurze Zeit trügerischer Ruhe in der Heimat vor sich hatten. In den Schüleralltag, der schon mit häufigen Fliegeralarmen „garniert" war, brachte ein Brief des eingezogenen Vaters Abwechslung. Abgestempelt war er in Nieder Lindewiese. Von einer leichten Verwundung war da die Rede, die im Heimatlazarett ausgeheilt werden sollte. – Für Mutter gab es da kein Halten. Es sollte hingefahren werden und zwar gleich morgen. Aber wohin? Hätten Sie gewußt, wo Nieder Lindewiese liegt? Der damals schon mit dem Kursbuch vertraute Sohn stellte fest, daß der Ort immerhin im Bahnhofsverzeichnis zu finden war, und daß es eigentlich gar nicht soweit dahin wäre, nämlich ganze 95 km von Oppeln, wo wir damals noch wohnten. Man mußte nur zweimal umsteigen. Vor Aufregung verlangte Mutter am Schalter Fahrkarten nach „Ninderlindewiese", was der Beamte natürlich nicht verstand. Sie mußte es wiederholen, doch es gelang kaum besser. Schließlich verstand es der Beamte aber doch und verkaufte uns die zwei Fahrkarten. Am nächsten Morgen ging's frühzeitig erneut zum Hauptbahnhof, denn unser Zug sollte um 7.22 Uhr abfahren. Er stand auch schon bereit. Es war eine damals ganz moderne Nebenbahngarnitur aus fünf Cie-Wagen, heute als „Donnerbüchsen" bekannt, natürlich auch ein Packwagen dabei, vor dem eine Einheitstenderlok der Baureihe 64 in der Sonne glänzte. Pünktlich kam die Aufsicht und schickte den kaum besetzten Zug auf seine Reise. Unsere „Donnerbüchse" donnerte sogleich über die Mühlgrabenbrücke und dann über die Oderbrücke, ehe wir auf dem langen Damm den Westbahnhof erreichten. Gleich dahinter zweigte unsere Strecke nach links von der Hauptbahn ab, die geradlinig nach Breslau davonzog. Die 64 lief recht hurtig und es war eine wunderschöne Fahrt in den noch kühlen Oktobermorgen. Zunächst ging's durch Ackerland, doch dann durch ein ausgedehntes Waldgebiet in dem der Bahnhof Goldmoor lag. Hier stand ein praktisch gleichartiger Zug, nur um zwei Wagen kürzer, als Anschluß nach Deutsch Leippe bereit. Es stiegen nur wenige Reisende um. Wer fuhr damals auch schon an einem Werktagmorgen hinaus aufs Land? Ich hätte ja eigentlich auch zur Schule gehen müssen. Nach kurzem Halt ging's bei uns weiter. Für mich war das jetzt eine völlig unbekannte Strecke. Über Tillowitz erreichten wir Lamsdorf, wo Soldaten einstiegen, die wohl vom nahegelegenen Truppenübungsplatz kamen. Die Bahnhöfe waren ausnahmslos mit Einfahrtsignalen ausgerüstet. In Kaundorf war Kreuzung mit dem Gegenzug, der schon am Nebengleis wartete, als wir einfuhren. Schließlich dampften wir zügig weiter und erreichten um 8.53 Uhr Neisse, wo unser Zug endete. Um 9.20 Uhr sollte es am Bahnsteig 1 weitergehen. Um 9.08 Uhr rollte eine P 8 mit einer langen Reihe preußischer Abteilwagen an den Bahnsteig. Es war der P 349 Kamenz–Heydebreck, der hier zwölf Minuten Aufenthalt hatte. In seiner Zusammenstellung war er typisch für die Personenzüge auf Schlesiens Hauptbahnen. Es ist übrigens zu bemerken, daß sich kurz vor der Katastrophe, die über Schlesien hereinbrechen sollte, der Bahnbetrieb nach dem letzten „bis auf weiteres" gültigen Fahrplan der Reichsbahn präzise abwickelte. Verspätungen waren seltene Ausnahmen. Andererseits ließen die Fahrpläne auch entsprechend Luft. Eineinhalb Stunden Fahrzeit für die 50 km von Oppeln nach Neisse mit modernem Zug auf gut ausgebauter eingleisiger Hauptbahn waren sicher keine hervorragende Leistung. Auch der Zwölf-Minuten-Halt des P 349 in Neisse diente wohl mehr der Vorsorge um in jedem Fall pünktlich abfahren zu können. Anschlußzüge, etwa aus Brieg oder von den Kleinbahnstrecken, gab es nicht. Auch dieser Zug war nicht zu stark besetzt, so daß ich wieder einen Fensterplatz ergattern konnte. Nach der Abfahrt lief neben unserem Gleis noch eine kleine Weile das Gleis der Kleinbahn nach Weidenau nebenher bis es sich abwandte und dem Gebirge zustrebte. Unsere Trasse zog geradlinig an dessen Rand entlang. Meine Aufmerksamkeit fesselte der auf- und abwärts gehende Tanz der Telegraphendrähte zwischen den Doppelmasten. Über Preiland erreichten wir Deutsch Wette, wo es abermals umzusteigen galt. Nach drei Minuten fuhr die P 8 mit ihrem Zug weiter, wir aber gingen hinüber zum Gleis 1, wo es aus meiner damaligen Sicht absolut ungewöhnliches gab. Der Zug, mit dem wir weiterreisen sollten, paßte nicht in das mir bekannte Bild der typischen Reichsbahnzüge auf Schlesiens Strecken. Geradezu urtümlich – vorsintflutlich mutete das an, was hier als Zug bereitstand. In den leeren Wagen war schnell ein Abteil am Fensterplatz belegt. Nachdem bis zur Abfahrt noch 40 Minuten Zeit waren, konnte das merkwürdige Gefährt noch gründlich bestaunt werden. Im Abteil fiel schon einmal auf, daß die Bank nur aus einem glattgehobelten, lackierten Brett bestand. Die Wagen hatten geschlossene Plattformen, deren Dachenden nach innen abgerundet waren. Aber die Lok: Vier kleine Treibräder, dazu die Baureihennummer 56 wiesen sie als Güterzuglok aus. Nun, 56 kannte ich von Oppeln her. Sie hatten ein völlig anderes Aussehen. Ich hatte keine Ahnung, daß die Lok mit dem langen, niedrigen Kessel, dem hohen Kranzschornstein und dem langen Verbindungsrohr zwischen den Domen, genau wie ihr Zug tschechischen Ursprungs war und damit die wesentlichen Merkmale des österreichischen Lokbaus verkörperte. Zu Hause war sie übrigens im Bw Hannsdorf der RBD Breslau. Es war der CSD-Nachbau der bewährten K. K. St. B. Reihe 170. Unterdessen war nebenan doch tatsächlich ein Dieseltriebwagen der Baureihe VT 70 eingefahren, der die Stichbahn nach Groß Kunzendorf bediente. In seinem Zweifarbenanstrich mit den Zierstreifen war er gegenüber den grünen Personenwagen ein wahres Schmuckstück. Überhaupt rührte sich während unseres Aufenthalts in Deutsch Wette allerhand. Kurz nach 10.00 Uhr brauste der D-Zug Troppau–Berlin durch. Über seine Lok kann ich nichts sagen, denn bis ich richtig schauen konnte, rollten schon die Schürzenwagen an mir vorüber und die Lok hüllte sich in eine Qualmwolke. Nach Schröpfer (Eisenbahn im Sudetenland) müßte es eine 77^3 gewesen sein. Eine P 8 kam mit langer Abteilwagengarnitur zum Halten. Es war der P 372 Heydebreck–

Kamenz, der ab hier dem D-Zug im Blockabstand folgte. Kurz vor unserer Abfahrt keuchte drüben schließlich noch eine 52 mit Wannentender und langem Güterzug von Neisse her Richtung Heydebreck. Schließlich tat sich was bei uns. Die bevorstehende Abfahrt deutete sich durch mächtige Qualmwolken an, die die 56[33] ausstieß. Der Heizer sorgte für genügend Dampf! Nun ging's los. „Gar nicht einmal so langsam“, dachte ich. Die sechs kaum besetzten Wagen waren für die kräftige Lok ja kein Problem. Nur wurden wir kaum richtig schnell. Obwohl es zunächst noch fast eben dahinging stand das Tempo des Zuges mit geschätzten 40 km/h im Gegensatz zu den unablässig großen Qualmwolken der Lok, mit denen sie die umgebrochenen Felder räucherte. Erster Halt war in Ziegenhals Hbf. Wir standen scheinbar nutzlos auf dem großen, aber leeren Bahnhof fünf Minuten lang herum. Die nach Ziegenhals Bad führende Triebwagenverbindung war schon zu Kriegsbeginn stillgelegt worden und Richtung Troppau gab's jetzt auch keinen Anschluß. Lediglich ein Güterzug mit einer G 8[1] stand auf den Gütergleisen bereit, Richtung Neisse auszufahren. Auf einem langen, hohen Damm ging's jetzt beständig steigend dem Altvatergebirge entgegen. Ziegenhals Stadt war der nächste Halt. Über Buchberg erreichten wir Niklasdorf, wo die Stichbahn nach Zuckmantel abzweigte. Das Zügle stand nebenan am Bahnsteig. Auch diese Lok konnte ich leider nicht genau erkennen. Inzwischen waren wir inmitten der Altvaterberge. Die Trasse führte an einem Bergzug entlang, in dessen Tal sich ein Flüßchen (die Biele) durch den Wiesengrund schlängelte. Auch unser Gleis verlief ziemlich kurvenreich, meist im Hochwald, doch immer wieder gab's Ausblicke hinunter ins Tal und zu den gegenüberliegenden Bergen. In Sandhübel–Saubsdorf war Kreuzung mit dem Gegenzug. Der nächste große Bahnhof war der Kurort Freiwaldau-Gräfenberg, dessen Bedeutung schon das Empfangsgebäude betonte. Hier stiegen auch die meisten Mitreisenden aus. Weiter wand sich die Strecke im jetzt enger werdenden Tal des Staritzbach aufwärts. Noch ein paar Kurven und der Zug rollte im Bahnhof Nieder Lindewiese (515 m) aus. Hier war für ihn und uns Endstation. Die Lok kuppelte ab und rollte in die kleine Lokstation, während wir uns der Bahnsteigsperre zuwandten. So wenig sich jetzt hier tat, so gab es auch andere Zeiten, Nachmittag gegen halb zwei beispielsweise. Um 13.18 Uhr lief da zunächst ein Personenzug von Jauernig ein, den eine 77[3] brachte. Einige unter den in Nieder Lindewiese beheimateten Loks besaßen noch einen mächtigen Kobelschornstein, den ich damals erst kennenlernte. Während die Lok abkuppelte, um in den Schuppenbereich zu fahren, setzte am anderen Ende bereits eine andere Lok an. Es war eine 64, die mit der gleichen Garnitur um 13.46 Uhr Richtung Ottmachau auf die Strecke ging. Doch die dazwischen liegende Zeit nützte erst einmal ein Güterzug zur Fahrt in derselben Richtung. Gleich zwei 56[36], eine davon mit Kobel, qualmten schon ungeduldig vor den Güterwagen. Kaum war die Strecke frei, erfolgte die Abfahrt. Es war ein dramatisches Schauspiel, denn die Trasse stieg von der letzten Weiche beständig an. Während noch der Auspuffschlag aus den Wäldern widerhallte, erfolgte auf der Hauptstrecke die Kreuzung zweier Personenzüge. Zunächst nahte der von Ziegenhals nach Hannsdorf fahrende. Er war kaum eingelaufen, erhielt der Gegenzug Einfahrt. Während des jetzt emsigen Betriebs auf den ebenerdigen Bahnsteigen, legte der Heizer des nach Hannsdorf fahrenden Zuges kräftig auf. Es galt ja jetzt, die 11 km lange Steilrampe über Ober Lindewiese (605 m) zum Ramsauer Sattel (765 m) zu bezwingen. Diese Mittagspersonenzüge waren aber durchwegs gut besetzt. Vermutlich war deshalb vor dem bergwärts fahrenden Zug eine äußerst kräftig aussehende Maschine in Aktion. Zwei dreifach gekuppelte Triebwerke gaben dieser Malletlok das ungewöhnliche Aussehen, das durch einen verhältnismäßig hochliegenden Kessel noch betont wurde. Diese Lok gehörte der seltenen Baureihe 51 an und war ungarischen Ursprungs. Gerade vier Minuten Zeit hatte der Heizer nach der schon zurückliegenden Bergfahrt, für erneut reichlichen Kesseldruck zu sorgen, dann gab die Aufsicht den Abfahrauftrag. Einem kleinen Vulkanausbruch glich die Ausfahrt in die Steilrampe. Die Mannschaft der Gegenrichtung hatte es da schon leichter. Eine Minute später durfte auch sie losfahren, aber ins Gefälle.

So vergingen die wenigen Herbsttage in dem idyllischen Schroth-Kurort inmitten der Altvaterberge, dessen Sanatorien jetzt als Lazarette dienten. Wir mußten zurückreisen. Darüber läßt sich allerdings nichts mehr berichten, denn es wurde eine Abendfahrt. Bei der damals üblichen Verdunkelung war es aber praktisch nicht möglich, irgendwelche Beobachtungen von Belang zu machen.

Sommer 1944

a von Troppau Ost   c nach Troppau
1) nur Paßprüfung

151 v Ziegenhals–Hannsdorf

Alle Züge 2. 3. Klasse

1001	1003	1005 (nach Mähr Schönberg)	1007	1009	1011	1021	1013	1015	1023	1017 (nach Mähr Schönberg)	1019	km	Zug Nr RBD Oppeln Zug Nr	1020	1000	1002	1004	1006	1008	1010	1012 (von Mährisch Schönberg)	1014	1016 (von Mähr Schönberg)	1024
4.25	6.15	8.49	10.32	12.30	15.18	...	17.50	19.55	...	22.30	23.36	0,0	ab Ziegenhals Hbf 151 an	4.15	5.27	6.51	8.10	9.22	11.31	14.27	16.24	19.34	21.25	...
4.30	6.20	8.54	10.37	12.35	15.23	...	17.55	20.00	...	22.35	23.41	2,2	Ziegenhals Stadt	4.11	5.22	6.47	8.06	9.18	11.27	14.23	16.20	19.30	21.21	...
4.39	6.29	|	10.46	12.44	15.32	...	18.04	20.09	...	|	|	6,7	Buchberg	4.01	5.13	6.37	7.56	9.08	11.17	14.13	16.10	19.20	|	...
4.44	6.35	9.04	10.51	12.50	15.37	...	18.11	20.14	...	22.47	23.54	8,2	Niklasdorf (Schles) 151 y	3.58	5.10	6.34	7.53	9.05	11.14	14.10	16.07	19.17	21.09	...
4.51	6.42	|	10.58	12.57	15.44	...	18.18	20.21	...	|	|	12,0	Gröditz	3.50	5.01	6.22	7.44	8.53	11.05	14.01	15.57	19.08	|	...
4.56	6.47	9.16	11.05	13.02	15.51	...	18.23	20.26	...	22.58	0.05	13,6	Sandhübel-Saubsdorf	3.47	4.58	6.19	7.41	8.50	11.02	13.58	15.54	19.05	21.00	..
5.05	6.56	|	11.14	13.11	16.00	w	18.32	20.35	S	23.07	0.14	18,1	Böhmischdorf (Sud)	3.37	4.44	6.09	7.31	8.40	10.47	13.48	15.42	18.55	20.50	S
5.13	7.04	9.31	11.22	13.19	16.08	(17.55	18.48	20.44	(21.35	23.14	0.22	21,5	Freiwaldau-Gräfenberg 1151k	3.31	4.38	6.03	7.25	8.34	10.40	13.42	15.36	18.49	20.44	(21.22
5.21	7.12	9.39	11.30	13.27	16.16	(18.03	18.56	20.52	(21.43	23.22	0.30	26,1	an Nieder Lindewiese 151 x ab	3.22	4.28	5.52	7.14	8.24	10.28	13.32	15.26	18.39	20.34	(21.14
5.25	7.22	9.40	von Deutsch Wette	13.31	16.17	...	19.02	...	...	23.24	bG		ab Nieder Lindewiese an	bG	...	5.43	6.53	nach Deutsch Wette	9.57	13.29	15.25	18.36	20.33	...
5.34	7.31	9.48		13.40	16.26	...	19.11	...	...	23.33	...	30,7	Ober Lindewiese	...	...	5.36	6.46		9.50	13.22	15.17	18.28	|	...
5.50	7.47	10.03		13.56	16.42	...	19.27	...	...	23.49	...	37,1	Ramsau	...	...	5.19	6.33		9.31	13.09	15.05	18.14	20.13	...
5.55	7.52	10.08		14.01	16.47	...	19.33	...	...	23.54	...	39,1	Spornhau	...	...	5.12	6.26		9.24	13.02	14.58	18.08	20.07	...
6.07	8.04	10.18		14.12	16.57	...	19.46	...	...	0.05	...	44,3	Goldenstein	...	...	4.59	6.12		9.11	12.49	14.45	17.55	19.54	...
6.14	8.11	|		14.19	17.05	...	20.03	...	...	|	...	47,9	Neu Ullersdorf (Sud)	...	...	4.49	5.57		9.01	12.39	14.35	17.45	19.44	...
6.20	8.19	10.30		14.27	17.10	...	20.10	...	...	0.17	...	50,4	Heinrichsthal	...	...	4.43	5.51		8.55	12.33	14.29	17.39	19.38	...
6.26	8.25	|		14.35	17.16	...	20.16	...	...	|	...	53,5	Lauterbach (Sud)	...	...	4.36	5.45		8.48	12.26	14.22	17.32	|	...
6.32	8.31	10.40		14.41	17.22	...	20.22	...	...	0.28	...	56,7	an Hannsdorf 154 ab	...	...	4.29	5.38		8.41	12.19	14.15	17.25	19.26	...
7.20	...	11.26	...	16.03	18.21	...	22.27	.	...	1.17	...		an Mähr Schönberg 154 ab	...	...	...	4.33	...	7.41	9.56	13.18	15.36	18.39	...

147 q Namslau–Groß Wartenberg

Alle Züge 2. 3. Klasse

1421	9745	1032	w 1425	1429	1427	1038	w 1431	1040	1435	km	Zug Nr RBD Oppeln Zug Nr	1420	1422	1033	w 1426	9746	1037	1430	w 1432	1039	1436
5.00	..	6.24	w8.38	11.03	12.38	14.40	w16.58	17.59	19.50	0,0	ab Namslau 147, 147 t an	7.34	8.15	10.50	w11.31	...	15.12	16.27	w19.30	21.40	22.32
5.06	...	6.30	(8.44	11.09	12.44	14.46	(17.04	18.05	19.56	3,9	Giesdorf 142 h	7.28	8.09	10.44	(11.25	...	15.06	16.21	(19.24	21.34	22.26
5.14	...	6.36	(8.52	11.17	12.52	14.57	(17.13	18.13	20.05	8,5	Buchelsdorf (Kr Namslau)	7.21	8.02	10.37	(11.18	...	14.59	16.14	(19.17	21.27	22.19
5.21	...	nach Kempen	(8.59	11.24	12.59	nach Kempen	(17.20	nach Kempen	20.12	12,9	Glausche	7.13	7.54	von Kempen	(11.07	...	von Kempen	16.06	(19.09	von Kempen	22.11
5.27	...		(9.05	11.30	13.05		(17.26		20.18	16,8	Schmograu	7.07	7.48		(11.01	...		16.00	(19.03		22.05
5.34	...		(9.12	11.37	13.12		(17.33		20.25	20,6	Paulsdorf (Kr Namslau)	7.00	7.41		(10.54	...		15.53	(18.56		21.58
5.39	5.44		(9.20	11.45	13.20		(17.42		20.33	24,5	Galbitz	6.54	7.35		(10.48	w		15.47	(18.50		21.52
an	5.56		(9.25	11.50	13.25		(17.47		20.38	27,6	Reesewitz	...	7.28		(10.36	an		15.38	(18.43		21.45
...	6.11		(9.31	11.56	13.31		(17.53		20.44	31,0	Kunzendorf (Kr Gr Wartenbg)	...	7.22		(10.30	(12.40		15.32	(18.37		21.39
...	6.23	...	(9.39	12.04	13.39	...	(18.01	...	20.52	35,6	Schleise	...	7.15	...	(10.23	(	...	15.25	(18.30	...	21.32
...	6.28	...	(9.43	12.08	13.43	...	w18.05	...	20.56	39,3	an Groß Wartenberg ab	...	7.10	...	(10.18	(12.26	...	15.20	w18.25	...	21.27

Zwischen September 1939 und Januar 1945 gab es auch in Ostoberschlesien Reichsbahn-Nummern. 94 414 (?) eine pr. T 16, rangiert an der Königshütte. *Sammlung Csallner*

Fahrpläne vom Sommer 1939.

126 g Neisse – Deutsch Wette – Ziegenhals Bad und zurück

km	Station																							
	Breslau Hbf über *Brieg* 121 A ab	...	23.57	...	...	...	5.15	6.31	6.31	...	9.16	9.16	10.40	10.40	vS	...	14.23	...	14.23	17.24	...	19.24	19.24	19.42
	Oppeln Hbf 128 e ab	...	...	4.22	...	...	6.05	6.53	6.53	7.45	10.03	10.03	...	...	15.35	13.35	15.35 vS	...	16.18	18.30	18.30	19.35	19.35	...
	RBD Oppeln Zug Nr	E 161	913	371	1006	E 256	917	E 441	E 155	349	1010	353	1012	D 293		1016	E 159	1018	365	935	937	E 169	545	1735
	Klasse	2. 3.	2. 3.	2. 3.	2. 3.	2. 3.	2. 3.	2. 3.	2. 3.	2. 3.	2. 3.	2. 3.	2. 3.	2. 3.		2. 3.	2. 3.	2. 3.	2. 3.	3. bG	2. 3.	2. 3.	2. 3.	2. 3.
0,0	**Neisse** 126, 126 a, e ■ ab	0.01	4.30	5.52	...	von Beuthen Ob Lind:	7.42	**7.56**	**8.31**	9.13	11.17	11.45	13.29	**14.11**	↳	16.02	**16.50**	...	18.00	19.52	20.38	**21.00**	S 21.31	23.32
7,1	Preiland	|	|	6.00	...		7.50	|	|	9.22	|	11.53	13.40	|	...	16.10	|	...	18.09	20.03	20.49	|	a 21.40	23.43
11,9	**Deutsch Wette** 126, 126 a an	0.18	4.49	6.07	...		7.56	**8.08**	**8.43**	9.30	11.33	12.01	13.48	**14.24**	...	16.18	**17.03**	...	18.17	20.11	20.57	**21.14**	21.46	23.51
	RBD Oppeln Zug Nr			915					1725	921		925			927		931		933				939	
	Klasse	a		2. 3.					2. 3.	2. 3.	e	2. 3.	e		2. 3.	e	2. 3.	vS	2. 3.				2. 3.	b
11,9	**Deutsch Wette** ab	0.18	4.50	6.13	7.13	**7.44**	7.58	**8.09**	8.54	9.45	11.34	12.55	13.49	**14.25**	14.50	16.19	17.08	17.30	18.25	20.12	21.01	**21.15**	22.10	23.52
17,8	**Ziegenhals** Hbf 129 q an	0.24	4.57	6.19	7.20	**7.53**	8.04	**8.15**	b 9.00	9.51	11.40	13.02	13.55	**14.32**	14.57	16.26	17.15	17.37	18.32	20.19	21.08	**21.21**	22.17	23.59
	RBD Oppeln Zug Nr								919		923		911			929					S / W			
17,8	**Ziegenhals** Hbf ab	0.32	4.58	6.20	7.24	nach Wiese	8.06	**8.25**	9.04	9.52	11.50	13.03	14.00	**14.48**	14.58	16.30	17.16	17.48	18.33	20.21	S 21.09 / 21.23	**21.26**	22.18	0.33
19,4	Ziegenhals Stadt	c	5.02	6.26	e		8.11	d	9.09	9.57	11.55	13.09	14.06	g	15.04	16.36	17.22	e	18.38	20.26	21.14 / 21.28	b	22.23	b
20,4	**Ziegenhals** Bad an	...	an	6.28	...		8.13	...	9.11	9.59	11.57	13.12	14.09	...	15.07	16.39	17.25		18.41	20.29	21.17 / 21.31		22.26	...

■ = Weitere Züge Neisse—Dt Wette siehe Abt 128 a = nicht am 28. V. b = nach Jägerndorf c = von Liegnitz nach Spornhau d = nach Troppau—Zauchtel e = nach Hannsdorf
g = Berlin Görl Bf—Troppau

RBD Oppeln Zug Nr	914	1001	916	E 188	918	1005	920	922	1724	924	D 294	912	926	928	E 160	930	1015	1732	932	1017	934	E 57	936	E 440	938	938	940
Klasse	2. 3.	2. 3.	2. 3.	2. 3.	2. 3.	2. 3.	2. 3.	2. 3.		2. 3.	2. 3.	2. 3.	2. 3.	2. 3.	2. 3.	2. 3.	2. 3.	2. 3.	2. 3.	2. 3.	2. 3.	2. 3.	3. bG	2. 3.	2. 3.	3. bG	2. 3.
Ziegenhals Bad ab	...	...	6.55	...	8.22	...	9.18	10.10	...	12.28	...	13.42	14.20	15.38	...	16.46	...	...	17.43	...	19.50	...	20.42	...	S 21.29	W 21.39	22.41
Ziegenhals Stadt	5.13	...	6.59	d	8.25	c	9.21	10.13	...	12.31	a	13.45	14.24	15.42	f	16.50	c	b	17.47	c	19.53	...	20.46	g	21.32	21.42	22.44
Ziegenhals Hbf an	5.18	6.13	7.04	**7.20**	8.29	8.20	9.25	10.18	b	12.36	**13.19**	13.50	14.29	15.47	**15.58**	16.55	17.07	**17.31**	17.52	19.16	19.58	**20.24**	20.51	**21.17**	21.37	21.47	22.49
Jägerndorf 129 ab	...	*5.20*	...	***6.33***	...	*7.29*	...	...	*9.21*	*11.18*	***12.39***	...	...	*13.37*	*14.52*	*14.52*	vS	*16.30*	*16.30*	...	*18.35*	...	*19.50*	***20.32***	...	...	c
Ziegenhals Hbf 129 a ab	5.19	6.25	7.05	**7.28**	...	8.32	9.26	...	10.23	12.37	**13.23**	...	14.33	15.48	**16.08**	16.56	17.16	17.38	17.53	19.24	20.00	**20.26**	20.52	**21.23**	21.38	21.48	22.54
Deutsch Wette 126, 126 a an	5.26	6.32	7.12	**7.31**	...	8.39	9.32	...	10.29	12.43	**13.30**	...	14.40	15.55	**16.15**	17.03	17.23	**17.45**	18.00	19.31	20.07	**20.33**	20.59	**21.29**	21.45	21.55	23.00 1021
RBD Oppeln Zug Nr	356	E 162				362	386			376			378			544			388			Ob Lindewiese — Beuthen				382	1021
Klasse	2. 3.	2. 3.				2. 3.	2. 3.			2. 3.			2. 3.			vS			2. 3.							2. 3.	2. 3.
Deutsch Wette ■ ab	5.31	**6.47**	7.13	**7.35**	...	8.51	9.42	...	10.30	12.53	**13.30**	...	14.43	15.56	**16.16**	17.27	...	17.46	18.07	19.32	20.08		21.00	**21.29**	...	22.08	23.01 c
Preiland	5.37	|	7.20	|	...	8.57	9.48	...	10.36	12.59	|	...	14.49	16.04	|	|	...	17.54	18.13	19.38	20.15		21.07	|	...	22.14	23.07
Neisse 126, 126 a, e an	5.44	**6.57**	7.28	**7.49**	...	9.04	9.55	...	10.44	13.06	**13.43**	...	14.56	16.14	**16.31**	17.37	...	18.04	18.20	19.45	20.24		21.16	**21.43**	...	22.21	23.14
Oppeln Hbf 126 e an	*7.34*	*8.40*	*8.45*	*10.28*	...	*10.28*	...	vS	*13.27*	*14.36*	*16.5[illegible]*	...	*16.51*	...	*18.57*	*18.57*	...	...	*21.32*	*21.32*	*21.32*		*22.41*	*22.41*	...	...	*1.20*
Breslau Hbf über *Brieg* 121 A an	*7.35*	...	***9.17***	***9.17***	...	*11.02*	...	...	*13.22*	*14.50*	*17.09*	...	*17.09*	...	...	...	...	...	***20.18***	...	*22.48*		...	***23.08***	...	...	*1.18*

■ = Weitere Züge Dt Wette—Neisse siehe Abt. 128 a = von Troppau nach Berlin Görl Bf b = von Jägerndorf c = von Hannsdorf d = von Jägerndorf nach Breslau f = nach Liegnitz
g = von Zauchtel nach Breslau und Oppeln

126 e Neisse – Oppeln und zurück

km	Station																						
	Ziegenhals Hbf 128 g ab	...	...	*22.54*	...		...	*5.19*	...	*7.05*	...	*8.32*	*10.23*	*12.37*	...	...	*14.33*	...	vS *16.56*	*20.00*	...	***21.23***	...
	RBD Oppeln Zug Nr		1509	1389	1371	1375		1373		1359		1377	1361	1381	1119	1117	1379	1511	1395	1387	1513	E 141	
	Klasse		3.	2. 3.	bG 3.	W 3.		2. 3.		2. 3.		2. 3.	2. 3.	2. 3.	3. bG	bG 3.	2. 3.	bG 3	2. 3.	2. 3.	bG 3.	2. 3.	
	Neisse 126, 126 c, g ab	...	bG	0.10	4.08	bG	...	6.16	...	7.43	...	9.18	vS 12.16	13.25	W außer Mi u Sa	...	15.38	von Dt Leippe	17.50	20.26	von Grottkau	**21.55**	...
4,4	Lindendorf OS	...	nS u am 29. V. von Falkenberg	0.16	|	...	...	6.23	...	|	...	9.23	12.23	13.32		...	15.45		17.55	20.32		von Zauchtel—Troppau	...
8,2	Kaundorf	...		0.21	4.18	...	...	6.28	...	|	...	9.28	12.28	13.37		...	15.50		18.00	20.37			...
11,0	Mannsdorf	...		0.26	4.22	...	...	6.32	...	7.55	...	9.32	12.32	13.41		...	15.54		18.04	20.41			...
13,8	Nied Harmsdorf	...		0.31	4.27	...	...	6.37	...	7.59	...	9.37	12.37	13.46		...	15.59		18.08	20.45			...
16,8	Bauschdorf	...		0.35	4.31	...	...	6.42	...	|	...	9.41	12.41	13.51		...	16.03		18.12	20.49			...
19,6	Lamsdorf	...		0.41	4.37	...	...	6.51	...	8.07	...	9.47	12.48	13.57		...	16.11	...	18.19	20.55	...	**22.14**	...
23,4	Annahof	...		0.46	4.42	...	...	6.56	...	8.12	...	9.52	12.53	14.02		...	16.16	...	18.24	21.00	...		...
29,0	Tillowitz	...		0.52	4.51	...	...	7.02	...	8.18	...	9.58	12.59	14.08	...	...	16.22	...	18.30	21.06	...		...
33,3	**Goldmoor** 126 f an	...	0.39	0.58	4.56	W	...	7.08	...	8.23	...	10.03	13.04	14.13	...	Mi	16.27	16.38	18.35	21.11	21.53		...
	ab	...	0.47	0.59	4.57	6.07	...	7.12	...	8.25	...	10.04	13.06	14.15	...	...	16.28	16.48	18.36	21.12	21.55		...
42,1	Gumpertsdorf	...	|	1.08	5.07	6.21	...	7.22	...	8.34	..	10.16	13.15	14.24	14.50	15.50	16.39	16.57	18.45	21.21	22.04		...
45,8	Hopfental	...	|	1.14	5.12	6.26	...	7.27	...	8.40	...	10.21	13.21	14.30	14.55	15.55	16.45	17.03	18.51	21.26	22.10		...
48,4	Oppeln West	...	|	|	|	|	...	|	...	|	...	|	|	|	|	|	|	|	|	|	|		...
50,7	**Oppeln** Hbf an	...	1.06	1.20	5.20	6.33	...	7.34	...	8.46	...	10.28	13.27	14.36	15.01	16.01	16.51	17.09	18.57	21.32	22.17	**22.41**	...
	Kreuzburg 128 a an	...	...	...	*7.00*	...	...	*9.14*	...	...	...	*12.47*	...	*17.28*	*17.28*	*17.28*	*21.02*	...	*21.02*	vS *22.42*	...	S *0.39*	...
	Breslau Hbf 121 A an	...	***3.15***	***3.15***	***6.58***	***8.03***	...	***9.17***	...	***10.00***	...	***11.48***	***15.47***	***15.47***	*17.09*	***17.30***	***18.17***	***18.17***	***20.18***	***24.00***	***24.00***	***24.00***	...

km	Station																				
	Breslau Hbf 121 A ab	***1.17***	...	...		...	...	*4.44*	***5.57***	***8.08***	...	***11.56***	***12.18***	***13.54***	***13.54***	*14.23*	***16.19***	...	***16.19***	*17.24*	***22.18***
	Kreuzburg 126 a ab	...	...	...		...	...	*5.01*	*5.01*	*7.25*	...	*9.22*	*9.22*	*13.24*	*13.24*	*13.24*	...	...	...	*17.40*	*21.58*
	RBD Oppeln Zug Nr	1370	2072	1500		1368	1372	E 140	1374	1360		1118	1378	1118	2076	1380	1510		1382	1386	1384
	Klasse	2. 3.	2. 3.	3. bG		3. bG	2. 3.	2. 3.	2. 3.	2. 3.		3. bG	2. 3.	3. bG	2. 3.	2. 3.	3. bG		2. 3.	2. 3.	3. bG
0,0	**Oppeln** Hbf ab	4.22	4.53	5.20	...	W 5.35	6.05	**6.53**	7.45	10.03	...	13.12	13.35	15.15	15.35	16.18	18.11	...	18.30	19.35	**23.42**
2,3	Oppeln West	|	S	|	...	|	|	|	|	|	...	|	|	|	v S	|	|	...	|	|	|
4,9	Hopfental	4.29	|	|	...	|	6.14	|	7.52	10.10	...	13.19	13.42	15.22	|	16.25	18.18	...	18.37	19.42	**23.49**
8,6	Gumpertsdorf	4.35	5.06	5.30	...	5.47	6.20	|	7.58	10.17	...	13.24	13.48	15.27	15.46	16.38	18.23	...	18.46	19.48	**23.54**
17,4	**Goldmoor** 126 f an	4.44	|	5.39	...	5.57	6.30	**7.11**	8.07	10.26	...	an	13.57	an	|	16.47	18.32	...	18.55	19.57	**0.03**
	ab	4.45	|	5.45	...	W	6.31	**7.12**	8.10	10.27	...	W außer Mi u Sa	13.58	Nur Mi	|	16.49	18.36	...	18.56	19.58	**0.04**
21,7	Tillowitz	4.52	5.19	nach Dt Leippe	...	...	6.37	nach Troppau—Zauchtel	8.19	10.32	...		14.09		15.59	16.54	nach Dt Leippe	..	19.02	20.04	**0.08**
27,3	Annahof	4.59	5.26		...	...	6.44		8.26	10.39	...		14.16		16.06	17.01		...	19.09	20.11	**0.16**
31,1	Lamsdorf	5.06	5.33		...	...	6.52		8.32	10.46	...		14.22		16.12	17.06		...	19.14	20.17	**0.22**
33,9	Bauschdorf	5.10	|		...	...	6.57		8.36	10.50	...		14.27		|	17.11		...	19.18	20.21	|
36,9	Nieder Hermsdorf	5.16	5.39		...	...	7.02		8.40	10.55	...		14.31	...	|	17.15		...	19.23	20.25	**0.32**
39,7	Mannsdorf	5.20	|		...	...	7.07		8.45	10.59	...		14.36	...	|	17.20		...	19.28	20.30	**0.37**
42,5	Kaundorf	5.25	S		...	...	7.12		8.50	11.03	...	...	14.41	...	|	17.24		...	19.33	20.38	**0.42**
46,3	Lindendorf OS	5.30	|	...	...	...	7.17		8.55	11.08	...	...	14.46	...	vS	17.29		...	19.37	20.43	|
50,7	**Neisse** 126, 126 c, g an	5.36	S 5.53		...	...	7.23	**7.41**	9.01	11.14	...	...	14.52	...	16.29	17.34		...	19.42	20.48	**0.51**
	Ziegenhals Hbf 126 g an	*6.19*	...	...	...	...	*8.04*	***8.15***	*9.51*	*11.40*	...	...	*16.26*	...	*17.15*	*18.32*	...	...	*20.19*	***21.21***	***4.57***

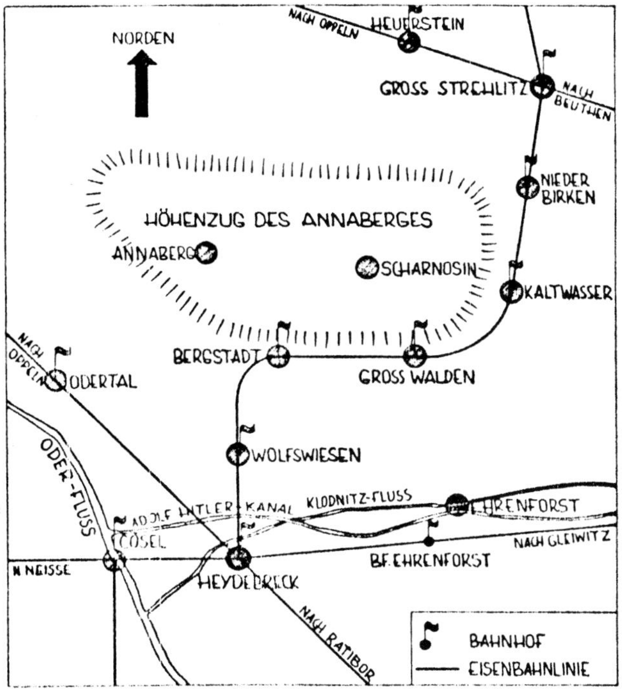

Eine der wenigen Neubaustrecken der DR war die „Wallfahrerbahn" Heydebreck–Groß Strehlitz.

Ehemalige Bedienstete beim Bahnhof Oppeln-West 1943–1945

				Jg.
1. DienststellenL-Vorsteher-	Geßner	Albert	(von der RBD Essen)	
2. " -Vertreter-	Gwosdz	Paul	Stefanshöh	
3. Personalbeamter	Klose	Emanuel	Oppeln	
4. Kanzlei	Tischbier	Erich	Proskau	
5. " /Schreibkraft	Bräuning	August	Althaus	
6. Güterkasse/Schalter Neukirch	Hagen	Max	Oppeln	
7. " "	Emmerling	Robert	Oppeln	
8. Wehrmachtstransporte	Czichos	Hildegard	Reisern/Moosdorf	
9. " "	Zippel	Irmgard	Oppeln-Stefanshöh	
1o. Wagendienst	Dubiel	Max	Oppeln	
11. Ermittlung/Schadensregul.	Stolaczek	Stanislaus	(Loben) O-Stefanshöh	
12. Expreßgut/Güterabfertigung	Hyllus	Paul	Bk Moosdorf	
13. " "	Holletzek	Stanislaus	Neudorf	
14. Stellwerk - Op (Ost)	Koch	Paul	Oppeln-Stefanshöh	
15. " Ablöser - "	Gwosdz	Paul	" "	
16. " " "	Piechatzek	Erwin	"	
17. " " "	Krawczyk	Peter	Kleinberg	
18. Stellwerk - Op (West)	Hampel	Eduard	Hopfental	
19. " Ablöser - "	Wistub	Jakob	"	
2o. " " "	Pudelko	Leo	Erlental	
21. " " "	Parusel	Franz	Rothaus	
22. Stellwerk - Op (Süd)	Stralka	Rudolf	Gumpertsdorf	
23. " " "	Pudelko	Peter	Heidefelde	
24. " " "	Mientus	Gerhard	Birkental	
25. " " "				
26. Schrankenwärter -Bk 78-	Pudelko	Lukas	Erlental	
27. " Ablöser - "	Piechotta	Johann	Stefanshöh	
28. " " "	Hanuschik			
29. " " "	Jonietz	Alfred	Winau	
3o. " " "	Geppert	Josef	Dambrau	
31. Schrankenwärter -Bk 79-	Schichta	Richard	Walldorf	
32. " " "	Gambietz	Ludwig	Rothaus	
33. " Ablöser - "	Pudelko	Peter	Heidefelde	
34. Weichenwärter	Kupka	Paul	Hinterwasser	
35. -Ablöser-	Ksienzyk	Josef	Reisern	
36. "				
37. Fahrkartenausgabe/Sperre	Hojnka	Angela	Oppeln	
38. "	Koppetzki	Reinwiese	Oppeln -Siedlung	
39. "	Michel	Hildegard	Oppeln-Siedlung	
4o. "	Belkot	Maria	Moosdorf	
41. "	Niespor	Gertrud	Kleinberg	
42. "	Passon	Irmgard	Preisdorf	
43. Jungwerker-Ausbildlinge	Bothor	Paul	Oppeln-Stefanshöh	27
44. " "	Dudek	Johann	" "	28
45. " "	Hontscha	Anton	Vogtsdorf	28
46. " "	Jelosko	Fritz	Neudorf	27
47. " "	Piechotta	Josef	Vogtsdorf	27
48. Junghelfer-Ausbildlinge	Dudek		Oppeln-Stefanshöh	
49. " "	Schmidt	Horst	" "	28
5o. " "	Bothor	Karl	" "	29
51. " "	Juhr	Wolfgang	" "	29
52. " "	Kalisch	Eginhard	" "	29
53. " "	Kosiel	Hubert	" "	29
54. " "	Knossalla	Hubert	Oppeln-Halbendorf	29
55. " "	Miedek	Franz	Oppeln-Stefanshöh	29
56. " "	Palluch	Horst	" "	28
57. " "	Przybilla	Hans	" "	28
58. " "	Schymainda		Walldorf	28
59. " "	Stach	Erich	Kleinberg	29
6o. " "	Stellmach	Ludwig	Oppeln-Stefanshöh	28
61. " "	Thüring	Werner	" "	29
62. " "	Träger	Erich	" "	28
63. " "	Waletzko	Paul	" "	28
64. " "	Misdziol	Leo	Hopfental	29

Reichsbahn als Arbeitgeber: Immerhin 64 Mitarbeiter wurden in den letzten Kriegsjahren in Oppeln-West beschäftigt. Für Wehrmachtstransporte und die Fahrkartenausgabe waren ausschließlich Frauen zuständig. Kalisch

Die kurze Stichbahn Ziegenhals Hbf–Ziegenhals Bad wurde ab 1938 von modernen Triebwagen des Bw Neisse bedient. Oberhalb verläuft die Strecke Ziegenhals–Hannsdorf, dahinter die 890 m hohe Bischofskoppe. Reichsbahn-Kalender

Sommer 1939

126 k Bauerwitz–Piltsch–Troppau Alle Züge 2. 3. Klasse

980	982	952		984	986	2:86		988	990		km	Zug Nr *RBD Oppeln* Zug Nr		981	981	983		953	985	987		989	991
nS3.19	6.23	9.41	...	11.20	15.33	vS16.40	...	18.44	20.30	...	0,0	ab **Bauerwitz** 126 h, 126 n .. an	...	nS5.45	6.00	9.21	...	11.55	15.14	17.55	...	20.01	nS 0.05
3.26	6.32	9.50	...	11.34	15.42	bis 25. XI 16.49	...	18.53	20.38	...	5,4	Schirmke (Tschirmkau)	...	5.37	außer nS 5.52	9.13	...	11.47	15.06	17.48	...	19.54	S23.58
3.33	6.38	9.56	...	11.42	15.49	16.55	...	18.59	20.46	...	9,2	Altstett (Bleskau)	...	5.30	5.45	9.06	...	11.41	15.00	17.41	...	19.47	23.52
3.40	6.50	10.05	...	11.50	15.58	17.04	...	19.08	20.55	...	13,9	Nassiedel	...	5.23	5.38	8.59	...	11.30	14.51	17.33	...	19.40	23.44
3.48	6.57	10.12	...	11.57	16.05	17.11	...	19.15	21.02	...	17,9	Leimerwitz	...	5.16	5.31	8.52	...	11.23	14.43	17.25	...	19.32	23.37
nS3.53	7.03	10.17	...	12.02	16.10	17.16	...	19.20	21.07	...	21,8	an **Piltsch** .... ab	...	5.10	5.25	8.45	...	11.16	14.36	17.19	...	19.26	S23.31
4.10	7.06	10.20	...	12.05	16.13	17.20	...	19.25	21.10	...		ab an	...	5.08	5.23	8.44	...	11.14	14.34	17.17	...	19.23	23.30
4.24	7.20	10.34	...	12.19	16.27	17.34	...	19.39	21.24	...	31,3	an **Troppau** Westbf 129 ...... ab	...	nS4.54	5.09	8.30	...	11.00	14.20	17.03	...	19.09	23.16

E 94 073 führt um 1943 Güterzug bei Schildau. *AEG-Werkfoto*

Das hat's wohl kaum im Westen gegeben! Ein Dokument des Willens, allen Mißständen zum Trotz wieder normale Verhältnisse einzuführen, ist dieser Fahrplan, am 23. Mai 1945 in den Amtlichen Nachrichten für Stadt und Kreis Glatz veröffentlicht worden.
Loch

Eisenbahnverkehr
von Glatz nach Mittelwalde und Bad Kudowa-Sackisch und zurück

Es verkehren täglich bis auf weiteres folgende Züge

von Glatz nach Mittelwalde

ab	Glatz-Hauptbahnhof	9.30 Uhr	16.30 Uhr
ab	Glatz-Stadtbahnhof	9.37 Uhr	16.37 Uhr
ab	Rengersdorf	9.50 Uhr	16.50 Uhr
ab	Grafenort	10.01 Uhr	17.01 Uhr
ab	Habelschwerdt-Stadt	10.17 Uhr	17.17 Uhr
ab	Habelschwerdt-Hptb.	10.23 Uhr	17.23 Uhr
ab	Bad Langenau	10.37 Uhr	17.37 Uhr
ab	Ebersdorf	10.46 Uhr	17.46 Uhr
ab	Schönfeld	10.53 Uhr	17.53 Uhr
an	Mittelwalde	11.03 Uhr	18.03 Uhr

von Mittelwalde nach Glatz

ab	Mittelwalde	15.00 Uhr	8.00 Uhr
ab	Schönfeld	15.11 Uhr	8.11 Uhr
ab	Ebersdorf	15.19 Uhr	8.19 Uhr
ab	Bad Langenau	15.29 Uhr	8.29 Uhr
ab	Habelschwerdt-Hptb.	15.43 Uhr	8.43 Uhr
ab	Habelschwerdt-Stadt	15.49 Uhr	8.49 Uhr
ab	Grafenort	16.04 Uhr	9.04 Uhr
ab	Rengersdorf	16.16 Uhr	9.16 Uhr
an	Glatz-Stadt	16.29 Uhr	9.29 Uhr
an	Glatz-Hauptbahnhof	16.32 Uhr	9.32 Uhr

von Glatz nach Bad Kudowa-Sackisch

ab	Glatz-Hauptbahnhof	9.40 Uhr	15.30 Uhr
ab	Glatz-Stadtbahnhof	9.48 Uhr	15.38 Uhr
ab	Pfaffenmühle	9.58 Uhr	15.48 Uhr
ab	Nieder-Altwilmsdorf	10.05 Uhr	15.55 Uhr
ab	Altwilmsdorf	10.14 Uhr	16.04 Uhr
ab	Altheide Bad	10.28 Uhr	16.18 Uhr
ab	Rückers	10.49 Uhr	16.50 Uhr
ab	Bad Reinerz	11.13 Uhr	17.14 Uhr
ab	Keilendorf.	11.44 Uhr	17.35 Uhr
ab	Hummelstadt	11.54 Uhr	17.55 Uhr
an	Bad Kudowa-Sackisch	12.03 Uhr	18.04 Uhr

von Bad Kudowa-Sackisch nach Glatz

ab	Bad Kudowa-Sackisch	15.22 Uhr	9.22 Uhr
ab	Hummelstadt	15.33 Uhr	9.33 Uhr
ab	Keilendorf	16.05 Uhr	10.05 Uhr
ab	Bad Reinerz	16.24 Uhr	10.24 Uhr
ab	Rückers	16.45 Uhr	10.50 Uhr
ab	Altheide Bad	17.05 Uhr	11.06 Uhr
ab	Altwilmsdorf	17.17 Uhr	11.18 Uhr
ab	Nieder-Altwilmsdorf	17.27 Uhr	11.27 Uhr
ab	Pfaffenmühle	17.33 Uhr	11.34 Uhr
an	Glatz-Stadt	17.45 Uhr	11.46 Uhr
an	Glatz-Hauptbahnhof	17.51 Uhr	11.52 Uhr

Maßgebend ist die bisherige mitteleuropäische Sommerzeit.

Die Schlesische Gebirgsbahn und der elektrische Betrieb

Zum Werbefoto der Wumag wurde anläßlich einer Probefahrt der spätere ET 89 im Sommer 1927 auf dem Görlitzer Neisseviadukt angehalten.

Als preußische Provinz bot Schlesien auf den meisten seiner Staatsbahnstrecken dasselbe Bild beim Fahrzeugeinsatz, wie anderswo auch. Es lohnte nicht, wegen des Personenzugs mit P 8 eine Fototour etwa an die Hauptbahn Breslau–Sagan–Berlin zu unternehmen. Ihm folgte der Kohlenzug mit der G 12 und zuvor war der D-Zug mit der S 10[1] vorübergerauscht, den dann allerdings bald die Einheitslok Baureihe 03 übernahm.
Derartiges war auch in anderen Provinzen alltäglich; attraktiv dagegen war auf Schlesiens elektrifizierten Strecken der Zugbetrieb mit zum Teil aus heutiger Sicht exotischen Triebfahrzeugen in wunderschöner Gebirgslandschaft. Heute ist ja auch der elektrische Betrieb bei der Bundesbahn recht uniformiert – aber damals in Schlesien – da war das Modernste ebenso vorhanden wie der Veteran, der die Leistungsfähigkeit des neuen Antriebs im Vergleich zur Dampflokomotive erst beweisen mußte und damit Wegbereiter der Neuen wurde. Diese Faktoren waren sicher ausschlaggebend, daß wir aus diesem Bereich ungleich mehr Fotos vorliegen haben, als aus den anderen Gebieten. Sie laden geradezu ein, uns gedanklich in den Sommer 1939 zurückzuversetzen und eine Reise auf der Schlesischen Gebirgsbahn zu unternehmen, die ja das Rückgrat der elektrischen Zugförderung war.
Wir wählen für unsere Fahrt den D 193, einen der beiden Bäder-Schnellzüge zwischen Berlin und Bad Kudowa–Sackisch. Um 10.02 Uhr läuft er pünktlich von Berlin kommend in der Görlitzer Bahnhofshalle ein. Während 17 220, die ihn gebracht hat, abkuppelt und ins Bw rollt, wird hinten der Kurswagen nach Reichenberg abgezogen und einem Eilzug beigestellt. Inzwischen hat sich E 18 15, die schon am Wartegleis bereit stand, vor die Garnitur gesetzt. Nach der Bremsprobe geht es um 10. 16 Uhr weiter. Am Blockhaus vorbei, von wo man gute Sicht auf den Neisseviadukt hat, rollen wir bald auf diesem in 35 m Höhe auf 475 m Länge über das tiefeingeschnittene Tal hinüber in die Vorstadt Moys. Von hier geht es in einer weiten Rechtskurve in Richtung der noch fernen Berge, während links die Strecke nach Liegnitz entschwindet. Beides sind zweigleisige Hauptbahnen. Im km 4,49 passieren wir auf freier Strecke den Anschluß für das Braunkohlenwerk Konkordia, dessen Produktion auf einer 3 km langen Drahtseilbahn zugeführt wird. Anschlußgleise gibt's auch in Hermsdorf (km 6,46); sie bedienen eine Ölfabrik und den Benzolvertrieb. Feldbahnanschlüsse haben eine Ziegelei und eine Blumentopffabrik. Im km 11,52 durchfahren wir Nikolausdorf, wo rechts die Kleinbahn nach dem 5 km entfernten Schönberg abzweigt.
In flotter Fahrt geht's weiter durch Lichtenau, wo zwei Schotterwerke anschließen, die aus 5 km entfernten Steinbrüchen mit Feldbahnen versorgt werden. Außerdem gibt's hier eine Brikettfabrik und zwei Verladestellen für Braunkohle. Es läßt sich aus alledem kaum erahnen, welch reichhaltige Arbeit hier auf den Nahgüterzug wartet. Inzwischen durchfahren wir den Bahnhof Lauban (km 25,58), nachdem zuvor die Stadt in einem Halbkreis fast umrundet wurde. Die geschäftige Stadt mit der Taschentuchindustrie („Lauban putzt der ganzen Welt die Nase") und dem Ausbesserungswerk, in dem die elektrischen Triebfahrzeuge Schlesiens gewartet werden, ungeachtet auch zweier Anschlußstrecken, zu durchfahren bedeutet, daß unser Zug ganz eindeutig dem Urlauberverkehr dient. Von Kohlfurt her mündet hier die eigentliche Gebirgsbahn ein. Diese eingleisig über Gersdorf–Waldau herführende Strecke gilt als die eigentliche Gebirgsbahn, denn sie hat die Kilometrierung ab Berlin. Lauban liegt am km 245,97 von Berlin. Das von uns eben zurückgelegte Streckenstück war ursprünglich als Zubringer gedacht, aber die Schwerpunkte ergaben sich gerade anders herum. Jetzt ist die Linie von Görlitz zweigleisig, die von Kohlfurt eingleisig; elektrifiziert sind beide. Nachdem auch die Stichbahn nach Marklissa elektrisch betrieben wird, ist Lauban neben Ruhbank, Fellhammer und Nieder Salzbrunn ein vollständig elektrifizierter Abzweigbahnhof. Doch wir durchfahren inzwischen Langenöls (km 254,03), wo ein Basaltwerk und eine Ziegelei anschließen.
Der Haltepunkt (HP) Schosdorf (km 257,79) wird noch flott durchfahren, ehe der Lokführer die Bremsen anlegt, um den Zug am Bahnsteig 1 in Greiffenberg (km 260,35, Höhe 330 m) auslaufen zu lassen. Zwei Minuten – von 10.44 bis 10.46 Uhr – wird hier gehalten. Umsteigende ins Isergebirge müssen sich beeilen, denn schon um 10.47 Uhr verläßt der Anschlußzug nach Heinersdorf/Tafelfichte, der in Friedeberg/Queiss wiederum Anschluß nach Bad Flinsberg vermittelt, seinerseits den Bahnhof.
Wer jedoch nach Löwenberg–Goldberg will, kann sich Zeit lassen. Erst um 11.25 Uhr fährt ein Zug in diese Richtung, in der der Fremdenverkehr noch nicht so entwickelt ist. Das Bober-Katzbachgebirge ist mehr von heimischen Kennern geschätzt. Am Bahnhof Greiffenberg hat eine Düngemittelfabrik ihr Anschlußgleis. Unsere Fahrt geht weiter. Im km 266,40 durchfahren wir den Haltepunkt Mühlseiffen. In diesem Bereich hat man rechts eine prachtvolle Aussicht auf den Kapellenberg, die Ruine Greiffenstein, den Iserkamm und das westliche Riesengebirge. Unsere Strecke führt jetzt durch Vorgebirge. Im km 271,94 liegt der Bahnhof Rabishau, wo ein Basaltsteinbruch anschließt.
Die Sicht auf den Iserkamm und das Riesengebirge wird hier noch schöner – kein Wunder, denn hier haben wir eine Höhe von 450 m erreicht. Es folgt jetzt ein Gefälle. Den HP Blumendorf durchfahren wir im km 276,93, es folgt im km 281,68 Alt Kemnitz, im km 287,40 Reibnitz. Der Abschnitt von hier bis Hirschberg Hbf ist 10 km lang, weshalb es erforderlich war, wegen des dichten Zugabstands Blockstellen einzurichten. Die erste, Cunnersdorf, liegt im km 291,85, die nächste bei der Einmündung der Strecke von Polaun, 3,44 km vor Hirschberg. Diese führt aus dem Zackental herauf, während sich unsere Strecke an der Lehne langsam abwärts senkt. Es ist fast müßig, darauf hinzuweisen, daß die Signale an diesem schönen Sommertag für unseren D-Zug stets freie Fahrt zeigen. Rechts liegt die Stadt vor uns, die wir im Halbkreis umfahren, ehe uns der Hauptbahnhof aufnimmt. Zunächst aber gleitet der Hausberg vorüber, ehe wir die Sattlerschlucht auf dem 25 m hohen Boberviadukt überqueren. In der bald beginnenden großen Kurve nach Südosten kommt von links die Strecke von Löwenberg, unterfährt uns und verläuft anschließend auf eigenem Gleis neben uns weiter bis zum Hauptbahnhof. Die jetzt folgende Gitterbogenbrücke über den Bober ist daher für drei Gleise ausgelegt. Um 11.12 Uhr erreichen wir den Bahnsteig, auf dem sogleich ein recht buntes Leben herrscht. Viele Reisende steigen hier aus, ist doch das „Tor zum Riesengebirge" selbst eine

Es ist nicht sicher, daß die genannten Anschlußgleise 1939 alle noch bestanden. So soll das Braunkohlenwerk Konkordia schon 1935 stillgelegt gewesen sein.

attraktive Stadt. Man kann von hier auch mit der am Bahnhofsvorplatz bereitstehenden Hirschberger Talbahn nach Orten gelangen, die von der Reichsbahn nicht erschlossen werden (z. B. Giersdorf) oder ganz einfach bequem ins Zentrum fahren. Es bedarf des Hinweises, daß an dem hinter der Lok gereihten Packwagen emsig Gepäck ausgeladen wird, das die Fahrgäste aufgegeben haben, deren Kurswagen jetzt am Ende abgezogen werden.
Die Wichtigkeit dieser Kurswagen für den Fremdenverkehr ins Riesengebirge wird dadurch betont, daß sie in den einzigen Eilzügen dieser Strecken um 11.25 Uhr nach Oberschreiberhau und um 11.30 Uhr nach Krummhübel weiterlaufen werden. Schon vorher konnten Anschlußreisende um 11.19 Uhr mit einem Personenzug nach Löwenberg zur Bobertalsperre weiterfahren. Währen des Trubels am Bahnsteig und in den Abteilen konnte sich das Personal des Speisewagens in Ruhe auf das Mittagessen vorbereiten. Verführerische Düfte entströmen dem geöffneten Küchenfenster. Bei der Ausfahrt durchfahren wir zunächst den umfangreichen Güterbahnhof. Rechts läuft etwa 2 km noch das Gleis der Schmiedeberger Strecke nebenher, ehe es abzweigt. Wir überqueren bald wieder den Bober, durchfahren im km 302,99 den kleinen Bahnhof Schildau; rechts die Sicht auf Schloß Boberstein und die Falkenberge. Im km 305,15 nimmt uns der Rohrlacher Tunnel auf, in dem wir den Hummelsberg durchqueren. Es folgt der HP Rohrlach im km 306,63. Im km 310,15 erreichen wir Jannowitz, wo eine Papierfabrik einen Feldbahnanschluß betreibt. Ab hier verläuft die Bahn im engen Flußtal. Der gewundene Fluß wird mehrfach überquert. Im km 315,87 liegt Rudelstadt, ein an sich kleiner Bahnhof. Doch wenn gegen 13.30 Uhr hier der Nahgüterzug rangiert, ist einiges geboten. Er bringt Kohlenwaggons für den Hausbrand und nimmt mit Holz beladene Wagen mit. Die jetzt stillgelegte Malzfabrik der Engelhardtbrauerei wird bald als Getreidelager dienen, was den Eingang vieler gedeckter Güterwagen bedeutet. Dieser Zug wird von mehreren Baureihen im Wechsel bespannt. Mal ist es die E 90, aber auch die E 91 und E 92, nach Anlieferung der E 94 wird sogar die E 95 in diesen Dienst kommen. Eng am Hang liegt der Abzweigbahnhof Merzdorf in km 318,58, den wir flott durchfahren. Jetzt wirkt er leer, doch sorgen eine anschließende Spinnerei, eine Chemische Fabrik und eine Ziegelei für entsprechendes Wagenaufkommen. Und wenn zu anderer Zeit ein Zug der Hauptbahn hier hält, dann wird's lebhaft, denn die Züge von Liegnitz und Striegau, auch die Verbindungsbahn von Landeshut sorgen für entsprechenden Umsteigeverkehr. Es ist ja bekannt, daß auf unserer Hauptstrecke viele schwere Güterzüge – meist mit Kohlen aus dem Waldenburger Revier – verkehren, aber wer weiß, daß auch die Nebenbahn von Liegnitz täglich in ihrem oberen Abschnitt sechs lange Güterzüge aufbringt, die mit der Produktion der Kalk- und Marmorwerke in Oberkauffung ins Land fahren. Bei der in die Steigung führenden Ausfahrt in Merzdorf werden die Leerwagenzüge stets mit der BR 93 nachgeschoben. Nur zwei kurze Güterzüge sieht dagegen täglich die Strecke nach Striegau.
Wir verlassen jetzt das Bobertal, das sich nach Süden wieder weitet. Unsere Strecke steigt Richtung Südosten weiter an. Im km 324,90 durchfahren wir Ruhbank, wo die Linie nach Landeshut–Liebau abzweigt. Im nächsten Abschnitt bis Waldenburg–Dittersbach fallen uns die Tageslichtsignale auf, die 1925 bereits als erste einer deutschen Fernbahn eingebaut wurden. Es folgt der HP Wittgendorf (km 330,73), bald der Bahnhof Rothenbach im km 335,37, wo wir links das erste Steinkohlenbergwerk, die Gustavgrube, sehen, die natürlich Anschluß hat. Im km 338,22 durchfahren wir Gottesberg. Der Bahnhof gehört zur höchstgelegenen Stadt Preußens, die sich am Fuße des Hochwalds, dem 850 m hohen Aussichtsberg des Waldenburger Landes, erstreckt. Links am Bahnhof schließt der Egmont-Schacht an. Während die Strecke bis zum Scheitelpunkt Fellhammer (km 339,92) noch mit 10 ‰ weiter ansteigt, zweigt nach rechts das Gleis zum Güterbahnhof Fellhammer ab. Vor dem Personenbahnhof unterqueren wir das Gleis der Strecke Nieder Salzbrunn–Halbstadt. Alsbald sperren uns Abraumhalden die Sicht; es folgt ein tiefer Einschnitt. Bis vor wenigen Jahren wurde hier der 274 m lange Schönhuter Tunnel durchfahren, der aber abgetragen wurde. Erst 1938 waren die umfangreichen Arbeiten beendet. Bald durchfahren wir den großen Güterbahnhof – er ist der drittgrößte in der RBD Breslau – ehe wir im km 344,83 am Bahnsteig von Waldenburg–Dittersbach ausrollen. Es handelt sich um den größten Bahnhof an der Schlesischen Gebirgsbahn, die sich hier verzweigt. E 18 15 verläßt hier den Zug und überläßt ihn einer 17.10, einer S 10[1] der KPEV, die hier im Gebirgsland noch vonnöten ist. Das Bw, dem E 18 15 bis zur Rückleistung entgegenrollt, hat drei Lokschuppen, zwei Wassertürme. Insgesamt gibt's hier elf Stellwerke und zwei Ablaufberge. Der Halt dauert von 11.54 bis 12.03 Uhr.
Ehe wir unsere Fahrt fortsetzen, begleiten wir in Gedanken den um 12.16 Uhr nach Breslau abfahrenden Personenzug bis Nieder Salzbrunn. In einer weiten Linkskurve auf hohem Damm verläßt er den Bahnhof, umkurvt die Melchiorgrube in einem Gefälle von 15 ‰, passiert im km 346,15 die Blockstelle Eugenschacht und erreicht nach weiteren Kurven den Bahnhof Waldenburg im km 349,07 bei anhaltend steiler Abwärtsfahrt. Der Bahnhof liegt inmitten mehrerer Kohlengruben, die allesamt hier angeschlossen sind. Im km 351,05 folgt die Blockstelle Juliusschacht, wo ebenfalls ein Bergwerk anschließt. Weiter geht's jetzt gar mit 17 ‰ abwärts durch die Industrie-Stadtlandschaft. Die E 44 hält in Waldenburg-Altwasser (km 353,83), auch dieser inmitten größerer Industrie, die hier anschließt: mehrere Kohlengruben, Porzellanfabriken. Eine Güterbahn führt von hier nach Waldenburg unterer Bahnhof und zum Hans-Heinrich-Schacht. Ab hier beträgt das Gefälle gar 20 ‰. Im km 355,86 liegt die Anschlußstelle Spiegelhütte; im km 357,71 endet im Bahnhof Nieder Salzbrunn die Kilometrierung von Berlin und damit die Schlesische Gebirgsbahn, denn die Strecke von Breslau wurde ja von der Breslau–Freiburger Bahn gebaut. Die Elektrifizierung wurde unabhängig davon bis Breslau weitergeführt.
Daß unseren D-Zug jetzt ab Waldenburg-Dittersbach, wo es in die Verlängerung der Gebirgsbahn weiter geht, wieder eine Dampflok zieht, ist in der schwierigen finanziellen Situation der Reichsbahn begründet. Denn schon in 1928 veröffentlichter Literatur ist diese Strecke bis Glatz als „in Umstellung befindlich“ dargestellt. Doch die vielen Tunnels, in denen ein größeres Profil zu schaffen war, verzögerten die Arbeiten; es kam die

Weltwirtschaftskrise und die Mittel blieben aus, so daß die großen Projekte der Elektrifizierung schlesischer Hauptbahnen auf Eis gelegt werden mußten.
Als es ab 1933 wieder aufwärts ging, setzten die Politiker andere Schwerpunkte: es galt jetzt, mit Vorrang die Achse München–Berlin von Süden her zu elektrifizieren – und außerdem mußte die DR ja gar den Autobahnbau finanzieren. So wurden in den dreißiger Jahren nur noch kleinere Streckenelektrifizierungen durchgeführt, die großen Pläne dagegen kamen ins Archiv. Aber die Zeit zur Abfahrt ist gekommen: Zischend und mit lautem Auspuffschlag setzt sich S 10¹ in Bewegung. Gleich rollen wir über die 125 m lange und 22 m hohe Kastenträgerbrücke, von der man links eine schöne Aussicht auf die Stadt und rechts den Blick auf die Kaudersberge und den schwarzen Berg hat. Gleich darauf wird's eng, denn wir erreichen den Einschnitt, der in den 1 600 m langen Ochsenkopftunnel mündet. Als uns wieder das Tageslicht umfängt, gleitet links im km 348,16 der HP Steingrund vorüber. Auf hohem Damm rollen wir am Südrand des Tals entlang, in dem unten Lehmwasser mit dem Schulte-Schacht liegt. Dieser hat seinen Anschluß in der Kurve der Weistritztalbahn, die zuvor am Nordrand des Tales von Tannhausen her ansteigt, um schließlich unter uns parallel den Anstieg zum Bahnhof Bad Charlottenbrunn zu schaffen (km 350,78). Obwohl auch ein Bad, rauscht hier der Bäderschnellzug durch. Das mag daran liegen, daß der Ort 3 km vom Bahnhof entfernt liegt. Während noch die letzten Weichen unter den Rädern klappern, nimmt uns der Köhlerbergtunnel auf. Im km 353,56 liegt Wüstegiersdorf, es folgt der Bahnhof Ober Wüstegiersdorf (km 355,81), wo ein Hartsteinwerk anschließt. Die weiterhin schwierige kurvenreiche Trasse machte es erforderlich, die Bahnhöfe in diesem Gebiet weit außerhalb der Dörfer anzulegen, die sich unten im Tal erstrecken. Uns aber erfreut die Sicht auf das benachbarte Eulengebirge. Im km 360,60 durchfahren wir Königswalde, ebenfalls mit Anschluß für ein Hartsteinwerk. Am Ende des Bahnhofs nimmt uns der 1 168 m lange Tunnel auf, hinter dem im km 362,63 Nieder Königswalde durchfahren wird. Rechts ist hier der Spitzberg (758 m hoch). Im Bahnhof Ludwigsdorf (km 366,51) schließen links im Mölketal die Wenzeslausgrube und das Elektrizitätswerk Schlesien an. Auf 320 m langer Brücke überqueren wir das Mölketal und genießen dabei die Aussicht auf den Eulengebirgskamm und ins Tal der Walditz. Von Ludwigsdorf bis Neurode zwingt das Bergland die Bahn zu einem Umweg von mehr als 50 %. Im km 368,70 liegt der HP Centnerbrunn. Ein reiner Grubenbahnhof ist Rubengrube im km 372,04, wo auch die Neuroder Kohlen- und Tonwerke anschließen. Die Strecke gewährt hier einen herrlichen Ausblick auf das im Tal gelegene Kunzendorf. Bald poltern wir über die 36 m hohe Brücke über den Schwarzbachgrund, ehe wir in einer Rechtskurve den Bahnhof der Kreisstadt Neurode erreichen. Hier, im km 374,17 ist ein weiterer Anschluß der Neuroder Kohlen- und Tonwerke. Doch wir gleiten schnell in die Linkskurve, verlieren am Nordhang des Walditztals langsam an Höhe. Nach Erreichen des Steinetals, dem wir bis Glatz folgen werden, erkennen wir in dessen Grund die von Halbstadt herführende Bahn, die im Bahnhof Mittelsteine (km 381,76) in unsere Strecke mündet. Obwohl hier auch die Eulengebirgsbahn die Verbindung nach Wünschelburg bedient, wird auch dieser Bahnhof durchfahren, in dem die Schlesienwerke für Holzverwertung anschließen. Rechts erkennen wir das Kraftwerk, das dem elektrischen Netz der Reichsbahn die Energie zuführt, jedoch von der Eulengebirgsbahn mit Kohle versorgt wird. Rasch durchfahren werden Möhlten im km 388,22 sowie der HP Birgwitz mit seiner Blockstelle im km 391,11, ehe wir pünktlich um 12.52 Uhr in Glatz Hbf ausrollen. Hier, im km 395,83, wollen wir den Bäderschnellzug verlassen. Nebenan ist zur gleichen Zeit der Eilzug Breslau–Sternberg eingelaufen, dem einige Anschlußreisende zustreben.
Wer nach Bad Landeck will, muß zwar umsteigen, kann aber zur Weiterfahrt den Eilzug Heydebreck–Seitenberg benutzen, der schon bereit steht.
Unser Bäderzug wird hier geteilt: Der Kurswagen am Ende samt dem Postwagen laufen als D-Zug weiter nach Troppau-Ost. Der Speisewagen bleibt bis zur Gegenleistung in Glatz stehen. Der vordere Teil erhält für die anschließende Nebenbahn nach Bad Kudowa, die enge Kurven und steile Abschnitte aufweist, eine BR 94¹⁰ vorgespannt – schnell ging's ja bisher, jetzt kommt's vor allem auf Zugleistung an.
Dem aufmerksamen Leser ist sicher aufgefallen, daß die Schlesische Gebirgsbahn wie keine andere die Voraussetzung für die Wirtschaftlichkeit des elektrischen Betriebs bot. Viele Steilabschnitte – auch in Kurven – verlangten dem Dampfbetrieb einiges ab. Beträchtliches Güteraufkommen vieler Stationen sorgte für gute Auslastung der Nahgüterzüge, hinzu kamen die schweren Kohlenzüge aus dem Waldenburger Revier. Im Reiseverkehr dominierten die Urlauber und Wochenendausflügler, denen es auf rasche Verbindungen ankam. Hinzu kam täglich ein beachtlicher Berufsverkehr, der bei oft kurzen Stationsabständen abzuwickeln war. Recht umfangreich waren auch die Sonderzüge. Betriebs-, Vereins- und Schulausflüge wurden ja damals so gut wie immer mit der Bahn durchgeführt. Die Elektrifizierung brachte eine größere Streckenauslastung, die für Spitzenzeiten noch weitere Möglichkeiten offen hielt. Dabei hatte die Elektrifizierung in Schlesien anfangs rein experimentellen Charakter. Nachdem sich der elektrische Betrieb schon im Flachland zwischen Dessau und Bitterfeld seit 18. Januar 1911 bewährte, wollte man wissen, ob es auch im Gebirge positive Ergebnisse gäbe. Dazu wurde zunächst einmal die eingleisige Hauptbahn zwischen Nieder Salzbrunn und Halbstadt auserwählt, der obere Abschnitt der Breslau-Freiburger-Eisenbahn also. Wenn es hier Probleme geben würde, so hatte man ja zumindest bis Fellhammer die zweigleisige Hauptbahn über Dittersbach noch zur Verfügung. Am 1. Juni 1914 begann der Betrieb mit sechs dreiteiligen Triebwagen. Sie hatten die Nummern ET 831/832 bis 841/842, im späteren Reichsbahn-Schema ET 87. Sie erwiesen sich sogleich als so robust und betriebstauglich, daß die Entscheidung, weiter zu elektrifizieren, leicht fiel. Doch der Erste Weltkrieg erschwerte die Entwicklung. Zwar standen schon bald Fahrleitungsmasten zwischen Freiburg und Hirschberg, ja sogar hinauf nach Grünthal/Polaun war bis zu Kriegsbeginn die Fahrleitung nahezu fertiggestellt. Aber es fehlte an Kupfer für die Fahrleitungen und die bestellten Lokomotiven ließen ebenfalls auf sich warten. So entschloß man sich, das schon in Betrieb befindliche mitteldeutsche Netz stillzulegen. Dort im Flachland um Dessau und Bitterfeld war mit Dampflokomotiven bes-

ser zurechtzukommen. Die Fahrleitungen wurden, wie auf der Polauner Strecke, abgenommen – die Kriegswirtschaft benötigte dringend Kupfer. Teilweise aber konnten die Fahrdrähte auch bei der in Schlesien vorangetriebenen Elektrifizierung weiter verwendet werden. Die elektrischen Triebfahrzeuge wurden insgesamt nach Schlesien verbracht, wo sie im Bw Nieder Salzbrunn eine neue Heimat fanden. Mit den Arbeiten kam man allerdings mehr schlecht als recht voran. Man nahm auch kürzeste Abschnitte sofort in Betrieb, so etwa das 1,7 km lange Stück zwischen Fellhammer und Gottesberg am 15. Juli 1915. Am 1. Januar 1916 folgte die Hauptstrecke Nieder Salzbrunn–Dittersbach–Fellhammer, womit der höchste Punkt der Gebirgsbahn von allen Seiten elektrisch erreichbar war. Es dauerte bis zum 1. April 1917, bis Königszelt angeschlossen war. Obwohl die Arbeiten weitergingen – sogar die Verwendung von Eisendraht ist verbürgt – war mehr während des Krieges nicht zu schaffen. Erst Ende 1919 war Merzdorf erreicht, am 21. Juni 1920 Hirschberg. Erlitten die für Schlesien bestellten Lokomotiven bei der Herstellung großteils erhebliche Verspätungen, so erwiesen sich die „Gastarbeiter" aus Sachsen-Anhalt für den Einsatz im Gebirge als viel zu schwach – sie waren ja für Flachlandstrecken konzipiert worden. Es konnte also trotz der Elektrifizierung noch nicht auf die Dampflok verzichtet werden. Immerhin kam 1915 die erste für Schlesien 1912 bestellte Güterzuglok, die EG 538 zum Einsatz, doch es sollte bis 1922 dauern, bis die zwölf Maschinen umfassende Serie ausgeliefert war. Es waren die „Möbelwagen", die von der DR ab 1927 als E 91 38 bis 49 eingereiht wurden. Laufmäßig konnten sie zwar nicht überzeugen, aber auf der Höchstneigung von 20 ‰ konnten sie immerhin 500 t schleppen. 20 bis 40 km/h waren zwar dabei keine ansehnliche Geschwindigkeit, aber schneller waren die Güterzugdampflokomotiven damals auch nicht. Bei den Personenzuglokomotiven waren sich die Konstrukteure darüber im klaren, daß hier technisches Neuland zu beschreiten sei, weshalb man nicht auf eine Type setzen wollte. Es sollten daher zwei verschiedene Lokomotiven gebaut werden, die sich im Vergleich bewähren und Erkenntnisse für künftigen Serienbau liefern sollten. Seitens der KPEV war dabei eine Doppellokomotive mit Achsfolge 2'B+B1 favorisiert worden, von der man schließlich 13 Stück bestellte, während man von der Einrahmenlok mit Achsfolge 2'D1' nur eben zum Vergleich ein Exemplar bestellte. Doch es sollte ganz anders kommen. Immerhin kam die Einrahmenlok als EP 235 schon 1917 zum Einsatz. Die Bergmann-Elektrizitätswerke und Linke-Hofmann hatten rasche und gute Arbeit geleistet, denn die Lok bewährte sich auf Anhieb. Hatte man ihr für die 20 ‰-Steigung eine Anhängelast von 360 t abverlangt, so schaffte sie gar 500 t und unterbot dabei die Fahrzeit der Dampflokomotiven (P 8) um 25 %. Mit der Kurvenlauffähigkeit und dem Radreifenverschleiß konnte man ebenfalls zufrieden sein. Aufgrund dieser Betriebsergebnisse stornierte die KPEV den Auftrag für die Konkurrenzlokomotiven. Von diesen wurden lediglich die zwei schon in Arbeit befindlichen fertiggebaut. Die erste kam allerdings erst 1921 als EP 209/210 in Dienst. Ihre Laufeigenschaften – beide Doppelloks schlingerten fürchterlich – bewirkten jedoch, daß sie schon 1925 bzw. 1928 zum alten Eisen wanderten.

Am 17. August 1921 konnte als nächste die Strecke Ruhbank–Liebau elektrisch befahren werden, ab 15. April 1922 war die Hauptbahn bis Lauban fertig, damit die Steilabschnitte zwischen Königszelt und Lauban durchgehend im elektrischen Betrieb. Ab 15. Februar 1923 war dann die Schreiberhauer Strecke durchgehend bis Polaun unter Fahrspannung.

Und so ging's weiter:

Lauban–Görlitz Hbf	1. 9. 1923
Görlitz Hbf–Schlauroth Rbf	20. 3. 1924
Königszelt–Breslau Freib. Bf	28. 1. 1928
Lauban–Kohlfurt	3. 4. 1928
Lauban–Marklissa	22. 6. 1928
Breslau Freib. Bf–Mochbern–Lohbrück	26. 6. 1928
Hirschberg–Schmiedeberg–Landeshut	9. 12. 1932
Zillerthal–Erdmannsdorf–Krummhübel	29. 6. 1934
und nach dem Sudetenanschluß die	
Verbindungskurve Merzdorf–Landeshut	15. 10. 1938

zwischen Ober Merzdorf und der Blockstelle Krausendorf, die zuvor stillgelegt war.

Damit hatte das Einphasenwechselstromnetz 15 KV, 16⅔ Hz in Schlesien mit 403 km seine größte Ausdehnung erreicht.

Soweit die Fakten. An weiteren Plänen hat es nie gefehlt. So gibt es Netzpläne, die um 1925 – also ehe man in die Ebene Richtung Breslau verlängerte, die Strecke Dittersbach–Glatz, als in Umstellung befindlich zeigten. Anschließend wollte man – nach Erreichen Breslaus – gar die Flachlandbahn von dort über Liegnitz nach Görlitz elektrifizieren. Es gab Überlegungen, die Elektrifizierung auf die Kohlenabfuhrstrecken Richtung Oberschlesien über Karlsmarkt und Brieg bis zum Rangierbahnhof Groschowitz östlich Oppeln auszudehnen, doch diese Pläne mußten zugunsten Autobahnbau und Elektrifizierung der Achse München–Berlin aufgegeben werden.

Nach dem Sudetenanschluß gab es neue Pläne. Jetzt sollte die Strecke von Polaun hinab nach Reichenberg in das Elektrifizierungsprogramm genauso aufgenommen werden wie man beabsichtigte, von Liebau nach Freiheit–Johannisbad und die Strecke Hirschberg–Löwenberg zu elektrifizieren. Auch die schon zehn Jahre auf Eis liegenden Pläne für Waldenburg–Dittersbach–Glatz wurden wieder aktuell. Doch diesmal war der Zweite Weltkrieg das unüberwindbare Hindernis.

Bisher haben wir die Entwicklung des Netzes in den Vordergrund gestellt, und nur zur Schilderung der Situation am Anfang einen Blick auf die Fahrzeuge geworfen. Im folgenden soll jedoch deren Entwicklung aufgezeigt werden. Es soll dabei weniger auf die technischen Details und die Baugeschichte eingegangen werden, denn all das ist dem Interessierten längst aus einschlägiger Literatur bekannt. Es wird vielmehr versucht, ergänzend zu dieser auf das ein oder andere betriebsgeschichtliche Detail einzugehen, interessiert doch viele Eisenbahnfreunde ganz besonders, was wann auf welcher Strecke in welchem Dienst lief.

Die Übersicht von November 1921 zeigt den damals aktuellen Stand. Sie gibt auch Auskunft über die Wertigkeit. Die zuerst gelieferten sechs Triebwagen rangierten an letzter Stelle, waren sie doch ausschließlich für den Nebenbahndienst vorgesehen. Die Liste führen die EP an, Schnellzugloks gab's noch nicht bzw. waren die Gäste aus Mitteldeutschland, ES 9 bis 19, gerade eben in ihre alte Heimat zurückgebracht worden, wo sie nach

Bezeichnung nach Gattung	Achsfolge	Betriebsnummer	Jahr der Indienststellung	Lieferer des mechanischen Teiles	Lieferer des elektrischen Teiles	Größte Geschwindigkeit km/h	Antriebsmotoren Zahl	Antriebsmotoren Bauart	
E. P.	1 — C — 1	202 bis 207 208	1916 bis 1918 1921	Maffei-Schwartzkopff Schwartzkopff, Wildau		80	1	Reihenschluß-motor mit Doppel-kollektor	1
E. P.	2 — D — 1	235	1917	L. H. W., Breslau	Bergmann El. W., Berlin	90	1	Reihenschluß-motor	1
E. P.	2 B + B 1	209 210	1921	L. H. W., Breslau	Bergmann El. W., Berlin	90	2	Reihenschluß-motor	1
E. G.	C + C	551/52 bis 569/70	1920 u. 1921	Humboldt, Cöln	Brown, Boveri & Cie., Mannheim	50	2	Reihenschluß-Doppelmotoren	1
E. G.	B + B + B	538 a, b, c bis 549 a, b, c	1915 bis 1921	L. H. W., Breslau	S. S. W., Berlin	45 mit, 50 ohne Strom	3	Reihenschluß-motoren	8
E. G.	A A A + A A A	Im Bau		9 Stück L. H. W., Breslau 1 Stück L. H. W., Breslau 1 Stück Maffei-Schwartzkopff	S. S. W., Berlin Bergmann	45	6	Reihenschlußmotoren mit Tatzenlagern und Zahnradvorgelege	1
E. T.	3 + 1 B + 3	831/831a/832 bis 841/841a/842	1914 bis 1915	L. H. W.	A. E. G.	60 mit, 70 ohne Strom	1	Reihenschluß-Doppelmotor	5

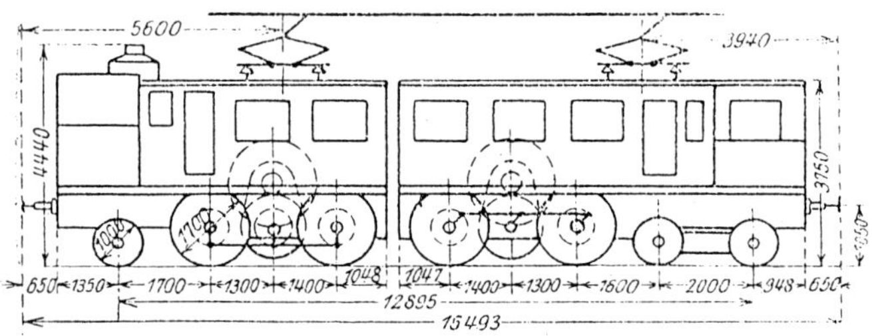

Elektrische 2 — B + B — 1 Personenzuglokomotive

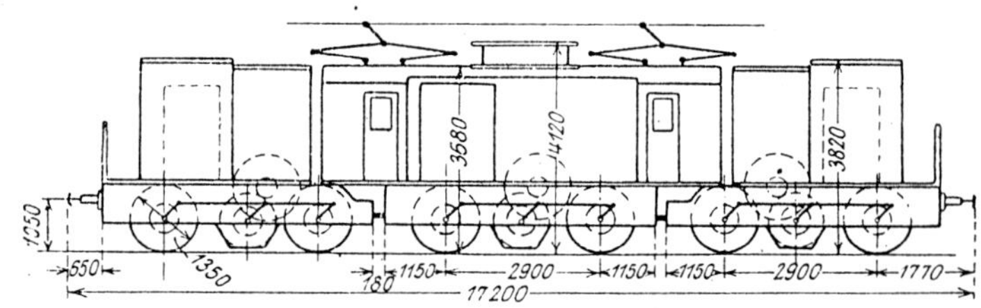

Elektrische B + B + B Güterzuglokomotive

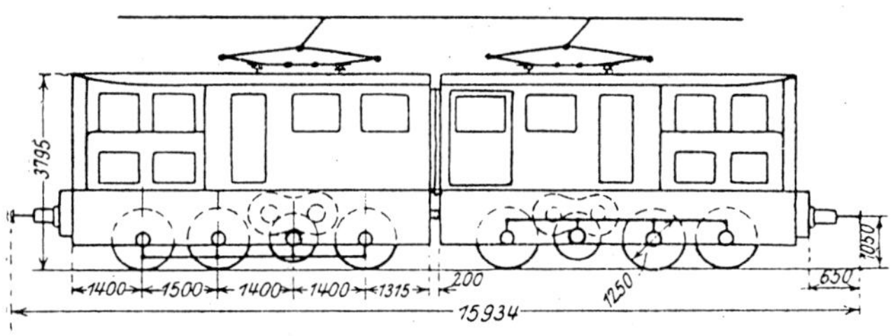

Elektrische C + C Güterzuglokomotive

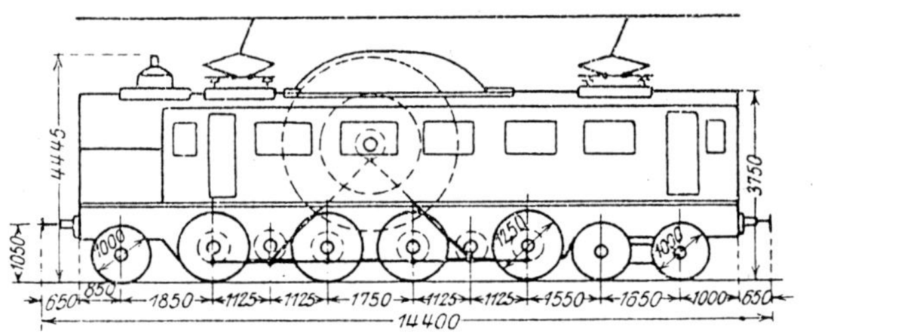

Elektrische 2 — D — 1 Personenzuglokomotive

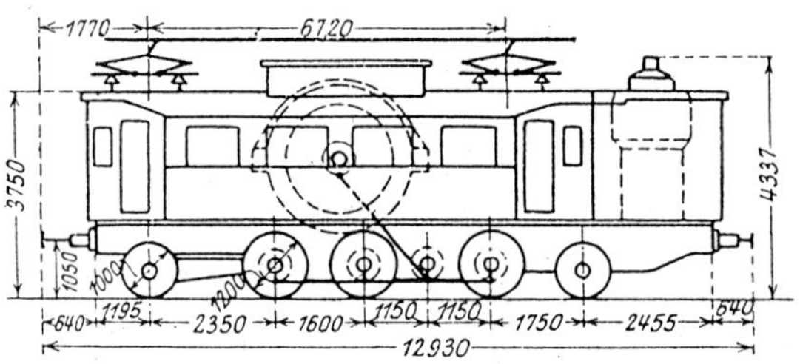

Elektrische 1 — C — 1 Personenzuglokomotive

Typische Triebfahrzeuge für die elektrifizierten Strecken des ersten Jahrzehnts

Nur wenig bekannt ist, daß es auch zu den ET 88 Steuerwagen gegeben hat, die durch Umbau aus vier- und dreiachsigen Abteilwagen in den zwanziger Jahren entstanden.

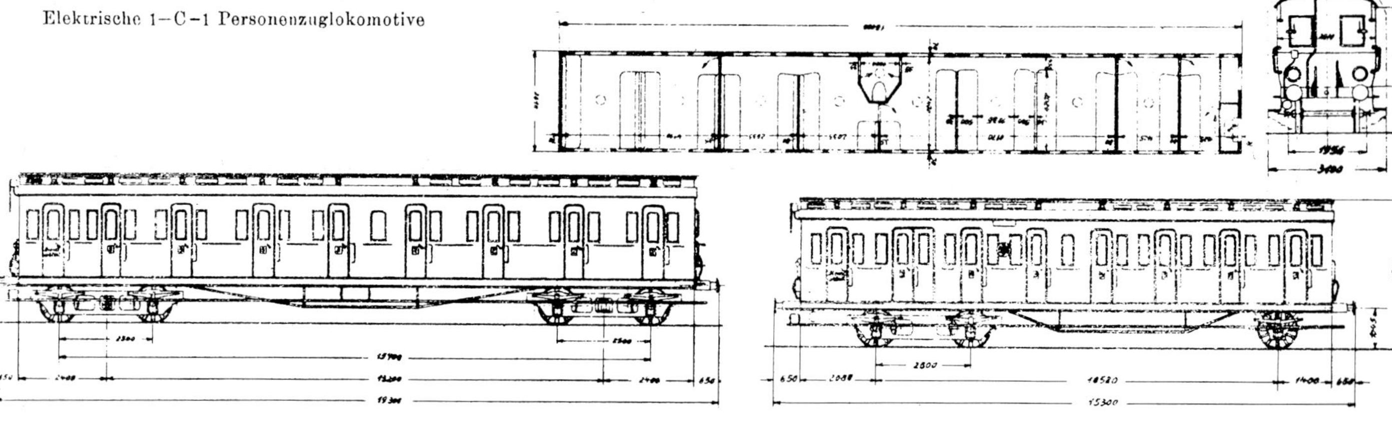

hartem Gebirgs- und Kriegseinsatz mit all den damit verbundenen Mangelerscheinungen wieder in ihnen zustehende Dienste gelangten. In Schlesien gab's damals im elektrifizierten Abschnitt nur einen D-Zug und für den war die EP 235 zuständig. Ihre Höchstgeschwindigkeit von 90 km/h war für diesen Dienst in der Notzeit durchaus ausreichend. Im Schatten der EP 235 standen die sieben EP 202 bis 208, deren erste schon 1914 zur Erprobung kam und 1916 in Dienst gestellt wurde. 1921 war die letzte angeliefert worden, so daß die Serie jetzt komplett war. Diese 1'C1'-Lok waren für den leichten Personenzugdienst auf Nebenbahnen vorgesehen. Doch auch ihr Schicksal war es, auf der Hauptbahn schwere Personenzüge bespannen zu müssen. Wie alle EP der Frühzeit besaßen sie einen Stehkessel für die Dampfheizung der Züge im Winter. Unter den gegebenen Umständen haben sich die Lokomotiven bewährt, wenngleich die hohen Unterhaltskosten beklagt wurden. Nachdem man sich bald darauf dafür entschied, auf den Nebenbahnen grundsätzlich Triebwagen einzusetzen, kam diese Gattung nach Auslieferung der EP 213 bis 219, von denen noch die Rede sein wird, 1924 zum mitteldeutschen Netz, wo sie bis 1930 ausgemustert wurden. Die Güterzuglokomotiven bekamen ab 1920 Zuwachs durch zehn EG 551/52 bis 569/70. Sie hatten Stangenantrieb mit Hallschen Kurbeln. Lauftechnisch befriedigten sie besser als die EG 538-Serie, bei der sich die Dreiteilung doch sehr nachteilig auswirkte. Beide, sowie die noch folgenden EG 571 bis 579 hatten ein Gepäckabteil, weshalb sie auch Gepäcklokomotiven hießen. Man wollte auf diese Weise das Mitführen des Packwagens sparen. Es gibt allerdings Fotos, wo dieser dennoch im Zug eingereiht wird. Es ist bezeichnend für die schwierige wirtschaftliche Situation, daß diese schon vor dem Krieg bestellten neun Lokomotiven erst 1923/24 ausgeliefert wurden. Immerhin hat man bei diesem Typ erstmals für Schlesien den Stangenantrieb vermieden. Hier hatte man sich für Einzelachsantrieb mit Tatzlagermotoren entschieden. Von weitem waren die EG 551 ff (ab 1927 E 90) von den EG 571 ff (ab 1927 E 92) kaum zu unterscheiden. Ihr Äußeres war doch sehr ähnlich. Von nahem waren jedoch bei den E 90 die Hallschen Kurbeln mit den Treibstangen nicht zu übersehen. In ihrem Einsatzgebiet waren beide Lokomotiven zunächst etwa gleich zu verwenden. Mit der Zeit ergab es sich jedoch, daß die schwächere E 90 vorwiegend Güterzüge auf den Nebenstrecken fuhr, während die E 92 später auf der Hauptstrecke durchaus leichte Personenzüge führte. Dazu bedurfte es allerdings der Erhöhung der Höchstgeschwindigkeit auf 60 km/h und des Einbaus der Einrichtung für die elektrische Zugheizung.

Obwohl anfangs bewährt, waren die ersten ET 831 ff (später ET 87) den langen Steigungen 1 : 70 ihrer Stammstrecke auf die Dauer nicht gewachsen. Sie fielen häufig durch Motorschaden infolge Überlastung aus. Deshalb wurden sie auf die neu elektrifizierte Strecke Ruhbank–Liebau umgesetzt, später bedienten sie auch die Nebenbahn Landeshut–Hirschberg und deren privaten Abzweig nach Krummhübel; einer von ihnen soll auch für Lauban–Marklissa zuständig gewesen sein. Um aber die Steilstrecke (bis 25 ‰) über den Landeshuter Kamm befahren zu können, mußten zuvor die Motoren umgebaut werden (1925/26). Sonst hätte es hier die gleichen Schwierigkeiten wie auf der Strecke Nieder Salzbrunn–Halbstadt gegeben. Der Umbau war verursacht worden, um nach Liebau auch mal einen zusätzlichen Wagen mitnehmen zu können.

Wesentlich stärker waren ihre Nachfolger auf der Stammstrecke. Eigentlich waren sie für die Berliner S-Bahn vorgesehen und sollten in Schlesien nur erprobt werden. Doch dann entschied man sich in Berlin für die seitliche Stromschiene und damit für neue Fahrzeuge im Gleichstrombetrieb. Vier Triebwagen waren aus vierachsigen Abteilwagen für den Probebetrieb gebaut worden. Sie waren mit Vielfachsteuerung ausgerüstet, um als Halbzüge mit dreiachsigem Zwischenwagen und einem weiteren ET am anderen Ende verkehren zu können. Dazu bedurfte es nur je eines Führerstandes. Der Einsatz dieser Garnitur erfolgte mit Erfolg zwischen Nieder Salzbrunn und Halbstadt. 1922 folgten noch zwei spätere ET 88. Um 1925 wurden die sechs ET mit einem zweiten Führerstand ausgerüstet, so daß sie auch einzeln fahren konnten. Gleichzeitig wurden aus drei- und vierachsigen Abteilwagen Steuerwagen mit je nur einem Führerstand gebaut. Jetzt gab es vielfältige Kombinationen, je nach Verkehrsaufkommen, auch mit Packwagen, denn die ET hatten als typische S-Bahn-Fahrzeuge weder Gepäckabteil noch Abort. Mit den bisherigen Triebfahrzeugen hatte man zuvor die Nebenbahnen versorgen können, doch fehlte es vor allem an Lokomotiven für den Reisezugverkehr der Hauptstrekke. Erst 1924 sollte sich das ändern. Die EP 213 bis 219, noch verwendete man preußische Bezeichnungen, die Baureihe E 42 wurde erst 1927 angeschrieben – verdanken wir wie die ET 88 den Versuchen für die Elektrifizierung der Berliner S-Bahn. Parallel zu den Triebwagen hatte man Triebgestelle entwickelt, die einem Abteilwagenzug vorgespannt werden konnten. Die Stromabnahme erfolgte am ersten Wagen, der als Steuerwagen einen Führerstand besaß. Ein solcher Zug soll auch in Schlesien getestet worden sein, doch sind nur Fotos bekannt, die ihn mit der EP 235 zeigen. Das hatte praktische Gründe, konnte man doch bei diesem Zug elektrisch heizen und brauchte so den Dampfkessel nicht zu versorgen. Das Triebgestell hat auf den Steilstrecken vermutlich zu wenig Reibungsgewicht gebracht. Als 1921 die Entscheidung in Berlin zugunsten des Gleichstrombetriebs gefallen war, standen die Triebgestelle herum. Der Not der Zeit gehorchend, mußten sie sinnvoll weiterverwendet werden. Deshalb gab das Zentralamt 1922 an MSW und AEG, die schon die Triebgestelle geliefert hatten, Auftrag, aus je zwei Triebgestellen eine Lokomotive zu bauen. Diese sollte in der Lage sein, leichte Personenzüge auf den Waldenburger Steilrampen zu befördern. Immerhin schafften die beim Bw Dittersbach stationierten Lokomotiven auf den 20 ‰-Rampen noch 273 t Anhängelast mit 50 km/h.

Nachdem man 1922 endgültig festgestellt hatte, daß mit den Doppellokomotiven EP 209/210 nicht zurecht zu kommen sei, wurden aufgrund der guten Ergebnisse mit der EP 235 endlich die EP 236 bis 252 bestellt. Die insgesamt 17 Lokomotiven der späteren Baureihe E 50 entstanden in zwei Serien, die sich in Details voneinander unterschieden. Bis zur EP 240 wurden sie noch mit einem Dampfheizkessel ausgerüstet, der später ausgebaut wurde. Der dabei entstandene Freiraum im Vorbau wurde dann wie bei den weiteren Lokomotiven ab EP 241 als Kompressorenraum genutzt. Mit ihrer Aus-

lieferung ab 1923/24 kamen erstmals in zunächst ausreichender Zahl Personenzuglokomotiven auf die Hauptbahn, die vor allen Reisezügen eingesetzt werden konnten. Die Prototype EP 235 wurde daraufhin 1926 nach Magdeburg abgegeben und 1927 ausgemustert. 1925 kamen dann die ersten EG 581 bis 594 nach Schlesien, besser bekannt als E 91 81 bis 94.
Mit 55 km/h waren sie zwar nicht schnell, für die Güterzüge damals war jedoch das Tempo ausreichend. Immerhin schleppten sie auf den 10 ‰-Rampen 1 420-t-Züge mit 40 km/h. Das nach der Inflation steigende Güteraufkommen und die Abwanderung der E 90 auf die Nebenbahnen, verlangte allerdings nach weiteren Güterzuglokomotiven. Es wurden daher 1927 noch zwölf E 91 bestellt, die als E 91 95 bis 106 in modernem Gewand mit elektrischer Widerstandsbremse 1929 in Dienst gestellt wurden.
Steigende Zuglasten, der Wunsch nach besseren Fahrzeiten, aber auch den wartungsintensiven Stangenantrieb abzulösen, führten 1925 zur Bestellung von drei Probelokomotiven. Zwei davon baute die AEG und rüstete sie mit dem von ihrem Ingenieur Kleinow entwickelten Federtopfantrieb aus. Sie kamen im Oktober 1926 zunächst in Mitteldeutschland, ab Anfang 1927 in Schlesien als E 21 01 und 02 zur Erprobung. Der neue Antrieb bewährte sich auf Anhieb. Schwierigkeiten gab es lediglich mit dem Bisselgestell, das die E 21 01 für die Laufachse erhalten hatte. Mit diesem voraus lief die Lok in den vielen Kurven recht unruhig. Die E 21 02 erhielt daraufhin das Krauss-Helmholtz-Gestell, mit dem die Schwierigkeiten vermieden werden konnten. Immerhin schafften die E 21 auf der 20 ‰-Steigung noch 440-t-Züge mit 54 km/h. Insgesamt wurden die Lokomotiven mit ihrem Antrieb so gut beurteilt, daß die DR 38 E 17 bestellte. Der AEG-Federtopfantrieb kam auch in die E 04, E 18 und E 19, praktisch somit in alle wesentlichen Schnellzuglokomotiven vor den DB-Typen zum Einbau.
Zu spät, um die mit ihr gewonnenen noch besseren Betriebsergebnisse für den Serienbau auswerten zu können, kam die E 21 51. Sie war von Linke-Hofmann und Bergmann gebaut worden, kam aber erst in Dienst, als die Versuchsfahrten mit den AEG-Lokomotiven schon abgeschlossen waren. Insgesamt erwies sie sich als leistungsstärker, war in der Anschaffung billiger und hatte eine schöne, moderne Form erhalten, aber was nutzte das noch? Immerhin blieb sie als Einzelgänger weiter in Betrieb. Ihre Höchstgeschwindigkeit von 110 km/h mußte jedoch wegen Entgleisungsneigung 1942 auf 75 km/h reduziert werden, so daß sie von da an nur noch Personenzüge führen konnte.
1927 war ein denkwürdiges Jahr, denn es bescherte Schlesien zwei Triebfahrzeuge, die sich auch beim Publikum einer gewissen Popularität erfreuten. Bis dahin mühten sich auf der Polauner Strecke die E 90 mit ihrem Stangenantrieb vor allen Zügen, doch das sollte sich jetzt ändern. Bei der Wumag in Görlitz wurden nämlich elf Triebwagen fertig, die speziell für den Einsatz auf dieser Strecke gebaut wurden. Es waren die späteren ET 89 01 bis 11. Sie konnten vier Beiwagen mitführen. Durch Vielfachsteuerung war es möglich, zwischen zwei ET acht Beiwagen zu reihen, andererseits konnten die ET auch solo fahren. Das hatte den Vorteil, daß man den stark frequentierten Abschnitt bis Josephinenhütte im Verband befuhr, während dann der ET den Abschnitt bis Polaun allein oder mit nur einem bis zwei Beiwagen bediente. Um das Umsetzen an den Endpunkten sparen zu können, wurden auch noch acht Steuerwagen entwickelt, die etwa zeitgleich mit den ET 51 gebaut, mit deren modernem Äußerem weitgehend übereinstimmten, und die ET-89-Garnituren optisch verbesserten. Zu den Beiwagen (EB 89) kamen noch fünf Packwagen. Ansonsten wurden offene Personenwagen der kurzen Einheitsbauart verwendet, nachdem auch sie die elektrischen Ausrüstungen erhalten hatten. Im Vergleich zu den bisher dort eingesetzten Zügen mit Abteilwagen bzw. preußischen Nebenbahnwagen waren diese Züge – wenngleich sie noch die vierte Klasse führten – wesentlich komfortabler und erreichten auf der 25 ‰-Rampe immerhin noch 40 km/h. Bei immerhin 65 km/h Höchstgeschwindigkeit waren sie auch im flacheren Abschnitt schneller als die E 90. Weil sie nur auf dieser Strecke liefen, die wie keine andere, das Riesengebirge erschloß – immerhin liegt der höchste Bahnhof Jakobstal auf 886 m –, hatten sie bald im Volksmund ihren Spitznamen: Rübezahl!
Als man 1924 plante, auch die Flachlandstrecke Breslau–Liegnitz–Görlitz in das Elektrifizierungsprogramm einzubeziehen, auf der die pr. G 12 schwere Kohlenzüge schleppten, mußte man auch überlegen, wie man zu einer geeigneten, schweren und schnelleren Güterzuglok kommen könnte. Es kam zur Ausschreibung, wobei man sechs angetriebene Achsen und einen zweiteiligen Lok-Kasten verlangte. Es sollten 2 200-t-Züge mit 45 km/h befördert werden. Im März 1926 wurde die AEG beauftragt, ihren Entwurf einer einzelachsgetriebenen Lok mit Tatzlagermotoren in sechs Exemplaren zu bauen. Bei drei Lokomotiven sollte allerdings die elektrische Ausrüstung durch Siemens erfolgen. Ab Dezember 1927 kamen die Loks bis zum Sommer 1928 in Dienst. Da aber die Pläne der Elektrifizierung der Flachlandstrecken inzwischen abgebrochen waren, wurden sie dem Bw Hirschberg zugeteilt. Sie waren mit 20,9 m Deutschlands längste E-Lok. Bei den Testfahrten leisteten sie beachtliches. So wurde ein 2 600-t-Zug zwischen Breslau und Königszelt auf 5 ‰-Steigung mit 55 km/h gefahren. Das waren weit bessere Werte als verlangt worden waren.
Ab 1928 kamen auch die E 17 113 bis 120 nach Schlesien, die bis zum Erscheinen der E 18 10 bis 17 im Jahre 1936 die Hauptträger des Schnellzugdienstes wurden. Mit der E 18 wurden die schweren Schnellzüge noch schneller. So wurde der D 192 zwischen Breslau und Königszelt mit 107,6 km/h befördert, ein Wert, der von den dampfgeführten D-Zügen nicht erreicht wurde. Ihr schnellster, der D 34, erreichte zwischen Liegnitz und Sagan 103,9 km/h. Umlaufbedingt mußten die E 18 aber auch schwere Personenzüge fahren, denn ihre Laufleistungen sollten ja denen in Süddeutschland nicht nachstehen. Eine der Vorserien-E 44, die spätere E 44 201, wurde im Dezember 1930 von den Firmen Bergmann und Schwartzkopff der DR für Versuche zur Verfügung gestellt und in Schlesien getestet. Auf der berüchtigten 20 ‰-Rampe schleppte sie immerhin einen Zug mit 576 t, bei 10 ‰ gar 900 t.
Trotzdem wurde sie weniger gut beurteilt als ihre Konkurentinnen, weshalb diese als Serie gebaut wurden. Bis zum Sommer 1932 blieb die E 44 201 noch in Schlesien, dann wurde sie zum Bw Freilassing abgegeben. Von den Serien E 44 kamen aber die E 44 043 bis

050 ab 1936 nach Schlesien. Mehr Neues bot sich in den dreißiger Jahren auf dem Triebwagen-Sektor, wo sich die Ereignisse geradezu überschlugen. 1934 kamen von Linke-Hofmann vier ET 51, deren Aufgabe es sein sollte, zusammen mit je vier EB und ES, Eilzüge ab Breslau Freiburger Bahnhof im Zugverband nach Hirschberg zu führen, wo die Trennung in drei Teile erfolgte, die von dort nach Krummhübel, Oberschreiberhau und Görlitz laufen sollten. Bei der Rückfahrt wurden die einzelnen Züge in Hirschberg wieder vereint. Mit diesen 90 km/h schnellen ET konnten erstmals umsteigefreie Verbindungen zu den beliebten Riesengebirgsorten angeboten werden. Bei schwachem Verkehrsaufkommen konnten die ET 51 auch allein eingesetzt werden. Obwohl man bald feststellte, daß ihre Höchstgeschwindigkeit für die Hauptstrecke nicht ausreichte, wurden nochmals vier ET 51 11 bis 14 nachbestellt, die mit geändertem Wagenkasten und vier ES im Juni 1939 zum Einsatz kamen. Ihr Einsatzgebiet war aber jetzt auf den Nebenstrecken, wo sie die älteren ET unterstützten. Beheimatet waren sie im Bw Halbstadt als dessen einzige Elektrotriebfahrzeuge. Sie wurden allerdings ab Sommer 1940 vom Bw Hirschberg aus eingesetzt, wo sie speziell die Strecke nach Krummhübel bedienten.
Schon im Mai und Juni 1935 hatte das Bw Breslau Freiburger Bahnhof die zweiteiligen ET 25 006 bis 010 erhalten, die jetzt die Eilzugdienste ins Riesengebirge übernahmen. Sie waren mit ihrer Höchstgeschwindigkeit von 120 km/h dafür besser geeignet als die ET 51. Doch ihr Gastspiel währte nur bis Ende 1936. Mit den häufig benötigten Steuerwagen waren sie in den Steilabschnitten an ihrer Leistungsgrenze angelangt. Unzulässige Erwärmung der Motoren war die Folge. Auch waren sie mit fünf Sitzen je Reihe für die Reisenden in der 3. Klasse bei den langen Strecken recht unbequem. Deshalb wurden sie zu den anderen Netzen abgegeben. Im Gegenzug erhielt jetzt das Bw Lauban die ET 25 003, 005 und 023 aus Nürnberg und Tübingen. Diese drei waren mit unterschiedlichen elektrischen Bremsen ausgerüstet, die beim AW Lauban getestet werden sollten. Diese ET 25 blieben in Schlesien und bedienten die Strecke Lauban–Kohlfurt und fuhren auch als Personenzüge zwischen Görlitz und Greiffenberg. Als Ersatz kamen jetzt für die Eilzugdienste sechs neue dreiteilige ET 31 zum Bw Breslau Freiburger Bf. Auch sie konnten in Dreifachtraktion zwischen Breslau und Hirschberg laufen, von wo es getrennt den einzelnen Zielbahnhöfen entgegenging. Es war möglich, ohne den Mittelwagen, also zweiteilig zu fahren, aber auch zwei Mittelwagen zu führen. Nachdem bei jedem Wagen zwei Achsen angetrieben waren, konnten die ET 31 eine hohe Leistung auf die Schienen bringen. Sie beschleunigten in 75 Sekunden auf ihre 120 km/h Höchstgeschwindigkeit und hatten dabei schon 1 150 m zurückgelegt. Dem Reisenden der 3. Klasse boten sie mit vier Plätzen je Reihe auch die gewünschte Bequemlichkeit. In der 2. Klasse waren auf gleichem Platz sogar nur drei Sitze angeordnet, ein Komfort, den ich im Sommer 1942 zwischen Görlitz und Hirschberg einmal genießen durfte. Dazu die Aussicht aus dem breiten, mit Kurbel zu bedienenden Fenster auf Rübezahls Berge – so etwas vergißt man nicht.
Das Ende der positiven Entwicklung war erreicht, als die RBD Breslau E 94 zugeteilt bekamen, die sie zur Bewältigung ihrer Transportaufgaben benötigte. Im Dezember 1940 kam als erste die E 94 017, Ende 1941 waren es schon vier, ehe 1942 und 1943 mit 15 Stück der Höchstbestand erreicht war. Stationiert waren sie in Schlauroth und Waldenburg–Dittersbach. Die E 94 waren erforderlich, denn seit 1936, als die ersten fünf E 91[3] ausgemustert wurden, war der Bestand an Güterzugloks rückläufig. Überhaupt setzte zu dieser Zeit auch bei den E 50 die Ausmusterung ein, vereinzelt erwischte es auch die E 90. Ab 1943 wurden einzelne Loks und ET an die anderen Netze abgegeben, um dort Verluste durch Bombenschäden ausgleichen zu können. Als sich im zeitigen Frühjahr 1945 das Ende abzeichnete, war man bestrebt, Fahrzeuge, die nicht unbedingt mehr vonnöten waren, nach Süddeutschland zu bringen. Ein Abtransport über Schlauroth kam wegen der Kämpfe um Lauban und der Zerstörung Dresdens nicht mehr in Frage. So rollten denn die Lokzüge hinauf nach Polaun und nach Liebau, wo die Fahrleitung endete und der Weitertransport mit Dampflok erfolgen mußte, ab Polaun sogar zunächst mit den Zahnradloks hinunter nach Tannwald-Schumburg. Vereinzelte Transporte gingen aber, nachdem Lauban freigekämpft war, auch ans mitteldeutsche Netz, wo sich u. a. die beiden E 21, fünf E 18, zwei E 17 und vier E 50 zu Kriegsende eingefunden hatten. Auch nach Süddeutschland kam trotz der Schwierigkeiten noch mancher Transport durch. Immerhin konnten hier fünf E 17, fünf E 91, ein ET 51, ein ET 25 schon 1945 aufgenommen werden. Manches blieb im Trubel der Ereignisse auf dem Boden der wieder entstehenden Tschechoslowakei stehen und wurde später ausgetauscht. Dieser Austausch zog sich bis zum Herbst 1949 hin, denn am 22. August 1949 schrieb der Vorstand des Reichsbahnmaschinenamtes Hof an das Hauptwagenwerk in Frankfurt/Main unter dem Betreff Reisezugwagenaustausch Bizone/CSD: „Nach Mitteilung der CSD-Kommission befinden sich noch folgende elektrische Trieb- und Steuerwagen in der CSSR: ES 87 04 b, ET 87 04, ES 87 04 a, ES 87 03 b, ET 87 03, ES 87 03 a, ET 88 02, ET 88 04, ES 88 01 und ET 88 01." Der Vorstand erhielt am 24. August den Auftrag, diese zwei ET 87 sowie die drei ET 88 mit den Steuerwagen zu übernehmen. Diese Fahrzeuge dürften über Halbstadt und Liebau abgerollt worden sein. Bekannt ist auch, daß noch lange in Polaun eine vergessene E 94 herumstand, ehe sie wohl auf gleiche Weise nach Süddeutschland gelangte. Es könnte sich um die im gleichen Schreiben erwähnte und am 12. Juli 1949 übernommene „elektrische Einheit" gehandelt haben, die dann in Oberkotzau zur Besichtigung stand.
Das Ende in Schlesien ist rasch berichtet. Die verbliebenen einsatzfähigen Fahrzeuge wurden nach der Kapitulation im Bereich Hirschberg–Waldenburg zunächst weiter eingesetzt. Durch Sprengungen des Boberviaduktes in Hirschberg und des Tunnels bei Rohrlach konnten jedoch nur Teilstrecken befahren werden bzw. liefen die Züge statt auf der Hauptstrecke jetzt auf der Nebenbahn über den Landeshuter Kamm. Es waren zunächst lokbespannte Züge – es wurde der Einsatz der E 44 beobachtet. Die ET standen mehr oder weniger desolat herum und dienten in Hirschberg Obdachlosen als Nachtquartier. Ungeachtet des Chaos', das insbesondere durch einrückende Polen und plündernde russische Truppen ausgelöst wurde, wurden weiterhin zumindest im Bw Waldenburg-Dittersbach Bremsuntersuchungen an E-Loks durchgeführt. Doch im Juli 1945

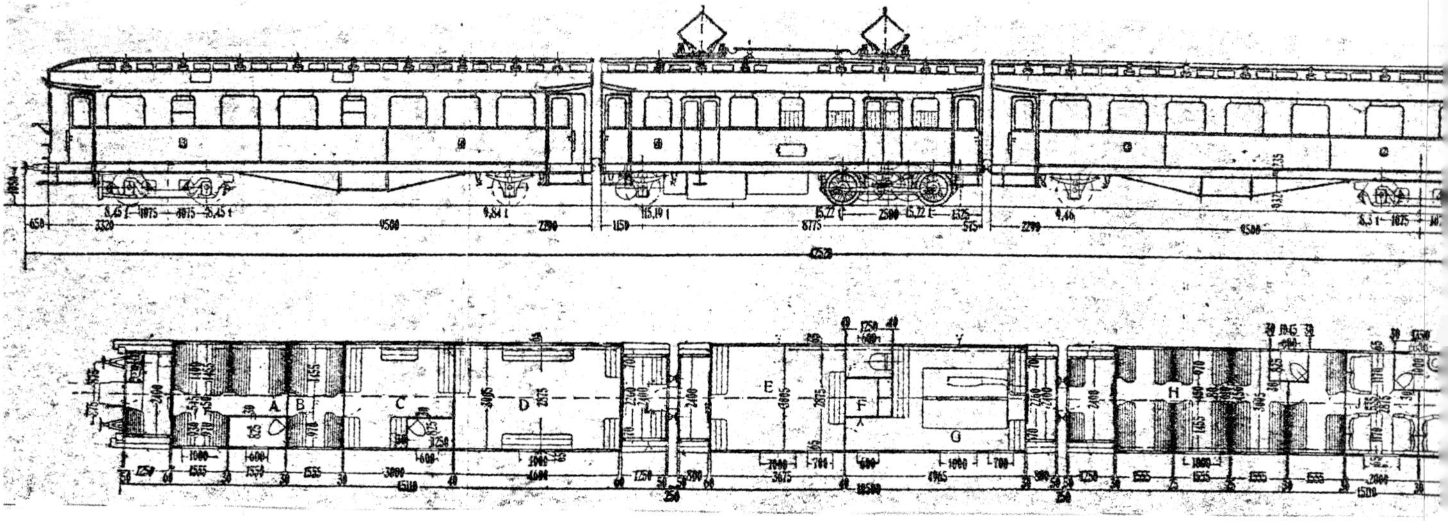

Noch während des Baus im Sommer 1913 entstand dieses Foto des Kraftwerks in Mittelsteine, in dem der Strom für die elektrifizierten Strecken erzeugt wurde.

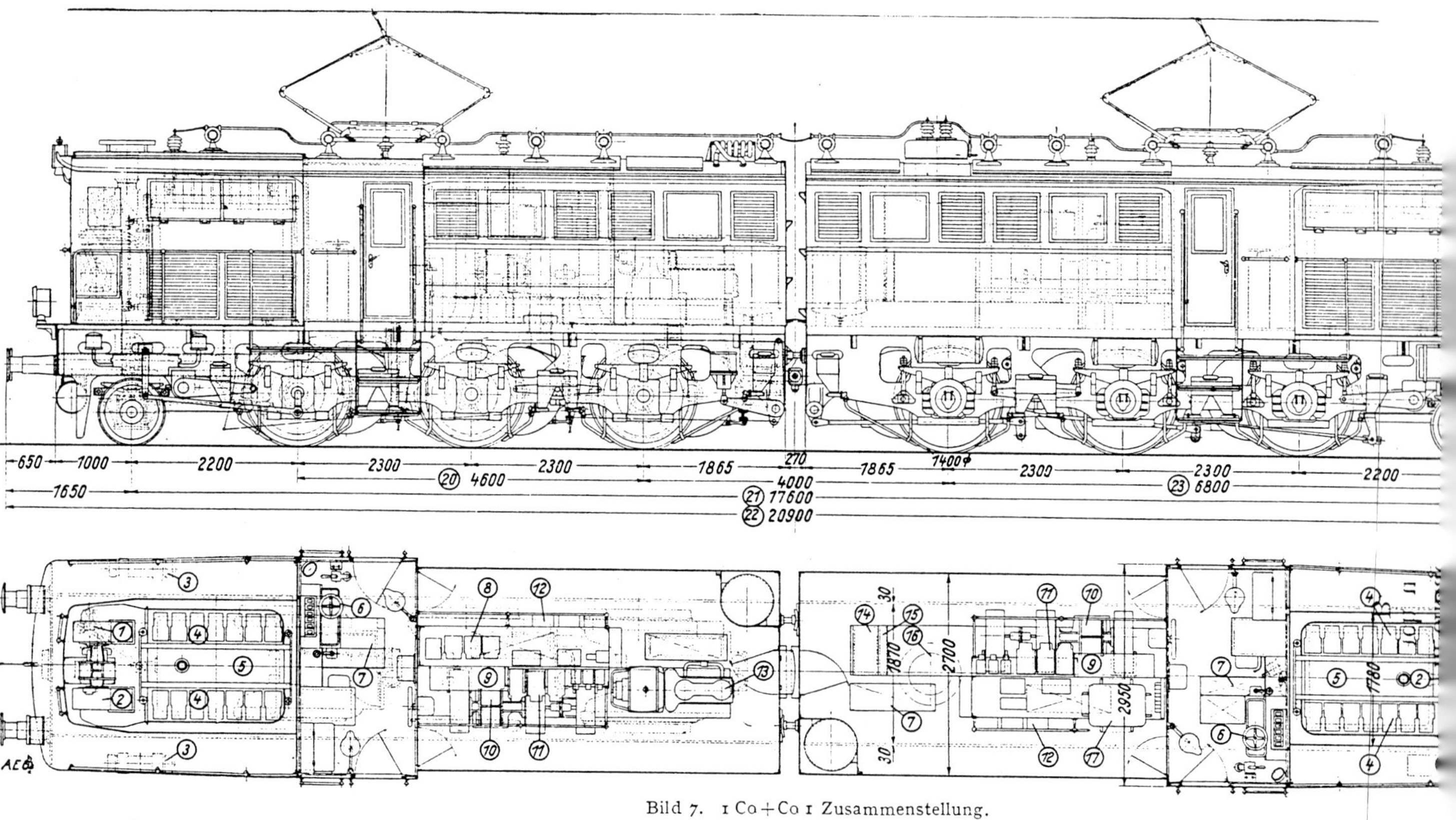

Bild 7. 1 Co + Co 1 Zusammenstellung.

1. Oelpumpe.
2. Transformatorlüftung
3. Fahrluftpumpe
4. Stufenschütze
5. Transformator
6. Fahrschalter
7. Kollektorklappe
8. Lüfter- und Heizschütze
9. Fahrtwender
10. Motorlüftung
11. Serienschütze
12. Motorsicherungen
13. Motorkompressor
14. Kleiderschrank
15. Werkzeugkasten
16. Oelschalter
17. Drosselspule
18. Lichtdynamo
19. Batterie
20. Fester Radstand
21. Gesamtradstand Lokomotive
22. Lokomotivlänge Puffer
23. Gesamtradstand

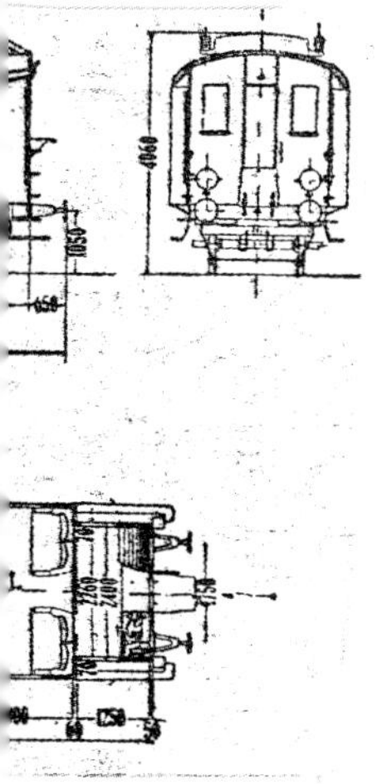

EIT 1004, späterer ET 87 03 mit Zuglaufschild „Ruhbank“ und angehängter „Donnerbüchse“, um 1932, vermutlich in Dittersbach.

Die stärksten Lokomotiven der DR waren die E 95. E 95 01 mit Güterzug in Hirschberg, 1928. Gewandt

E 95 01 vor Abfahrt in Dittersbach, 1928. Gewandt

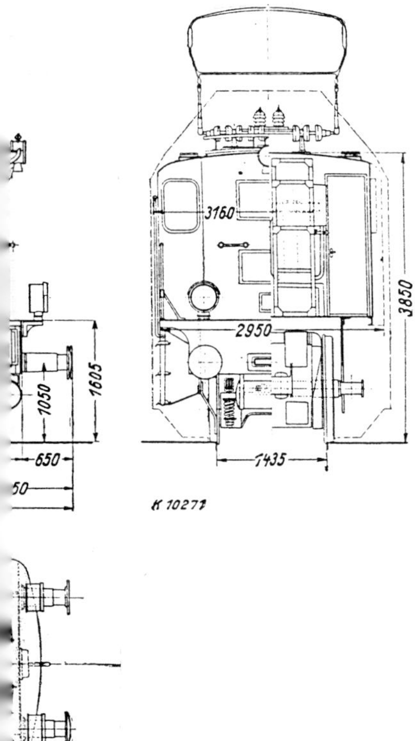

K 10271

E 95 03 vor 2 600-t-Zug in Königszelt, 1928. Gewandt

Görlitz war der westlichste Ausgangsbahnhof für die elektrisch bespannten Reisezüge. Blick in die Bahnhofshalle um 1920.

begannen die Demontagen: Der Strom wurde abgeschaltet, das Kraftwerk Mittelsteine und die Unterwerke ausgeräumt, die Fahrleitungen abgenommen, in der ersten Zeit gar die Masten oberhalb des Fundaments abgeschnitten. Auch verschwand das zweite Gleis der Hauptstrecken. Dem Bw Waldenburg-Dittersbach oblag es, die Fahrzeuge lauffähig zu machen und zu Lokzügen zusammenzustellen. Sie rollten schließlich über Königszelt–Liegnitz ab zum mitteldeutschen Netz – nicht, wie damals viele Schlesier glaubten, nach Rußland. Der Umweg war wegen der gesprengten Viadukte über den Bober in Hirschberg und die Neisse in Görlitz nötig. Doch in Mitteldeutschland konnte man sich dieses Zuwachses nicht lange erfreuen. Am 29. März 1946 wurde auch dort ein Demontagebefehl wirksam und jetzt gingen nicht nur die schlesischen Triebfahrzeuge nach Rußland ab.

Der Neißeviadukt vor 1923. Während die P 8 auch nach der Elektrifizierung von Liegnitz her darüber liefen, wurden die Laubaner Akku-Tw nach Breslau umbeheimatet.

Bahnhof Kohlfurt – um 1910 – war der zweite westliche Ausgangsbahnhof der Gebirgsbahn. Das doppeltürmige erste Empfangsgebäude diente nach dem Neubau (links) der Post.

Bahnhof Lauban – Görlitzer Seite – um 1935. Kunz

um 1922, bereits mit Fahrleitung.

Vor dem Hirschberger Hauptbahnhof wartet der Triebwagen der Talbahn um 1935 auf Fahrgäste. Geisler

Empfangsgebäude in Merzdorf, um 1900. Der Bahnhof entwickelte sich zu einem beachtlichen Knoten.

Fellhammer Pbf ist der höchste Punkt der Gebirgsbahn. Das erste Gebäude mußte bald einem Neubau weichen. Um 1900, von der Salzbrunn-Halbstadter Seite. Karsch

Vor dem Empfangsgebäude von Dittersbach ist rechts ein Triebwagen der Straßenbahn zu erkennen. Um 1900.

Walter Sauer (1937)

Der Tunnel bei Schönhut

Seit etwa vier Jahren hört man in Waldenburg, besonders in den Abendstunden, aus südwestlicher Richtung oft Sprengschüsse donnern, und jedermann weiß, daß diese von den Bauarbeiten am Schönhuter Tunnel herkommen. Dieser Tunnel liegt an der Bahnstrecke zwischen Dittersbach und Fellhammer; er durchquert in einer Länge von ursprünglich 300 m den Birkberg von Osten nach Westen und hat seinen Namen nach einer Handvoll Häuser, die an seinem westlichen Ausgang liegen. Gewaltige Gesteinsmassen sind jetzt vor und hinter der Baustelle auf großen Halden aufgetürmt, und ein tiefer Einschnitt in den Birkberg zeigt die Stelle, wo einst der Tunnel lag. Bald wird Sonne und Regen und der Wechsel der Jahreszeiten dem frischen Schnitt durch den Berg die graue Gesteinsfarbe geben, und Moos und Gestrüpp wird darauf wachsen, als ob es schon immer so gewesen wäre. Vergessen ist da die Arbeit und der Schweiß von 200 Arbeitern, die vier Jahre daran gearbeitet haben, damit weitere Hunderte von Kumpels auf Jahre wieder Arbeit haben; verbucht sind dann die Millionen Mark, die dieses Stück der Bahn verschlungen hat.

Was kann uns dieser unscheinbare Berg von seinen Erlebnissen alles erzählen?

Vor etwa hundert Jahren war es um seine Ruhe und Frieden geschehen. Damals begann man das oberste Kohlenflöz, das unter seiner Gesteinsdecke lag, abzubauen. Es wurde das Röschenflöz genannt.

Wenige Jahre später, unmittelbar nach dem Kriege Preußens gegen Österreich, wurde der Bau der Bahn Freiburg–Hirschberg in Angriff genommen. So kann man das Jahr 1866 als das Geburtsjahr des Tunnels bezeichnen. Er wurde damals zweigleisig aufgefahren und in Sandsteinquadern ausgebaut. Seitdem brauste das Dampfroß und später das elektrische durch die Tunnelröhre und schleppte seine schweren Lasten in donnernder Fahrt hindurch. Diese Strecke entwickelte sich zu einem wichtigen Verkehrsweg. Gegen hundert Züge rollten in letzter Zeit während 24 Stunden durch den Tunnel.

Leider machte der Tunnel aber zu wiederholten Malen dadurch schwere Sorgen, daß sich immer wieder Risse in der Wandung bildeten, durch welche die Sicherheit des Betriebes gefährdet wurde.

Um die Jahrhundertwende rutschten am Dittersbacher Eingang des Tunnels Gesteinsmassen herunter. Damals wurde der Tunnel um etwa 30 m gekürzt, indem man den Voreinschnitt vergrößerte.

Aber schon zehn Jahre später zeigten sich auch im Inneren gewaltige Risse, die den ganzen Berg durchquerten und bis an die Tagesoberfläche traten.

Auf der Bergseite nördlich des Einschnitts kann man noch jetzt viele solche Gesteinsspalten sehen, die offenbar durch den in der Nähe liegenden Bergbau verursacht wurden. Um den Schienenweg vor hereinbrechendem Gestein zu schützen, wurde damals die Tunnelwand mit einer etwa meterstarken Schicht aus Eisenbeton ausgekleidet. Während des Ausbaues wurde der Verkehr über Bad Salzbrunn umgeleitet. Zur besseren Überwachung des Berginneren hatte man damals mehrere ringförmige Stollen um die Betonröhre herum angelegt, von denen aus man die Weiterentwicklung der Klüfte und die Bewegungen des Gebirges beobachten konnte.

Doch auch diese starke Betonröhre, von der man einen sicheren Schutz erhofft hatte, hielt dem zunehmenden Gebirgsdruck auf die Dauer nicht stand. Nun machte man das, was der Bergmann tut, um sich vor herabbrechendem Gestein zu schützen. Man stützte die gefährdeten Stellen ab; nicht mit Holz, sondern durch starke eiserne Ringe, von denen einer 3 500 kg wiegt und etwa 1 500,– Mark kostete. Diese Träger wurden an den bedrohten Stellen in Abständen von 1,5 m aufgestellt. Da sie den freien Durchgang durch den Tunnel stark verengten, konnte der Verkehr fortan nur eingleisig durchgeführt werden, ein Zustand, der bei starker Verkehrsdichte sehr hinderlich ist.

Aber noch ein Umstand sprach gegen die dauernde Aufrechterhaltung dieses Zustandes, selbst wenn man durch diesen verstärkten Ausbau die Gewißheit gehabt hätte, den Tunnel auf die Dauer halten zu können: Der Kohlenschatz unter dem Tunnel! 20 Mio t Kohle liegen, wie man berechnet hat, unter dem Schönhuter Tunnel und durften nicht aus der Tiefe der Erde hervorgeholt werden, nur um den Berg nicht in Unruhe zu bringen und den Bestand des Tunnels nicht zu gefährden.

Diese Erwägungen führten um 1930 zu Verhandlungen zwischen den beiden Bergwerksgesellschaften, deren Kohlenfelder dort liegen, und der Reichsbahn mit dem Ziel, den Abbau des Kohlenschatzes unter dem Schönhuter Tunnel zu ermöglichen. Die drei Beteiligten einigten sich dahin, den Tunnel aufzuschlitzen und die Kosten gemeinsam zu tragen. Dadurch werden die Gestehungskosten der Kohle im voraus mit 10 bis 15 Pfennig je Tonne belastet.

Im Frühjahr 1933 wurde mit dem Bau begonnen, der eine willkommene Arbeitsbeschaffung darstellte. Die Bauzeit dauerte fast vier Jahre, und im Mittel wurden während dieser Zeit 200 Mann beschäftigt.

Die Herstellung des Einschnittes erfolgte in fünf Höhenstufen. Die Gesteinsmassen wurden durch Sprengschüsse oder mit Abbauhämmern gelöst, durch Eimerbagger in Feldbahnwagen verladen und von diesen auf zwei Kipphalden gefahren, von denen die eine nach der Glückhilffriedenshoffnung-Grube zu und die andere in der Nähe des Graf-Hochberg-Schachtes liegt. So haben diese beiden Bergwerksbetriebe später, wenn sie die Kohlen unter dem Tunnel abbauen, Gesteinsmengen, um die durch den Abbau entstandenen Hohlräume zuzusetzen.

Noch steht die Tunnelröhre aus Beton, mühsam wird der Beton schalenweise gelöst, um die darin liegende Eisenbewehrung zurückzugewinnen. Man schätzt die zu rettende Eisenmenge auf 600 t, eine Maßnahme, die durch die Eisenknappheit bedingt wird.

Schon geht man an die Abdeckung der Röhre, die eine zeitweise Umlenkung des Zugverkehrs in den Nachtstunden erforderlich macht.

Und dann werden die Züge mit voller Geschwindigkeit auf beiden Gleisen zwischen den 60 m hohen Felswänden hindurchrollen, als ob das nie anders gewesen wäre.

Der Schönhuter Einschnitt nach Abtragung des Tunnels um 1939.

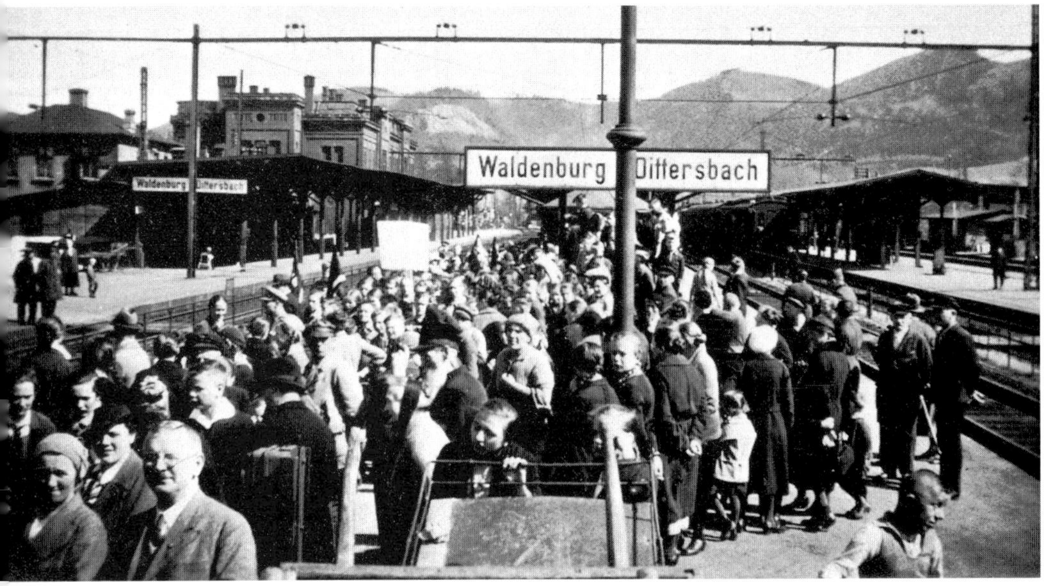

Großandrang im April 1936, als Rothenbacher und Dittersbacher Mädchen ins Landjahrlager reisten.
Foto: Spielmann

Bahnhof Altwasser bei Waldenburg zur Jahrhundertwende mit beachtlichem Güteraufkommen.

Bald darauf erhielt er sein neues Empfangsgebäude mit der typischen Kuppel. Nach der Eingemeindung 1919 hieß er Waldenburg–Altwasser.

Gleich hinter dem Bahnhof führt die Glatzer Strecke über die Brücke in Dittersbach, die um 1895 noch eingleisig war.

Kurz darauf erhielt der Ochsenkopftunnel seine zweite Röhre.

Der Stationsvorstand und sein Assistent. Foto: Spielmann

Dieser Teil der Gebirgsbahn blieb den Dampflokomotiven vorbehalten. 17^{10} mit D-Zug von Glatz westlich des Bahnhofs Bad Charlottenbrunn.

Eilzug Richtung Waldenburg auf der Mölketalbrücke vor Ludwigsdorf.

Beim Bahnhof Ober Wüstegiersdorf rollt der D 193 über die Straßenbrücke in Richtung Glatz. Um 1938.

Schwarzbachbrücke in Neurode.
Geisler

Sie ist im Hintergrund zu erkennen. Vorn die Einfahrt in den Bahnhof mit Laderampe. *Geisler*

Ausfahrt Richtung Glatz für den Zug am Gleis 1. *Geisler*

Hier mündete die österreichische Strecke von Halbstadt.

Glatz Hbf ist Endpunkt der Schlesischen Gebirgsbahn und gleichzeitig der große Umsteigebahnhof ins Glatzer Bergland.

Bahnhof Königszelt mit neuen Bahnsteigdächern nach 1926. Geisler

Zu den mitteldeutschen Gastarbeitern in Schlesien zählte während des Ersten Weltkriegs auch die EG 507. ▶
AEG-Werkfoto

Das Tor zu den Bergen – so nannten die Breslauer liebevoll ihren Freiburger Bahnhof. 1878 errichtet, 1935 aufgenommen.

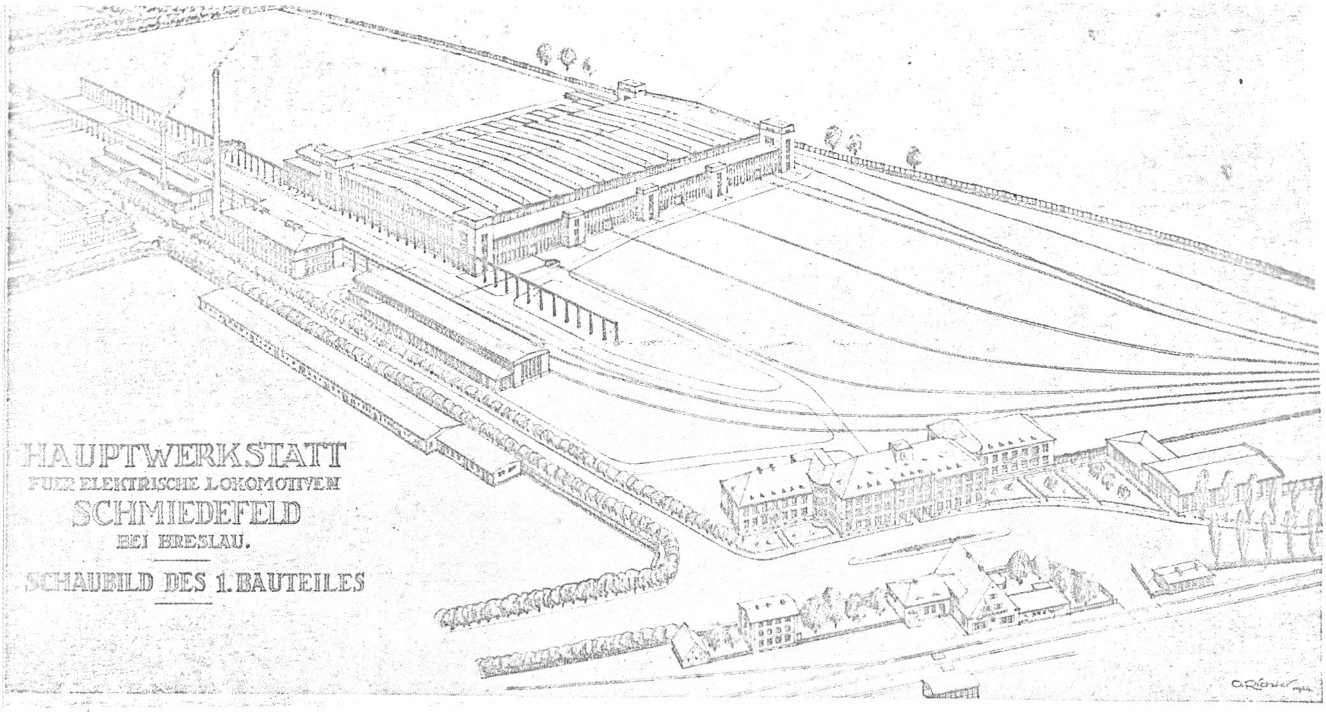

Auf dem Papier blieben die Pläne für ein E-Lok-AW in Breslau-Schmiedefeld.

EP 235 mit Berliner S-Bahn-Garnitur, um 1918 in Freiburg. Gronwald

Eine der Serienlokomotiven verläßt mit Personenzug im Sommer 1924 den Tunnel zwischen Schildau und Rohrlach. Werkfoto Bergmann

Wegen des unruhigen Laufs hatte man an der EP 209/210 keine Freude. Sie wurde schon 1925 ausgemustert.

Als Serie gebaut wurden die EP 236–246. EP 238 wartet 1924 in Hirschberg vor D-Zug in Richtung Waldenburg.

E 50 40 um 1935. Stange

Später wanderten sie in untergeordnete Dienste ab. Um 1935 in Petersdorf. Reichsbahn-Kalender

E 91 47 um 1932 im Heimat-Bw Dittersbach.

EG 551/52ff., spätere E 90, mit Güterzug vor dem Unterwerk in Ruhbank.
BBC-Werkfoto

EG 551/552 – später E 90 51 – im BBC-Werk Mannheim.

E 90 bringt Personenzug von Westen nach Hirschberg. Foto: Meisenburg

E 90 mit Personenzug Hirschberg–Polaun, um 1926. Foto: Meisenburg

Heute kaum noch vorstellbar war die Vielfalt bei den Lokomotiven in der Frühzeit des elektrischen Betriebs. Die EG 571-579 (spätere E 92) waren die ersten Lokomotiven mit Einzelachsantrieb und Tatzlagermotor. Beim Hausberg in Hirschberg fährt eine von ihnen mit Güterzug in Richtung Łauban.

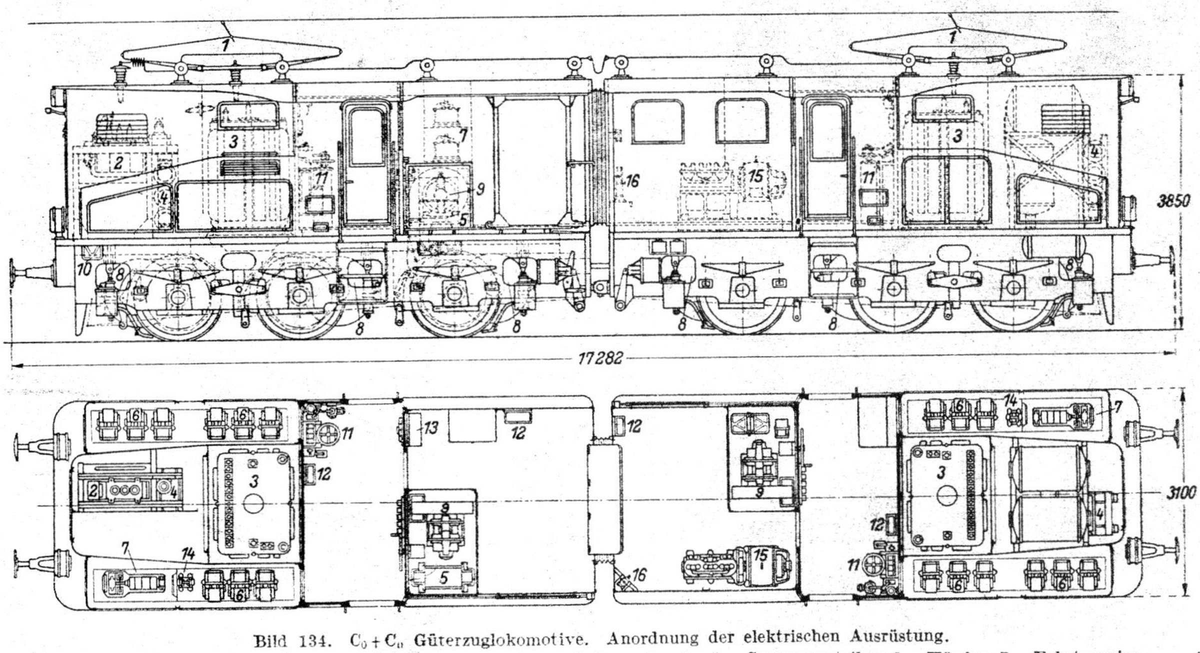

Bild 134. $C_0 + C_0$ Güterzuglokomotive. Anordnung der elektrischen Ausrüstung.
1 = Stromabnehmer, 2 = Ölschalter, 3 = Transformator, 4 = Drosselspule, 5 = Spannungsteiler, 6 = Hüpfer, 7 = Fahrtwender, 8 = Motor, 9 = Motorventilator, 10 = Nebenschlußwiderstand, 11 = Fahrschalter, 12 = Heizapparat, 13 = Schalttafel, 14 = Meßtransformator, 15 = Luftpresser, 16 = Handluftpumpe.

E 92 vor dem Unterwerk Nieder Salzbrunn.

Ein Beispiel für die Sparsamkeit der Reichsbahn sind die E 42. EP 215 vor Meßzug in Hirschberg . . .

. . . und nach Ankunft in Dittersbach, Januar 1925. *Gewandt*

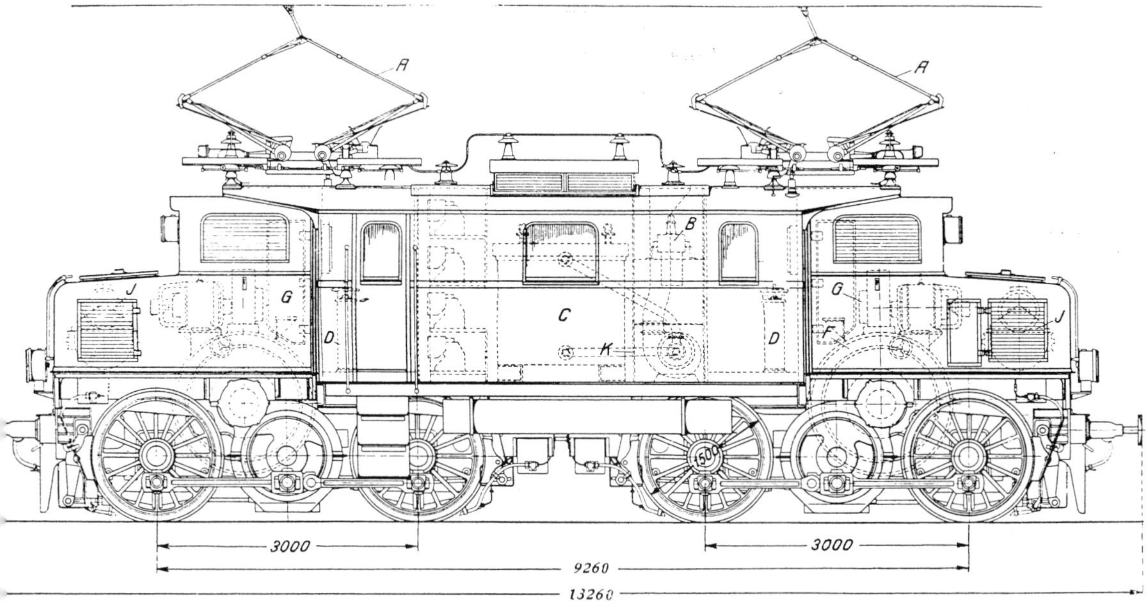

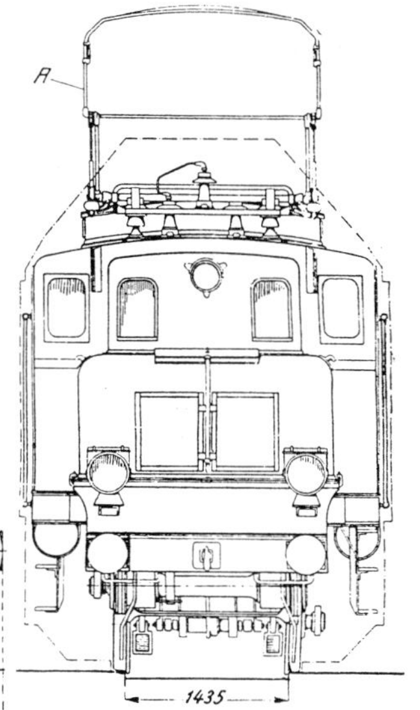

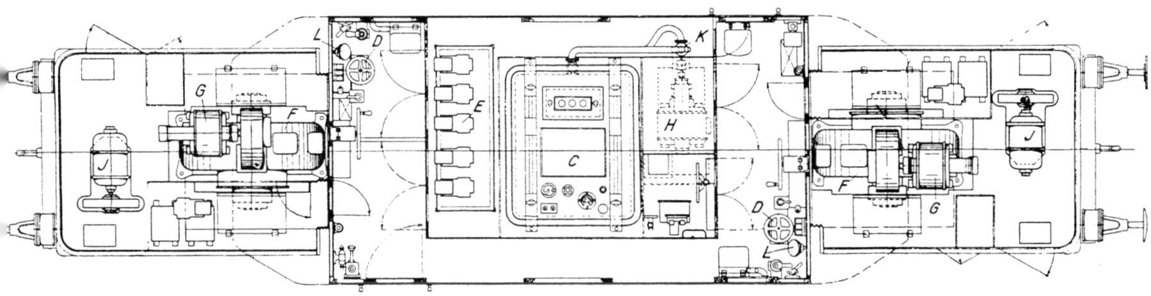

EP 216 vor Personenzug in Dittersbach, um 1925. Gewandt

Erprobung der E 91 im April 1925.
Gewandt

E 91 mit Güterzug Richtung Lauban auf dem Boberviadukt in Hirschberg.

Ihr Metier waren die Güterzüge. Vermutlich zwischen Langenöls und Lauban.
Gewandt

Viel gerätselt wurde über den Aufnahmeort. EG 582 in Hirschberg, um 1926. *AEG-Werkfoto*

Mit elektrischer Widerstandsbremse ausgerüstet waren die E 91 95–106, um 1932 in Dittersbach.

E 21 01 mit Meßzug in Dittersbach. *Gewandt*

E 21 01 mit D-Zug nach Görlitz bei der Blockstelle am Hausberg (auf dem linken Gleis). Gewandt

Meßfahrt mit E 21 02 – vermutlich in Gersdorf-Waldau. Gewandt

Halt des Personenzuges von Hirschberg in Nikolausdorf. Hinter der Lok läuft der Heizwagen. Gewandt

E 17 mit Personenzug nach Hirschberg auf dem Boberviadukt beim Hausberg.

E 17 durchfährt Rothenbach, 1937/38.
Foto: Spielmann

Auch auf die Schreiberhauer Strecke kam die E 17 vor Eilzügen. Schall

Zu spät fertig und damit von der Entwicklung überrollt wurde die E 21 51, obwohl leistungsstark und formschön.

Auch die E 44 201 kam nicht als Vorbild für die Serienfertigung in Frage. Um 1931. Stange

E 44 043 mit Güterzug bei Gotschdorf. Sommer 1936. Foto: Bellingrodt

Durch Reibnitz führt die E 18 10 den Eilzug Hirschberg–Stettin, Sommer 1936. Foto: Bellingrodt

E 18 mit D-Zug von Berlin auf dem Boberviadukt. Um 1936.

ET 88, ein Packwagen, ein ES 88, das war 1936 eine Zuggarnitur für die Strecke nach Halbstadt. Bellingrodt

Bei der Einfahrt nach Oberschreiberhau begegnet uns der ET 89 im Ursprungsanstrich. Grandiose Kulisse unseres Bildes ist die Winterwelt des Riesengebirges; wir erkennen deutlich die Schneegrubenbaude.
Siemens-Museum, München

Ehe die ET 89 auf die Schreiberhauer Strecke kamen, liefen dort lokbespannte Züge, um 1924. Gewandt

Erprobung von drei ET 89 mit zwei mal acht dazwischengereihten Beiwagen in der Südeinfahrt von Lauban.

Im Planeinsatz, vermutlich um 1930 in Josephinenhütte. Schall

Eine typische „Rübezahl-Garnitur“ um 1940: ET 89, drei EB 89, darunter der Packwagen, die den neuen Triebwagen-Anstrich nicht erhalten haben, ein ES 89 sowie ein weiterer ET 89 und noch ein (nicht mehr zu identifizierender Wagen) als Zugverband unterwegs nach Schreiberhau bei der Boberbrücke in Hirschberg. Raupach

ET 51 in Breslau Freiburger Bahnhof, um 1934.
Siemens-Museum, München

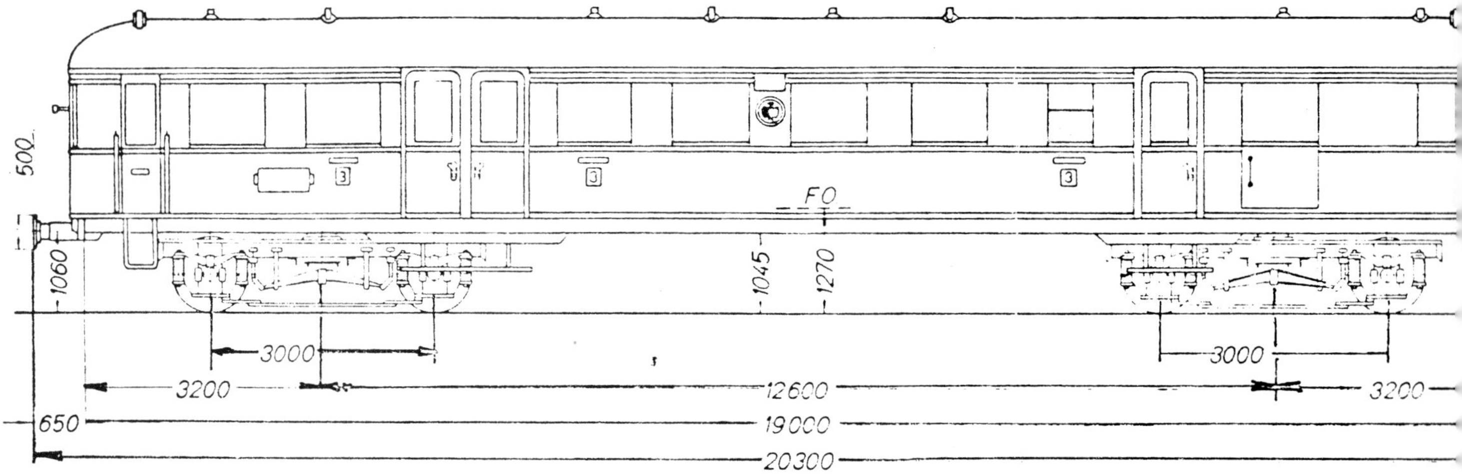
500
1060
F.O.
1045
1270
3000
3000
3200
12600
3200
650
19000
20300

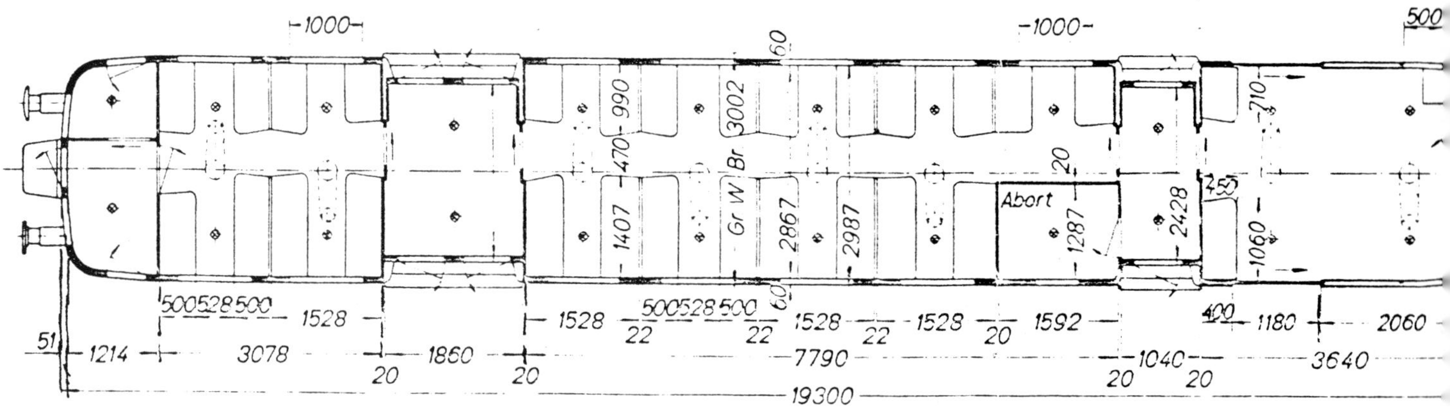
1000
1000
500
60
990
3002
470
1407
Gr W
Br
2867
2987
20
Abort
1287
2428
710
255
1060
60
500 528 500
1528
500 528 500
1528
1528
1528
1592
400
1180
2060
51
1214
3078
1860
22
22
22
20
7790
1040
3640
20
20
20
20
19300

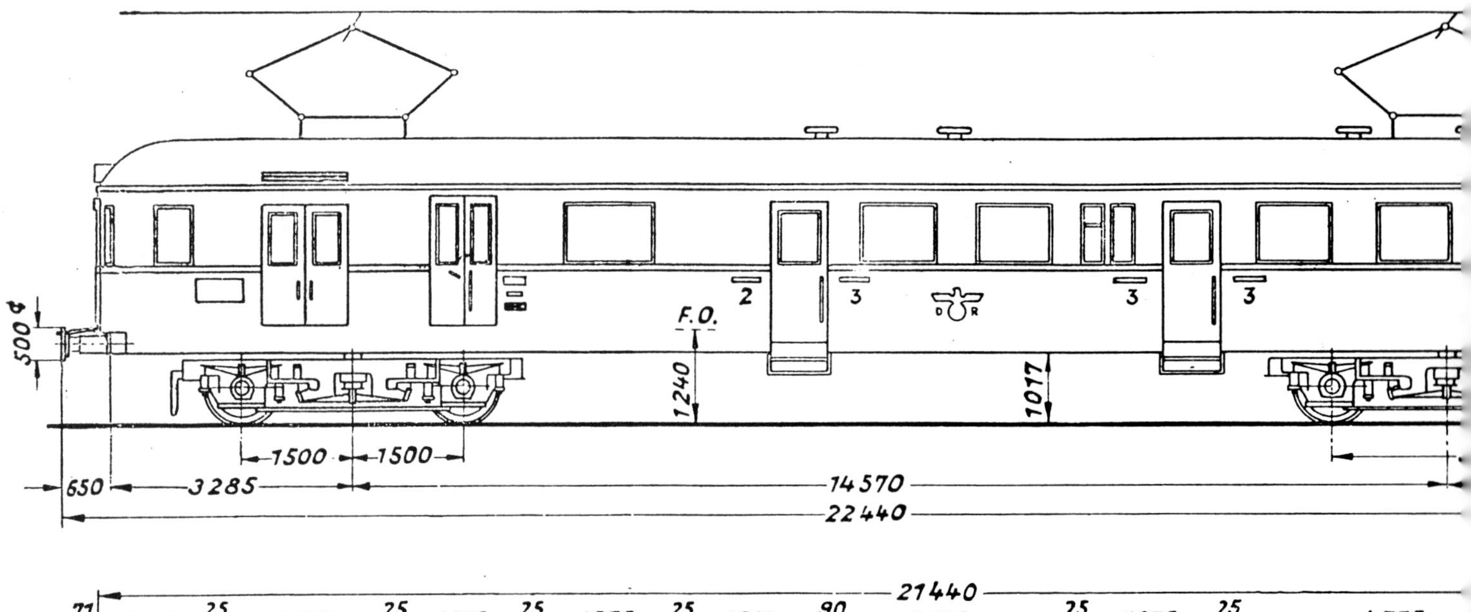
F.O.
2
3
3
3
D R
500
1240
1017
1500
1500
650
3285
14570
22440

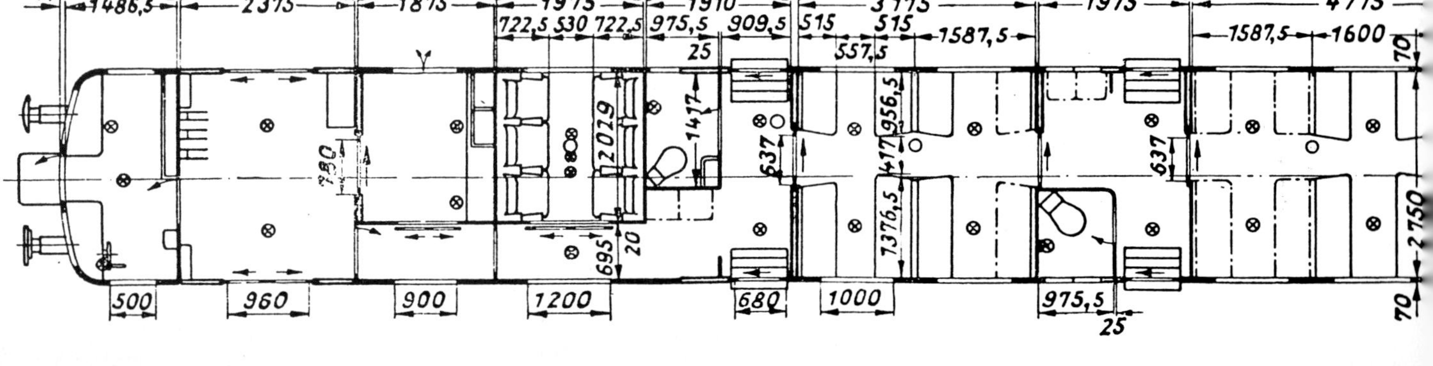
21440
71
1486,5
25
2375
25
1875
25
1975
25
1910
90
3175
25
1975
25
4775
722,5
530
722,5
975,5
909,5
515
515
1587,5
1587,5
1600
25
557,5
70
1417
2079
956,5
637
417
637
780
1376,5
2750
695
20
500
960
900
1200
680
1000
975,5
25
70

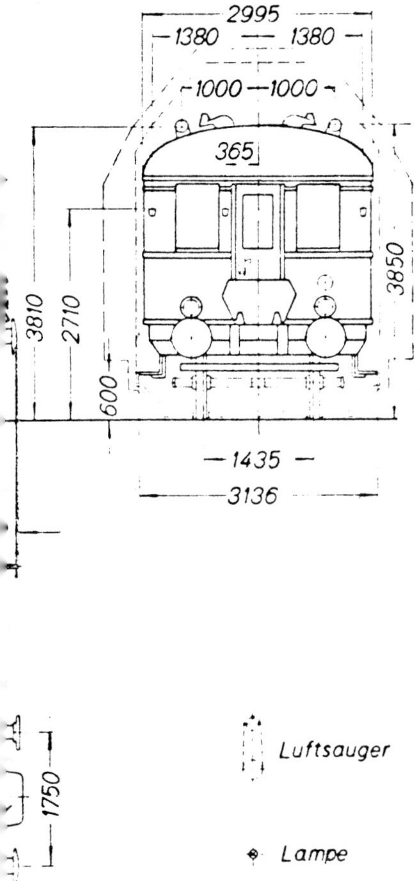

Steuerwagen ES 51 passend zum ET 51.

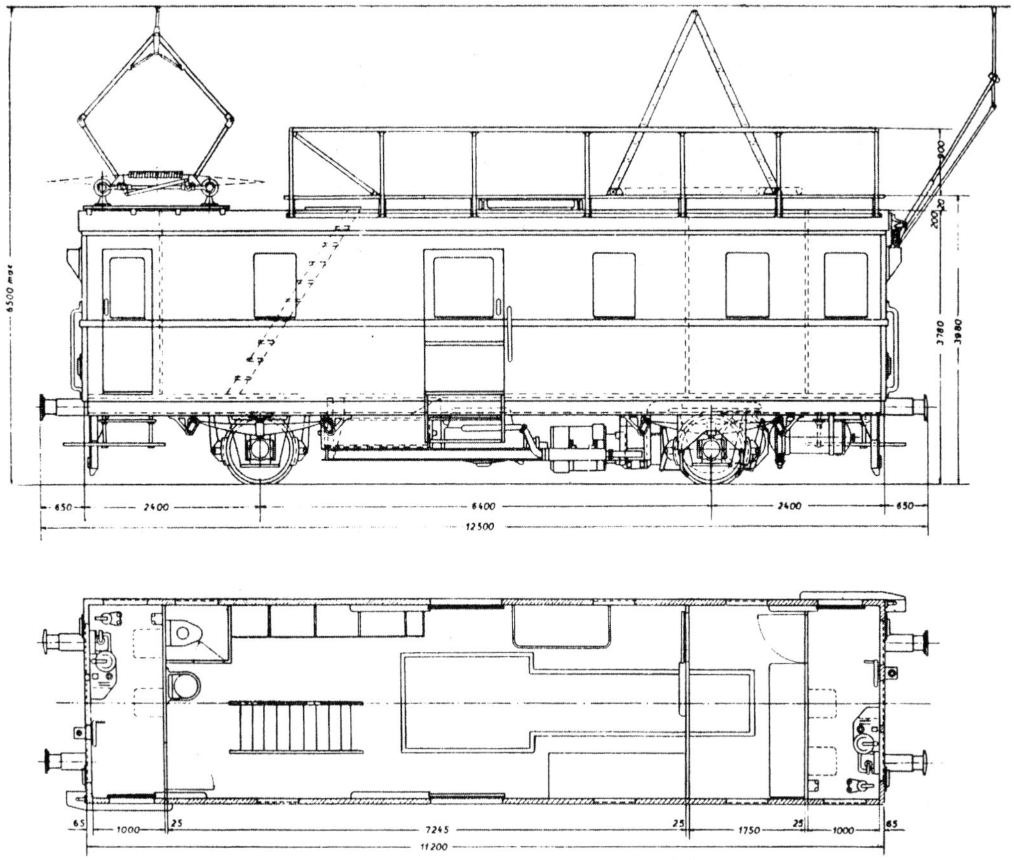

Fahrleitungstriebwagen der RBD Breslau.

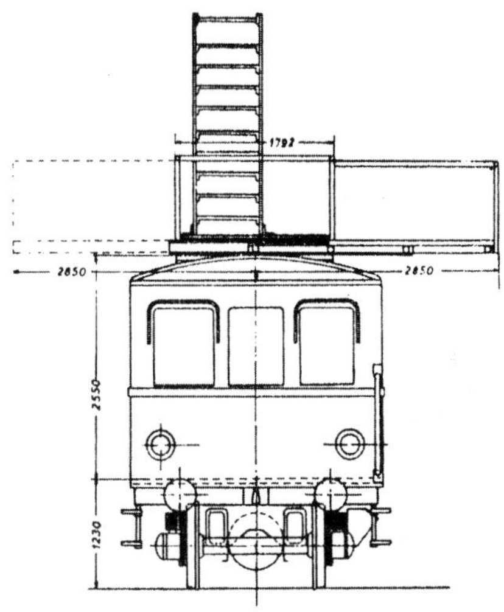

Der moderne ET 51[1], im Einsatz ab 1939.

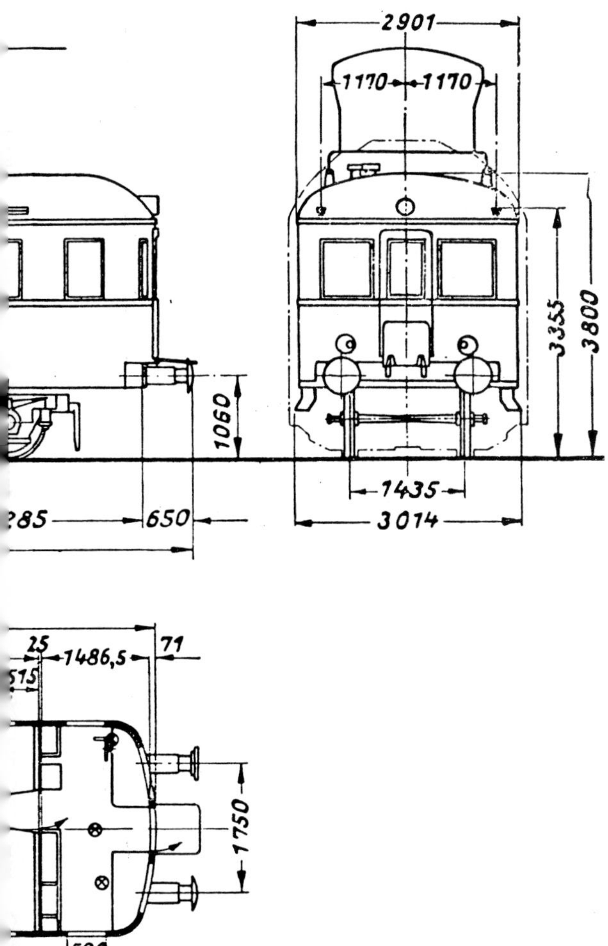

Aus einem Benzoltriebwagen der KPEV entstand 1925 bei der Wumag der Prüfungswagen 76 7507 der RBD Breslau für die Fahrleitungsmeisterei Lauban. In Nikolausdorf. Wunschel

Typische ET 51⁰-Garnituren im Riesengebirge: Zwischen Mittel und Ober Schmiedeberg fährt vor der Schneekoppe mit dem Melzergrund ein Zug mit ES und EB 51. Winter 1938. *Reichsbahn-Kalender*

Es dämmerte bereits, als im Winter 1937 bei Mittelschreiberhau die ET-51-Garnitur zu Tale rollte. Links oben vor den Wolken die Schneegrubenbaude. *Reichsbahn-Kalender*

Nur eineinhalb Jahre währte der Einsatz der ET 25 beim Bw Breslau Freiburger Bahnhof, dann wurden sie von den ET 31 abgelöst. Ein Meisterfoto von Carl Bellingrodt zeigt den ET 25 010 mit Steuerwagen bei der Durchfahrt in Jannowitz.

ET 25 007 – ebenfalls mit Steuerwagen – hat auf der Fahrt als P 1405 nach Polaun die Abzweigung von der Hauptstrecke beim Block Vpf verlassen und rollt vor dem Hausberg dem Bahnhof Hirschberg-West entgegen.
Foto: Bellingrodt

In der Kurve oberhalb Petersdorf fährt 1937/38 der ET 31 talwärts. Günther

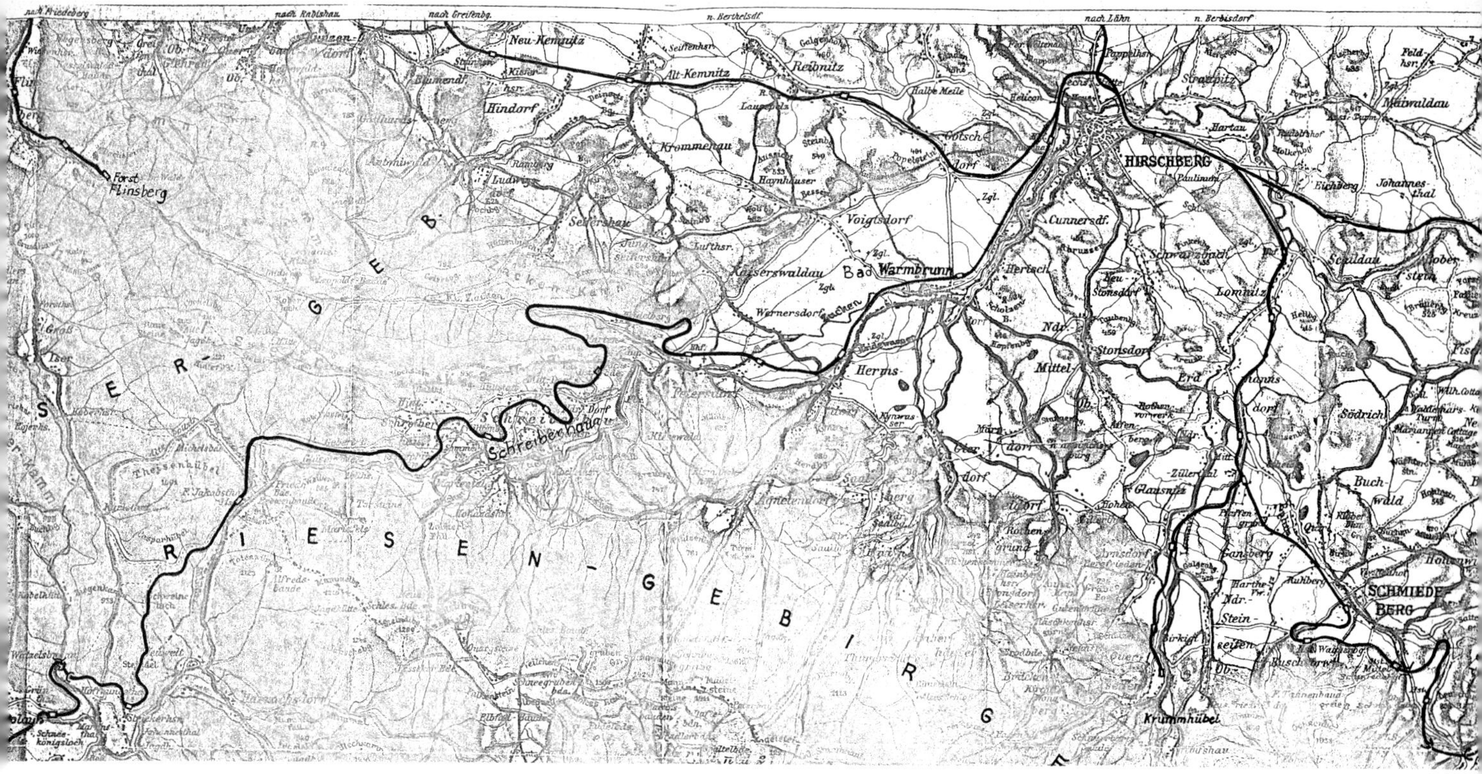

Erprobung der Kunze-Knorr-Bremse: mindestens 14 Schnellzugwagen auf Talfahrt mit P 8 bei Mittelschreiberhau, um 1928.

Unkrautvertilgungszug mit 93 513 in Oberschreiberhau, 1936.

Foto: Bellingrodt

Schneeräumen im Einschnitt an der Westeinfahrt des Bahnhofs Strickerhäuser. *Reichsbahn-Kalender*

Im Sommer 1937 gelang das Foto aus dem Abteilwagen auf die Spitze des mit E 90.5 nach Krummhübel fahrenden Personenzugs vor Zillerthal-Erdmannsdorf. Es gab also damals nicht nur Triebwagenzüge auf den elektrifizierten Nebenbahnen.
Sammlung: Wilfried Rettig

Die Bahnhöfe

Allein 24 Personen- und Güterbahnhöfe gab es 1928 in Breslau. Aus dieser Zahl ist schon ersichtlich, daß es unmöglich ist, detailliert die Geschichte aller schlesischen Bahnhöfe zu schildern, sie womöglich in Bildern und Plänen vorzustellen. Das würde den Rahmen dieses Buches bei weitem sprengen und ist schon deshalb unmöglich, weil in vielen Fällen das Material fehlt. Mag es der eine oder andere Leser bedauern, daß gerade aus seiner engeren Heimat womöglich nichts zu finden ist, so bin ich schon froh, eine so verhältnismäßig umfangreiche Fotosammlung präsentieren und kommentieren zu können. Immerhin hat das Ansichtskartensammeln, das so recht intensiv erst in diesem Jahrzehnt begonnen hat, so manches bis dahin Verschwundene der Allgemeinheit zugänglich gemacht und es ist erstaunlich viel, was zumindest im Bild die Zeiten überdauert hat.

Von den vielen Ansichten des Breslauer Hauptbahnhofs diese auszuwählen, fiel nicht schwer. Der Blick reicht vom Postamt II, einem Teil des ersten Oberschlesischen Bahnhofs, über die großartige Bahnhofsfront bis zur Salvatorkirche südlich des Bahngeländes. *Baselt*

Die vier Bahnsteighallen waren 10 m hoch und hatten je 21 m Stützweite.

Von 1899–1904 wurde der Hauptbahnhof in Breslau mit der Höherlegung der Bahn parallel zur Gartenstraße grundlegend umgebaut. Zuletzt entstanden bis 1905 die neuen Hallen. Die Verkehrshalle ist 200 m lang und 12,5 m breit – genau an der Stelle, wo zuvor die Bahnsteige und Gleise verliefen. Ihre Höhe beträgt 12,8 m.

Behäbige Ruhe herrschte auf den Gleisen von Deutsch Lissa, um 1920. 1938 wurde dieser Ort nach Breslau eingemeindet. Hier endeten die Kurse der im Vorortverkehr eingesetzten Akku-Triebwagen.

Ansicht des ersten Liegnitzer Bahnhofs, der in den zwanziger Jahren so gründlich umgestaltet wurde, daß daraus praktisch ein Neubau wurde.

Der am 7. Dezember 1929 eingeweihte neue Bahnhof in Liegnitz. *Geisler*

Recht stattlich ist das Empfangsgebäude von Guhrau, der Linie Glogau–Bojanowo. Auch Bojanowo war durch die Grenze ab 1920 nicht mehr erreichbar. Die Strecke konnte nur noch bis Waffendorf bedient werden. Um 1925. Geisler

In Fraustadt zweigt von der Hauptbahn Lissa–Glogau eine Nebenbahn nach Schlesiersee ab. Gronwald

In Weißwasser zweigen von der Hauptbahn Berlin – Görlitz Nebenbahnen nach Forst und Muskau ab.

Straßenansicht des Saganer Bahnhofs. Sagan war der große Knoten im Nordwesten Schlesiens, wo eigentlich immer Betrieb herrschte.

Ein Keilbahnhof war in Rothenburg/Oder erforderlich. Auf der Rückseite des Empfangsgebäudes lagen die Gleise der Strecke Breslau–Stettin.
Geisler

Bahnhof von Grünberg, der „schlesischen Weinstadt", um 1900. Kalisch

Ebenfalls an der Strecke Breslau–Stettin gelegen: Neusalz/Oder, wo die Strecke Sagan–Wollstein kreuzte, weshalb drei Bahnsteige nötig waren. Um 1900.

Glogaus erster Bahnhof war mit der Kreuzung der Strecken Lissa–Sagan und Breslau–Stettin zum Inselbahnhof geworden. Er war beengt und wurde daher in den dreißiger Jahren durch einen Neubau längs zu den Gleisen ersetzt, wobei auch die gesamte Bahnanlage umgestaltet wurde. Baselt

Zwischen Raudten und Glogau liegt Gramschütz. Beim Gebäudebau hat man offensichtlich Verkehrszuwachs einkalkuliert. Um 1935. Gronwald

Ein verträumter Landbahnhof – aber zur Jahrhundertwende ausreichend: Steinau/Oder, wo die Liegnitz-Rawitscher Bahn die Breslau–Stettiner-Strecke kreuzte. Geisler

Am 28. Juli 1928 entstand diese Aufnahme in Wohlau. Csallner

Ohlau – 1842 die denkwürdige erste Etappe der OSE, um 1937. Geisler

Ungleich größer ist der Bahnhof der Piastenstadt Brieg, der allerdings durch die Zweigstrecke nach Neisse das größere Verkehrsaufkommen hatte. Um 1915. Csallner

In Gogolin zweigt von der OSE die Kleinbahn nach Neustadt/OS ab. Um 1910. Gronwald

Die Aufnahme vom Sommer 1901 zeigt Oppelns Hauptbahnhof, der den Vorgänger der OSE ersetzte, gerade fertiggestellt. Der Inselbahnsteig der Südseite mit seinem Dach war einem späteren Bauabschnitt vorbehalten.
Kalisch

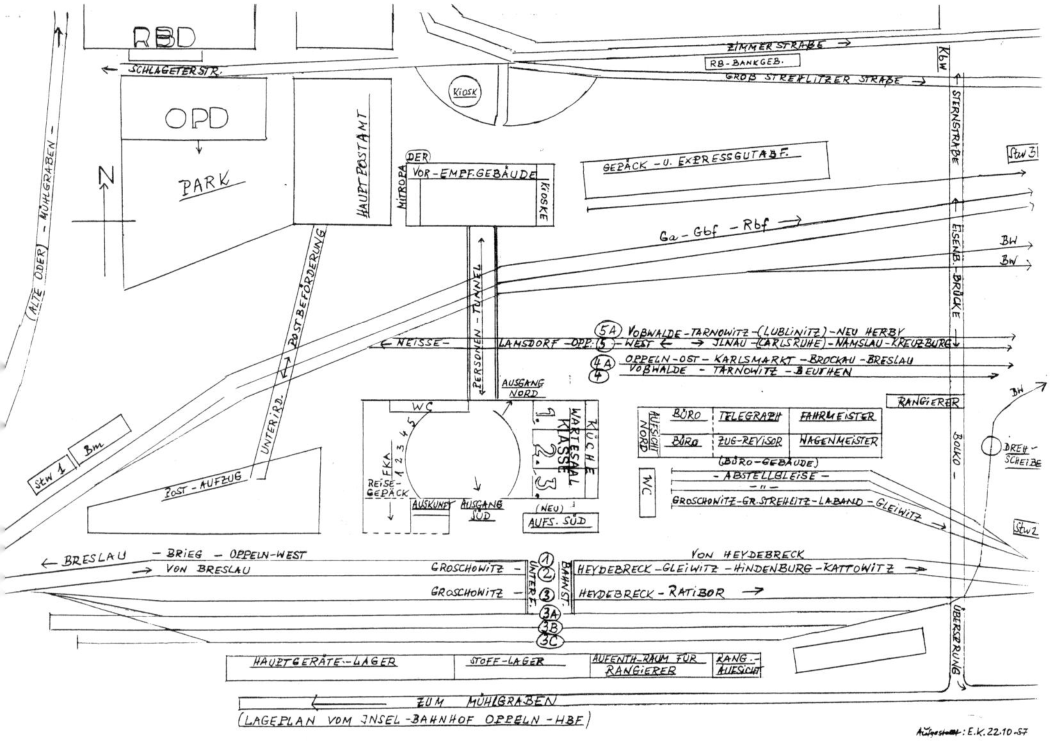

Und so kennen wir die Straßenseite. Um 1935.
Kunz

Bahnknoten Groß Strehlitz, um 1913.
Kalisch

. . . und modernisiert, nach Neubau der Strecke von Heydebreck, ab 1935.
Csallner

An der Verbindung Groß Strehlitz–Beuthen liegt Peiskretscham, von wo eine Linie nach Laband führte. Um 1915.
Csallner

Gut ist hier die Anlage des Inselbahnhofs Kandrzin, zuvor Cosel, später Heydebreck, zu erkennen. Um 1900.

Ausnahmsweise ein Blick in einen Warteraum: Großzügig und geschmackvoll war dieser im neuen Bahnhof Heydebreck eingerichtet worden. *Csallner*

Laband liegt an der Strecke Heydebreck – Gleiwitz, in die hier eine Verbindung von Peiskretscham einmündet. Um 1909. *Kalisch*

Bis in die zwanziger Jahre wurde der mehrfach erweiterte alte Bahnhof in Gleiwitz benutzt, dann mußte er einem Neubau weichen. Vor 1900.
Dr. Kubinszky

Dieser dient mit seinem großzügig gestalteten Vorplatz noch heute unverändert den Reisenden. Um 1935.
Janikowski

Ein Zeitdokument ist diese beschauliche Straßenansicht eines Bahnhofs, der 1914 Zabrze hieß, 1915 in Hindenburg unbenannt wurde und seit 1945 wieder Zabrze lautet.

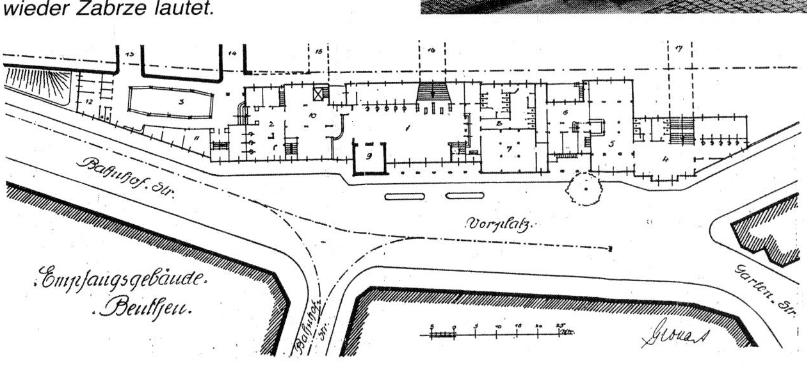

Erdgeschoßgrundriß des neuen Bahnhofs

Ende der zwanziger Jahre erhielt auch Beuthen einen neuen Hauptbahnhof, dessen Uhrturm einen architektonisch guten Abschluß der Bahnhofstraße bildete. *Kalisch*

Westseite des neuen Hauptbahnhofs in Beuthen, an dem sich hinter dem Uhrturm noch eine Osthalle anschloß.

Bismarckhütte liegt zwischen Beuthen und Kattowitz. Vorn links das Gleis der zwischen beiden Städten zusätzlich verkehrenden Straßenbahn.

Den Bahnhof Oels erbaute die ROUE. Er wurde vor deren Verstaatlichung auch von der Oels-Gnesener und der Breslau-Warschauer Eisenbahn mitbenutzt. Um 1910.

Abschluß der Bahnhofstraße in Bernstadt mit einem Empfangsgebäude der ROUE, um 1938. Geisler

Im Sommer 1905 war der Bahnhof Namslau nur eine Station an der ROUE. Erst nach Einmündung der Nebenbahnen von Ilnau und Kempen erhielt er seine spätere Bedeutung.

Zum größten Knoten in diesem Bereich entwickelte sich der Bahnhof Kreuzburg. Die hier von der ROUE abzweigende Kreuzburg-Posener Bahn bewirkte seine Ausbildung zum Inselbahnhof; Strecken nach Tarnowitz und Oppeln vervollständigten schließlich seine Lage im Netz. Um 1938. Kalisch

Lublinitz liegt zwischen Kreuzburg und Tarnowitz. Hier kreuzt eine Bahn von Voßwalde nach Neuherby, die weiter nach Tschenstochau führt. Nach 1922 gehörte dieses Gebiet zu Polen. Um 1910. Gronwald

Tarnowitz gelangte nach 1922 zu Polen. Es war der bedeutendste Knoten im Nordwesten des Industriegebietes. Um 1940, als es für wenige Jahre wieder deutsch sein durfte.

Vor Tarnowitz aus Richtung Voßwalde liegt Friedrichshütte. Um 1942.
Gronwald

Südlich Kattowitz liegt der später eingemeindete Knoten Idaweiche.

Zwischen Kattowitz – Idaweiche und Tichau – also mitten im Industriegebiet – liegt der um 1910 so ländlich wirkende Bahnhof Emanuelssegen.
Gronwald

Königshütte hatte nur einen bescheidenen Personenbahnhof mit Inselbahnsteig. Um 1910. Kalisch

Hier dominieren die Güteranlagen mit Bierwagen der Fürstlichen Brauerei Tichau. Um 1910. Lawrenz

Nahebei liegt Chorzow, dessen Namen ab 1920 auch das größere Königshütte erhielt.

Bahnhofsplatz in Ratibor mit dem zuvor modernisierten Empfangsgebäude (rechts). In der Mitte hinten das ehemalige Verwaltungsgebäude der Wilhelmsbahn.

Oderberg wechselte ab Herbst 1938 mehrfach seine staatliche Zugehörigkeit. In den zuvor ruhigeren Zeiten war der Bahnhof Grenzbahnhof zwischen DR und CSD, vor 1920 zwischen KPEV und KKst.B. Um 1930.
Gronwald

Durch den Vorbahnhof Oderberg liefen während der Zugehörigkeit des Olsagebiets zu Polen die deutschen Korridor-Züge Berlin-Wien ohne Halt. Sonst wurde der Personenbahnhof bedient, wo die Grenzkontrollen stattfanden und auch die Lok gewechselt wurde.

Bahnhof der Kreisstadt Leobschütz, um 1900.

Stattlich auch das Empfangsgebäude von Neustadt/OS. Hier zweigt von der Hauptbahn Kamenz – Heydebreck die Privatbahn nach Gogolin ab.

Im Stil ähnlich, aber nicht so groß: Deutsch Wette, wo von der Hauptbahn Kamenz–Heydebreck die Strecke nach Ziegenhals–Troppau und die Stichbahn nach Groß Kunzendorf abgingen. *Kalisch*

Bahnhofsplatz in Neisse. Um 1935.
Kalisch

Ein Inselbahnhof ist Kamenz, in dem sich die Hauptbahn Breslau–Mittelwalde, sowie Liegnitz–Heydebreck kreuzen. Trotzdem – ging's zur Jahrhundertwende am Vorplatz recht beschaulich zu.
Pekny

Grottkau – diese schiene Stoadt – besaß ein beachtlich großes Bahnhofsgebäude, an dem deutlich der erste Bau von den Anbauten im Jugendstil zu unterscheiden ist. Von hier führt eine Nebenlinie nach Prieborn. Um 1920.
Gronwald

An der Hauptbahn Breslau–Mittelwalde liegt die Kreisstadt Strehlen. Nach Osten zweigt die Nebenbahn nach Brieg, nach Westen die nach Heidersdorf ab. Um 1910.

Bahnhof derselben Hauptlinie ist Münsterberg, um 1910.

Der gemischte Zug, der von Süden in Glatz-Hauptbahnhof einfährt, dürfte aus Seitenberg kommen. Um 1910.

Südlich vom Hauptbahnhof gibt's auch in Glatz einen Stadtbahnhof, dessen gute Frequenz die Zahl der am Bahnsteig Wartenden verdeutlicht. Geisler

Ein Agent verwaltete die Haltestelle Schönfeld, fünf Kilometer vor Mittelwalde. Foto 1916. Geisler

Gleich drei berühmte Bäder erschloß die Bahn Glatz–Schlaney. Bahnhof in Reinerz in der ersten Ausbaustufe um 1910. Der Zug scheint retouschiert. Gronwald

An der Stammstrecke der Niederschlesisch-Märkischen Eisenbahn liegt südlich Sorau Hansdorf, wo die Zweigbahn von Sagan einmündet. Um 1910.

Weiter südlich in Rauscha, zweigt die Privatbahn nach Freiwaldau ab. Um 1925. Handke

Viel Interessantes zeigen die Ladestraßen in Bunzlau um 1900. Sogar über eine Drehscheibe erfolgte die Wagenverteilung. Scheffler

Im Ursprungszustand war um 1910 noch der Bahnhof Haynau.

Nachdem der Bahnhof Striegau weitab der Stadt angelegt worden war, wurde später noch ein Stadtbahnhof an der Strecke Striegau–Merzdorf nur für den Personenverkehr gebaut. Um 1938. Csallner

Bahnhöfe der Hauptbahn Liegnitz–Kamenz: Recht gemütlich ging es zur Jahrhundertwende am Bahnhofsplatz in Jauer zu. Nur wenige Kinder hatten sich zum Fototermin eingefunden.

Dem Stil nach zu schließen, ist der Hauptbahnhof Schweidnitz um 1910 entstanden, um seinen Vorgänger von 1844 abzulösen. Um 1925. Geisler

Wenn es hier „Hauptbahnhof“ heißt, so deshalb, weil es in Reichenbach auch noch den Kleinbahnhof für die Eulengebirgsbahn gab. Die Staatsbahn hatte nur diesen, in dem die Nebenbahn nach Langenbielau abzweigte. Um 1910.

Nur unwesentlich unterschied sich Frankensteins Staatsbahnhof von dem in Jauer. Sie wurden auch beide von der Breslau–Freiburg–Schweidnitzer Eisenbahn errichtet. Um 1910.

Von Frankenstein soll auch der Bahnhofsplatz nicht fehlen. Geisler

In Oberlangenbielau endet die Nebenbahn von Reichenbach. Gleichzeitig benutzte ihn die Eulengebirgsbahn als Anschluß- und Durchgangsbahnhof. Um 1925. Gronwald

Ein typischer Nebenbahnknoten ist Löwenberg. Hier kreuzen die Strecken Goldberg–Greiffenberg und Sagan–Hirschberg. Zeitweise – wenn kein Umsteigeverkehr stattfand – war es hier sehr ruhig. Um 1915.

Im Katzbachtal liegt an der Nebenbahn Liegnitz–Merzdorf Niederkauffung. Um 1910. Geisler

Erste Ausbaustufe des Bahnhofs Oberschreiberhau im Sommer 1902. *Geisler*

Dem unwahrscheinlich raschen Aufschwung, den der Kurort nach Eröffnung der Bahn erlebte, mußte bald durch ein repräsentatives Empfangsgebäude entsprochen werden. Um 1935. *Geisler*

An der Nebenbahn Landeshut–Hirschberg liegt der Bahnhof Haselbach. Aufnahme bald nach der Streckeneröffnung um 1905.

Vom Hang oberhalb der Strecke Hirschberg–Görlitz hat man diesen schönen Blick auf die Stadt. Bald nach der Abzweigung am Boberviadukt halten die Züge der Polauner Strecke erstmals im Bahnhof Hirschberg West (vorn rechts).

Am Kilometer 12,66 der Strecke Hirschberg – Polaun liegt Hermsdorf am Kynast. Vor 1914. Geisler

War 1923 zunächst nur ein Gleis in Grüntal mit Fahrleitung versehen worden, was für den Lokomotivbetrieb sicher Nachteile hatte, so war um 1930 außer zwei Hauptgleisen auch die Zufahrt zum Lokschuppen unter Fahrdraht.
Gronwald

Landeshut besitzt einen stattlichen Bahnhof seit 1869. Auch an ihm wurde seither kaum etwas verändert.
Geisler

Hoyerswerda, an der Strecke Kohlfurt–Wittenberg, war der Bahnhof der westlichsten Kreisstadt der Provinz Schlesien. Das Personal hat sich um 1910 zum Gruppenfoto versammelt.

Luftaufnahme von Breslau-Pöpelwitz, dessen Bahnhof an der Strecke nach Posen vor allem dem Güterumschlag mit dem Oderhafen diente.
Reichsbahnkalender

Obernigk war nicht nur beliebte Sommerfrische und Wohnort besser gestellter Breslauer, sondern auch eines der Ausflugsziele der Großstädter. Schon um 1920 fuhren sie hierher, um sich gleich vor dem Bahnhof die Schier anzuschnallen. *Loch*

Otto Kadur

Rund um den Bahnhof Obernigk

Der Breslauer Hauptbahnhof wurde wie die Posener Eisenbahn 1856 im englischen Burgenstil erbaut und war mit 145 m Front damals der größte Bahnhof Deutschlands. Der Bahnhof Breslau-Nikolaitor wurde erst nach dem Ersten Weltkrieg gebaut, Ritschedorf noch später, die andern alle schon 1854/56. Der Obernigker Bahnhof mit seinen schönen Anlagen und der geschätzten Bahnhofsgaststätte fiel durch Größe und Schwung auf und konnte noch alle Anforderungen erfüllen, als Obernigk 20mal soviel Einwohner hatte wie 1850!

Bis 1918 fuhren die meisten Züge nach Posen, ab 1919 nach Korsenz, kurz vor Rawitsch. Um diese rein deutsche Stadt, verwaltungsmäßig zur Provinz Posen gehörend, tobten Ende 1918 lange Kämpfe, in welche auch die Obernigker Bürgerwehr erfolgreich eingriff! Letzten Endes entschied nur die alliierte und polenfreundliche Grenzkommission, daß Rawitsch zu Polen kam. Die abendlichen Einsätze der Bürgerwehr Obernigk täglich mit einem Sonderzug, konnten das Schicksal nicht abwenden . . .

Vor 1918 waren dem abendlichen Zug von Breslau, in Obernigk gegen 8.30 Uhr, der ab Obernigk als Eilzug nach Posen fuhr, zwei Kurswagen Breslau–Hamburg über Posen, Kreuz, Stargard, Stettin, Neubrandenburg angehängt, die unsere Phantasie beflügelten und den Duft der großen weiten Welt in unser Jugenddasein brachten . . .

Beim Bau der Strecke Breslau–Posen mußte der Niederschlesische Landrücken überwunden werden, der sich von Grünberg (221 m) bis zum Korsarenberg bei Neumittelwalde (271 m) hinzieht, im Trebnitzer Weinberg und im Obernigker Gneisenauberg 256 m erreicht und den Scheitelpunkt der Bahnstrecke zwischen Obernigk und Ritschedorf bei der Blockstelle 20, Bahnübergang Groß-Leipe–Gr. Muritsch, bildet. Die dadurch bedingte erhebliche Steigung von Schebitz bzw. Gellendorf bis zum Scheitelpunkt stellt eine große Schwierigkeit vor allem für die langen Güterzüge dar. Aus diesem Grunde wurde in Obernigk eine Anzahl Tenderlokomotiven als Stoßloks beheimatet, welche die Güterzüge von Schebitz bzw. von Gellendorf schieben halfen. Gegen Steigungen war die mit soviel Vorteilen verbundene Eisenbahn ja empfindlich, weil die Anhängelast im Verhältnis zur Zugkraft groß und die Reibung klein ist. Für die Obernigker Loks war eine Maschinenhalle mit einer Drehscheibe an der Riemberger Straße am Goldberg erbaut worden. Die Lokführer – mir sind die Namen Beckmann, Bergmann, Burchard, Bunke, Jantke, Weber noch im Gedächtnis – waren für uns Kinder die Herren über die gebändigten Kräfte, und jeder Junge träumte davon, einmal Lokführer zu werden.

Die Loks benötigten laufend große Wassermengen, also mußte ein Pumpwerk gebaut werden, welches das Wasser in den großen Wasserbehälter auf dem Goldberg pumpte, von wo es durch eigene Schwerkraft und das Gefälle in die beiden Zapfstellen zwischen den Gleisanlagen lief. Ursprünglich wurde die Pumpe mit Dampf betrieben, später wurde sie automatisiert und auf Elektrizität umgestellt.

Die Bahnmeisterei Obernigk hatte von der Weidebrücke bis Gellendorf für die Instandhaltung aller Gebäude, Gleisanlagen, Schranken, Signale, Weichen, Lampen usw. zu sorgen und war somit ein wichtiges Glied in dem Betrieb der Eisenbahn, die ja nicht nur den bedeutenden Personenverkehr, sondern auch den erheblichen und lebenswichtigen Güterverkehr zu bewältigen hatte. Das Gebiet, welches organisch zum Bahnhof Obernigk gehörte, war sehr groß und umfaßte nicht nur den Wohnvorort und Villenort Obernigk, sondern auch viele Gemeinden bis Prausnitz, Pristelwitz, Riemberg, Liebenau. Die Ernten vieler Güter an Flachs, Kartoffeln, Gerste, Zuckerrüben wurden in Obernigk umgeschlagen, die Riesenmengen an Kirschen abends verladen und an die Personenzüge angehängt zum Weiterversand nach Dresden, Berlin usw. Ebenso war der Empfang der verschiedenartigsten Güter sehr umfangreich, bedeutende Mengen erhielt die Obernigker Konservenfabrik zur Weiterverarbeitung. Der amtliche Bahnspediteur Heinrich Spremberg hatte mehr als genug zu tun, um alles rechtzeitig auszuliefern.

Der 1911 gegründete „Verkehrsverein Obernigk" sammelte alle Interessenten, denen an einer Verbesserung und Verdichtung des Verkehrs, an reicherem, kulturellem Leben, an einer Verschönerung des Ortes usw. gelegen war. Der schwungvolle und weitsichtige Vorsitzende Dr. Fritz Köbisch (Sanatorium Friedrichshöhe) und seine Mitstreiter, Konditormeister Carl Grimm und Hotelbesitzer Hermann Vetter schufen Bewundernswertes für Obernigk und Umgebung. Eine geplante Querverbindung Oels–Trebnitz–Obernigk–Wohlau war in mühevoller Vorarbeit erwirkt worden, konnte aber in den dreißiger Jahren nicht mehr ausgeführt werden.

Der Vorortverkehr Breslau–Obernigk hatte es neben der guten Luft Obernigks zuwege gebracht, daß der Beamtenheimstättenverein Breslau um 1910 die Ländereien des Bauern Gottlieb Langner kaufte, parzellierte und bebaute.

Zwei traurige Begebenheiten, die mit der Bahn zusammenhängen: Im schneereichen Winter 1915/16, da viele Wege unpassierbar waren, benutzten Zechelwitzer Jungen auf dem Rückweg vom Konfirmandenunterricht in Obernigk das Gleis in Richtung Breslau zum Fußmarsch gegen den eisigen Ostwind, hörten den hinter ihnen kommenden D-Zug Königsberg–Breslau nicht und wurden überfahren, der eine ohne Schaden zwischen den Schienen, der andere zermalmt . . .

Im Frühjahr 1926 sollte der volkstümliche und allseits beliebte katholische Pfarrer Renner von Obernigk abgeschoben und in ein Heim für kranke Pfarrer eingewiesen werden. Einen Tag vorher warf er sich verzweifelt vor einen Zug kurz vor dem Bahnhof und machte seinem Leben ein Ende. Die Beerdigung zeigte eine gewaltige Anteilnahme aller Bevölkerungsschichten . . .

Zwei Erlebnisse zum Schmunzeln sind mir noch eingefallen.

In Breslau Hbf fuhren gegen 18.30 Uhr kurz nacheinander vom gleichen Gleis die Züge nach Trebnitz und anschließend nach Obernigk ab, ehe es den Bahnhof Nikolaitor gab. Viele Obernigker drängten sich auf dem Bahnsteig 1, wo der Zug nach Trebnitz abfahrbereit stand, so auch Familie Nithack (Apotheke), während Herr N. noch kurz was besorgte. Er jagte die Treppen hoch, hört gerade noch den Ruf „Einsteigen" und stürzt

Die Gleisseite um 1942. *Loch*

in ein Abteil, schaut zum Fenster hinaus – und fährt bei seiner staunenden Familie vorbei . . .
Gärtnermeister Krauspe fährt mit Freunden an einem schönen Sommersonntag zum Schützenfest nach Trachenberg. Die andern bleiben alle bis Montag früh zum ersten Zug gegen 4.00 Uhr. In der Gärtnerei ist Hochbetrieb, er will also nachts zurück, fährt mit dem D-Zug, der nicht in Obernigk hält, bis Breslau und erreicht den letzten Nachtzug nach Obernigk, schläft übermüdet ein und wird munter, als er draußen „Trachenberg" hört. Wie wird er ausgelacht, als er wieder bei seinen Freunden auftaucht!

Gellendorf – Stroppen folgte als nächster Bahnhof der Strecke nach Posen. Links eine T 7, rechts eine P4. Um 1920. *Scheffler*

Endpunkt der Bahn von Breslau–Hundsfeld ist der Staatsbahnhof in Trebnitz. Vor dem Ochsengespann ist in der Unterführung das Gleis der Kleinbahn zu erkennen. Um 1902.

An der Nebenbahn Groß Graben–Ostrowo hat Festenberg seinen Bahnhof. Um 1910 warten Reisende auf einen Personenzug. Geisler

Nach 1922 Grenzbahnhof dieser Strecke war Neumittelwalde, an dessen Bahnsteig um 1915 ein Personenzug wartet.

1940 war er dann wieder Durchgangsbahnhof. Geisler

An der Oels–Gnesener Strecke liegt Kraschnitz. Um 1910 haben sich die Töchter des Stationsvorstehers mit fotografieren lassen.

Carlsruhe inmitten weiter Wälder an der Strecke Namslau – Illnau. Um 1920. Geisler

Ein Beispiel für moderne Architektur der DR an einer Neubaustrecke sind die in den dreißiger Jahren entstandenen Bauten zwischen Heydebreck und Groß Strehlitz. Groß Walden, um 1938.

Der dem Wallfahrerverkehr dienende Bahnhof Leschnitz-St. Annaberg.

Bahnbetriebswerke und Ausbesserungswerke (Bw und AW)

Es kann nicht im Sinn dieser Arbeit sein, zum wiederholten Male aufzulisten, welche Lokomotive wann in welchem Bw beheimatet war. Vollständige Unterlagen gibt es ohnehin nicht und bekannte Listen wurden schon mehrfach veröffentlicht.
Deshalb versuche ich, kaum Bekanntes, bzw. in bisheriger Literatur Unerwähntes darzustellen.
Die ersten elektrischen Triebfahrzeuge fanden ihre Heimat in der Bw (vor der Reichsbahnzeit noch die Betriebswerkstatt) Nieder Salzbrunn. Hier wurden auch die Gastlokomotiven des mitteldeutschen Netzes betreut und eingesetzt. Erst als 1922 ein Schuppen samt Drehscheibe im Bw Dittersbach mit Fahrleitung versehen war, konnten auch dort elektrische Triebfahrzeuge stationiert werden, was zur Umbeheimatung und schließlich 1928 zur Auflösung des Bw Nieder Salzbrunn führte, das dann nur noch Lok-Bahnhof war. Als der Fahrdraht 1928 Breslau erreichte, erhielt auch das Bw Breslau Freiburger Bahnhof elektrische Triebfahrzeuge.
Hier, am östlichen Endpunkt des Netzes waren sie gut einzusetzen. Das Bw Königszelt beheimatete dagegen nie E-Loks. Es diente vielmehr ausschließlich den Dampfloks der Strecke Liegnitz–Kamenz und den von dieser ausgehenden Nebenbahnen. Selbst als der Fahrdraht in Königszelt vorübergehend endete, wendeten dort zwar die Loks, konnten aber nicht ins Bw fahren.
Auch am westlichen Ende des elektrifizierten Netzes gab es nur ein E-Lok-Bw. Dort blieb das Bw Görlitz den Dampflokomotiven vorbehalten. Als man zwischen 1909 und 1911 den Rangierbahnhof Schlauroth anlegte, erhielt auch dieser ein Bw, das fortan für die Güterzuglokomotiven zuständig war, so daß das Bw Görlitz dem wachsenden Bedarf an Reisezuglokomotiven diente. Als 1923 der Fahrdraht von Lauban her Görlitz erreichte, wurde er bis Schlauroth verlängert, um die Güterzüge ohne Umspannen dorthin durchfahren zu können. (Im Betrieb elektrisch ab 20. März 1924.) Gleichzeitig wurde dieses Bw für die Aufnahme von E-Loks hergerichtet. Durch die Grenzziehung 1945 und den dadurch bedingten Wegfall dreier Strecken (Liegnitz, Hirschberg, Seidenberg) schrumpfte der Lokbedarf in Görlitz so zusammen, daß auf ein Bw verzichtet werden konnte. Nachdem der elektrische Betrieb ohnehin eingestellt und die Fahrleitung demontiert worden war, entschloß man sich, das Bw Schlauroth zum Ausbesserungswerk umzurüsten.

Ab 1946 wurden hier Dampflokomotiven ausgebessert, wobei das neue AW ab 1. Januar 1950 speziell für die Schmalspurlokomotiven der DR zuständig wurde. Ob aus dem Harz, von der Ostseeküste oder aus dem Erzgebirge – bei Fristablauf landet jede Schmalspurdampflok schließlich im AW Görlitz.
Die Bw Glogau und Grünberg gehörten nicht zu den schlesischen Direktionen, sondern wurden nach Auflösung der ED Posen der RBD Osten zugeteilt. Im Rahmen des grundlegenden Umbaus der Bahnanlagen in Glogau wurde auch das Bw modern und großzügig in den dreißiger Jahren neu gebaut.

Ausweis für Mitarbeiter von Bahnbediensteten. *Knipping*

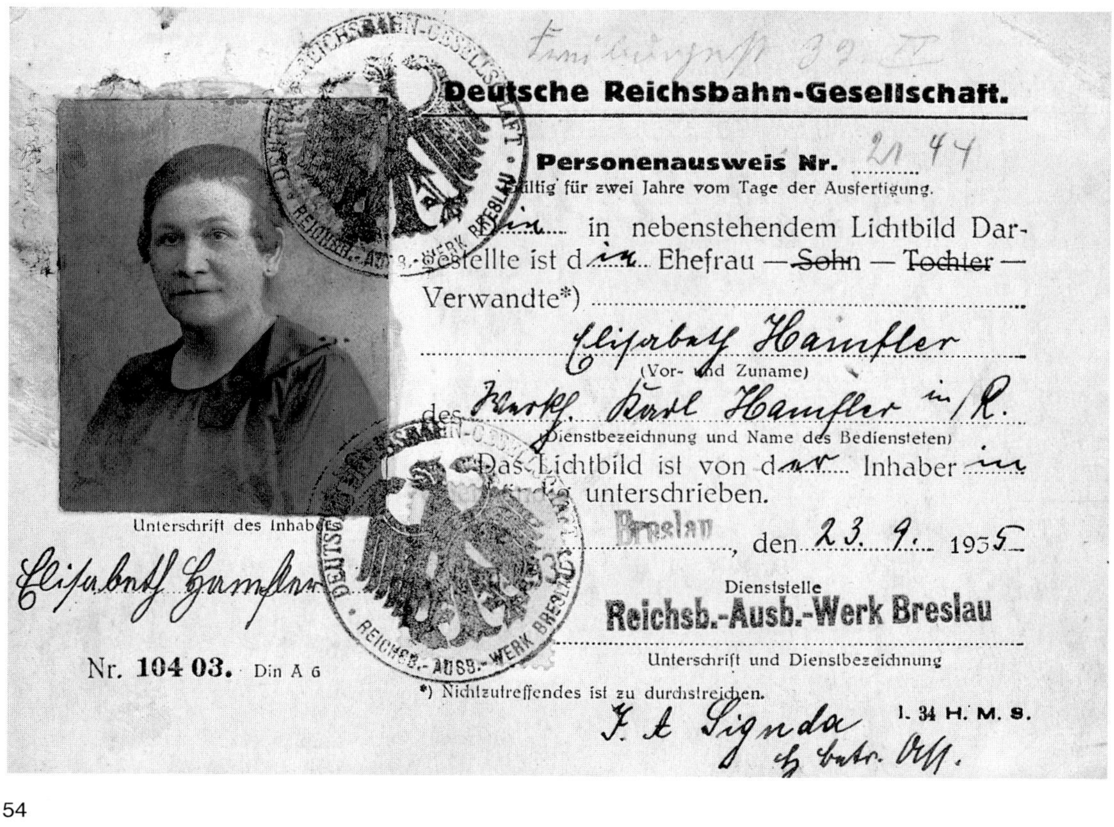

Deutsche Reichsbahn-Gesellschaft.

Personenausweis Nr. 21 44

Gültig für zwei Jahre vom Tage der Ausfertigung.

D... in nebenstehendem Lichtbild Dargestellte ist d... Ehefrau — ~~Sohn~~ — ~~Tochter~~ — Verwandte*)

(Vor- und Zuname)

des ...

(Dienstbezeichnung und Name des Bediensteten)

Das Lichtbild ist von d... Inhaber... eigenhändig unterschrieben.

Breslau, den 23. 9. 1935

Dienststelle

Reichsb.-Ausb.-Werk Breslau

Unterschrift und Dienstbezeichnung

*) Nichtzutreffendes ist zu durchstreichen.

Unterschrift des Inhabers

Nr. 104 03. Din A 6

I. 34 H. M. S.

Ab 1940 waren in Schlesiens Bw folgende Baureihen beheimatet:

Betriebswerk	**Lokbahnhof**	
Breslau Hbf	Herrnstadt, Obernigk, Rößlingen	01, 01^{10}, 03, 17^{10}, 38^{10}, 41, 50, 64, 74, 78, 80, 86, 89^{70}, 91^{3}, 93, 94^{5}, ETA 177, VT $137^{218-223}$
Brockau		44, 50, 55^{16-25}, 56^{20}, 57^{10}, 58^{10}, 94^{5}
Brieg		38^{10}, 56^{20}, 57^{10}, 64, 86, 91^{3}, 93
Breslau Freiburger Bf		64, 74^{4}, 92^{5}, 93^{5}, E 17, E 50
Breslau Mochbern	Breslau Odertor	41, 44, 50, 55^{16-25}, 56^{20}, 57^{10}, 74, 86, 91^{3}, 93, 94^{5}
Königszelt	Striegau	38^{10}, 44, 50, 55^{25}, 56^{20}, 57^{10}, 91^{3}, 93, 94^{5}
Glatz	Bad Kudowa, Mittelwalde	17^{10}, 38^{10}, 55^{16-25}, 57^{10}, 58^{10}, 64, 91^{3}, 93, 94^{5}
Strehlen		50, 55^{25}, 56^{20}, 57^{10}, 86, 91^{3}, 93
Kamenz		38^{10}, 50, 55^{25}, 56^{20}, 57^{10}, 58^{10}, 74, 93
Oels	Großgraben	17^{10}, 38^{10}, 50, 56^{20}, 57^{10}, 58^{10}, 78, 86, 93
Schweidnitz	Reichenbach	38^{10}, 50, 64, 91^{3}
Liegnitz	Jauer, Goldberg, Maltsch, Raudten, Oberkauffung	38^{10}, 50, 55^{16-25}, 56^{20}, 57^{10}, 58^{10}, 86, 91^{3}, 93
Arnsdorf		44, 50, 55^{25}, 56^{20}, 57^{10}, 58^{10}, 89^{70}, 94
Sagan	Priebus	38^{10}, 41, 44, 50, 55^{16-25}, 56^{20}, 57^{10}, 74, 86, 91^{3}, 93
Kohlfurt	Freiwaldau	38^{10}, 41, 44, 50, 55^{25}, 56^{20}, 57^{10}, 91^{3}, 93, 94, 98^{7}
Hirschberg	Liebau, Löwenberg	50, 58^{10}, 86, 89^{70}, 91^{3}, 93, 94, E 17, E 18, E 21^{5}, E 44, E 91^{8}, E 92, E 94, E 95, ET 31, ET 51, ET 87, ET 89
Lauban	Greiffenberg	55^{25}, 57^{10}, 94, E 90, E 91^{8}, E 92, IT 25
Görlitz		03^{10}, 17^{10}, 38^{10}, 41, 50, 44, 74, 86, 91^{3}, 92^{5}
Schlauroth		50, 57^{10}, 58^{10}, E 17, E 21^{0}, E 42, E 50, E 91^{8}, E 94
Waldenburg-Dittersbach	Nieder Salzbrunn	38^{10}, 44, 50, 55^{25}, 57^{10}, 74, 86, 89^{70}, 91^{3}, 93, 94, E 42, E 91^{3}, E 91^{8}, E 94, ET 88
(Halbstadt)		außer ex CSD-Lok ET 51^{1}, die jedoch vom Bw Hirschberg eingesetzt wurden
Kattowitz	Tichau, Bismarckhütte	01^{10}, 03, 03^{10}, 19^{1}, 38^{10}, 50, 55^{25}, 56^{20}, 57^{10}, 58^{10}, 86, 92^{5}, 93, 94^{5}
Morgenroth		57, 58, 86, 91^{3}, 94^{5}
Schoppinitz		50, 55^{25}, 56^{20}, 57^{10}, 58^{10}, 94^{5}
Myslowitz		38^{10}, 50, 56^{20}, 57^{10}, 74, 89^{70}, 91^{3}
Gleiwitz Hbf	Königshütte	38^{10}, 44, 50, 55^{25}, 56^{20}, 57^{10}, 58^{10}, 64, 78, 91^{3}, 92^{5}, 93, 94^{5}
Beuthen	Laurahütte	03, 17^{10}, 38^{10}, 44, 50, 55^{25}, 57^{10}, 58^{10}, 94^{5}
Peiskretscham		44, 50, 55^{25}, 56^{20}, 57^{10}, 94^{5}
Groschowitz		50, 55^{25}, 58^{10}, 93
Ratibor		38^{10}, 50, 55^{25}, 56^{20}, 57^{10}, 64, 78, 86, 89^{70}, 93, 94^{5}
Heydebreck		03, 03^{10}, 17^{10}, 38^{10}, 44, 50, 55^{25}, 56^{20}, 57^{10}, 58^{10}, 92^{5}, 93, 94^{5}
Rybnik	Ruderswald	38^{10}, 50, 55^{25}, 57^{10}, 58^{10}, 91^{3}, 93,
Kreuzburg		38^{10}, 50, 55^{25}, 57^{10}, 64, 86, 93
Tarnowitz		38^{10}, 44, 50, 55^{25}, 57^{10}, 58^{10}, 94^{2}
Voßwalde		55^{25}, 57^{10}, 64
Oppeln		03, 38^{10}, 44, 50, 55^{25}, 56^{20}, 57^{10}, 58^{10}, 64, 78, 93, 94^{5}, VT 135 106–110
Neisse		38^{10}, 55^{25}, 57^{10}, 58^{10}, 86, 89^{70}, 91^{3}, 93, VT 135 037–39, 061–64
Glogau	Fraustadt, Waltersdorf	17^{10}, 38^{10}, 44, 55^{25}, 57^{10}, 58^{10}, 74, 86, 89^{70}, 91^{3}, 93
Grünberg	Freystadt, Neusalz, Rothenburg	58^{10}, 86, 91^{3}, 93

Diese Übersicht enthält weit weniger, als in früheren Veröffentlichungen genannt wurde. Sie bringt nur Angaben, die – soweit dies überhaupt möglich ist – kritischer Prüfung standhielten. Manches mag dabei überraschen. Beispielsweise ist es erstaunlich, wie wenig elektrische Triebfahrzeuge schon von der Baureihe her nur in Breslau Freiburger Bahnhof stationiert waren.
Im dortigen Ringschuppen waren aber höchstens sieben Gleise mit Fahrleitung versehen. In den grenznahen Bw bzw. früheren PKP-Bw Oberschlesiens gab es natürlich auch ehemalige PKP-Lokomotiven im Baureihenschema der DR. Auch erhielten fast alle Bw im Laufe des Krieges noch die Baureihe 52 zugewiesen, die manche zum Fronteinsatz abgerollte G 8^{1} (55^{25}) oder G 10 (57^{10}) ersetzte. Bei den T 3 (89^{70}) handelte es sich um Einzelexemplare für untergeordnete Rangierdienste, die keinesfalls ins Gewicht fielen, eher nur dem Bw-Verschub dienten.
Von einigen der RBD Breslau zugeteilten neuen Baureihe 86 wissen wir die Erststationierung. 86 104 und 105 kamen ab April 1933 zum Bw Neisse. Im Juni 1934 erhielt das Bw Liegnitz die 86 153; 86 154–158 kamen nach Lauban. Das überrascht zwar, denn die hier ausgehenden Strecken waren ja elektrifiziert. Beim Lokbahnhof Greiffenberg bestand jedoch Bedarf für die Nebenbahnen nach Goldberg und Heinersdorf/Tafelfichte. Hier lösten die 86 die schwächeren und veralteten T 9^{1} und T 9^{3} ab. 86 155 kam allerdings schon am

14. Mai 1935 nach Görlitz, das sie um 1939 nach Böhmisch Trübau abgab.
Nach dem Sudetenanschluß kam die 86 154 nach Trautenau und 86 156 nach Böhmisch Trübau. Ab August 1936 erhielt Schlesien wieder ein Baulos. 86 205 landete im Bw Lauban, 86 206 in Hirschberg, die 207 und 208 kamen nach Neisse und die 265 nach Liegnitz, das sie am 13. Oktober 1938 nach Ratibor abgab.
Ein 1941 veröffentlichtes Verzeichnis der Bw und der ihnen zugeteilten Lokbahnhöfe enthält Unlogisches, weshalb ich es vermied, offensichtliche Fehler in die Übersicht zu übernehmen. So ist dort dem Bw Tarnowitz der Lokbahnhof Carlsruhe zugeordnet. Nachdem jedoch dem viel näher gelegenen Bw Kreuzburg der Lokbahnhof Namslau zugeordnet war, muß Carlsruhe auch zu Kreuzburg gehört haben. Im fernen Tarnowitz gab es gar keine Lok für die Nebenbahn Namslau–Ilnau. Planmäßig übernachtete in Carlsruhe eine BR 64. Dem Bw Ratibor wird ein 54 km entfernter Lokbahnhof Gogolin zugeordnet. Die dortige Industrie mag die Stationierung einer Rangierlok erforderlich gemacht haben, doch ist das Bw Groschowitz nur 14 km, Heydebreck nur 22 km entfernt. Ähnlich liegen die Verhältnisse bei den Lokbahnhöfen Heinersdorf und Ziegenhals, die dem Bw Oppeln unterstanden haben sollen, obwohl das Bw Neisse „gleich nebenan" war.
Die ältesten Ausbesserungswerke, die noch zur Reichsbahnzeit in Betrieb waren, wurden als Zentralwerkstätten alter Privatbahnen eingerichtet. Das AW Breslau-Odertor wurde von der Rechten-Oder-Ufer-Eisenbahn 1867 in Betrieb genommen, es beschäftigte 1940 1 870 Mitarbeiter. Ausgebessert wurden vor allem Straßenfahrzeuge und Güterwagen. Das AW Lauban entstand 1868 als Zentralwerkstatt der Schlesischen Gebirgsbahn.

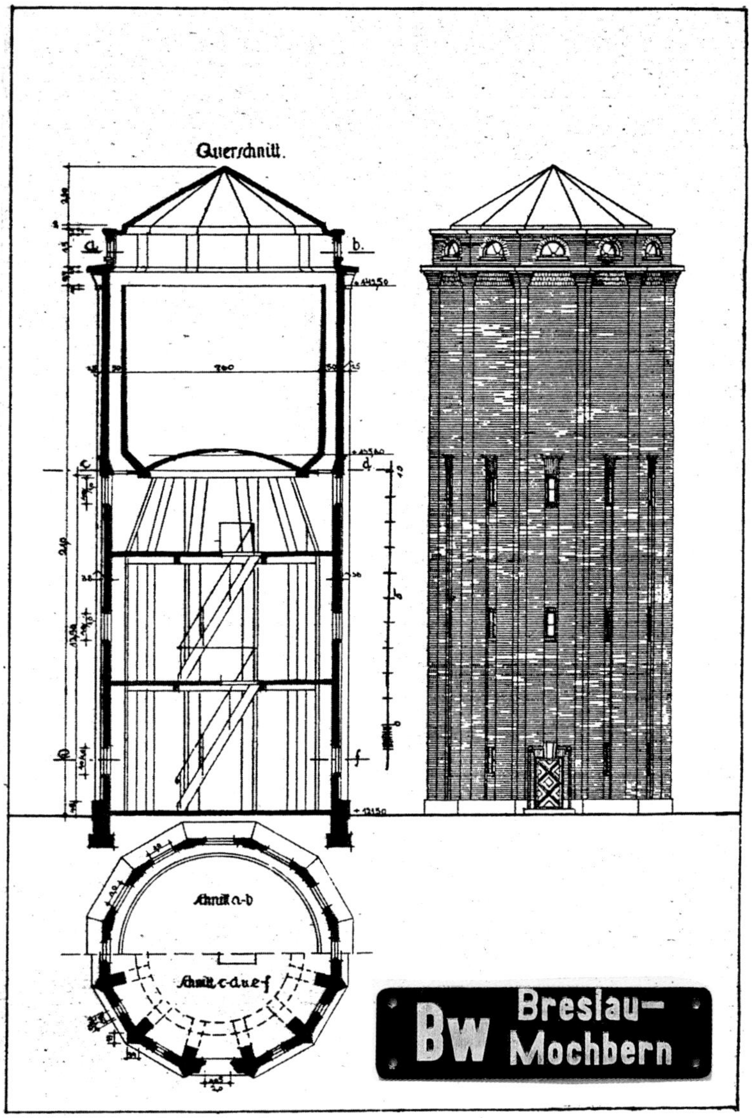

Wasserturm in Mochbern, 300 cbm Behälterinhalt.

Im Sommer 1936 vereint im Bw Schlauroth: 56^{25}, daneben 55 380, eine pr G 7^1, die schon recht betagt war.
Schulz

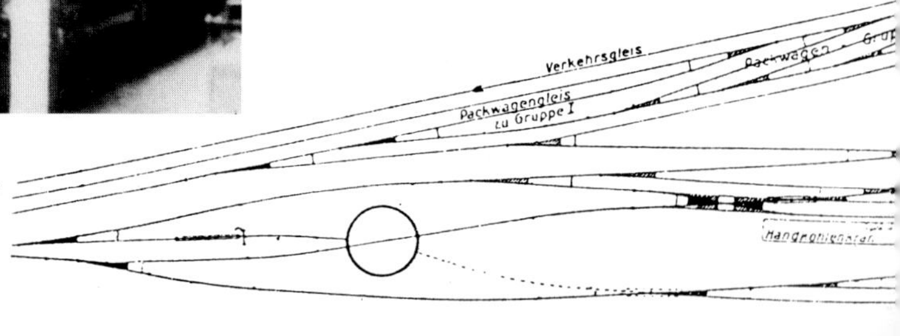

Güterwagenausbesserungswerk Schweidnitz-N. Maßstab 1 : 6000.

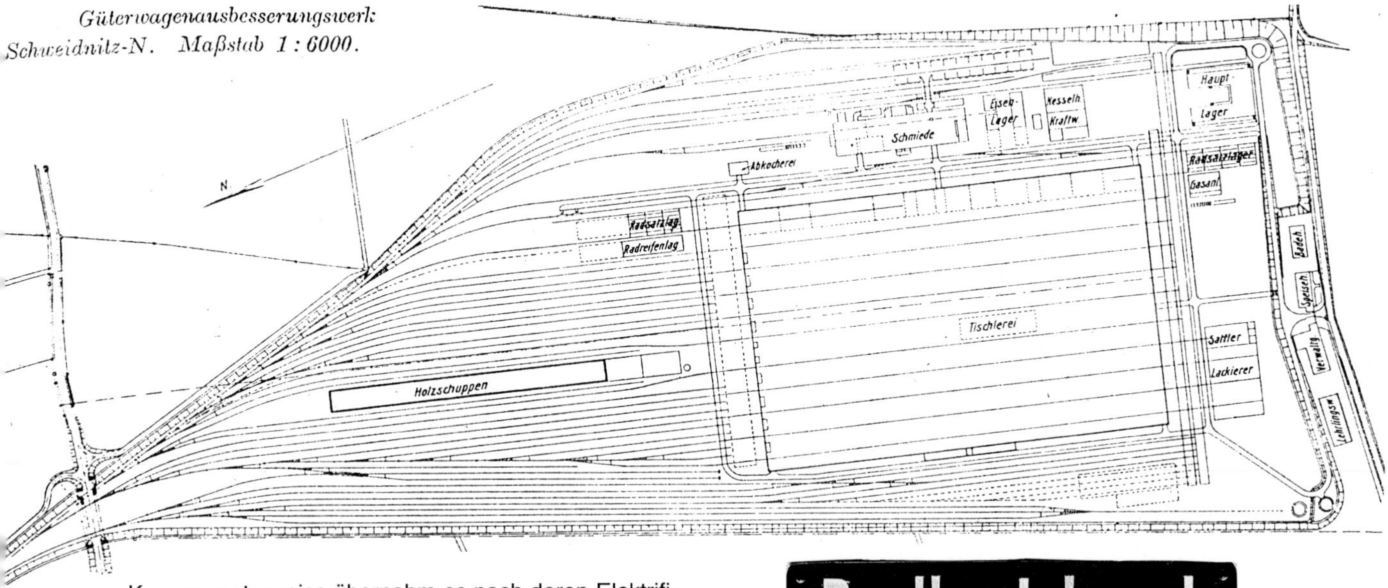

Konsequenterweise übernahm es nach deren Elektrifizierung die Betreuung der Triebfahrzeuge bis hin zu den EB und ES. Insgesamt 900 Mitarbeiter waren aber 1940 auch mit der Ausbesserung von Wagen beschäftigt. Am 1. Oktober 1895 wurde das spätere Wagenwerk des AW Gleiwitz in Betrieb genommen, dem am 1. Oktober 1904 das Lokwerk folgte. In beiden Werken wurden 1940 4 220 Mitarbeiter beschäftigt, wozu noch die 400 Beschäftigten der Werkabteilung Kattowitz ab 13. September 1939 kamen, in der Lokomotiven ausgebessert wurden. 1909 begann das AW Oppeln, wo 1940 1 600 Mann Lokomotiven und vorwiegend Reisezugwagen ausbesserten. Das jüngste und zugleich modernste AW Schlesiens war seit 1. August 1923 in Schweidnitz in Betrieb. 1 225 Mitarbeiter waren hier 1940 mit der Ausbesserung von Güterwagen beschäftigt.

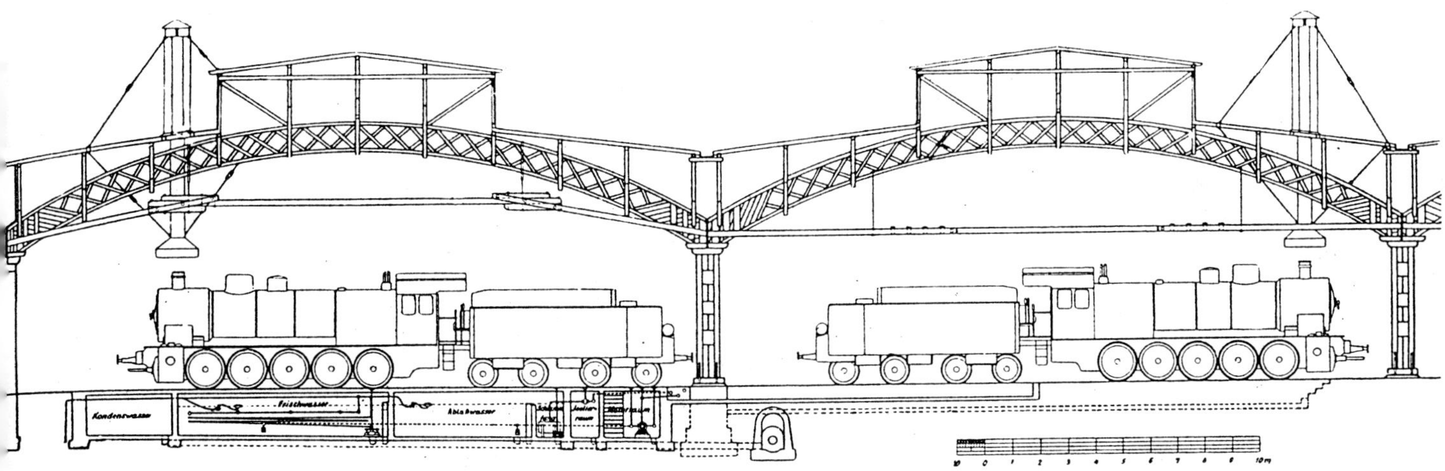

Standhallen des Lokomotivschuppens Glogau.

Gleisplan des Bw Glogau, um 1938.

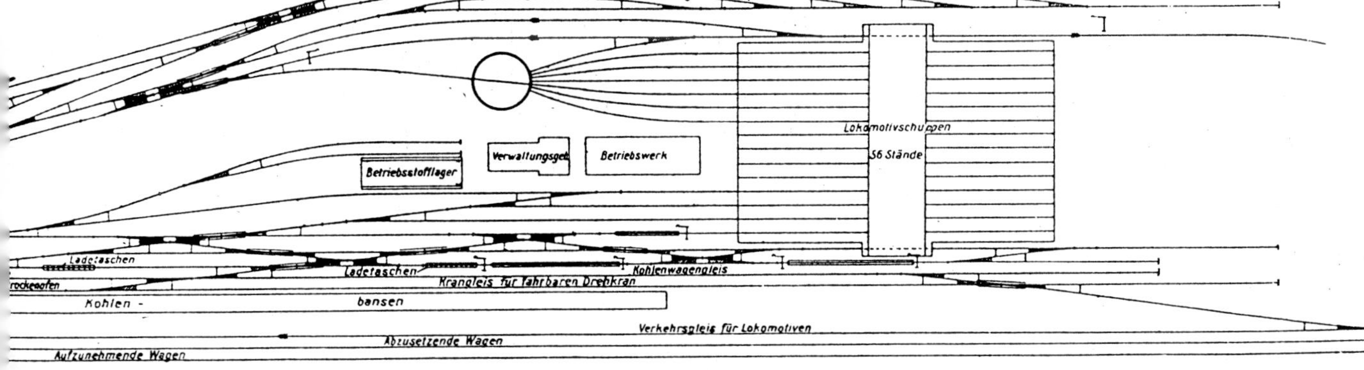

39 031 im Bw Görlitz, 1957.

Als Werklok diente dem RAW Görlitz um 1963 die ehemalige pr. T3, 89 6024. *RAW Görlitz*

Einige Beispiele dessen, was damals im RAW Görlitz ausgebessert wurde. 99 5605 im Sommer 1959.

99 4801 war im Winter 1962 abfahrbereit verladen. Sie steht unter dem Lademaß, das man einfach an einem Tragwerk der früheren Fahrleitung befestigt hatte.

Auch die einst badische Tenderlok 75 440 gehörte 1962 zu den Patienten des AW Görlitz.

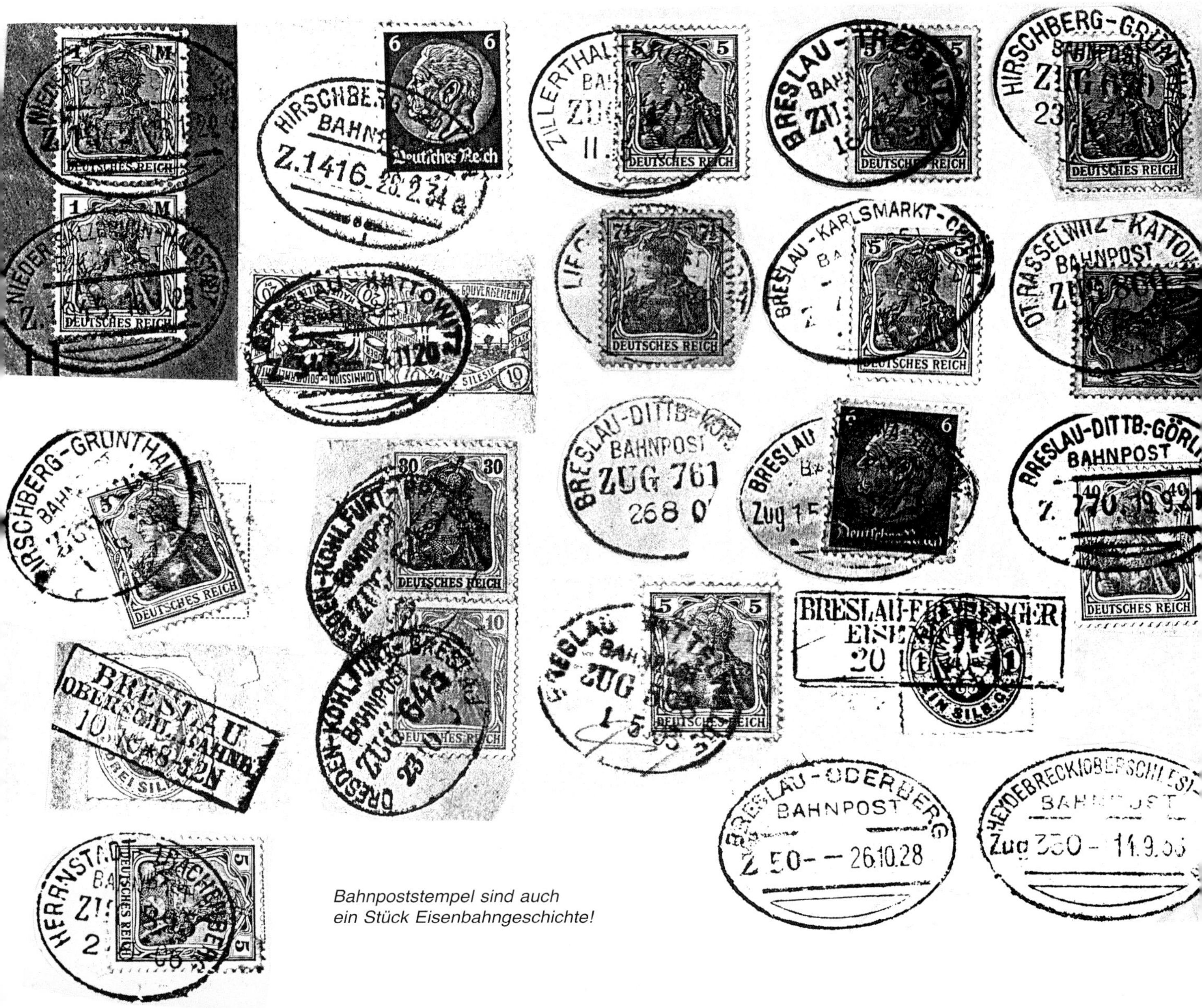

Bahnpoststempel sind auch ein Stück Eisenbahngeschichte!

Im Kilometer 20,5 der Strecke Hirschberg – Landeshut überquert der von einer T 9[3] bergwärts geführte Personenzug den 20 m hohen Eglitztalviadukt um 1907.

Im kurvenreichen Steilabschnitt zwischen Keilendorf. einem der höchstgelegenen Bahnhöfe Schlesiens, und Lewin rollt eine T 9[3] mit ihrem Personenzug um 1910 zu Tal. Sammlung Loch

Eigentlich bedarf es hier nur des Hinweises, daß die Aufnahme um 1910 entstanden ist. *Martin*

Großzügig, aber kein Schmuckstück! Um 1910.

Brockau war vielen nur als Rangierbahnhof bekannt. Für die Eisenbahnersiedlung gab es aber auch einen Personenbahnhof.

Im Bahnhof Koberwitz – nach 1938 Rößlingen – zweigte von der Strecke Breslau–Bad Charlottenbrunn die Linie nach Gnadenfrei ab. Besonderes Interesse verdient auch der Wasserturm, der die Lokstation versorgte. Um 1910.

Endbahnhof Marklissa der später elektrifizierten Nebenbahn von Lauban. Csallner

Um 1915 – nach Errichtung des Jubiläumsbrunnens und der Fertigstellung des neuen Bahnhofs in Haynau. Hier wurde die Hauptbahn Liegnitz–Görlitz von der Nebenbahn Reisicht–Goldberg gekreuzt.

Aus Richtung Görlitz einlaufender Personenzug, um 1905. Gronwald

Eine nicht alltägliche Szene beim Hirschberger Hausberg. – Der D-Zug nach Berlin hält auf freier Strecke bald nach der Abzweigstelle Hausberg (Vpf) hinter dem Boberviadukt. Den ratlosen Betrachtern nach zu schließen, könnte die P8 einen Schaden am Triebwerk haben. Indessen rollt der nachfolgende Personenzug mit T16 nach Schreiberhau dem Bahnhof Hirschberg West entgegen. Um 1912.

Blick vom Hausberg über den Boberviadukt in die Sattlerschlucht mit Personenzug Görlitz–Hirschberg, um 1910.

Hirschberg Hbf vor der Elektrifizierung, um 1910.

Der neue Bahnhof Fellhammer um 1920 – die Bad Salzbrunner Seite – mit allerdings einkopiertem Hintergrund.

Personal und Familienangehörige lassen sich vor ihrem Bahnhof porträtieren. Um 1900.

Bahnhof und Bw in Königszelt. Sommer 1912.

Im Einschnitt der Bahn Nieder Salzbrunn–Halbstadt rollt um 1910 der Dampfzug zu Tal.

Zwischen 1914 und 1921 konnten hier die späteren ET 87 aufgenommen werden. Kalisch

Oben liegt die Stadt, der Bahnhof im Tal der Katzbach. Von hier konnte man direkt nach Liegnitz und Merzdorf, Haynau und Greiffenberg reisen. Um 1910. Gronwald

Durch die Kalk- und Dolomitwerke an Kitzel-, Mühl- und Röhrsberg hatte der Bahnhof Ober Kauffung, der auch über eine Lokstation verfügte, ein großes Güteraufkommen. Eine T 9^3 rangiert um 1920.

Mit der T 9^3 einfahrender Personenzug Richtung Hirschberg.

Station der Bobertalbahn Hirschberg-Löwenberg, noch im Bau im Sommer 1909.

Wo von der Strecke Neusalz–Wollstein die Nebenbahn nach Züllichau abzweigt, liegt Kontopp. Um 1930.
Kalisch

In den ersten Wochen der Weistritzbahn - man beachte das frische Schotterbett - rollt der Personenzug von Hausdorf kommend vor Kynau.

Bescheiden sah das erste Bahnhöfchen von Nieder Schreiberhau aus. Um 1906.

Den 150 m langen Moltketunnel vor Nieder Schreiberhau verläßt auf Bergfahrt bald nach der Streckeneröffnung die T 15. *Schall*

Von Grünthal kommend überquert die T 16 die Iser auf 110 m langer, 28 m hoher Brücke, ehe sie den 280 m langen, in einer S-Kurve liegenden Isertunnel erreicht. Um 1909. Damals verlief im Flußbett die Grenze zwischen Schlesien und Böhmen. *Tausche*

125 m lang und 22 m hoch überführt diese Brücke in Dittersbach das Tal. Ein Güterzug mit G^3 rollt gerade dem Ochsenkopftunnel Richtung Glatz entgegen. Um 1905.

An einem Sonntag Morgen um 1910 dürfte diese Aufnahme des Stadtbahnhofs in Glatz entstanden sein, als ausflugsfrohe Städter auf ihre Züge warteten.

Über den Neisseviadukt in Habelschwerdt rollt um 1910 der Personenzug in Richtung Mittelwalde. Kalisch

Durchs Höllental bei Bad Altheide zieht eine (retuschierte) Lok ihren Personenzug bergan.

Im Abschnitt Keilendorf–Lewin bringt die T 9^3 ihren Zug zu Tal. Er besteht aus vier Nebenbahnwagen, zwei vierachsigen Abteilwagen und einem vierachsigen Packwagen. Die Vierachser könnten als Kurswagen von Breslau gekommen sein. Geisler

In der Gegenrichtung haben zwei T 9^3 ganz schön zu kämpfen, um ihren langen Zug über den 30 m hohen Viadukt über die Schnelle in Lewin zu bringen. Im Hintergrund der Bahnhof des Städtchens. Um 1910. Loch

Oberhalb des Bahnhofs Rückers, mit beachtlichem Ladebetrieb, ist die Burg Waldstein zu erkennen.

Leider hat der Fotograf die pr. T 9^3 beschnitten. Mit seinem Wellblechgüterschuppen erhalten wir dennoch einen guten Eindruck des Bahnhofs Keilendorf, um 1904. Csallner

Am Bahnsteig 2 in Neisse wartet ein Abteilwagenzug um 1910 auf Anschlußzüge. Gronwald

Südliche Bahnsteige in Kandrzin um 1910, das bald darauf sein neues Empfangsgebäude erhielt.

Bahnhof Hindenburg um 1928, als schon die ersten „Donnerbüchsen“ die Personenzüge verstärkten. Csallner

Dieser Bahnhof Beuthens mußte dem Neubau in den zwanziger Jahren weichen. Um 1910. Gronwald

Der Hauptbahnhof in Kattowitz wurde um 1910 im Jugendstil erweitert. Kalisch

Umfangreiche Gleisanlagen kennzeichnen den Grenzbahnhof Myslowitz, um 1910. Gronwald

Der Bahnhof Rybnik um 1910. Auch hier weisen die offenen Güterwagen - vorn in der Mitte einer der Pfalzbahn - auf die nahen Kohlengruben hin. Am Bahnsteig sind Bauarbeiter tätig. Es könnte sich um abschließende Arbeiten anläßlich der Modernisierung des Bahnhofs gehandelt haben.

Auch der Bahnhof einer Kleinbahn fehlt nicht. Bad Flinsberg der Isergebirgsbahn mit auf Gleis 3 abgestellten Wagen, deren hinterer der Gaswagen ist, mit dem Gas für Beleuchtungszwecke vom Gaswerk Greiffenberg zugeführt wurde.

Bleibende Erinnerung an den schlesischen Fahrzeugbau sind diese Fabrikschilder aus der Sammlung Große.

Nicht koloriert, sondern ein ganz frühes Farbfoto ist die Aufnahme des Werkes von Linke-Hofmann mit lieferbereiten G 8[1] für die PKP um 1922.

Eine Aufnahme vom 12. August 1984 soll den Farbteil beschließen. Tkt 48 180 auf Bergfahrt über den Viadukt in Lewin. Weigert

Klein-, Privat- und Schmalspurbahnen

Beachtliches Gedränge herrscht am Bahnsteig in Krummhübel, als der Zug bereitgestellt wird, der die Winterurlauber zurück in die Stadt bringen soll. Um 1930, als hier noch kräftige Tenderloks eingesetzt waren.
Geisler

Zwar haben die Staatsbahn und ihre Vorgänger Schlesien im allgemeinen recht gut erschlossen, doch gab es hier und da Gebiete, die sich auf privater Basis nach dem Kleinbahngesetz vom 18. Juli 1892 Bahnanschluß verschaffen mußten. Wir werden noch sehen, daß dies durchaus nicht immer Zuschußbahnen waren. Im Gegenteil: es gab unter den Privaten manch fetten Fisch, von dem auch die Staatsbahn kräftig profitierte. Beginnen wir mit der ältesten Privatbahn. Sie eröffnete am 22. Oktober 1896 ihren ersten Abschnitt Neustadt/OS–Züls und am 4. Dezember 1896 die Reststrecke bis Gogolin. Die Neustadt-Gogoliner Eisenbahn mußte zwischen Krappitz und Ottmuth die Oder überbrücken, was durchaus auf Kapitalkraft schließen läßt. In der direkt daneben liegenden Papierfabrik Krappitz fand die Bahn allerdings auch einen Kunden, der hohe Frachtaufkommen garantierte. Schon am Umfang der Bahnhofsanlagen in Krappitz, die mit vollständigen Signalen ausgerüstet sind, ist zu erkennen, daß hier nicht nur Kraut und Rüben als Frachtgut anfallen. Übrigens nichts gegen Kraut und Rüben! Die Strecke erschloß einen fruchtbaren Landstrich, der saisonbedingte Frachten größeren Ausmaßes aufbrachte. Die Betriebsführung lag bei Lenz & Co.

Die Strecke mißt 41,6 km, wozu 1928 noch 7,7 km Anschlußgleise kamen. 1928 und 1938 waren sechs Dampflokomotiven vorhanden. Ferner standen 1938 14 Personen-, vier Pack- und 41 Güterwagen zur Verfügung. Es wurden 116 Mitarbeiter beschäftigt, die 300 769 Personen und 498 342 t Güter beförderten.
Die ersten sechs Lokomotiven kamen vom Stettiner Vulkan und gehörten zur pr. T-3-Gattung. In den zwanziger Jahren kamen dann vier 1'Ch2t-ELNA 2 sowie zwei Dh 2-ELNA 6 als leistungsfähiger Ersatz der T 3 hinzu. Vermutlich blieben zwei T 3 als Werkloks bei der Papierfabrik Krappitz und konnten daher noch 1945 von der PKP übernommen werden.

Gleich drei Strecken im Nordwesten Schlesiens baute und betrieb die Lausitzer Eisenbahn (LEG), bis sie am 1. Januar 1939 verstaatlicht und damit von der DR übernommen wurde.

Die Lausitzer Eisenbahn war in Preußen etwas Besonderes, war sie doch die Tochter der bayerischen Lokalbahn AG (LAG) und von deren Hauptaktionär, dem Lokomotivfabrikanten Krauss in München initiiert, der sich hier mitten in Preußen, wo es ja etliche Lokfabriken von Weltrang gab, weiteren Absatz für seine bewährten Lokalbahnmaschinen erwartete. Weil sich in Bayern die Zusammenarbeit mit MAN bei der Wagenbeschaffung längst bewährt hatte, lieferte diese auch ihre Wagen in die Lausitz. Ein Zug der LEG in der Lausitz sah praktisch genauso aus wie einer der Isartalbahn (LAG) im Süden Münchens. Mit Sitz in Sommerfeld baute und eröffnete die LEG folgende Strecken:

Hansdorf–Priebus eröffnet 1. Oktober 1895 22,9 km
Rauscha–Freiwaldau eröffnet 1. Oktober 1896 8,4 km
Teuplitz–Sommerfeld eröffnet 1. Oktober 1897 19,4 km
Muskau–Teuplitz eröffnet 15. Juni 1898 23,2 km
Priebus–Lichtenberg eröffnet 1. Oktober 1913 6,9 km

Damit besaß sie drei nicht zusammenhängende Strekken in einem gewerbe- und industriereichen Waldgebiet, der niederschlesischen Heide, an deren Erschließung die Staatsbahn zunächst wenig Interesse zeigte. Deren Strecken zogen geradlinig durch die Wälder – fernen Zielen entgegen. Die LEG aber erschloß, was sich bot.
So hatte sie auf ihrer ersten Strecke schon nach 2,2 km im Bahnhof Nieder Ullersdorf einen Anschluß an bedeutende keramische Werke. In Ober Ullersdorf (km 5,62) schloß eine Braunkohlengrube an. In Ober Hartmannsdorf (km 10,25) gab es zwei Anschlüsse zu Quarzsandgruben. Wiesau (km 13,27) wies einen Anschluß zu einer Glashütte auf. Im km 17,7 Groß Selten war ein Sägewerk zu bedienen und in Priebus gab es drei Anschlüsse zu Möbelfabriken. Ab 17. Mai 1908 wurde Priebus Gemeinschaftsbahnhof mit der Kleinbahn Horka–Priebus und als es schließlich galt, in Lichtenberg (km 29,81) eine Braunkohlengrube anzuschließen, wurde die LEG-Strecke dorthin verlängert.
Allerdings rentierte die Verlängerung im Reiseverkehr nicht. Liefen im Sommer 1914 noch drei von vier Zugpaaren bis Lichtenberg, so war dies im Winter 1929/30 nur noch ein Zugpaar mit Aufenthalt von 14.19 bis 14.39 Uhr. Heute würden wir derartiges als Alibizugpaar bezeichnen – und im Sommer 1934 wurde dann nur noch Priebus mit drei Zugpaaren bedient. – Die Kilometrierung der zweiten LEG-Strecke ging von Muskau aus, wo sie im Nebenbahnhof der Staatsbahnstrecke von Weißwasser begann. Diese Strecke wurde von der RBD Halle verwaltet und von ihr und der LEG gemeinsam betrieben. Bestimmte LEG-Züge fuhren von und bis Weißwasser durch. Bald nach der Abfahrt in Muskau rumpelte der Zug über die eiserne Neissebrücke mit ihren neun Öffnungen von je 22 m Weite. Neun Anschlüsse galt es in Lugknitz (km 1,97) für eine Brikettfabrik, Glashütten, Steinzeugfabriken und Ziegeleien zu bedienen. Im km 4,54 folgte abseits der Dörfer Braunsdorf mit vier Anschlüssen zu Braunkohlengruben und Töpfereien. In Tschöpeln-Quolsdorf (km 7,22) war der letzte Bahnhof in Schlesien mit Anschluß einer Braunkohlengrube. Ähnlich ging's in Brandenburg weiter: in den Stationen bis Sommerfeld gabe es noch 17 Anschlüsse für die heimische Industrie.
Statistiken hatte die LEG stets nur für den Gesamtbetrieb veröffentlicht, so daß wir auf die Leistung der einzelnen Strecken nicht eingehen können. 1928 waren 14 Dampfloks, 21 Personenwagen, elf Packwagen und 243 Güterwagen vorhanden; es wurden 248 Mitarbeiter beschäftigt, die 337 554 Personen und 946 284 t Güter beförderten.
Nach der Verstaatlichung erhielten die in der Lausitz eingesetzten LAG-Lokomotiven im Vergleich zu den Süddeutschen unterschiedliche Baureihen-Nummern, nämlich

LAG		Fabr.-Nr.	Baujahr	DR-Nr.
40–41	1Cn2t	3198–99	1895	98 7401–02
44	1Cn2t	3511	1896	7403
49	1Cn2t	3545	1897	7404
51	C1n2t	3598	1898	7601
52–54	C1n2t	3751–53	1898	7602–04
57–58	C1n2t	3938–39	1899	7605–06
65–66	Dn2t	5160–61	1904	92 2401–02
71		5698	1907	2403
77		6588	1912	2404

Während die 98^{74} und 98^{76} im Jahre 1943 nach Thalkirchen abgegeben wurden – sie waren ja baugleich mit den in Bayern eingesetzten 1C und C1 der LAG – blieben die 92^{24} in der Lausitz.

Krappitz – mit seiner Papierfabrik – ist Bahnhof der Neustadt-Gogoliner Eisenbahn. Um 1910. *Geisler*

Sommer 1939

126 r Neustadt – Gogoliner Eisenbahn

Alle Züge 2. 3. Klasse

...	...	5.15	6.31	...	10.40	...	...	14.23	19.24	...		ab Breslau Hbf 121 A an	9.17	...	13.22	...	17.09	...	20.18	...	...	...
...	...	7.35	9.13	...	13.20	...	...	18.00	S21.31a	...		ab Neisse 126 ... an	7.54	...	9.55	...	14.56	...	18.20	...	...	...
...	...	6.28	7.29	...	13.12	...	...	16.36	20.33	...		ab Heydebreck 126 an	...	...	9.45 11.04		15.07	...	19.55	...	...	a 23.47
51	1	3	5	305	7	W 53	W 101	9	11		km	Zug Nr / Zug Nr	2	52	4	54	6	306	8	102	56	10
...	...	8.14	10.04	...	14.21	...	...	18.48	S 22.30	...	0,0	ab **Neustadt** (OS) 126 an	7.06	...	8.53	...	14.00	...	17.34	...	... S	22.15
...	...	8.20	10.10	...	14.27	...	...	18.55	22.36	...	3,1	Leuber (Oberschles)	7.00	...	8.47	...	13.54	...	17.28	...	...	22.09
...	...	X 8.26	X 10.16	...	X14.33	...	...	X19.01	X22.42	...	6,4	Neuhof (b Neustadt Oberschles)	X6.53	...	X8.40	...	X13.48	...	X17.21	...	...	X22.03
...	...	8.33	10.24	...	14.40	...	...	19.09	22.50	...	10,5	an **Zülz** (Oberschles) ab	6.45	...	8.33	...	13.40	...	17.12	...	... S	21.55
...	5.40	8.56	10.25	...	14.41	...	...	19.12	...	...		ab **Zülz** (Oberschles) an	6.22	...	8.24	...	13.22	...	17.07	...	...	21.54
...	5.49	9.06	10.34	...	14.50	...	...	19.23	...	...	15,4	Krähenbusch (Krobusch)	6.12	...	8.15	...	13.12	...	16.57	...	...	21.45
...	5.58	9.13	10.40	...	14.56	...	...	19.32	...	...	17,8	Wiesengrund (Oberschl)	6.05	...	8.09	...	13.06	...	16.51	...	...	21.40
...	X6.02	X 9.18	X 10.44	...	X15.00	...	...	X19.36	...	...	19,6	Moschen (Oberschles)	X5.53	...	X8.03	...	X13.00	...	X16.46	...	...	X21.36
...	6.07	9.25	10.50	...	15.05	...	w	19.44	...	...	22,1	Zeilln (Oberschles)	5.48	...	7.57	...	12.55	...	16.41	w	...	21.31
...	6.16	9.36	11.00	...	15.14	...	18.30	19.54	...	...	26,5	Kl Strehlitz	5.36	...	7.46	...	12.44	...	16.31	18.20	...	21.22
w	6.23	9.44	11.06	vS	15.20	w	18.40	20.01	...	...	29,6	Burgwasser (Dobrau)	5.28	w	7.39	...	12.33	vS	16.24	18.14	w	21.16
5.48	6.39	9.58	11.21	13.26	15.31	17.49	18.50	20.14	...	...	35,5	**Krappitz**	5.15	6.39	7.28	10.50	12.20	14.19	16.14	18.00	19.00	21.06
5.52	6.44	X10.02	X 11.25	X13.31	X15.35	17.55	...	X20.18	...	...	37,1	Ottmuth	...	6.35	X7.20	X10.46	X12.08	14.14	X16.07	17.54	X18.56	X20.57
6.00	6.51	10.09	11.32	13.40	15.42	18.10	...	20.25	...	...	41,6	an **Gogolin** 121 A ab	...	6.26	7.13	10.39	12.00	14.05	16.00	...	18.49	20.50
w 6.47	7.34	10.30	12.13	14.21	17.54	18.49	...	20.54	...	...		an Oppeln 121 A ab	...	w5.49	6.37	9.19	11.10	13.29	15.25	...	18.10	19.54
8.03	9.17	11.48	14.12	15.47	19.20	20.18	...	22.48	...	...		an Breslau Hbf 121 A ab	...	1.17	4.44	8.08	9.10	12.18	13.54	...	16.19	17.24
w 6.43 7.25	7.26	11.58	11.59	14.30	16.13	18.57	...	22.20	...	...		an Heydebreck 121 A ab	...	w5.59	6.44	9.56	11.22	13.37	14.30	...	18.28	20.05

a = S, nicht am 28. V.

Winter 1929

2235 Sommerfeld—Muskau.

...	...	...	...	...	8·15	...	12·40	S12·50	...	W16·05	S17·12	km	ab **Sommerfeld** M. T. S. E. an	...	...	8·15	...	...	14·46	...	...	...	19·53	...	...
...	...	...	...	...	8·41	...	13·11	13·16	...	16·27	17·38	11	Niewerle	...	...	7·53	...	...	14·21	...	...	...	19·26	...	...
...	W	...	S	...	9·01	...	13·35	13·40	...	16·47	18·03	20	an **Teuplitz** M. T. S. E. ab	...	...	7·33	...	...	13·58	...	...	...	19·03	...	S
...	5·13	...	5·31	...	9·43	...	W	14·50	...	17·34	19·08		ab **Teuplitz** an	...	...	7·11	...	...	W13·37	S13·44	...	...	18·00	...	21·23
...	5·26	...	5·44	...	9·54	...	...	15·01	...	17·47	19·20	25	Triebel	...	...	7·00	...	...	13·23	13·33	...	...	17·49	...	21·12
...	5·45	...	6·03	...	10·10	...	...	15·17	...	18·02	19·37	32	Gross-Särchen	...	...	6·42	...	...	13·04	13·15	...	...	17·30	...	20·54
...	k6·24	...	6·25	...	10·26	...	...	15·34	...	18·17	19·54	39	Braunsdorf	...	...	6·25	...	...	12·49	13·02	...	...	17·18	...	20·39
...	6·32	...	6·33	...	10·34	...	...	15·42	...	18·24	20·02	41	Lugknitz	...	...	6·17	...	...	12·41	12·55	...	...	17·11	...	20·31
...	6·38	...	6·40	...	10·40	...	...	S15·48	...	W18·30	S20·08	43	an **Muskau** ab	...	...	6·09	...	...	W12·33	S12·48	...	...	17·04	...	20·23

Zwischenstationen: 3|×Baudach. 6|×Oberklinge. 15|×Laesgen, 22|×Helmsdorf, 28|×Kemnitz, 36|Tschöpeln-Quolsdorf.

b Di bis Sa. **k** Ank. 6·11.

Auf einer der Strecken in der Lausitz war die LAG 40 bis zur Verstaatlichung eingesetzt.

Werkfoto Krauss-Maffei

Werner Handke

Nebenbahn Rauscha–Freiwaldau/Niederschlesien

Die mehr als vier Jahrzehnte betriebene normalspurige Privatbahn resultiert aus der noch in den Anfängen der neunziger Jahre des vorigen Jahrhunderts behinderten Verkehrssituation des mit zahlreichen Keramikunternehmen gesegneten Heidestädtchens Freiwaldau. So mußten damals deren Erzeugnisse mit Pferdegespannen entweder der ca. 12 km entfernten Station Halbau oder dem ca. 8 km südöstlich gelegenen Bahnhof Rauscha zugeführt werden. Diese Stationen verdanken ihre Umschlagplätze der bereits am 1. September 1846 eröffneten Bahn Kohlfurt–Rauscha–Hansdorf–Sorau. Besonders die Freiwaldauer Ziegelindustrie war daran interessiert, daß den leidigen Verkehrsverhältnissen Abhilfe zuteil wurde.

Wenn man mündlichen Überlieferungen Glauben schenken darf, wollte die Gemeindeverwaltung Freiwaldau zunächst selbst den Bau einer Stichbahn von Freiwaldau nach Rauscha betreiben. Der seiner Zeit angespannte Gemeindehaushalt und Befürchtungen, durch Übernahme einer solchen Schienenstrecke ein zu großes Risiko einzugehen, führten dazu, daß sich eine bayerische Bahngesellschaft, die Lokalbahn-AG München, für die Erstellung dieser Zweigbahn interessierte.

Da diese Gesellschaft mit Schwierigkeiten rechnen mußte, für im preußischen Schlesien gelegene Strecken die Baugenehmigung zu erhalten, gründete sie ein Tochterunternehmen, die Lausitzer Eisenbahn-Aktiengesellschaft (LEG), Sitz Sommerfeld, die bereits 1895 die Linie Priebus–Wiesau–Hansdorf in Betrieb genommen hatte.

Unter dieser Gesellschaft erfolgte am 17. Mai 1895 der erste Spatenstich zum Bau der Bahn Rauscha–Freiwaldau. Die „Schlesische Dachstein-Fabriken G. Sturm, Freiwaldau, Regierungsbezirk Liegnitz Preußen" (1837 gegründet), die ihren Güterumschlag in der Hauptsache in Rauscha vornahm, betonte durch Hergabe von Gelände und sonstiger Hilfen ihr besonderes Interesse an der Errichtung der Linie.

Die Baukosten des 8,43 km langen Schienenstranges betrugen nur 660 000,– Mark, weil 7 km sich auf der Görlitzer Kommunal-Heide befanden und der Magistrat von Görlitz das Gelände unentgeltlich zur Verfügung stellte. Dies war mit der Auflage verbunden, daß die Bedarfshaltestellen Eichwalde und Glashütte Rauscha mit Ladegleisen ausgestattet werden müssen.

Das restliche Bahngelände wurde mit einem Aufwand von 22 000,– Mark von der Gemeinde Freiwaldau unentgeltlich überlassen. Die Bahnanlagen in Freiwaldau entstanden auf dem Sportplatz des „Alten Turnvereins", der im Juni 1895 dort noch das erste Gauturnfest ausrichtete. Infolge des Bahnbaus wurde die Sportanlage 1896 beseitigt und mit 1 400,– Mark abgegolten.

Ein kleines, aber gefälliges, in Klinkerbau gehaltenes Stationsgebäude mit angeschlossenem Güterschuppen wurde erstellt. Im Erdgeschoß befand sich neben den Diensträumen und der Schalterhalle noch ein Wartesaal. Es wurden drei Haupt- und zwei Verladegleise verlegt, die mit sieben einfachen Weichen und einer Doppelweiche, von Hand bedient, bestückt wurden. Ferner wurden für die Dachsteinfabriken Gottfried Sturm sogleich und Siegbert Sturm um 1900 je zwei Anschlußgleise installiert. Nahe der Firma Gottfried Sturm stand ein Lokschuppen. Für den gesamten Streckenbau wurden polnische Arbeiter eingesetzt; die Schachtmeister stammten aus Bayern. Der Bau wurde sowohl von Rauscha als auch von Freiwaldau her in Angriff genommen. Über den vom Mühlteich herabstürzenden Mühlgraben mußte eine Brücke gebaut werden. Neben dem Ladegleis in Eichwalde mußten in Glashütte Rauscha sowohl Lade- als auch Anschlußgleise für die glas- und holzverarbeitende Industrie angelegt werden. Die Haltestelle Eichwalde, von vornherein zur Holzverladung bestimmt, wurde genau auf der Kreisgrenze je zur Hälfte auf der Herrschaft Burau und dem Gelände des Görlitzer Stadtforstes angelegt.

Gleis 3 in Rauscha wurde der neuerstellten Privatbahn zugeteilt. Die aus Freiwaldau ankommende Lokomotive mußte ihre Richtungswechselfahrt über ein Rangiergleis an die Zugeinheit durchführen. Vom nördlich gelegenen Stellwerk wurde auch für die Züge der Nebenbahn das Ein- und Ausfahrtsignal bedient. Weder der Bahnhof Freiwaldau noch die Bedarfshaltestellen verfügten über solche Signale. In Freiwaldau wurde mittels Befehlsstab des Beamten der Abfahrtsauftrag erteilt.

Am 1. Dezember 1896 erfolgte die Einweihung der neuen Bahn. Zu diesem Ereignis stiftete Fabrikant Reinhold Sturm, Sohn des Erfinders des weit über Deutschland hinaus bekannten dunkelfarbigen Dachziegels Gottfried Sturm, eine Bowle, und zwar den größten Topf voll, den die Freiwaldauer Töpfer damals herstellen konnten. Angeblich soll dessen Fassungsvermögen 80 l betragen haben. An der Einweihungsfahrt konnte jedermann gratis teilnehmen; die anschließende Rückfahrt mußte jedoch bezahlt werden.

Von Anfang an erwies es sich, daß die vier Zugpaare primär der Güterbeförderung dienten. Deshalb waren es in der Regel gemischte Züge. Von 1897 bis 1904 stieg der Güterverkehr in Freiwaldau um 40 %. So wurden z.B. 1904 im Bereich der Gleisanschlüsse der Dachsteinfabriken Sturm 4 300 Waggons mit Dachsteinen und an den Gütergleisen der Station 450 Waggons mit Braun- und Buntgeschirr beladen. Im gleichen Jahr liefen etwa 3 500 Waggons mit Kohle (davon ca. 3 200 für die Dachsteinfabriken) in Freiwaldau ein.

Abgesehen von den rückläufigen Ladezahlen in den Jahren 1914 bis 1933 war bis zum Ersten und auch bis zum Anfang des Zweiten Weltkrieges eine ständige Steigerung des Ladegutes zu verzeichnen.

Das Personal trug bayerisch-blaue Uniformen und Mützen. Viele Jahre bestand der Zug aus zwei Personenwagen (ein Wagen 4. Klasse, auch für Reisende mit Traglasten, ein Wagen je zur Hälfte 3. und 2. Klasse) und einem Packwagen, der mit einem Post- und einem Hundeabteil ausgestattet war.

Fahrkarten konnten in Freiwaldau und in Glashütte Rauscha nach allen Stationen des Deutschen Reiches gelöst werden. 1914 wurde für die einfache Fahrt auf den Strecken der LEG, zu denen auch die von Rauscha nach Freiwaldau zählte, für die einzelnen Klassen folgender Pfennig-km-Preis berechnet: 4. Klasse = 2,50, 3. Klasse = 3,75 und 2. Klasse = 5,63. Das Reichskursbuch von 1897 weist aus, daß der erste Zug um 7.00 Uhr in Rauscha abfuhr und um 7.22 Uhr Freiwaldau erreichte. Der letzte Zug verließ um 20.10 Uhr Freiwaldau und kam um 20.32 Uhr in Rauscha an. Somit dürfte zumindest eine der beiden hier eingesetzten Lokomotiven nachts in Rauscha stationiert gewesen sein. Diese Regelung war laut Kursbuch von 1914 außer Kraft gesetzt. Die Bekohlung der Loks erfolgte nur in Freiwaldau. Je 10 Zentner wurden vormittags und abends auf die zum Einsatz anstehende Lokomotive geladen. Wasser konnte sowohl in Rauscha als auch in Freiwaldau getankt werden. Eine Ersatzstellung von Loks soll durch die LEG nicht erfolgt sein. Nach dem Ersten Weltkrieg war geplant, die Stichbahn von Freiwaldau nach Leippa zu verlängern und damit Anschluß an die seit 1908 betriebene Bahn Horka–Rothenburg–Leippa–Priebus zu gewinnen. Vor 1914 wurde diese 7 km lange Verbindung nicht gebaut, da die Freiwaldauer Töpfereien ihre Hauptabsatzgebiete in Ostdeutschland und in Polen hatten und daher das Vorhaben der LEG nicht unterstützten. Eine Dachsteinfabrik, die Gelände hätte abgeben müssen, war auch dagegen, da eine Ziegelei in Leippa mit qualitativ gleichen Tonlagern durch diese Strecke konkurrenzfähig geworden wäre.

Der Bau dieser Verbindung bei Berücksichtigung der mitteldeutschen Absatzgebiete hätte über Horka–Falkenberg–Magdeburg eine Einsparung von 60 bis 80 Tarifkilometer bedeutet. Ein oberschlesisches Kohlebergwerk hatte während der durch den Versailler Vertrag verursachten Abstimmungszeit ein Mutungsrecht für ein Kohlegebiet, welches zwischen Freiwaldau, Priebus und Groß-Selten lag, erworben und beabsichtigte, es auszubeuten. Die Strecke war bereits abgesteckt und am Bahnhof Freiwaldau wurden Schwellen und Schienen gelagert. Nachdem jedoch für das Bergwerk das Abstimmungsergebnis in Oberschlesien besser ausgefallen war als zunächst angenommen, wurde es still um den Bau. Eines Tages sind dann die Schienen und Schwellen abgefahren worden.

Gleise, die in den zwanziger und dreißiger Jahren tatsächlich gebaut wurden, waren die Anschlüsse vom Bahnhof Freiwaldau zur Porzellanfabrik Bing, zur Steinzeugröhrenfabrik Schüttler und zum Flugplatz. Vermutlich 1924 erhielt die Freiwaldauer Porzellanfabrik einen Anschluß, der nahe der Bedarfshaltestelle Eichwalde in das Hauptgleis einmündete. Ende der zwanziger Jahre ging dieses Unternehmen in Liquidation und die Gleisanlagen wurden abgebaut.

Ein weiteres Werkgleis wurde 1927 bei Gründung der ca. 600 m vom Bahnhof Freiwaldau in Richtung Rauscha gelegenen Steinzeugröhrenfabrik Schüttler eingerichtet.

Mitte der dreißiger Jahre wurde zwischen Freiwaldau und Burau ein Flugplatz gebaut, der 1937/38 ein ca. 4 km langes Anschlußgleis zum Bahnhof Freiwaldau erhielt. Die Weiche hierfür wurde ca. 300 m außerhalb des Bahnhofs in das Hauptgleis eingelassen.

Während sich im Bahnhof Freiwaldau ein lebhafter Dienstbetrieb sowohl in der Verwaltung als auch im Außenbereich abwickelte und demzufolge die personelle Ausstattung den Gegebenheiten angepaßt war (insgesamt waren etwa zehn Beamte, Angestellte und Arbeiter eingesetzt), sollen in Glashütte Rauscha nur ein Beamter und ein Arbeiter im Einsatz gewesen sein. Der im allgemeinen vom Bahnhof Rauscha aus vollzogene Rangierdienst und die geringe Reisendenzahl mag zu dem minimalen Einsatz von Bediensteten in Glashütte geführt haben. In den dreißiger Jahren und bis Kriegsende wurde dieser Bahnhof nur noch als Bedarfshaltestelle ausgewiesen.

Neben der holz- und glasverarbeitenden Industrie in Glashütte Rauscha waren es die in Steinkirchen und Schnellförtel produzierenden Dachsteinfabriken, die täglich Güterwagen zum Be- und Entladen benötigten. Das Dachziegel-Zweigwerk Sturm setzte hierzu zwischen Fabrik und Bahnhof Glashütte Rauscha Feldbahnwagen mit einer Rohöl-Lokomotive ein. Angeblich sollen in den ersten Jahren des neuen Anschlusses Feldbahnwagen der Firma Sturm durch Pferde gezogen worden sein. Das Konkurrenzunternehmen Ecke in Schnellförtel ließ auf seinen Feldbahngleisen eine E-Lok unter Fahrleitung verkehren.

Seit Gründung der Nebenbahn änderten sich die Zahl der Zugeinsätze als auch die Abfahrtzeiten mehrmals. Der alleinige Grund dürfte nicht in der Anpassung an die Staatsbahn zu suchen sein, zumal die Reisenden in Rauscha nicht immer einen nahtlosen Übergang zu den in Richtung Hansdorf oder Kohlfurt verkehrenden Personenzügen fanden. Es war daher begrüßenswert, daß man in Rauscha bewirtschaftete Wartesäle der 2. und 3. Klasse antraf. Auf der Nebenbahn wurden 1897 vier, 1914 fünf, 1925 vier und 1934 sowie 1937 drei Zugpaare eingesetzt.

Für die in Richtung Rauscha verkehrenden Züge wurde es von Jahr zu Jahr schwieriger, immer die Einhaltung der fahrplanmäßig angesetzten Zeit zu gewährleisten. Aufgrund der in den zwanziger Jahren von verschiedenen Töpfereien vorgenommenen Umgestaltung ihrer Produktionsstätten zu Steinzeugröhrenfabriken begann für diese ein bemerkenswerter wirtschaftlicher Aufschwung, der auch einen Niederschlag in der Gestellung von Waggons fand. Ein Beobachter des Freiwaldauer Bahnbetriebes hat z. B. bei einem abfahrenden Abendzug 26 beladene Waggons gezählt, die nur von einer Lokomotive gezogen wurden. Infolge der zwischen Freiwaldau und Eichwalde liegenden Höhendifferenz kam es nicht selten vor, daß ein vitaler Fußgänger ohne weiteres Schritt mit einem solchen Zug halten konnte.

Am 1. Januar 1939 mußte die Lausitzer Eisenbahngesellschaft (LEG) trotz des ständig erwirtschafteten Gewinns im Güterverkehr die Betriebsführung ihrer Strekken nach Verstaatlichung der Reichsbahn übergeben. Die Nebenbahn Rauscha–Freiwaldau wurde der RBD Breslau unterstellt.

Dies mag sich sowohl für den in Betrieb genommenen Flugplatz Freiwaldau mit seinem Anschlußgleis als auch für den Einsatz von DR-Lokomotiven zur Bewältigung des reichhaltigen Waggonangebots günstig ausgewirkt haben.

Zu erwähnen sei, daß trotz der Verwendung von stärkeren Loks ab 1940 die Fahrzeiten sowohl auf der Hin- als auch auf der Rückfahrt planmäßig um je zwei Minuten verlängert wurden.

Während die Bahnhöfe Freiwaldau und Glashütte Rauscha Nutznießer des ökonomischen Aufstiegs, bedingt durch pulsierende Industrie- und Handwerksbetriebe, waren, sank die Bedeutung des Haltepunktes Eichwalde von Jahr zu Jahr. Selten stiegen hier Reiselustige zu,

die sich beim Herannahen des Zuges durch Winken bemerkbar machen mußten. In den Abendstunden war Lichtzeichengebung geboten. Das Aussteigen hier konnte nur durch rechtzeitige Benachrichtigung des Zugführers erreicht werden. Das Ladegleis erfüllte in den letzten Jahren kaum noch den früheren Zweck, eine nennenswerte Anzahl Waggons mit Holz abzutransportieren. Schätzungsweise wurden zur Reichsbahnzeit im Jahr nur noch vier- bis fünfmal Güterwagen mit Grubenholz verfrachtet.
Durch die weiterbildende Schule in Rauscha bedingt, gesellten sich werktäglich früh und mittags Schülerinnen und Schüler zu den wenigen Reisenden, die auf den Zug angewiesen waren. In den Kriegsjahren dürfte sich durch den von der Wehrmacht beschlagnahmten privaten Fahrzeugpark eine Steigerung im Fahrkartenverkauf bemerkbar gemacht haben. So fuhren laut dem letzten 1944 ausgegebenen Reichskursbuch werktags fünf und sonntags vier Züge nach Rauscha und zurück.
Nicht immer verlief der Bahnbetrieb ohne besondere Vorkommnisse. So kam es auch auf dieser Strecke zu Unfällen, von denen zwei tödlich verliefen. 1918 verunglückte ein Schaffner beim Rangieren im Bereich Rauscha, indem er zwischen die Puffer geriet. Außerdem wurde später bei einer regulären Fahrt der Kopf eines Schaffners infolge ruckartigem Halten abgequetscht. Ungenügende Sicherung der Gepäckwagentür führte zu diesem schrecklichen Ereignis.
Weitere Unfälle, die sich durch Kollidieren mit Straßenfahrzeugen ergaben, erbrachten Beschädigungen am rollenden Material. Bei einem Zusammenstoß in den dreißiger Jahren an der Reichsstraße 99 wurde der gesamte Zug von den Schienen gerissen, obwohl durch beleuchtete Andreaskreuze das Herannahen des von Rauscha unter Pfeif- und Glockentönen ankommenden Frühzuges angezeigt war.
Solche Lichtzeichenanlagen waren auch an den anderen Übergängen der Ia-Straße postiert mit Ausnahme des Übergangs am Nord-Stellwerk in Rauscha, der durch Schranken abgesichert war.
Auch Lustiges stellte sich auf dieser so beschaulichen Strecke ein. So sollen Kühe nicht nur einmal dafür gesorgt haben, die Fahrt der „Asthma-Guste", wie die Lokomotive liebevoll im Freiwaldauer Volksmund genannt wurde, zu unterbrechen.
Mit der Flucht und Vertreibung der Freiwaldauer ging auch ein Stückchen Eisenbahngeschichte zu Ende, die eng mit dem wirtschaftlich aufstrebenden Industrie- und Heidestädtchen verbunden war. Am 15. und 16. Februar 1945 verließ jeweils gegen Mitternacht ein Zug den Bahnhof Freiwaldau. In gedeckten Güterwagen, die mit Stroh ausgelegt waren, wurden die Fluchtwilligen über Rauscha–Kohlfurt–Wehrkirch–Hoyerswerda–Halle–Glauchau–Eger–Schwandorf–Cham bei winterlicher Witterung transportiert und nach fünftägiger dramatischer Fahrt in Waldmünchen ausgeladen, um hier einen neuen Lebensabschnitt zu beginnen.
Heute dient die Strecke Rauscha–Freiwaldau nur noch dem Güterverkehr, um die von den derzeitigen Besitzern hergestellten Keramikartikel zu befördern.

Der Kranz-Schornstein läßt erkennen, daß die im Bahnhof Freiwaldau stehende Lok von Krauss in München stammt. Auch der Packwagen ist typisch für die Fahrzeuge, die die LAG in Bayern wie in der Lausitz einsetzte und die bei MAN gebaut wurden. Um 1925.

Eindrucksvolle Kulisse für Lok und Packwagen ist die Dachziegelfabrik Sieghart Sturm.

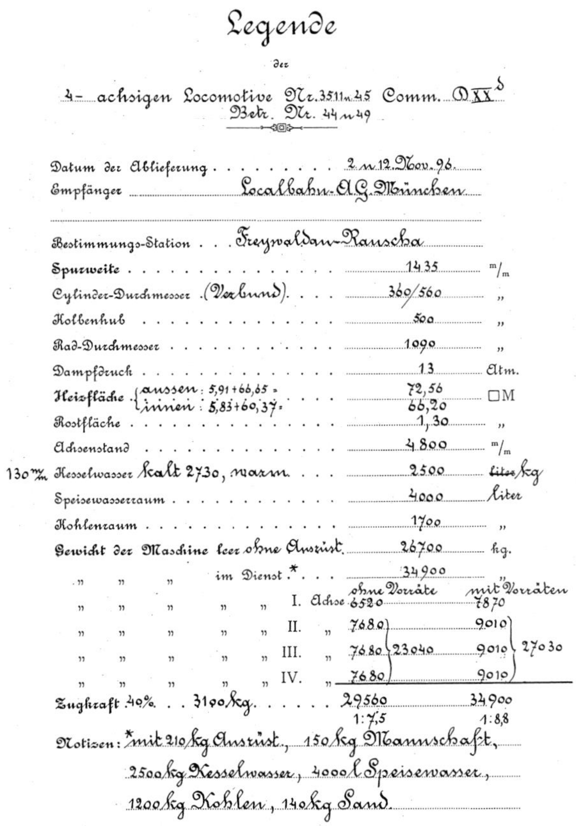

Legende

der

4- achsigen Locomotive Nr. 35 11 u 45 Comm. D XX[d]
Betr. Nr. 44 u 49

Datum der Ablieferung	2 u 12. Nov. 96.	
Empfänger	Localbahn-A.G. München	
Bestimmungs-Station	Freywaldau-Rauscha	
Spurweite	1435	m/m
Cylinder-Durchmesser (Verbund)	360/560	„
Kolbenhub	500	„
Rad-Durchmesser	1090	„
Dampfdruck	13	Atm.
Heizfläche {aussen: 5,91+66,65 = / innen: 5,83+60,37 =	72,56 / 66,20	□M
Rostfläche	1,30	„
Achsenstand	4800	m/m
130 m/m Kesselwasser kalt 2730, warm	2500	~~liter~~ kg
Speisewasserraum	4000	liter
Kohlenraum	1700	„
Gewicht der Maschine leer ohne Ausrüst.	26700	kg.
„ „ „ im Dienst *	34900	„

	ohne Vorräte		mit Vorräten	
„ „ „ „ „ I. Achse	6520		7870	
„ „ „ „ „ II. „	7680	23040	9010	27030
„ „ „ „ „ III. „	7680		9010	
„ „ „ „ „ IV. „	7680		9010	
Zugkraft 40%. . 3190 kg.	29560 1:7,5		34900 1:8,8	

Notizen: *mit 210 kg Ausrüst., 150 kg Mannschaft, 2500 kg Kesselwasser, 4000 l Speisewasser, 1200 kg Kohlen, 140 kg Sand.

Arthur Pürschel

Mei Baohnel

Vo Rausche fuhr nach Freiwal heem,
a kleenes, bayerisches Baohnel,
a Lukmotivel vurne droa, hibsch anzuseh'n
und hinga droa, zwee, drei Weunel.
Und bimmeln toat's, waos bimmeln koan,
drum hieß so oo, die Bimmelbaohn.
Refrain: Bim, bim, bim, ich waor schun kumm,
ich hoa's merr eemal virgenumm.

Ei Gloashitte, iis erschte maol, spät oder frih,
do hielt mei kleenes Baohnel,
do ging a Schaffner vurne hie
und schwenkt a rutes Faohnel.
Und waor a maol de Station frei
do waor mei Baohnel husch vorbei.

Bei Eechwal gings dann gleiche furt,
do freut sich's kleene Baohnel.
Laut pfeet's vor Glicke immer durt
und rumpelt mit den Weuneln.
Und aus dem grußen Esseloch
speit's ahn schwaorzen, dicken Rooch.

Einst aon dem Übergang der Bur'schen Chaussee
waorsch weeß, dar wird's schun wissen,
do haot's a maol a Liefer-Weunel, oh je,
mei Baohnel haolb umgerissen.
Noch heute, kimmt's aon diesen Fleck,
do zittert's noch, vor Angst und Schreck.

Na, endlich kimmt's ei Freiwal ao,
monchmaol warsch o schun waos eher dao,
am Baohnhof stiehn und gucken immerfurt
Baohnhofsvorstand und neugierige Leut' vum Urt.
Es kunnte ja, tara, sching, bum,
a Fremder mit dem Baohnel kumm.

Nu ruht sich's kleene Baohnel aus
vu seiner langen Heede-Reese
und wundert sich über'n Autobus,
der fährt ja ohne Gleese.
Mei Baohnel herm dich ock do ne drimm,
wenn du nie waerscht, do waersch halt schlimm!

Nach der Verstaatlichung der LEG um 1940 aufgenommen: LAG 65 als 92 2401 der DR. Foto: Hubert Sammlung: Knipping

Ferklaboahne oder Schweindlaboahne nannten die Einheimischen ihre Liegnitz-Rawitscher Eisenbahn (LRE), deren Name schon deutlich macht, daß sie sich vor der Provinzgrenze ebenfalls nicht scheute. Im Gegenteil – bis 1920 war ihr Betriebssitz in Rawitsch und mußte dann nach Liegnitz verlegt werden. Über Rawitsch hinaus führte sie noch über Görchen bis Kobylin. Von Görchen baute die LRE noch zwei Flügelbahnen nach Gostkowo und Pakoslaw. Die insgesamt 129,08 Streckenkilometer wurden ab Januar 1896 gebaut und am 4. Februar 1898 für den Güterverkehr, am 10. Februar 1898 für den Personenverkehr in Betrieb genommen. Der Abschnitt von Liegnitz bis zur Provinzgrenze war 76,47 km lang. Gebaut und betrieben wurde die LRE von Lenz & Co., die sich zumindest beim Bau östlich von Rawitsch des Eisenbahnregiments Nr. 1 bediente. Das war billig und führte zu raschem Baufortschritt.
In Liegnitz beginnt die Bahn im Nebenbahnhof, der durch einen Tunnel mit dem Staatsbahnhof verbunden ist. Für den Übergabeverkehr besteht eine Gleisverbindung. Daß die LRE vom Güterverkehr lebte, deuten schon ihre Spitznamen an; es zeigt sich in der Vielzahl der Anschlußgleise. In Liegnitz bediente sie 1928 den Schlachthof, das E-Werk, ein Tanklager, den Kohlen- und Brikettkontor, das Telegrafen Zeugamt und das Industriegelände Herrenwiese. Nach der Brücke über das Schwarzwasser wird die Umgehungsbahn nach Arnsdorf unterquert; es folgt im km 1,89 die Ladestelle Pfaffendorf mit Anschlüssen an zwei Ziegeleien, das Zweigwerk der Kodersdorfer Werke und das Ostöl-Tanklager. Im Katzbachtal abwärts führend, folgt im km 4,95 Panten, ein beliebter Ausflugsort. Im km 8,93 liegt der HP Bienowitz, wo eine Konservenfabrik – „Liegnitzer Gurken" – anschließt. Im HP Pohlschildern hat die Klavierfabrik Franke ihren Anschluß (km 11,31), auch wird das Dorf gern von Ausflüglern besucht. Dem Ausflugs- und Berufsverkehr dient der Bahnhof Parchwitz (km 16,27). Nach 1920 löste Parchwitz übrigens Rawitsch als Schweinemarkt ab, so daß die Borstentiere jetzt hier aus- und eingeladen wurden. Übrigens brauchte sich die Bahn über ihren geringen Personenverkehr nicht zu wundern, verstand sie es doch, ihre Bahnhöfe weitab der Ortszentren anzulegen und den Fahrgästen lange Fußmärsche zuzumuten. Das gilt für Parchwitz, Winzig und Herrnstadt, die Städte im Einzugsbereich, gleichermaßen. Nach Bielwiese (im km 22,68) und dem HP Porschwitz im km 26,17 wird im km 33,04 der Bahnhof Steinau/Oder erreicht, wo die LRE Gastrecht der Staatsbahn genießt.
Die Bedienung der Anschlüsse hat sich aber die LRE gesichert und hier gibt es freilich viel zu tun. Zum LRE-eigenen Oderhafen führt eine 2 km lange Anschlußbahn, weitere Anschlüsse bedienen die Zuckerfabrik, das Seifenwerk, die Ziegelei in Georgendorf, eine Konservenfabrik und eine Getreidehandlung. Bis 1912 konnte die Oderbrücke der Staatsbahn mitbenutzt werden, doch seither hat die LRE ihre eigene Brücke neben der zweigleisigen der Staatsbahn, so daß wir in Steinau die einzige Oderbrücke mit drei Gleisen finden. Der HP Ibsdorf (km 36,89) liegt 1 km vom Dorf entfernt. Es folgt im km 40,86 Krehlau, wo seit dem 25. September 1916 das Gleis der Lissa-Steinauer Kleinbahn einmündet. Dieses zieht nordwärts während die LRE die Nordost-Richtung beibehält. Auf freiem Feld folgt im km 45,7 die Ladestelle des 2,5 km entfernten Dominiums Kaschewen. Im km 49,36 liegt der Bahnhof Winzig, etwa 2,5 km abseits des beliebten Ausflugsstädtchens. In Piskorsine (53,15) hat das Dominium seinen Anschluß; im km 56,85 liegt der HP Groß Tschuder. Wenngleich die LRE im km 60,70 den Staatsbahnhof Herrnstadt mitbenutzt, wäre es für den Personenverkehr sicher sinnvoll gewesen, nördlich der Bartschbrücke einen HP nahe der Stadt einzurichten. So aber durchfahren wir im km 62,86 die Ladestelle des Dominiums Gurkau, im km 65,58 folgt der HP Tscheschkowitz-Bienowitz, ehe wir im km 71,02 Wehrse erreichten.
Bis 1920 war Wehrse eine Haltestelle wie viele andere auch. Landwirtschaftliche Produkte wurden verladen, Industrieerzeugnisse ausgeladen. Außerdem war Wehrse wichtig für das Verladen der Pferde des Remontedepots. Vier Zugpaare passierten täglich den Ort und man konnte bequem an einem Tag über Rawitsch nach Breslau und zurück fahren.
Doch dann kam die unglückliche Grenzziehung nach dem verlorenen Krieg. Rawitsch wurde polnisch, und am 17. Januar 1920 kam zum letzten Mal das Zügle von Rawitsch her. Die Grenze war geschlossen. Ein einziges Zugpaar am Tage verkehrte noch. Man konnte wohl bis Herrnstadt fahren, mußte aber heimwärts laufen. Als ein zweites Zugpaar eingelegt wurde, mußte der Abendzug in Wehrse übernachten. Für das Personal wurde ein Packwagen als Schlafraum abgestellt.
1923 wurde der Verkehr mit Polen wieder aufgenommen. Nun mußte man Platz für Zoll, Polizei, Güterabfertigung schaffen. Der Bahnhof wurde erweitert. Eine „Bahnamtlich deutsch-polnische Grenzspedition" ließ sich nieder. 1925 wurde ein massiver Lokomotivschuppen errichtet. Schwierigkeiten machte die Wasserversorgung der Lokomotive. Man legte schließlich ein tiefes Sammelbecken an, das das Wasser des Mühlgrabens speicherte.
Monatlich reisten etwa 150 Personen hinüber nach Polen. Täglich kamen etwa 45 Güterwagen von drüben. Was wurde nun verfrachtet? 1925 kamen große Mengen Kartoffeln von Polen, die zumeist in die Schweiz gingen. Ebenso Kristall- und Rohzucker, hauptsächlich aus der Zuckerfabrik Görchen. Der Zucker ging bis Steinau, wurde dort auf Oderkähne verladen und von Stettin nach England verschifft. 1925 passierten den Bahnhof 300 000 Zentner Zucker. Im September 1926 kamen aus der Gegend von Krakau, Lemberg, Wilna 170 Waggons mit Rollholz, das als Grubenholz in deutsche Kohlengruben wanderte, aber auch in die Papierwerke Maltsch und in die Zellulosefabriken in Sachsen ging. Rübenschnitzel kamen herüber, rumänischer Weizen für die Mühlenwerke in Guhrau, Lein- und Sonnenblumenkuchen. Wir lieferten vor allem Kunstdünger, landwirtschaftliche Maschinen und Fahrräder, auch Radioapparate und Erzeugnisse der Feinmechanik. Auch italienischer Marmor ging in großen Blöcken nach Polen.
Im km 74,16 liegt die Ladestelle Woidnig der Forstverwaltung am Kupferberg. Im km 75,62 wird die Grenze überquert; im km 80,0 erreicht der Zug den Staatsbahnhof Rawitsch. Nach 1923 war dies bis 1939 nur mit einem einzigen Zugpaar möglich. Dennoch war damit die LRE die einzige Privatbahn, die die neue Grenze überwand, während gleichzeitig viele Staatsbahnstrekken unterbrochen waren.
Ihren Betrieb begann die LRE mit T 3 des Vulkan, die sie

Station Winzig der Liegnitz-Rawitscher Eisenbahn bald nach der Eröffnung mit pr. T3. *Stephan*

Der Bahnhof, eröffnet im Jahre 1896.

bis 1910 beschaffte. Fünf davon mußte sie 1920 auf dem polnisch gewordenen Abschnitt belassen. 1928 besaß sie elf Dampfloks, darunter bereits vier ab 1924 vom Vulkan gelieferte 1'Cn2 ELNA 2. Zwölf Personenwagen und fünf Postpackwagen, hergestellt von Beuchelt in Grünberg und 168 Güterwagen vervollständigten den Fahrzeugbestand. 146 Mitarbeiter beförderten 333 352 Personen und 354 308 t Güter. 1938 hatte sich der Lokbestand auf neun reduziert – es waren zwar noch vier Dh 2-ELNA 6 hinzugekommen, doch waren die T 3 der Erstausstattung inzwischen ausgemustert. Ferner waren vorhanden: 14 Personenwagen, fünf Postpackwagen sowie 137 Güterwagen. Es waren nur 226 863 Personen, dafür aber 434 444 t Güter befördert worden. Im Zweiten Weltkrieg liefen dann alle drei die ganze Strecke bedienenden Zugpaare wieder bis Rawitsch durch. Im Februar 1945 gelang es, in einem Lokzug alle acht noch vorhandenen Lokomotiven nach Westen abzufahren.

Nach den Privatbahnen nun zu den Kleinbahnen, von denen uns in Krehlau die Lissa–Guhrau–Steinauer Kleinbahn schon begegnet ist. Sie hatte ihre Konzession am 11. Juni 1914 erhalten und ist von Lenz & Co. sofort in Bau gegangen. Rollten ab dem 15. Juni 1916 Güterzüge, so bediente der erste Personenzug ab 24. Mai 1917 die Strecke Lissa–Guhrau–Krehlau. Auf der LRE konnten die Züge bis Steinau durchfahren und somit zusätzliches Umsteigen vor der Staatsbahn vermieden werden. Zwischen Guhrau, wo die Kleinbahn ihren eigenen Bahnhof hatte, und dem 3 km entfernten Schlabitz hat die Kleinbahn ein eigenes Gleis parallel zur Staatsbahn Glogau–Bojanowo, die sie im Bahnhof Schlabitz fast rechtwinklig kreuzte. Ab 1920 endete die Kleinbahn im km 46,73, nachdem der Knoten Lissa zum Ausland wurde.

Ihr Endbahnhof wurde Heinzendorf-Kraschen, die restlichen 8,6 km abgetragen. 1928 besaß die Bahn vier T 3, die Orenstein & Koppel 1915 geliefert hatte, einen Triebwagen, fünf Personen- und zwei Packwagen. Güterwagen wurden nicht genannt. 55 Mitarbeiter beförderten 121 174 Personen und 90 682 t Güter.

Der Triebwagen gibt zu Vermutungen Anlaß, denn über ihn wissen wir leider nichts. Es könnte sich um den Benzol-VT gehandelt haben, der mit einem 75-PS-Motor der AEG-Tochter NAG ausgerüstet, von Beuchelt & Co. für die Eulengebirgsbahn gebaut und dort im Januar 1926 versuchsweise eingesetzt wurde. Er mag dort selbst auf dem Vorgebirgsabschnitt Reichenbach–Silberberg nicht entsprochen haben, weshalb man einen anderen Abnehmer suchte. Im Guhrauer Kreis war er sicher besser aufgehoben, lief er doch in der Ebene nur 40 km/h. Und bei Reklamationen war Grünberg nicht zu weit entfernt. Schließlich hatten die frühen VT fast alle ihre Kinderkrankheiten.

1939 war das Unternehmen umbenannt in Guhrauer Kreisbahn. 1938 hatte es noch drei T 3, dafür zwei Triebwagen im Bestand, ferner sieben Personen-, zwei Pack- und 32 Güterwagen. 46 Mitarbeiter konnten noch 60 077 Reisende, aber 112 151 t Güter befördern. Die Bahn ist nach 1945 abgebrochen worden.

Schlesiens nördlichste Kleinbahn, zugleich eine der kümmerlichsten der Provinz, begann in Grünberg an der Hatzfeldstraße, am Staatsbahnhof. Es war die von Lenz & Co. betriebene Kleinbahn AG Grünberg–Sprottau, die am 1. Oktober 1911 ihren Betrieb nach dem 50,75 km südlich an der Strecke Lissa–Sagan gelegenen Sprottau aufnahm. Im km 34,4 hatte sie in Herwigsdorf weiteren Anschluß an die Staatsbahn Sagan–Neusalz. Doch was nutzten diese Anschlüsse, wenn das Einzugsgebiet nur wenig hergab? Es war eine landwirtschaftlich genutzte Gegend mit nur wenigen Dörfern, die zudem nicht immer nahe der Bahn lagen.

Wurden im Sommer 1914 noch drei Zugpaare über die ganze Strecke gefahren, zu denen an Sonntagen noch

eines bis Bunzelwaldau kam, wurde das Angebot bald spärlicher. 1928 liefen vier T 3 der Erstausstattung, die – bei Lenz-Bahnen üblich – der Vulkan in Stettin geliefert hatte, acht Personenwagen, vermutlich von der heimischen Waggonfabrik Beuchelt, zwei Postpackwagen sowie 40 Güterwagen. 42 Mitarbeiter – im Eröffnungsjahr waren es 69 gewesen – beförderten 94 835 Personen und 59 357 t Güter.
Das Güteraufkommen wurde zum großen Teil von den Anschlüssen Grünberg Oberstadt erbracht, blieb also nur kurz auf der Kleinbahn. Dort waren die Deutsche Wollmanufaktur, eine Textilmaschinenfabrik, die Bergschloß-Brauerei, ein Hartsteinwerk, eine Weinbrennerei und der Schlachthof Kunden der Bahn. Im Winter 1929 liefen nur noch zwei Zugpaare als GmP über die Strekke, sofern es überhaupt Güterwagen mitzunehmen gab. Doch die Fahrpläne wurden noch sparsamer! Im Sommer 1934 gingen die Züge erst von Grünberg Oberstadt aus – bedienten also den Reichsbahnhof nicht mehr. Mittwochs und samstags gab es ein Zugpaar über die ganze Strecke, dazu eines bis Weichau. An den restlichen Werktagen fuhr in anderer Fahrplanlage nur ein Zugpaar. Bei einer solchen Fahrplangestaltung, die weder Berufs- noch Schülerverkehr berücksichtigt, sondern bestenfalls bei letzter Abfahrt in Grünberg um 12.40 Uhr dem Marktverkehr dient, brauchte man sich über entsprechende Fahrgastzahlen nicht zu wundern. 1938 reisten nur noch 9 309 Personen mit, 44 870 t Güter waren noch zu befördern. Die Gefolgschaft war auf 24 geschrumpft, die Betriebsmittel um eine T 3 und vier Personenwagen reduziert worden!
Im Sommer 1941 lief dann nur noch ein Werktagszugpaar über die ganze Strecke, erstaunlicherweise waren im Sommer 1944 zwei zusätzliche Zugpaare an Samstagen bis Weichau im Fahrplan. Sie dürften dem Marktverkehr gedient haben. Auch diese Bahn wurde nach 1945 nicht mehr weiterbetrieben.
Als einzige völlig westlich der Neisse gelegene Kleinbahn ist die Görlitzer Kreisbahn zu nennen, die, von Lenz & Co. gebaut, am 20. Mai 1905 im Abschnitt Görlitz–Arnsdorf (Kreis Görlitz) eröffnet wurde. Der Rest bis Weißenberg (Sachsen) folgte in zwei Raten bis 16. Dezember 1913. Die Vollendung verzögerte sich, weil die sächsische Regierung die Genehmigung für den 4,4 km langen sächsischen Abschnitt nicht rasch erteilte. Die Bahn hatte ihren besten Kunden in den Granitsteinbrüchen in Königshain-Hochstein, am Scheitelpunkt der Strecke (km 11,51). Um den Anstieg auf der 47 ‰-Rampe zu schaffen, benötigte man einen 1,7 km langen Zahnstangenabschnitt und beschaffte als Erstausstattung drei Zahnradloks der Maschinenfabrik Esslingen (Fabrik-Nummern 3297-99/1904). In Görlitz hatte die Bahn an der Rauschwalder Straße ihren Ausgangsbahnhof mit einem Übergabegleis zur Staatsbahn und Anschluß zum Schlachthof.
In Weißenberg (km 26,63) bestand Anschluß an die sächsische Strecke Löbau–Radibor. Im Personenverkehr lebte die Bahn von Berufspendlern und Ausflüglern, die das Königshainer Gebirge gern besuchten. 1914 kam für Rangierdienste eine T 3 von O & K.
1922 wurde der aufwendige Zahnradbetrieb aufgegeben, nachdem Probefahrten ergeben hatten, daß die Loks auch im Reibungsbetrieb mit der Steigung zurecht kamen.
Zahnstange und Zahnradtriebwerk wurden ausgebaut, die Loks aber bleiben weiter im Einsatz. 1928 waren acht Personenwagen, zwei Pack- und 23 Güterwagen vorhanden. 51 Mitarbeiter beförderten 128 659 Personen und 192 233 t Güter. 1931 wurde die erste ELNA 6 beschafft, der 1936 eine weitere folgte, eine dritte kam 1940.
Die ELNA lösten jeweils eine der alten Maschinen ab, denn der Bestand blieb über die Jahre konstant. Wenig bewegte sich auch bei den Wagen. 1938 waren elf Personen-, ein Pack- und 21 Güterwagen vorhanden. Jetzt war die Gefolgschaft auf 53 gewachsen, die 68 859 Personen und 202 688 t beförderten.
Um den stark gesunkenen Personenverkehr attraktiver durchführen zu können, wurde 1940 von der benachbarten WUMAG ein 100-PS-Triebwagen beschafft. Er hat dann zwei von vier Zugpaaren übernommen, wurde allerdings 1944 nur noch bei einem von drei Zugpaaren verwendet. Das dürfte eine Folge der Treibstoffrationierung gewesen sein. 1949 ging die Kreisbahn in der DR auf, die sowohl den VT als VT 135 500, wie auch die drei ELNA als 92 2901–03 und die T 3 als 89 7571 übernahm.
Im Bahnknoten Horka – zwischen 1937 und 1945 Wehrkirch – begann die nächste Kleinbahn. Die Kleinbahn Horka–Rothenburg–Priebus eröffnete ihren ersten Abschnitt westlich der Neisse bis Rothenburg/Oberlausitz am 15. Dezember 1907 und – nachdem die Neissebrücke bei Steinbach fertig war – am 17. Mai 1908 den Rest bis Priebus (km 25,76), wo sie an die Lausitzer Eisenbahn anschloß. Betriebsführer war Lenz & Co., die örtliche Verwaltung in Rothenburg. Der Fahrzeugpark war über die Jahrzehnte recht beständig: vier Dampfloks, vier Personen-, zwei Packwagen. 1928 wurden 28, 1938 nur noch 23 Güterwagen gezählt. Beim Personal wurde im gleichen Zeitraum von 41 auf 32 reduziert, entsprechend den gesunkenen Fahrgastzahlen von 110 372 auf 52 178 und Frachten (118 224 zu 70 384 t).
Durchgehende Züge Hansdorf–Horka zu führen, kam den beiden Bahnen nicht in den Sinn. Im Gegenteil: Nur bei einem Zug ging es nach einer Minute weiter, sonst mußte mindestens 15 Minuten bis zur Abfahrt des Anschlußzuges gewartet werden – wenn überhaupt einer da war! So jedenfalls zeigt es der Fahrplan im Sommer 1934. Der Betrieb ist wohl mit zwei T 3 und einem B-Kuppler eröffnet worden. Die Loks hatten Namen Oder, Elbe, der B-Kuppler hieß Neisse. Statistiken melden erst 1934 den Zugang von zwei T 3 von Neustadt–Gogolin und der Bunzlauer Kleinbahn, doch dann wäre der Geschäftsbericht nicht korrekt. Jedenfalls erhielt die Bahn 1943 noch eine ELNA 2, so daß sie 1949 mit fünf Loks verstaatlicht wurde. Auf dem Abschnitt östlich der Neisse sind offensichtlich höchstens Wagen zurückgeblieben.

Sommer 1914

Görlitz–Weißenberg Sachsen (Görlitz)

km			Z 1	Z 3	Z 5	W 9	W 7	F 31
km	Görlitz Rauschwalderstr 61 ⊙	Ab	7·35	11·25	2·40	4·55	9 20	10 40
11,0	Königshain-Hochstein	An	8· 3	11·52	3· 7	5·25	9 48	11 9
	⊙	Ab	8· 8	11·54	3·10	5·45	9 54	11 12
15,5	Hilbersdorf Kr. Görlitz	↓	8·27	12·12	3·28	6 3	10 15	11 30
16,5	Arnsdorf Kr. Görlitz ..	↓	8·34	12·15	3·32	6 7	10 23	11 34
18,1	Döbschütz	↓	8·42	12·20	3·37	6 12	10 28	11 39
21,6	Krischa-Tetta	↓	8·52	12·30	3·47	6 23	10 37	11 49
26,0	Weißenberg Sa.....	An	9· 3	12·40	4· 0	6 35	10 48	12 0

km			Z 2	Z 4	Z 6	Z 10	W 8	F 28
km	Weißenberg Sa.....	Ab	5 15	9·33	1· 0	W4·40	7 5	8 50
4,4	Krischa-Tetta	↓	5 25	9·44	1·12	4·50	7 16	9 0
7,9	Döbschütz	↓	5 35	9·53	1·21	5· 0	7 26	9 9
9,5	Arnsdorf Kr. Görlitz ..	↓	5 41	9·59	1·27	5· 6	7 32	9 15
10,5	Hilbersdorf Kr. Görlitz	↓	5 46	10· 5	1·34	5·14	7 40	9 23
15,0	Königshain-Hochstein	An	6· 7	10·28	1·57	W5·35	8 1	9 45
	⊙	Ab	6·12	10·32	2· 1	6 2	8 7	9 55
26,0	Görlitz Rauschwalderstr. 61 ⊙	An	6·40	11· 0	2·29	6 30	8 35	10 22

⊙ **Außerdem** F: ab Görlitz 2·5, 3·20, 6 40, 8 0, an Königshain 2·35, 5· 0, 7 7, 8 28, an Weißenberg 8 5 — R ab Königshain 2·40, 6 2, 7 20, 8 40, ab Weißenberg 5· 0

Züge führen W 3, F 2 Wagenklassen

Von der Maschinenfabrik Esslingen gelieferte Zahnradlok der Görlitzer Kreisbahn. Sommer 1936.
Foto: Bellingrodt

Nagelneu präsentierte sich die soeben von Henschel ausgelieferte ELNA 5 Nr. 182 der Görlitzer Kreisbahn im Sommer 1936.
Foto: Bellingrodt
Sammlung: Knipping

Gesamtansicht der vollendeten Eisenbahnbrücke.

Sicher ist zumindest die Lok retouschiert, doch ist beachtlich, daß die Kleinbahn Horka–Priebus zur Überquerung der Neiße bei Rothenburg/OL eine Fünf-Bogenbrücke benötigt.

Im Bahnknoten Kohlfurt begegnen wir der nächsten Kleinbahn, die dort nur ein Gleis für den Personenzug besaß. Das Umsetzen konnte erst nach Rückstoßen zum HP Forst Görlitz (km 1,10) erfolgen, wo auch ein Güterübergabegleis zur Staatsbahn bestand.

Die Kleinbahn Kohlfurt–Rothwasser, ebenfalls von Lenz & Co. betrieben, nahm ihren Betrieb mit entsprechender Feier am 21. Oktober 1913 mit zwei von Maffei, München, gelieferten B-Kupplern, zwei Personen-, einem Pack- und vier Güterwagen auf. Außer dem Niederbahnhof im km 4,90, wo ein Gleis zu den Görlitzer Tongruben nach Süden führte, gab es am Nordostrand des Marktfleckens noch den Hauptbahnhof im km 6,20. Von dort führte noch ein Anschlußgleis weiter nach Osten zur Ziegelei. Das Bähnlein hatte bei seinen Verkehrszahlen eine absteigende Tendenz. Wurden 1928 von elf Mitarbeitern noch 35 266 Personen und 29 248 t befördert, so waren dies 1938 bei sieben Mitarbeitern nur noch 8 540 Personen und 24 454 t Güter. Die Fahrt über die kurze Strecke führte vorwiegend durch Wald und war besonders schön im Herbst, wenn die Heide blühte. Trotz des Verkehrsrückganges wurden 1935 zwei T 3 von der Bunzlauer Kleinbahn übernommen, so daß die B-Kuppler verkauft werden konnten.

Sommer 1914

Kohlfurt–Rothwasser O. L. (Berlin)

km			Z 2	Z 4	Z 6	Z 8	Z 10	Z 12
	Kohlfurt Stsbf 55. 57	Ab	7·10	10· 0	1·25	4·15	7 5	9 40
4,9	Rothwasser Niederbf. . .		7·26	10·16	1·41	4·29	7 21	9 56
6,4	„ Hbf	An	7·30	10·20	1·45	4·33	7 25	10 0

km			Z 1	Z 3	Z 5	Z 7	Z 9	Z 11
	Rothwasser Hbf	Ab	6·25	9·20	12·15	3·15	5·10	8 40
1,5	„ Niederbf. . .		6·31	9·26	12·21	3·19	5·16	8 46
6,4	Kohlfurt Stsbf 64. 94	An	6·45	9·40	12·35	3·33	5·30	9 0

Bruno Walter

Wintereinsatz bei der Kleinbahn in Rothwasser

Wer erinnert sich nicht an die schneereichen Winter, die wir manches Jahr bei uns in Schlesien hatten? Es gab auch Winter, die nicht so streng waren, aber der Schnee reichte wohl immer zu. Es passierte mitunter, daß es erst im Februar, ja sogar Anfang März den meisten Schnee gab, und von so einem schneereichen Winter will ich eine kleine Geschichte erzählen.

In den dreißiger Jahren war ich bei der Kleinbahn in Rothwasser als Zugführer beschäftigt. Da es gegen Ende des Monats war, fuhr ich nur den Frühzug und war tagsüber mit Büroarbeiten beschäftigt, den Abendzug fuhr dann mein Kollege Fritz Haupt. Zu der Zeit wohnte ich noch in der hinteren Kolonie, fast an der Laubaner Bahn. Unser Zug fuhr 6.12 Uhr von Rothwasser ab, und da es im Winter morgens etwas mehr Arbeit gab, war ich immer so gegen 5.00 Uhr am Bahnhof. Als ich nun, nachdem es am Abend und nachts viel geschneit hatte, ins Dorf kam, sah ich, daß kein Zug auf dem Bahngelände stand und merkte auch, daß auf dem Lokschuppen kein Schornstein rauchte und dachte schon, ich hätte mich verspätet und bekam einen mächtigen Schreck. Aber dann sah ich, daß es auf der Bahnhofsuhr auch erst 5.00 Uhr war, und ich konnte mir gar nicht denken, was da los war. Na, ich erst mal rein ins Büro und erst mal den Ofen angeheizt. Auf einmal klingelt das Telefon, und unser Betriebsleiter, Herr Joachim, der die Wohnung im ersten Stock hatte, sagte mir, daß der Zug von gestern abend noch nicht zurück sei und im Einschnitt im Heinze Berge steckengeblieben sei. „Gehen Sie doch mal hin und sehen Sie nach", sagte er noch. Unten im Einschnitt kam schwarzer Rauch hoch von der Lok. Da steckte der Zug im Schnee, hoffnungslos bis oben hin. Unser Betriebsleiter hatte von der Reichsbahn den Schneepflug angefordert. Als es dann hell wurde, kam Amtmann Eberlein von Kohlfurt, sah sich das an und stand mit unserem Betriebsleiter oben auf dem Damm. Im Laufe des Gesprächs höre ich, wie der Betriebsleiter zu Herrn Eberlein sagt: „Ob sie werden durchkommen?" Damit war der Schneepflug gemeint. „Ja, was denken Sie denn", meint Herr Eberlein, „ich habe zwei große Güterloks dranspannen lassen." Da dachte ich so bei mir: Hoffentlich sehen die uns, sonst werfen sie unseren Zug noch mit raus. Nun kommen sie ganz gemütlich beim Nieder-Bahnhof vorbei, und als sie in die Kurve rein kommen und merken, was los ist, fangen sie an aufzudrehen. Aber, o weh, als sie in den Haufen reinkommen, war es aus. „Na was sagen Sie jetzt?" sagte der Betriebsleiter zu Herrn Eberlein, und der war sprachlos. „Ja, zum Donnerwetter, das ist ja nicht zu glauben!" Jedenfalls sind die mit ihrem Pflug abgezogen und da wurde mit unserer Streckenkolonne eben geschaufelt. Und die Firma Hauk hatte Leute rübergeschickt. Es machte uns immer etwas ängstlich, wenn wir abends fuhren und der Ostwind brachte den Schnee so angeweht. Hoffentlich kommen wir gut heim, haben wir gedacht. Denn wenn der Zug von Görlitz Verspätung hatte, da kam es vor, daß man 'ne Stunde länger warten mußte. Steckengeblieben sind wir fast jedes Jahr, aber nach einigem hin und her wieder raus. Ein Andenken hatten wir behalten: Durch das Rollieren der Loks hatten wir ein paar kleine Dellen ins Gleis bekommen.

Ein B-Kuppler mit Kobelschornstein führte am 21. Oktober 1913 den Eröffnungszug mit von der Staatsbahn geliehenen Wagen der Kleinbahn Kohlfurt–Rothwasser.

Für den Alltagsbetrieb reicht später der Zwei-Wagenzug, den allerdings die stärkere T3, die für den Güterverkehr nötig war, zog. *Erich Schulze*

Es klingt zwar großspurig, wenn eine Kleinbahn in einem Marktflecken mit 2 700 Einwohnern einen Hauptbahnhof hat, aber wie sollte man diesen sonst vom Niederbahnhof unterscheiden? *Erich Schulze*

Die Bunzlauer Kleinbahn entstand am 1. Juli 1921 durch die Fusion zweier bis dahin selbständiger Kleinbahnen, die beide von Lenz & Co. gebaut und betrieben wurden. Am 10. April 1906 wurde die Bahn Bunzlau Klbf.–Neudorf (Gröditzberg) eröffnet, am 1. Oktober 1907 deren später nur dem Güterverkehr dienender Abzweig Alt Warthau–Neu Warthau (2,4 km). 1914 lief dort noch ein GmP-Paar an Werktagen.

Im Endbahnhof Neudorf (km 24,80) hatte die Linie Anschluß an die Staatsbahn Goldberg–Greiffenberg. Sie lebte von den Sandsteinbrüchen in Alt Warthau–Nieschwitz, den Kalk- und Zementwerken in Ober Groß-hartmannsdorf. Auch der Ausflugsverkehr zum Gröditzberg spielte eine Rolle.

Am 20. Dezember 1913 eröffnet die Bahn Bunzlau–Modlau ihre 31,04 km lange Strecke. In Bunzlau benutzte sie den Kleinbahnhof mit, mutete somit auch ihren Anschlußreisenden sechs Minuten Fußmarsch vom Staatsbahnhof durch die Hüttenstraße zu. In Modlau hatte sie Anschluß an die Staatsbahn Berlin–Breslau.

Dazwischen bediente sie u. a. im km 7,36 Eichberg, einen beliebten Ausflugsort, Kittlitztreben (km 14,29), wo es Holz zu verladen gab. Hier bog die Bahn nach Osten ab, wo sie u. a. im HP Greulich (km 25,89) eine Eisengießerei und Sägewerke zu bedienen hatte. Der Personenverkehr dieser Strecke stand stets im Schatten der Südlinie, was sich 1934 bei den Umlaufplänen des ersten Triebwagens deutlich zeigte. Er bediente morgens mit einem Zugpaar die Strecke nach Modlau und pendelte dann den ganzen Tag auf der Neudorfer Linie. 1928 besaß die Bahn sieben Dampfloks, elf Personen-, zwei Pack-, 51 Güter- und acht Spezialwagen. 103 Mitarbeiter beförderten 361 069 Personen und 347 039 t. Im selben Jahr kamen die ersten beiden ELNA 3 zur Verstärkung des bis dahin mit T 3 durchgeführten Betriebs nach Bunzlau. 1938 standen sechs Dampfloks, zwei Triebwagen, 17 Personen-, zwei Pack- und 53 Güterwagen zur Verfügung. 119 Beschäftigte beförderten 306 997 Personen und 457 235 t Güter. Der erste Triebwagen, den die WUMAG zugleich mit einem baugleichen für die Isergebirgsbahn lieferte, bewährte sich in Bunzlau gut, so daß 1936 noch ein größerer beschafft wurde und im Sommer 1939 fast der gesamte Reiseverkehr von den VT bestritten wurde. 1935 kam noch eine ELNA 3 und 1944 wurden sogar noch zwei ELNA 6 geliefert. Ein Munitionslager bei Kretschamberg soll dafür bestimmend gewesen sein. Es gelang, im Februar 1945 alle Triebfahrzeuge zur Niederlausitzer Eisenbahn abzufahren.

Bunzlauer Kleinbahnen:

Gattung	Hersteller Bj./F-Nr.	Herkunft	im Bestand ab	Lenz-Nr.	AGV-Nr. ab 1921	Abgang am
a) eigene Dampflokomotiven der Kleinbahn Bunzlau-Neudorf:						
Cn2t-T3.2	LH 05/ 293	Neulieferung	. .05	1b Kl.Bz.N.	= 21c BK	1945 Rückführlok NLE
Cn2t-T3.2	LH 05/ 294	Neulieferung	. .05	2b KL.Bz.N.	= 22c BK	1945 Rückführlok NLE
Cn2t T3.2	LH 05/ 295	Neulieferung	. .05	3b Kl.Bz.N.	= 23c BK	. .35 22c Kl.K.R.
Cn2t-T3.b	Vu 07/ 2323	Neulieferung	. .07	4b Kl.Bz.N.	= 24c BK	1945 Rückführlok NLE
b) eigene Dampflokomotiven der Kleinbahn Bunzlau-Modlau:						
Cn2t-T3.p	OK 13/ 6115	Neulieferung	. 4.13	11c Kl.Bz.M.	= 25c BK	. .35 21c Kl.K.R.
Cn2t-T3.p	OK 13/ 6116	Neulieferung	. 4.13	12c Kl.Bz.M.	= 26c BK	. .35 WL Philipp Holzmann
Cn2t-T3.p	OK 13/ 6117	Neulieferung	. 5.13	13c Kl.Bz.M.	= 27c BK	. .27 ... H.R.P
c) für die Bunzlauer Kleinbahn (Bz.Klb) beschaffte Dampflokomotiven:						
Dh2t-3	Hen 28/ 21209	Neulieferung	. .28		171 BK	2/45 Rflok NLE
Dh2t-3	Hen 28/ 21210	Neulieferung	. .28		172 BK	1945 Rflok NLE (weiter an BSE)
Dh2t-3	Hen 35/ 22696	Neulieferung	. .35		173 BK	2/45 Rflok NLE
Dh2t-6	Hen 44/ 26200	Neulieferung	. .44		181 BK	1945 Rflok NLE
Dh2t-6	Hen 44/ 26147	Neulieferung	. .44		182 BK	1945 Rflok NLE 1)
Anmerkungen: 1) 182 BK: zwischen 1945 und 1950 verkauft an Beeskow-Fürstenwalde 4-140 OBrB						

d) vermietete Dampflokomotiven:

Gattung	Hersteller	Nr./Eigentümer	vermietet an	im Einsatz	verkauft/ausgemustert
Dh2t-3	Hen 28/ 21210	172 BK	1945 an NLE ausgelagert, noch 45 weiter an BSE		
			BSE	. .45 – . .49	
			KSE	. 4.50 – 4. 1.52	
			BbLE/BLE	6. 1.52 – 31. 3.58	172 BLE (abg 5.62, + 25. 3.65)

Winter 1929

2238 Bunzlau—Modlau.

						km	Station					
...	7·50	W12·40	14·40	18·30	21·10	km	ab **Bunzlau** Klbf. an	7·26	10·52	13·36	W16·37	20·50
...	8·03	×12·52	14·58	18·48	21·27	6	Nieder-Schönfeld	7·14	10·38	13·24	16·25	20·34
...	8·11	12·59	15·00	18·57	21·35	8	Eichberg	7·07	10·30	13·17	16·18	20·25
...	8·40	13·20	15·20	19·20	21·54	15	Kittlitztreben	6·51	10·10	13·00	16·00	20·05
5·15	9·15	14·00	15·49	20·02	22·28	27	Gremsdorf	6·20	9·30	12·30	15·17	19·30
5·28	...	W14·12	S	W	S	31	an **Modlau** Klbf . ab	6·08	W	S	W15·00	S

2240 Bunzlau—Neudorf (Gröditzberg).

					km	Station						
5·45	10·10	13·50	W16·25	21·00	km	ab **Bunzlau** Klbf. . . . an	6·27	7·25	13·00	W17·59	W20·29	S20·42
5·53	10·18	13·58	16·33	21·08	3	Gnadenberg	6·20	7·18	12·53	17·52	20·21	20·35
6·07	10·31	14·11	16·47	21·23	8	Alt-Warthau-Nieschw.	6·07	7.05	12·40	17·39	20·06	20·2[illegible]
6·19	10·43	14·28	17·00	21·37	12	Mittlau	5·54	6·53	12·28	17·27	19·52	20·1[illegible]
6·32	10·56	14·36	17·28	21·55	16	Ob. Gr.-Hartmannsdorf	5·42	6·40	12·16	17·15	19·35	19·5[illegible]
...	11·08	14·48	17·40	22·08	21	Gröditzberg	5·21	[illegible]	12·03	15·43	19·14	19·44
...	11·20	15·00	W17·54	22·21	25	an **Neudorf** . . . . . ab	5·10	...	11·50	W15·30	W19·00	S19·30

Als Ersatz für die T3 beschaffte die Bunzlauer Kleinbahn für den Güterverkehr ELNA-Lokomotiven. Nr. 172, eine ELNA 3, am 4. Juni 1936. Geisler

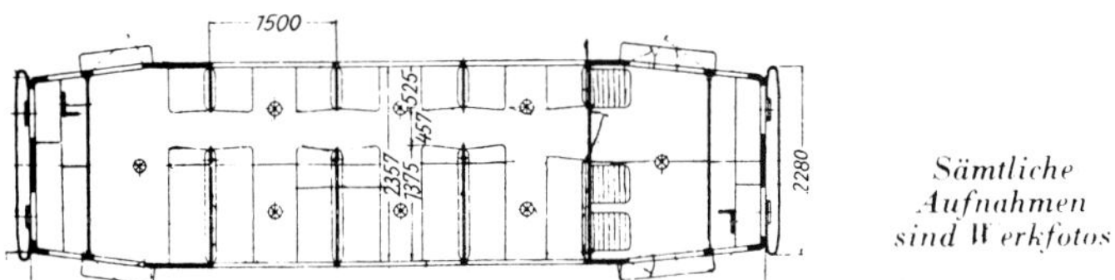

Kleintriebwagen mit 65 PS-Dieselmotor (32 Sitzplätze)

Sämtliche Aufnahmen sind Werkfotos

Für den schwachen Personenzugdienst kamen 1936 diese WUMAG-Triebwagen. Sie besaßen keine Kupplung und Puffer – man könnte sie als frühe Schienenbusse bezeichnen.

Sommer 1940

Bunzlauer Kleinbahn

130 Bunzlau–Modlau — Alle Züge 3. Klasse

	51 w	53	55	57 w	151 w	59 S	61 w		63 w	65 S	km	Zug Nr / Zug Nr	52 w	54	56 w	58 S	152 w	58 w	60 S	
...	...	...	8.00	12.00	13.11	14.11	17.40	...	19.30	20.00	0,0	ab Bunzlau Ost 130a, 132 an	6.30	7.42	10.45	12.58	15.43	17.05	19.30	...
...	...	...	8.40	12.50	13.39	14.39	18.09	...	20.16	20.28	14,3	▼ Kittlitztreben ▲	6.03	7.06	10.14	12.31	15.16	16.25	19.03	...
...	w	...	9.04	13.23	13.59	14.59	18.30	...	20.46	20.48	26,8	an Gromsdorf ab	5.41	6.36	9.50	12.09	14.55	15.25	18.41	...
...	5.15	5.40	9.15	14.01	↵ w	S	18.31	...	20.56	...		ab (Bez Liegnitz) an	5.40	6.21	9.49	12.07	↵	14.49	...	...
...	5.22	5.49	9.24	14.08	...	...	18.38	...	21.07	...	31,1	an Modlau Nord 121 ab	5.33	6.10	9.40	12.00	...	14.40	...	...

Züge halten in: km 3,4 X Neu Schönfeld, km 5,2 Ndr Schönfeld, km 9 Eichberg, km 11,0 Groß [illegible], km 18,3 X Kretschamberg, km 23,3 X Waldmühlhäuser, km 25,8 X Greulich, Y km 29,1 Modlau Dorf.

Bunzlauer Kleinbahn

130 a Bunzlau–Neudorf (Gröditzberg) — Alle Züge 3. Klasse

	11	21 w	101 S	13 w		13 S	15 w	103 S	km	Zug Nr / Zug Nr	12 w	14	22 w	102 S		16 w	18 S	
...	6.00	10.30	11.10	13.10	...	14.10	18.00	23.12	0,0	ab Bunzlau Ost 130, 132 an	7.36	9.07	12.46	13.38	...	17.25	20.38	...
...	6.33	11.07	11.33	13.43	...	14.33	18.33	23.35	11,6	▼ Mittlau ▲	7.03	8.34	12.14	13.16	...	16.53	20.16	...
...	6.46	11.20	11.40	13.56	...	14.40	18.46	23.42	15,9	an Ober Großhartmannsdorf ab	6.50	8.20	12.00	13.08	...	16.40	20.08	...
...	6.55	...	11.41	14.06	...	14.41	18.55	23.43		ab an	6.39	8.14	...	13.07	...	15.48	20.07	...
...	7.20	...	11.58	14.30	...	14.58	19.19	24.00	24,8	an Neudorf (Gröditzberg) 123 a ab	6.15	7.50	...	12.50	...	15.24	19.50	...

Züge halten in: km 2,8 [illegible], km 4,2 X Klein Krauschen, km 7,3 X Alt Warthau-Goldbach, km 8,4 Alt Warthau Dorf, km 14,6 Nieder Groß Hartmannsdorf, km 20,7 Gröditzberg, km 22,7 Ragen-Neudorf.

Sommer 1934

129 n Kleinbahn Lüben - Kotzenau

Alle Züge 2. 3. Klasse

.	...	...	c 6.04 b 5.24	...	...	13.46	...		ab *Liegnitz* 123 a .... an	...	8.37	...	...	...	12.22	...	...
			2			4		km	Zug Nr — Zug Nr		1				3		
...	...	...	a 7.18	...	...	a 14.30	...	0,0	ab **Lüben** 123 a .... an	...	a 6.45	...	...	...	a 11.30	...	...
...	...	...	7.32	...	...	14.44	...	4,4	Ober Oberau	...	6.35	...	...	...	11.20	...	...
...	...	...	7.38	...	...	14.50	...	5,7	Mittel Oberau	...	6.29	...	...	...	11.14	...	...
...	...	...	7.51	...	...	15.03	...	9,7	Ober Gläsersdorf	...	6.16	...	...	...	11.01	...	...
...	...	...	7.59	...	...	15.11	...	12,0	Nieder Gläsersdorf	...	6.08	...	...	...	10.53	...	...
...	...	...	8.09	...	...	15.21	...	15,4	Braunau	...	5.58	...	...	...	10.43	...	...
...	...	...	8.23	...	...	15.35	...	20,4	Seebnitz	...	5.45	...	...	...	10.30	...	...
...	...	...	8.33	...	...	15.45	...	23,4	Groß Kotzenau	...	5.35	...	...	...	10.20	...	...
...	...	...	8.36	...	...	15.48	...	24,5	Winkel	...	5.30	...	...	...	10.15	...	...
...	...	...	8.45	...	...	15.57	...	28,1	an **Kotzenau** 123 .... ab	...	5.21	...	...	...	10.06	...	...
...	...	...	12.43	...	...	16.32	...		an *Reisicht* 123 .... ab	...	...	...	...	...	7.48	...	...

a = W sowie am 20. und 21. V. 34 b = bis 30. IX. 34 c = ab 1. X 34

War die Bunzlauer Kleinbahn stets bestrebt, ihren Fahrzeugpark zu modernisieren, so fuhr die Kleinbahn Lüben–Kotzenau bis 1945 mit ihrer Erstausstattung. Sie eröffnete ihre Linie am 1. Oktober 1917 und schuf damit eine Verbindung der Staatsbahnstrecken Raudten–Queissen–Liegnitz mit Freystadt–Reisicht. Obwohl sie mit ihren, 1928, drei Dampfloks, drei Personen-, einem Pack- und zwölf Güterwagen stets schlechte Fahrpläne anbot, hatte gerade sie einen bemerkenswerten Zuwachs im Personenverkehr – sofern die Geschäftsberichte stimmen. Beförderten 1928 16 Mitarbeiter 32 259 Personen und 25 905 t über die 28,1 km lange Strecke, so waren dies 1938 immerhin 53 491 Personen und 20 157 t und das, obwohl die Bahn 1934 nur zwei Zugpaare werktags anbot. Ab Sommer 1939 war es sogar nur noch eines. Gewiß, die beiden Endpunkte hatten bemerkenswerte Industrie, die Berufspendler einlud, aber wie sollten diese mit den Fahrplänen zurecht kommen? Realistischer scheint da eine Quelle, die für 1935 10 538 Fahrgäste nennt!

Schon beim Fahrzeugpark sehen wir, daß diese Bahn nicht von Lenz & Co., sondern von der Osthavelländischen Kreisbahn in Berlin gebaut und anfangs auch betrieben wurde. Erst 1938 wird als Betriebsführer Lenz & Co. genannt. Zwei Dreikuppler kamen 1916 von Linke-Hofmann – einer Quelle zufolge sollen es keine T 3 gewesen sein, während eine andere behauptet, die Bahn habe nur T 3 besessen. Jedenfalls wurde 1916 noch eine T 3 der Staatsbahn übernommen, die schon 1888 bei Schwartzkopff gebaut, bis zum Verkauf bei der KED Posen gelaufen war. Sie wurde 1930 ausgemustert, so daß dann nur noch zwei Loks zur Verfügung standen.

An der alten Reichsstraße Berlin–Breslau lebten die 2 000 Einwohner des Städtchens Polkwitz seit Generationen vom Verkehr, der aber mit den Eisenbahnen immer mehr abwanderte. Die großen Bahnen aber führten weit an Polkwitz vorbei. Immerhin waren es bis zum Abzweigebahnhof Raudten-Queissen 17,6 km und diese Entfernung wollten die Polkwitzer auf eigener Schiene zurücklegen. Sie gründeten deshalb die Polkwitz–Raudtener Kleinbahngesellschaft und gewannen als Bau- und Betriebsunternehmen die Vereinigte Eisenbahnbau- und Betriebsgesellschaft in Berlin. Die Strecke wurde am 13. April 1900 eröffnet und anfangs mit drei Zugpaaren bedient. Es werden zwei T 3 nachgewiesen, die „Polkwitz“ und die „Graf Recke Vollmerstein“, beide von Hohenzollern vor der Eröffnung geliefert, doch nennen die Geschäftsberichte von 1928 und 1938 je drei Dampfloks. Indessen reduzierten sich die Personenwagen von vier auf zwei, die Güterwagen von fünf auf drei; zwei Packwagen blieben im Dienst. Die Verkehrszahlen blieben bescheiden: 1928 13 220 Personen, 1938 nur noch 6 718. Im Güterverkehr wurden 22 365 t bzw. 22 957 t befördert. Dementsprechend wurden in den dreißiger Jahren nur noch zwei Zugpaare werktags angeboten. An einem Wochenende Ende Mai lief jedoch ein zusätzliches Zugpaar. Es konnte sich dabei um einen Marktzubringer für Polkwitz handeln oder um einen Wallfahrtszug für Hochkirch, das von der im km 8,25 gelegenen Haltestelle Barschau nach halbstündiger Wanderung zu erreichen war. Wenn wir auch den genauen Grund für diesen Einsatz nicht kennen, so zeigt sich, daß die Bahn gewillt war, sich diese zusätzliche Einnahme nicht entgehen zu lassen. Übrigens wurde Polkwitz 1937 in Heerwegen umbenannt.

Lokschuppen der Kleinbahn in Ko zenau.

Sommer 1934

129 s Raudten - Polkwitz

...bahngesellschaft Polkwitz

Alle Züge 2. 3. Klasse

) ...	7.05	...	...	...	...	...	...	18.00	...	...	ab *Glogau* 122 .... an	...	7.34	...	...	...	18.05	...	...	...	...	...
a 5.24	b 6.04	...	...	...	...	...	16.44	...	...	...	ab *Liegnitz* 123 a .... an	...	...	...	8.37	...	...	19.18	...	...	...	...
...	...	**6.15**	...	...	...	15.49	...	...	...	...	ab *Breslau Hbf* 122 .... an	...	...	9.25	...	...	...	...	20.27	...	...	...
...	...	...	...	5.38	...	...	...	...	16.51	...	ab *Breslau Freib Bf* 122 .... an	...	...	...	...	...	...	...	...	...	...	...

w 2	2		w 4	4		km	Zug Nr — Zug Nr	1		w 3	3
w 8.00	c 7.55	...	w 18.40	c 18.40	...	0,0	ab **Raudten** 122, 123 a ..*) an	f 7.05	...	w 17.20	c 17.30
8.08	8.03	...	18.47	18.47	...	2,4	Raudten Haltepunkt *)	6.56	...	17.10	17.23
8.17	8.10	...	18.56	18.54	...	5,4	Polach X ....*)	6.49	...	17.00	17.16
8.26	8.17	...	19.05	19.00	...	8,3	Barschau X ....*)	6.42	...	16.50	17.09
8.36	8.23	...	19.15	19.07	...	11,1	Tarnau-Kummernick	6.35	...	16.40	17.02
w 9.00	c 8.40	...	w 19.35	c 19.25	...	17,6	an **Polkwitz** .... ab	f 6.15	...	w 16.20	c 16.45

f = W und wie unter c g = während der Wintersportze[it] auf besond. Anordnung

X = in Polach u. Barschau halten die Züge nur nach Bedarf *) Fahrkartenverkauf im Zuge a = bis 30. IX. b = ab 1. X. c = am 20. u. 21. V.

Beachtliche Stationsgebäude hatte die Kleinbahn Jauer–Maltsch in Groß Wandriß und Royn errichtet.

Mit der Kleinbahn Jauer–Maltsch begegnet uns wieder eine der Lenz-Bahnen. Sie verband seit 1. Oktober 1902 die Kreisstadt Jauer an der Wütenden Neisse mit der Stadt am Oderhafen, die nach 30,25 km Fahrt im dortigen Kleinbahnhof endete. In Jauer, wo Lenz & Co. eine Zentralwerkstatt unterhielt, durfte die Kleinbahn den Staatsbahnhof der Strecke Liegnitz–Königszelt mitbenutzen. Im HP Nieder Hertwigswaldau schloß eine Zuckerfabrik an. In Groß Wandriß (km 13,62) war ein Sägewerk zu bedienen, in Berndorf (km 16,10) war die Wasserstation. Hier hatte auch die Reparaturkolonne ihren Sitz.

In Royn (km 22,37) hatte eine Maschinenfabrik Anteil am Güteraufkommen. Ehe der Kleinbahnhof Maltsch, der nördlich der Hauptbahn Liegnitz–Breslau lag, erreicht wurde, mußten diese und die Nebenbahn Maltsch–Wohlau überquert werden, ehe ebenerdig ein Anschlußgleis zu den Fabriken gekreuzt wurde. Während normalerweise GmP mit zwei Personen- und einem Packwagen verkehrten, mußten zur Zuckerrübenernte eigene Güterzüge gefahren werden, die sowohl die Zuckerfabrik in Hertwigswaldau wie in Maltsch versorgten. Als Rückfracht gab es dann Rübenschnitzel als Viehfutter. Die Kleinbahn führte anfangs vier Zugpaare, 1929 noch drei, später – ab 1934 nur noch zwei. 1901 lieferte der Vulkan drei T 3, die die Namen Helene, Elise und Helga erhielten. 1927 standen diese sowie vier Personen-, ein Pack- und 31 Güterwagen zur Verfügung. Es wurden 42 Mitarbeiter beschäftigt, die 81 565 Personen und 105 768 t Güter beförderten. 1937 quittierte Helene den Dienst; dafür kam 1938 eine Ch2 ELNA 2. Damals wurden 38 798 Personen und 97 944 t Güter befördert. 1941 kam wieder eine ELNA 2, so daß jetzt Helga an die Stadtwerke Jauer abgegeben werden konnte.

Es ist naheliegend, daß von anderen Lenz-Bahnen immer wieder Lokomotiven nach Jauer kamen, die hier auch zur Probe liefen. Sie haben aber statistisch mit der Kleinbahn nichts zu tun, selbst wenn sie, wie die Lok 22 der Kleinbahn Kiel–Schönberg, als Ostverlust gelten. In Maltsch hatte die Kleinbahn weder Anteil an der 2,63 km langen staatseigenen Hafenbahn, noch an der Anschlußbahn zur Zuckerfabrik und den anderen Werken gehabt. Die ELNA 2, die 1941 als Nr. 142 von Henschel an die Kleinbahn geliefert wurde, kam als Fluchtzug bis nach Bornhövel an der Kleinbahn Kiel–Segeberg. Sie diente bei verschiedenen westdeutschen Kleinbahnen, zuletzt der Butzbach–Licher Eisenbahn. Von dort gelangte sie am 11. Juli 1970 an die Deutsche Gesellschaft für Eisenbahngeschichte, die sie in ihrem Museum in Bochum-Dahlhausen zeitweise betriebsfähig der Nachwelt erhält. Die Kleinbahnstrecke ist Anfang der siebziger Jahre abgetragen worden.

Bei aller Kürze – in bezug auf die Betriebsdauer und Streckenlänge – gibt uns die Neumarkter Kleinbahn die meisten Rätsel auf. Die Kreisstadt an der Hohen Straße war 1844 beim Bau der Niederschlesisch-Märkischen Bahn 4 km abseit liegen geblieben, weil die Stadt ungefähr 30 m höher lag, als die am Fuß der Hügelkette geplante Trasse.

Der Bahnhof Neumarkt – später Reichsbahnhof – lag bei Stephansdorf. Im Inflationsjahr 1922 erhielt die Neumarkter Kleinbahn ihre Konzession. Gebaut und betrieben wurde die Bahn von Smoschewer & Co. in Breslau. Die 4,1 km lange Strecke führte über Feldschlößchen und den Stadtbahnhof bis zum Ring, im letzten 700 m langen Abschnitt auf Rillenschienen. Dort gab es zwar ein Wartehäuschen, aber kein Umsetzgleis, da der Personenverkehr auf Triebwagen ausgerichtet war. Gebaut und beschafft wurde recht großzügig. Beim Reichsbahnhof gab es zwei Übergabegleise, beim Stadtbahnhof einen dreiständigen Fahrzeugschuppen, so daß kein Triebfahrzeug im Freien stehen mußte. Die Bahn beschaffte eine Dampflok – vermutlich von Smoschewer, über sie ist nichts bekannt – und zwei Kieler „Spitzmäuse", vierachsige Benzoltriebwagen, die DWK 1923 gebaut und 1925 nach Neumarkt geliefert hatte. Außerdem gab's noch einen Personen-, einen Pack- und zwei Güterwagen. Der Betrieb wurde am 1. Juli 1926 eröffnet. 15 Zugpaare pendelten zu und von allen Zügen der Hauptstrecke. 1927 wurden 173 583 Personen, jedoch nur 20 919 t Güter befördert. Das liest sich alles recht gut – doch nun zu den Ungereimtheiten. Der Stadtbahnhof lag im km 3,4. Eine Quelle berichtet: Das in km 3,0 vom Gütergleis abzweigende Personengleis führt bis auf den Ring. Dennoch wird bei allen Fahrplänen auch der Stadtbahnhof bedient. – Ein Foto zeigt die Spitzmäuse in grünem Anstrich bei Anlieferung. 1934 entstand die Aufnahme mit dem Triebwagen am Ring. Der gelbe Anstrich (creme?) irritiert dabei weniger, aber die großen Frontfenster und die breiten Puffer geben Rätsel auf. Sollte inzwischen ein Tausch erfolgt sein? Wie dem auch sei, 1936 wurde der Personenverkehr auf die Straße verlagert, die Spitzmäuse wurden verkauft, das Gleis zum Ring nicht mehr befahren. 1938 gab es nur noch die Dampflok und drei Güterwagen; es wurden 15 363 t gefahren. Offiziell fehlten allerdings Hinweise in den Kursbüchern auf den Busverkehr. Erst 1944 wird unterschieden zwischen werktäglichem Busverkehr und drei Zugpaaren am Sonntag, die aber nur zwischen Stadt- und Reichsbahnhof verkehrten. Dafür mußte man zuvor wenigstens einen Personenwagen beschafft haben.

Im Oktober 1926 entstand dies Foto im Stadtbahnhof der Neumarkter Kleinbahn. Gleich zwei „DWK-Spitzmäuse“ – so nannte der Volksmund die Triebwagen – und eine Dampflok hatte die nur 4,1 Kilometer lange Kleinbahn beschafft, als sie am 1. Juli 1926 ihren Betrieb begann. Die Herren rechts vor der Dampflok waren Mitarbeiter der DWK. Die Dampflok stammte vom Betriebsführer Schmoschewer aus Breslau. Scheffler

An der Endhaltestelle Ring wartet ein Triebwagen – um 1935 hell lackiert – auf die Abfahrt. Verkehrsmuseum

Die Ohlauer Kleinbahn

Kleinbahnhof Ohlau, um 1938. Quester

Sommer 1914

Ohlau–Wäldchen (Berlin)

km					Z 3	Z 5	Z 7	Z 9
km	Ohlau Klbf 41. 42	Ab	...	...	9·39	1·45	5· 8	8 15
5,1	Giesdorf	↓	...	...	9·54	1·59	5·23	8 30
8,7	Marschwitz	↓	...	...	10· 3	2· 8	5·32	8 39
15,3	Thomaskirch	An	Z 1	...	10·20	2·24	5·49	8 56
15,3		Ab	5 15	...	10·30	2·26	6 0	...
21,7	Großburg	Ab	5 32	...	10·47	2·42	6 17	...
24,9	Wäldchen Klbf 46	An	5 40	...	10·55	2 50	6 26	...
			Z 2		Z 4	Z 6	Z 8	
km	Wäldchen Klbf 46	Ab	6· 5	...	11·10	3·35	6 44	...
3,2	Großburg	Ab	6·13	...	11·19	3·44	6 52	...
9,6	Thomaskirch	An	6·28	...	11·34	4· 0	7 7	...
9,6		Ab	6·29	...	12·38	4· 3	7 8	...
16,2	Marschwitz	↓	6·45	...	12·55	4·21	7 24	...
19,8	Giesdorf	↓	6·53	...	1· 4	4·30	7 33	...
24,9	Ohlau Klbf 41. 42	An	7· 7	...	1·18	4·45	7 48	...

Am 1. Oktober 1910 eröffnete die Ohlauer Kleinbahn ihre 25,15 km lange Strecke von Ohlau nach Wäldchen, womit sie die beiden Hauptbahnen Breslau–Oberschlesien und Breslau–Glatz miteinander verband, zu denen an beiden Endbahnhöfen ein Übergabegleis bestand.

Am 15. November 1910 wurde noch die 6,61 km lange Stichbahn Thomaskirch–Höckricht eröffnet, auf der nur Güterverkehr stattfand und wo am Endpunkt eine Molkerei für Frachtaufkommen sorgte. Den Betrieb führte Lenz & Co. Die Bahn ging vom Kleinbahnhof in Ohlau aus. Im km 3,10 lag Jätzdorf mit großer Mühle (Kronen-Mehl) und einem Mustergut. In Polwitz (km 11,65) galt es, eine Kartoffelflockenfabrik zu bedienen. Thomaskirch (km 15,46) war Betriebsmittelpunkt. Hier waren auch die drei T 3 stationiert, die Vulkan im Eröffnungsjahr mit den Fabriknummern 2601, 2602 und 2604 lieferte. Im km 18,45 Kochern war ein großes Dominium zu bedienen, das für seine Pferdezucht bekannt war. Auch Großburg (km 21,79) hatte ein großes Dominium. Die Bahn wurde besonders durch die Verladung der Zuckerrüben in Anspruch genommen. Der Betrieb in der Rübenkampagne, die von September bis Januar dauerte, begann um 3.00 Uhr und endete um 23.00 Uhr. Diese Zeit war von höchster, wirtschaftlicher Bedeutung. Während sonst der Güterverkehr nur schwach war, und wenig Einnahmen erbrachte, steigerten sich diese jetzt derart, daß beim Jahresabschluß eine Dividende von 5 bis 6 % für die Aktionäre ausgeschüttet werden konnte.

Sommer 1934

129 r Ohlau - Wäldchen (und zurück)

Ohlauer Kleinbahn — Alle Züge nur 3. Klasse

km							
	Brieg 121 A	ab	...	8.49	10.42	11.20	16.4
	Breslau Hbf 121 A	ab	...	8.18	...	11.52	17.3
km	Zug Nr		W 1	W 3		W 5	a 7
0,0	**Ohlau** Klbf 121 A	ab	...	9.25	...	13.10	a 18.1
3,0	Jätzdorf		...	9.35	...	13.18	18.2
5,1	Giesdorf		...	9.42	...	13.25	18.2
7,3	Goy		...	X 9.48	...	X 13.31	X 18.3
8,7	Marschwitz		...	9.52	...	13.36	18.3
11,5	Polwitz		...	10.00	...	13.44	18.4
15,3	**Thomaskirch**	an	W	10.11	...	13.53	a 18.5
		ab	5.35	...	...	13.58	...
18,3	Kochern (Kr Ohlau)		5.44	...	...	14.07	...
21,7	Großburg		5.54	...	...	14.16	...
24,9	**Wäldchen** Klbf 125 a	an	6.04	...	...	14.25	...
	Kamenz (Schles.) 125 a	an	7.02	...	...	16.16	...
	Breslau Hbf 125 a	an	6.47	...	...	15.47	...
	Breslau Hbf 125 a	ab	6.26	...	...	14.35	...
	Kamenz (Schles.) 125 a	ab	5.07	...	...	12.19	...
km	Zug Nr		W 2	W 4		W 6	6
0,0	**Wäldchen** Klbf 125 a	ab	7.09	...	...	15.21	...
3,2	Großburg		7.18	...	...	15.30	...
6,6	Kochern (Kr Ohlau)		7.27	...	...	15.39	...
9,6	**Thomaskirch**	an	7.35	W	...	15.46	
		ab	7.44	11.40	...	...	a 15.4
13,4	Polwitz		7.54	11.50	...	...	15.5
16,2	Marschwitz		8.02	11.58	...	...	16.0
17,6	Goy		X 8.06	X 12.01			X 16.0
19,8	Giesdorf		8.13	12.07			16.1
21,9	Jätzdorf		8.23	12.16			16.2
24,9	**Ohlau** Klbf 121 A	an	8.30	12.23			a 16.2
	Breslau Hbf 121 A	an	9.42	13.39	...	...	17.2
	Brieg 121 A	an	9.10	14.04	...	...	16.5

a = nur Di, Do und Sa

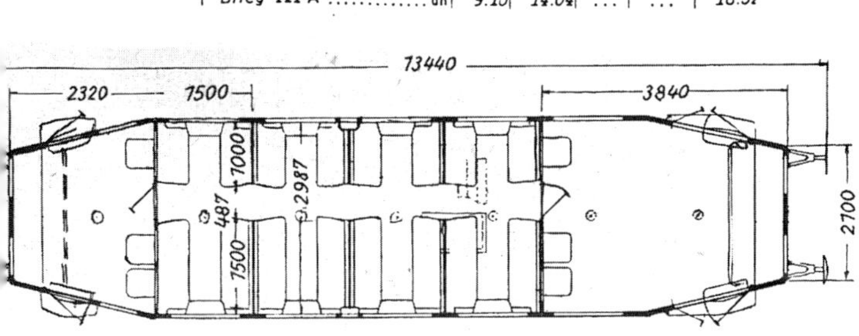

Triebwagen mit 2 × 75 PS-Dieselmotoren (56 Sitzplätze)

Grundriß eines der beiden Triebwagen der Kleinbahn Schönberg–Nikolausdorf gebaut von der WUMAG in Görlitz.

1927 waren außer den T 3 vier Personen-, ein Pack- und 22 Güterwagen vorhanden. 31 Mitarbeiter beförderten 46 846 Personen und 107 467 t Güter. 1931 kamen eine ELNA 2 und eine ELNA 6 neu zur Bahn, worauf 1931 und 1937 je eine T 3 verkauft wurden. Für die letzte T 3 ist 1941 noch eine ELNA 2 von Henschel geliefert worden. 1938 wurden nur 19 077 Personen und 118 777 t Güter befördert. Die starke Abnahme des Personenverkehrs war wohl auf die ungünstigen Fahrpläne der dreißiger Jahre zurückzuführen. Während im Sommer 1914 vier Zugpaare liefen, waren es im Sommer 1934 werktags noch zwei, dazu eines, das dienstags, donnerstags und samstags verkehrte. Im Sommer 1939 lief dieses nur noch an Samstagen. Auch der Zweite Weltkrieg bewirkte hier keine Verbesserung.

Als die Tragödie über Schlesien hereinbrach, evakuierte die Ohlauer Kleinbahn – der sich die Ohlauer Hafenbahn anschloß – am 24./25 Januar 1945 ihre Lokomotiven und Wagen und brachte sie schließlich am 14. Februar 1945 nach Herzberg/Elster zur Niederlausitzer Eisenbahn.

Die Gleisanlagen der Ohlauer Kleinbahn wurden Ende Januar/Anfang Februar 1945 von zurückgehenden deutschen Truppen an zahlreichen Stellen gesprengt. Nach der Instandsetzung verkehrten ab Sommer 1945 polnische Züge bis zur Einstellung des Betriebes (etwa 1953). Die Gleise wurden – mit Ausnahme des Ohlauer Kleinbahnhofs – 1978 abgebaut.

Kleinbahn AG Schönberg–Nikolausdorf

Eigentlich sollte die 1914 genehmigte Nebenbahn Nikolausdorf–Schönberg–Küpper (östlich Seidenberg) von der KPEV gebaut werden. Als Notstandsarbeit wurde der Bau 1921 von der RBD Breslau begonnen, doch wegen fehlender Mittel 1924 eingestellt. Daraufhin gründete sich die Kleinbahn AG Schönberg–Nikolausdorf, welche Bau und Betrieb der Firma Smoschewer in Breslau übertrug. Die 3,5 km lange Strecke endete in Schönberg. Eine Verlängerung bis Küpper – wie von der KPEV geplant – stand jetzt nicht mehr zur Debatte. In Nikolausdorf konnte der Reichsbahnhof mitbenutzt werden. Am 29. Oktober 1927 wurde der Betrieb mit zwei Dampfloks, zwei Personen-, einem Pack- und drei Güterwagen aufgenommen. Es wurden neun Personen beschäftigt. 1938 waren zu den Dampfloks zwei Triebwagen im Einsatz, aber nur noch ein Personen- und zwei Güterwagen vorhanden.

Zwölf Mitarbeiter beförderten 49 337 Personen und 107 929 t Güter. Bei den Triebfahrzeugen wurde für jede Traktionsart eine Reserve vorgehalten – eine beachtliche Überkapazität. Während anderswo längst Güterwagen vom Triebwagen mitgeschleppt wurden, hielt man hier für die kurze Strecke gar zwei Dampfloks vor. Wurde mit dem Triebwagen zu jedem Zug der Hauptbahn gefahren, so sorgte die Industrie des 2 000-Einwohner Städtchens für das beachtliche Güteraufkommen. Hier sind zu nennen Zigarettenfabriken, eine Weberei, Kartonagenfabrik, Landmaschinenfabrik und Eisengießerei, Gerbereien, Sägewerke und Steinbrüche. Das Städtchen war als Ausflugsort bei Görlitzern und Laubanern beliebt, was den Verkehrszahlen der Kleinbahn zugute kam.

Die Isergebirgsbahn

Im Westen schließt sich an das sagenreiche Riesengebirge das weniger bekannte Isergebirge an, mit weniger hohen Bergen; vielleicht schon deshalb nicht so überlaufen, obwohl es seine besonderen Reize hat: ausgedehnte einsame Wälder und Hochmoore, die das Herz des Kenners höher schlagen lassen. Mittelpunkt dieser Landschaft ist der bekannte Kurort Bad Flinsberg, den schon Carl Maria von Weber besuchte. Es spricht für das einmalige Landschaftsbild, daß er hier die Eindrükke sammelte, die er dann in seinem „Freischütz" verarbeitete. Sein Sohn war dann ein bekannter Ingenieur der Königlich Sächsischen Staatsbahnen, wobei wir beim Thema angelangt wären: der Bahn ins Isergebirge.

Wie bei allen Bahnen abseits der Zentren wurde auch hier verhältnismäßig spät mit der Erschließung begonnen. Zwar führte die Schlesische Gebirgsbahn seit 1866 durch den späteren Umsteigebahnhof Greiffenberg, doch war damit der Kurgast oder Erholungsuchende noch immer auf eine Postkutschenfahrt von 14,6 km Länge angewiesen. Am 1. November 1884 wurde seitens der KPEV eine Stichbahn Greiffenberg–Friedeberg, 7 km lang, in Betrieb genommen. Nach 20 Jahren gab es eine weitere Streckeneröffnung, denn am 1. November 1904 dampfte erstmals ein Zug weiter hinauf nach Heinersdorf an der Tafelfichte, wo, schon auf böhmischer Seite, der Gebirgskamm überschritten war. Dort fand am selben Tag auch die Eröffnung der Strecke der Friedländer Bezirksbahn statt, die, als Privatbahn gebaut und betrieben, von Friedland auf 23,2 km langer, kurvenreicher Trasse heraufführte. Damit hatte zwar die KPEV auch im Isergebirge einen Übergang ans böhmische Netz geschaffen, doch hatte sie wieder einmal die Bedeutung eines bekannten Kurortes für das Verkehrsaufkommen falsch eingeschätzt. Sie ließ nämlich die immer wieder auf Anschluß drängenden Flinsberger wissen, daß sie kein Interesse an einer Stichbahn dorthin habe. Hier zeigt sich eine Parallele zur Situation des Riesengebirgsortes Krummhübel, der schließlich auch durch eine Privatbahn angeschlossen wurde.

Unabhängig davon ermöglichte die neue Linie über den Isergebirgskamm die großartige Möglichkeit einer Rundreise, die heutige Eisenbahnfreunde in Begeisterung versetzen würde, wenn sie noch möglich wäre. Züge von vier verschiedenen Verwaltungen gab es bei dieser Rundfahrt zu benutzen, die wir kurz skizzieren wollen. Lassen wir sie in Hirschberg beginnen! Von hier ging es – ab 1923 elektrisch – hinauf ins Riesengebirge über Schreiberhau nach Grünthal, das ab 1923 Polaun hieß. Per Zahnradbahn gings von hier auf der Strecke der Reichenberg-Gablonz-Tannwalder Eisenbahn hinunter nach Tannwald-Schumburg, wo deren Reibungsbahn nach Reichenberg anschloß. Hier hieß es erneut umsteigen in den Zug nach Friedland, der die Trasse der alten Süd-Norddeutschen Verbindungsbahn benutzte. In Friedland stand der Zug der Friedländer Bezirksbahn bereit, der den Schienenbummler hinauf nach Heinersdorf brachte, von wo man mit der KPEV weiter nach Greiffenberg reiste, um von dort auf der Schlesischen Gebirgsbahn zurück nach Hirschberg zu gelangen. Doch wer unternahm damals schon solche Reisen? Auch mit dem Güterverkehr über den Grenzbahnhof Heinersdorf war es nicht weit her. Mit dem erhofften großen Durchgangsverkehr wurde es also nichts. Auch der Reisendenstrom hielt sich wegen der mehr regionalen Bedeutung des Übergangs in Grenzen, zumal die Anschlüsse, selbst zur „großdeutschen" Zeit von 1939 bis 1945, bis auf zwei Züge nur mit mehr oder weniger langer Wartezeit verbunden waren.

Trotz ihrer eigenen Zurückhaltung kam es der KPEV somit sicher nicht ungelegen, als sich die Eisenbahnbau-Gesellschaft Becker & Co. in Berlin auf Drängen der Flinsberger bereiterklärte, von Friedberg dorthin eine Privatbahn zu erbauen. 7,7 km lang war die Strekke, die am 31. Oktober 1909 in Betrieb genommen werden konnte. Am 29. Dezember 1910 wurde noch die Verlängerung zum Forst Flinsberg eröffnet. Damit hatte das Bahnnetz im Isergebirge seine Vollendung gefunden. Zwar hatte es vordem schon 1897 ein Projekt gegeben, Bad Flinsberg mit einer meterspurigen Gleichstrombahn von Osten her anzuschließen; Bad Flinsberg wäre damit westlicher Endbahnhof dieser bis Schmiedeberg reichenden Bahn geworden. Nachdem sowohl die Grafen Schaffgotsch, durch deren Wälder die Bahn hätte führen sollen, wie auch die meisten der berührten Orte für dieses Projekt nicht zu gewinnen waren, mußte es allerdings auf dem Papier bleiben.

Betriebsführer der neuen Linie, der Isergebirgsbahn, wie sie offiziell hieß, wurde die spätere Aktiengesellschaft für Energiewirtschaft in Berlin, so wurde die Firma Becker & Co. umbenannt.

Im ersten Betriebsjahr beschäftigte die Bahn elf Angestellte und 14 Arbeiter, das sind für die kurze Strecke verhältnismäßig viele Mitarbeiter. So mancher „Häusler" wird aber um den sicheren Arbeitsplatz in der Heimat froh gewesen sein, blieb ihm doch dadurch das Schicksal vieler, sich in einer fernen Industriestadt um Arbeit zu bemühen, erspart. Es wurden 121 966 Reisende und 26 977 t Güter befördert. An Betriebsmitteln standen zur Verfügung: Zwei Dampflokomotiven, die der preußischen Gattung T 9^2 zuzurechnen sind, vier Personen-, ein Postwagen und sechs Güterwagen, darunter ein Spezialwagen zum Transport von Leuchtgas für bahneigene Zwecke (Zugbeleuchtung). Die Betriebswerkstatt mit Lokschuppen war im Abzweigbahnhof Friedeberg/Queis errichtet worden. Von und zu den D- und Eilzügen der Schlesischen Gebirgsbahn, mit denen die Kurgäste von Dresden, Berlin und Breslau anreisten, ließ die Verwaltung direkte Kurswagen bis Greiffenberg laufen, um ein weiteres Umsteigen in Friedeberg zu sparen.

Als die Deutsche Reichsbahn um 1930 ihre von der KPEV übernommenen Zahnradstrecken in Thüringen sowie im Westerwald und Hunsrück auf Reibungsbetrieb mit den T 14^1 umstellte, wurden die zuvor dort eingesetzten T 26 brotlos. Da sie relativ neu und zudem auch als Reibungsmaschinen recht leistungsfähig waren, wurden sie zum Verkauf ausgeschrieben. Die Isergebirgsbahn erwarb davon zwei, die nach Ausbau des Zahnradtriebwerks die Plandienste übernahmen, so daß auf die T 9^2 verzichtet werden konnte. Zur 25-Jahr-Feier 1934 waren sie aus dem Betrieb ausgeschieden.

Die geringere Höchstgeschwindigkeit der T 26 von 50 km/h störte angesichts der kurzen Strecke weniger; hier kam es mehr auf die Zugkraft an.
Beschafft wurde damals auch ein Dieseltriebwagen für den Verkehr zu schwächer frequentierten Anschlußzügen. Es ist dabei zunächst ein kurzes Fahrzeug ohne Zug- und Stoßvorrichtung, von der WUMAG in Görlitz erbaut, erprobt worden, das aber nicht entsprochen hat. Im Frühjahr 1935 erhielt die Isergebirgsbahn jedenfalls von der WUMAG ihren VT 10, der auch in der Lage war, einen Wagen mitzuziehen. In diesem Jahr beförderte man 144 156 Personen und 20 097 t Güter. Das Personal war inzwischen auf 28 Mann angewachsen, während sich das Verkehrsaufkommen seit dem Anfang kaum verändert hatte. Einem leichten Anstieg im Personenverkehr stand eine Abschwächung im Güterverkehr gegenüber. Dieser bestand im wesentlichen aus der Abfuhr des im Forst Flinsberg geschlagenen Holzes, wozu einwärts noch Kohlen für den Hausbrand kamen. An Stückgütern gab es je nach Jahreszeit Beeren, Pilze und Wild für die solchen Gaumenfreuden zugetanen Großstädter.
Bei den Zahlen im Personenverkehr wurden Sonderzüge von weither nicht mitgezählt, doch sorgten sie immer wieder für Abwechslung im Alltagsbetrieb. Da kam es dann durchaus vor, daß die Zuglok der Reichsbahn über Friedeberg hinaus bis Bad Flinsberg weiterlief und lediglich Vorspann durch eine Isergebirgsbahnlok erhielt. Wie sehr sich die Isergebirgsbahn den Publikumswünschen anpaßte, geht daraus hervor, daß sie die eigentlich der Holzabfuhr dienende Verbindung zum Forst Flinsberg während der Saison auch im Personenzugdienst versorgte, um Wanderern behilflich zu sein. Diese konnten dann, statt in der Ortsmitte, ihre Wanderungen beim Forsthaus beginnen oder beenden. Meist genügte für diese Fahrten der Triebwagen; doch gab es auch lokbespannte Züge, die als GmP fuhren, wenn mehrere Güterwagen zuzustellen waren. Überhaupt wurden Güterwagen stets den Personenzügen beigegeben. Eigene Güterzüge gab es nicht. So zeigte sich, daß die Bahn bei sparsamer Betriebsführung ihr Auskommen hatte.
Machen wir nun in Gedanken eine Fahrt von Greiffenberg über Friedeberg nach Bad Flinsberg, so, wie sie sich zur Frühzeit der Bahn erleben ließ. Wenn der Zug der Schlesischen Gebirgsbahn – ab 1923 elektrisch betrieben – gleich, ob aus Richtung Görlitz oder Breslau, in Greiffenberg angekommen war, hieß es Umsteigen. Durch die Unterführung ging es zu dem Bahnsteig, an dem das „Isergebirgsziegla" schon wartete. War man mit einem besonderen Zug, dem Bäderschnellzug von Berlin etwa, angereist, so hatte man Glück und konnte gleich in die Wagen der Isergebirgsbahn einsteigen, die direkt nach Flinsberg liefen. Als Zuglok stand eine preußische T 9^3 bereit, die später von einer Einheitslok der Baureihe 86 verdrängt wurde. Alsbald setzte sich der Zug, der aus preußischen Nebenbahnwagen gebildet war, in Bewegung. Die Lok bimmelte gemütlich durch die Vorgebirgslandschaft. An den Straßenübergängen fehlten noch die heute üblichen Andreaskreuze; eine Tafel mit der Aufschrift „Halt, wenn das Läutewerk der Lokomotive ertönt oder die Annäherung eine Zuges anderweitig erkennbar wird", tat es auch. Gehalten wird zuerst in Neundorf-Greiffenstein, dessen Bahnhof ganz am Ende des langgestreckten Dorfes liegt. Bei der Weiterfahrt beherrscht die Burgruine Greiffenstein eine Weile das Bild zur Linken. Über Birkicht erreichen wir Friedeberg, wo im Bedarfsfalle umgestiegen werden mußte. Das Empfangsgebäude ist ein roter Backsteinbau, hinter dem seitlich die drei Türme des Städtchens aufragen; davor der einsame Wasserturm.
Nach Trennung der Züge, beziehungsweise dem Umsteigen, fahren beide Züge gleichzeitig ab. Ein kurzes Stück lang gibt es eine regelrechte Wettfahrt, ähnlich der, die Jahrzehnte später Scharen von Eisenbahnfreunden nach Alt-Nagelberg ins Waldviertel locken wird. T 9^2 hier, T 9^3 da, schließlich verschwindet diese mit ihrem Zug nach rechts, in Richtung Meffersdorf-Wiegandtal. Auch von der Garnitur her sind die Züge praktisch gleich: Zwei Personen- und ein Packwagen, das reicht – es sei denn, die Isergebirgsbahn nimmt Güterwagen mit! Wir halten in Egelsdorf. Hier im Queistal reihen sich mehrere Waldhufendörfer aneinander. An Egelsdorf schließt sich Ullersdorf an, wo selbstverständlich wieder gehalten wird. Der Bahnhof wurde in den dreißiger Jahren nach dem am gegenüberliegenden Queisufer liegenden Krobsdorf umbenannt. Jedenfalls besaß auch dieser Bahnhof – nicht etwa Haltepunkt – ein schmuckes Empfangsgebäude. Gleich danach wechselt der Zug auf eiserner Brücke über den Queis vom Hang des Hasensteines hinüber zu den Abhängen des Haumberges. Jetzt aber wurde die Sicht frei auf Bad Flinsberg mit dem großen Kurhaus am Hang des Heufuders. Nach einigen Pfiffen vor Wegübergängen und Gebimmel rollt der Zug an Stapeln von Holz vorüber an den Bahnsteig. Am Bahnhofsplatz empfängt uns die typische Kuratmosphäre: Droschken, Gepäckkarren und Hoteldiener, die sich lautstark bemerkbar machen.
Das alles liegt schon lange zurück. Einem früheren Mitarbeiter der Bahn, Herrn Rieger, verdanken wir die aufschlußreichen, sicher nicht immer fotografisch meisterlichen Bilddokumente.
Wie es weiter ging? Darüber gibt es nur spärliche Informationen. Zwar überstand die Isergebirgsbahn das Kriegsende gut, gehörte doch dieser Raum nicht zum Kampfgebiet. Doch Details über die anschließende Zeit sind bisher unbekannt geblieben. Sicher ist lediglich soviel: Die Staatsbahnstrecke nach Heinersdorf wurde wegen fehlender Nachfrage von der PKP nicht wieder in Betrieb genommen und 1951 stillgelegt. Die Isergebirgsbahn verlor mit dem Besitzerwechsel ihren Status als Privatbahn und ist seither im Betrieb der PKP, die allerdings nach Forst Flinsberg keine Personenzüge mehr fährt. Der Bahnhof Bad Flinsberg besaß 1976 noch ein Einfahrsignal der Reichsbahn-Einheitsbauart, dem allerdings als Ersatz bereits ein Lichtsignal, damals noch ohne Funktion, vorgestellt war. Die alten Lokomotiven waren längst verschwunden. Die Züge wurden von der Neubaulok Tkt 48 gefördert. Im Bahnhof Krobsdorf fehlen zumindest seit 1966 schon das zweite Gleis und der dazugehörige Bahnsteig.

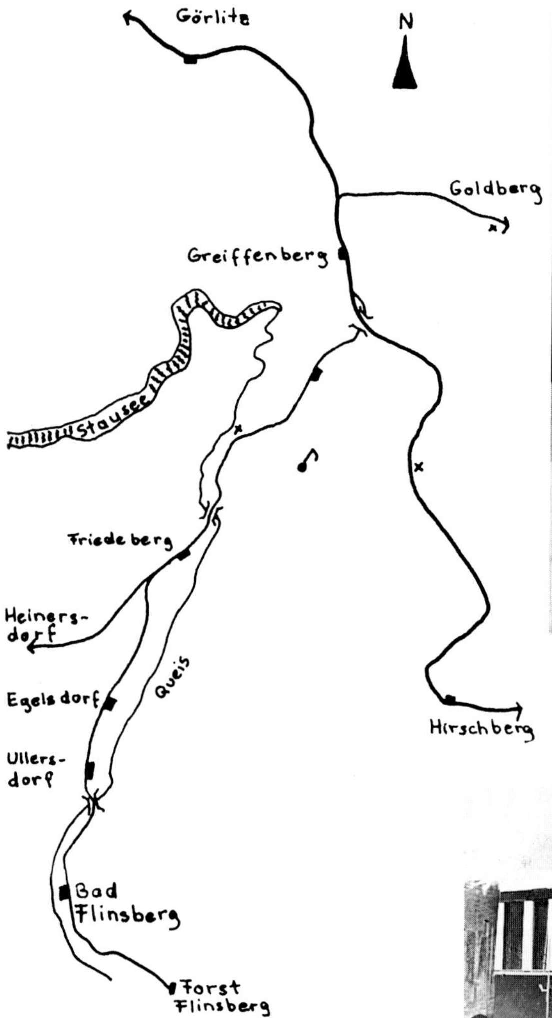

Streckenskizze der Isergebirgsbahn

Im Winter 1937 schuf Herr Rieger dieses Foto, als die T 26 mit ihrem Zug über den Queis-Viadukt in Ullersdorf dem Endbahnhof Bad Flinsberg entgegendampfte.

Im Frühjahr 1935 erhielt die Bahn den VT 10, der den nur kurz getesteten kleineren VT ablöste: Seine Details sind auf dem Werkfoto der Wumag gut zu erkennen.

Die Isergebirgsbahn im Sommerfahrplan 1939.

123 r **Greiffenberg** (Schles) – **Friedeberg** (Isergeb) – **Bad Flinsberg** / **Heinersdorf** (Tafelfichte) und zurück

Greiffenberg — Heinersdorf RBD Breslau Alle Züge 2. 3. Klasse
Friedeberg — Bad Flinsberg A-G für Energiewirtschaft Berlin W62, Kleiststr 1 Alle Züge nur 3. Klasse und bG

km	Station												
	Breslau Freib Bf 124	ab	...	...	...	5.19 7.16	9.05	9.23	10.35	13.54	14.24	16.02	17.15
	Hirschberg (Rsgb) Hbf 151	ab	...	6.09	...	9.21	11.12	12.24	15.04	16.06	16.58	18.43	21.32
	Berlin Görl Bf 151	ab	21.45	...	...	7.05	...	8.45	11.25	...	14.05	14.25	19.25
	Görlitz 151	ab	3.39	6.05	7.54	10.15	10.26	12.37	14.43	16.20	17.15	18.45	23.05
km	Zug Nr		1292	1294	1296	1298	1300	1302	1306	1308	1310	1314	1316
0,0	**Greiffenberg** (Schles)	ab	5.04	7.03	8.45	10.47	12.05	13.20	15.35	17.16	17.53	19.40	23.45
3,3	Neundorf-Greiffenstein		5.11	7.10	8.51	10.53	12.12	13.27	15.43	17.22	18.00	19.47	23.52
5,9	Birkicht		5.17	7.15	8.57	|	12.18	13.33	15.49	17.28	18.06	19.53	23.58
8,8	**Friedeberg** (Isergeb)	an	5.22	7.21	9.03	11.03	12.24	13.39	15.54	17.34	18.12	19.59	0.04
km	Zug Nr		2	4	6	8	10	12	14	16	18	20	
0,0	**Friedeberg** (Isergeb)	ab	5.27	7.25	9.05	11.09	12.32	13.45	15.58	17.36	18.16	20.04	...
3,3	Egelsdorf X		5.32	7.30	9.10	11.15	12.37	13.50	16.04	17.41	18.21	20.09	...
5,3	Krobsdorf (Isergeb)		5.37	7.35	9.15	11.20	12.42	13.56	16.09	17.46	18.26	20.14	...
7,7	**Bad Flinsberg**	an	5.42	7.40	9.20	11.25	12.47	14.01	16.14	17.51	18.31	20.19	...
	Bad Flinsberg	ab	...	c7.46	...	...	c13.25	...	...	...	...	c20.25	...
10,8	**Forst Flinsberg**	an	...	c7.52	...	...	c13.31	...	...	...	...	c20.31	...
8,8	**Friedeberg** (Isergeb)	ab	5.27	7.25	9.06	11.07	12.32	13.43	15.57	17.36	18.15	20.03	0.05
13,7	Volkersdorf (Neu Scheibe)		5.36	7.34	9.15	11.16	12.41	13.52	16.06	17.45	18.24	20.12	0.14
14,9	Wigandsthal-Bad Schwarzbach		5.40	7.39	9.27	11.21	12.45	13.58	16.14	17.48	18.29	[illegible]	0.17
18,8	**Heinersdorf** (Tafelfichte)	an	5.47	7.46	9.34	11.28	12.52	14.06	16.21	an	18.36	20.40	an
	Friedland (Böhm) 135 p	an	[illegible]	...	10.40	...	14.24	...	17.40	...	20.05	[illegible]	...
	Friedland (Böhm) 135 p	ab	...	...	6.22	8.50	11.10	...	...	[illegible]	...	[illegible]	[illegible]
km	Zug Nr		1291	1293	1295	1297	1299	1301	1303	1305	1307	1311	1313
0,0	**Heinersdorf** (Tafelfichte)	ab	...	6.00	9.12	10.32	12.08	13.35	14.27	16.26	...	19.40	21.20
4,0	Wigandsthal-Bad Schwarzbach		4.03	6.09	9.21	10.45	12.17	13.58	14.36	16.40	18.00	19.49	21.32
5,2	Volkersdorf (Neu Scheibe)		4.06	6.12	9.24	10.48	12.20	14.01	14.39	16.43	18.05	19.52	21.35
10,1	**Friedeberg** (Isergeb)	an	4.15	6.21	9.33	10.57	12.29	14.10	14.48	16.52	18.14	20.01	21.44
km	Zug Nr			1	3	5	7	9	11	13	15	17	19
0,0	**Forst Flinsberg**	ab	...	...	c7.56	...	...	c13.35	...	...	...	...	c20.33
3,1	**Bad Flinsberg**	an	...	...	c8.02	...	...	c13.41	...	...	...	...	c20.39
	Bad Flinsberg	ab	...	6.06	9.21	10.40	12.10	13.50	14.31	16.31	17.57	19.43	21.25
5,5	Krobsdorf (Isergeb)		...	6.11	9.26	10.45	12.15	13.55	14.36	16.36	18.02	19.48	21.30
7,5	Egelsdorf X		...	6.16	9.31	10.50	12.20	14.00	14.41	16.41	18.07	19.53	21.35
10,8	**Friedeberg** (Isergeb)	an	...	6.21	9.36	10.55	12.25	14.05	14.46	16.46	18.12	19.58	21.40
10,1	**Friedeberg** (Isergeb)	ab	4.16	6.26	9.39	11.05	12.32	14.14	14.54	16.55	18.18	20.05	21.49
12,9	Birkicht		4.22	6.32	9.45	|	12.38	14.20	15.00	17.01	18.24	20.12	21.55
15,6	Neundorf-Greiffenstein		4.28	6.38	9.51	|	12.44	14.26	15.06	17.07	18.30	20.18	22.01
18,8	**Greiffenberg** (Schles)	an	4.34	6.44	9.57	11.20	12.50	14.33	15.13	17.13	18.36	20.24	22.07
	Görlitz 151	an	g5.27 6.04	7.40 7.47	10.50	12.08	14.19	15.30	16.04	17.53	19.29	a21.05	23.06
	Berlin Görl Bf 151	an	9.31	10.51	14.51	15.11	...	...	19.31	20.51	23.31	a23.57	...
	Hirschberg (Rsgb) Hbf 151	an	5.30	7.35	11.12	12.08	13.33	15.20	15.44	18.10	20.0[illegible]	21.2[illegible]	0.07
	Breslau Freib Bf 124	an	8.3[illegible]	9.36	13.58	15.26	15.51	...	17.57	20.34	22.32	[illegible]	...

a = täglich vom 25. V. bis 1. VI., ferner S, nS und vS vom 25. VI. bis 29. VIII., sonst S   c = bis 31. VIII. Die Züge halten außerdem in Grüne Koppe km 9,0 und Stellweg km 10,2 nach Bedarf.
d = S und vS   g = S an 5.47   X = In Egelsdorf halten sämtliche Züge nur nach Bedarf.

ine Gedenkkarte zum 25jährigen Be-tehen gab's am 31. Oktober 1934. rgänzend zu den Angaben ist zu emerken, daß die beiden Tenderloks es Sonderzuges ehemalige T 26 ind. Der Triebwagen gehört zum gleihen Typ, wie ihn die Bunzlauer Kleinahn auch beschaffte. Allerdings war r auf der Isergebirgsbahn nicht lange n Einsatz.

or schweren Sonderzügen liefen teileise – wie hier bei einem KDF-Zug on Sommerfeld – DR-Loks bis Bad linsberg durch. T26 vor BR 86 bei infahrt in Bad Flinsberg im Sommer 937.

)er VT 11, ebenfalls von der WUMAG ebaut, war mit 5 Seitenfenstern län-er als der VT 10.

Riesengebirgsbahn Zillerthal–Erdmannsdorf–Krummhübel

Am Bahnhofsplatz in Krummhübel warten aufgereiht die Droschken und Gepäckwagen auf den nächsten Zug mit Kurgästen. Genügte zur Jahrhundertwende noch der barackenähnliche Bau, so erhielt der Bahnhof später ein repräsentatives Empfangsgebäude.

In das gewerbereiche Schmiedeberg hatte die KPEV am 15. Mai 1882 von Hirschberg aus eine Stichbahn in Betrieb genommen, deren Verlängerung nach Landeshut – kostenintensiv durch den Landeshuter Kamm in einem 1 030 m langen Tunnel geführt – am 5. Juni 1905 eröffnet wurde. Abseits dieser Bahn war der später so bedeutende Luftkurort und Wintersportplatz Krummhübel geblieben.

Den Krummhüblern, die erkannt hatten, welche Chancen ihnen der in seinen Anfängen stehende Tourismus öffnen würde, sofern sie eine Bahn zu bieten hatten, blieb nichts anderes übrig, als die erste Kleinbahn Niederschlesiens zu gründen. Die Riesengebirgsbahn wurde am 6. Juni 1895 eröffnet. Die von der Allgemeinen Deutschen Kleinbahn Gesellschaft gebaute und betriebene Bahn hat ihren Ausgangspunkt im Staatsbahnhof Zillerthal-Erdmannsdorf. Bis kurz vor den HP Zillerthal Hotel (km 1,0) verläuft sie neben dem Schmiedeberger Gleis der Staatsbahn. Bei der Weiterfahrt hat man links einen herrlichen Blick auf den Gebirgskamm mit der Schneekoppe. Im km 3,7 liegt der Bahnhof Arnsdorf mit der örtlichen Betriebsleitung, Lokstation und Hauptwerkstatt (bis 1934) und einer Güterabfertigung.

Kurz nach dem HP Birkigt (km 5,7) liegt die größte Steigung 20 ‰, zuvor ging's nur allmählich im Tal der Lomnitz aufwärts. In Birkigt schließt eine Papierfabrik an. Im km 9,6 wird der 415 m hoch gelegene Bahnhof Krummhübel erreicht. Zu Beginn des Sommers 1897 verursachten Wolkenbrüche ein Hochwasser der Lomnitz, das fast 1 km der Strecke mit sich riß. Am 10. August konnte, nachdem Eisenbahnpioniere bei der Reparatur mitwirkten, der Betrieb bis Birkigt wieder aufgenommen werden. Bis zum Oktober dauerte es, bis schließlich der obere Abschnitt befahrbar war.

Als Erstausstattung waren zwei T3 bei der Mecklenburgischen Waggonfabrik in Güstrow beschafft worden. Hieß die eine Rübezahl, so wird der zweite Name sowohl als Prinz Hans Georg, wie auch als Prinz Handjery überliefert. Als 1901 die dritte T3 von Freudenstein in Berlin kam, war ihr Name Arnsdorf so klar, daß wir darüber nicht rätseln müssen. Zumindest die Wagen der ersten Jahre waren mit Seilzugbremse ausgerüstet.

Schon 1906 kam von Borsig der erste D-Kuppler, dem 1912 ein zweiter und 1921 ein dritter von Henschel folgte. Diese Loks erhielten Nummern 1–3. 1927 kamen neu von Henschel vier verstärkte ELNA 6. Jetzt konnte auf die T 3 verzichtet werden. Sie wurden an die Kleinbahn Groß Peterwitz–Katscher verkauft. Nachdem 1928 fünf Lokomotiven vorhanden waren, müßten somit wohl zuvor auch zwei Vierkuppler verkauft worden sein. Jedenfalls kam 1929 noch eine ELNA 6 nach Arnsdorf. 1927 besaß die Bahn ferner acht Personenwagen, zwei Pack- und einen Güterwagen. 38 Mitarbeiter beförderten 349 949 Reisende und 59 161 t. 1938 waren nur noch 26 Mitarbeiter und zwei Spezialwagen vorhanden. Es wurden dennoch 355 719 Personen und 40 040 t gezählt. Am 29. Juni 1934 war nach Abschluß der Elektrifizierung der elektrische Betrieb aufgenommen worden. Zu diesem Zweck war die Strecke an die DR verpachtet worden, die somit ihre Fahrzeuge im Durchlauf ab Hirschberg einsetzten konnte. Durchlaufende Wagen waren hier schon im Sommer 1914 üblich. Jetzt aber gab es direkte Eiltriebwagen von Breslau nach Krummhübel sowie Kurswagen von Berlin. Diese hatte in der Regel die E 42 ab Hirschberg am Haken, die auch für Güterzüge zuständig war.

Ansonsten wurde die Riesengebirgsbahn eine Domäne der Hirschberger Triebwagen.

Der anderweitig behauptete Einsatz von E 70 und E 91 vor diesen Eilzugläufen ist nicht belegt. Die E 70 war zu der Zeit längst nicht mehr in Schlesien und die E 91 waren im Güterverkehr der Hauptstrecke gut ausgelastet.

Außerdem war zwar die Strecke ab der Elektrifizierung für Achslasten bis 18 t zugelassen, die E 91 besaß aber einen Achsdruck von 19,6 t. Denkbar ist auch der Einsatz der E 50 und der E 44. Bei zeitweilig teilweisem Ausfall des Kraftwerks Mittelsteine im Zweiten Weltkrieg kamen vorübergehend Dampfloks auf die Strecke. Nach der Demontage der Fahrleitung 1945 setzte die PKP Dampfloks ein. Belegt sind die Ty 2 (unsere Baureihe 52) sowie die Tkt 48. Lief der Betrieb über viele Jahre auch unter der PKP gut – Ende der sechziger Jahre gab es an Wochenenden in der Saison gar ein Zugpaar für Tagesausflügler von Görlitz Hbf nach Krummhübel – so wurde er in diesem Jahrzehnt immer mehr gedrosselt. Jetzt gibt es nur noch drei Zugpaare werktags und zwei an Sonntagen.

1934 wurde die Riesengebirgsbahn in das elektrifizierte Netz der DR einbezogen, die jetzt auch ihre Fahrzeuge hier – meist im Durchlauf von Hirschberg – einsetzte. Im Sommer 1937 lief der ET 87 im neuen Zweifarben-Anstrich nach Krummhübel. Wunschel

Im Sommer 1936 feierte der ET 31 – vierteilig – als Eilzug von Breslau seine Premiere in Krummhübel. Fleiß

Der Schreiber der Postkarte legte im Sommer 1920 Wert auf die Feststellung, daß die Bahnsteiglaterne im Endbahnhof Albendorf der Ziedertalbahn wirklich so schief steht, wie auf dem Foto. Die Lok gehört zu den pr. T3. Scheffler

Am Bahnsteig in Landeshut steht um 1938 das Ziederzügle bereit. Es führt die Lok 1, die zur Gattung der pr. T3 gehört. Foto: Peter Langer

Fahren wir von Zillerthal-Erdmannsdorf über Schmiedeberg weiter nach Landeshut, so sind wir am Ausgangspunkt der Ziedertalbahn, wegen einer in Schömberg ansässigen Wurstfabrik auch Werschtlaboahne genannt. Überliefert ist auch „Ziederschleiche". Die Bahn wurde nach nur einjähriger Bauzeit am 3. Oktober 1899 eröffnet. Gebaut und betrieben wurde sie von der Centralverwaltung für Secundairbahnen Hermann Bachstein GmbH, Berlin. Initiator der Bahn war Kommerzienrat Rinkel, der in Landeshut eine große Weberei betrieb. In der Erschließung des Ziedertals sah er eine Möglichkeit, nicht nur seinem Unternehmen neue Arbeitskräfte zuzuführen. Der Planung vorausgegangen waren jahrelange Bemühungen, die Staatsbahn zum Bau einer diesen grenznahen Bereich erschließenden Linie zu bewegen. Doch in Berlin beendete man die Diskussionen und Eingaben mit dem Hinweis, daß der Staat der Schömberger Würstel wegen keine Bahn bauen könne. Die Strecke verläßt den Bahnhof Landeshut in einer Linkskurve. Die Garnitur bestand aus Packwagen und zwei bis drei Personenwagen. Güterwagen liefen am Anfang oder Ende des Zuges mit. Eigene Güterzüge wurden nicht gefahren. An Fabriken vorbei, geht es in weiter Kurve zur Boberbrücke, der im km 1,68 der HP Klein Zieder folgt. Im km 4,78 liegt der HP Ober Zieder. Der Bahnhof Grüssau (km 7,52) hat als beliebter Ausflugsort mit der berühmten Klosterkirche besondere Bedeutung im Personenverkehr, aber auch Sand und Ziegel werden hier verladen. Bei der Weiterfahrt geht es rechts an den ersten Höhen des Rabengebirges entlang. Im km 11,63 erreichen wir Klein Hennersdorf; es folgt im km 14,68 der Bahnhof Schömberg, wo die Betriebsleitung im Empfangsgebäude untergebracht war. Die alte Weberstadt sorgte auch für Personenverkehr. Aber auch Güterverladung war hier bedeutend. In der Saison benötigte die Flachsröste täglich bis 25 Waggons. Im Zweiten Weltkrieg wurden in Schömberg Rüstungsbetriebe angesiedelt, deren Personalbedarf so groß war, daß jetzt die lang geplante Buslinie, die Kraftverkehr Ziedertal GmbH, gegründet werden mußte. Im Werkslinienverkehr wurden die Arbeiter von Adersbach und Wekelsdorf nach Schömberg gebracht. Bis zum km 18,0 geht es über den steilsten Abschnitt der Strecke, ehe der HP Berthelsdorf (km 19,57) erreicht wird. Hier wurden Textilien verladen. Gleich dahinter mußte die Talsenke auf einem Viadukt überquert werden, dem bald ein Einschnitt folgt, der sich aber als Steinbruch nutzen ließ. Im km 21,56 ist schließlich auf einer Anhöhe der Endbahnhof Albendorf erreicht, der Lokschuppen und Werkstatt besitzt. Von hier hatten es Wanderer nicht weit über die Grenze zur Felsenstadt von Adersbach und Wekelsdorf. Eine Verlängerung der Bahn dorthin mit Anschluß an die böhmische Linie Trautenau–Halbstadt wurde zwar diskutiert, jedoch nicht ausgeführt. Während der Inflationszeit wurde in Albendorf Steinkohle abgebaut, die sich aber als so minderwertig erwies, daß man 1925 die Förderung einstellte. Doch immerhin sorgte die Kohle für Konjunktur in Notzeit bei der Bahn. 1927 gab es vier Dampflokomotiven, sechs Personen-, zwei Pack- und 18 Güterwagen. 36 Beschäftigte beförderten 154 716 Personen und 17 723 t. 1938 waren noch drei Lokomotiven, fünf Personen- und zwei Packwagen vorhanden. Die Güterwagen waren im DR-Wagenpark eingestellt. 27 Mitarbeiter beförderten 130 039 Personen und 19 017 t. Unklar ist der Lokbestand. Eine Quelle nennt drei 1899 von Jung gelieferte T 3, die dort immer blieben. Eine andere nennt eine T 4 – es könnte die vierte im Bestand von 1928 gewesen sein.

Die Bahn führte vier bis fünf Zugpaare, die von Albendorf ausgingen. Teilweise wurde aus Richtung Landeshut bereits in Schömberg gewendet – mit lediglich fünf Minuten fürs Umsetzen der Lok.

Die Bahn blieb 1945 unbeschädigt, doch kam der Betrieb beim Kriegsende infolge des Chaos zum Erliegen. Doch schon am 19. Mai erteilte der russische Kreiskommandant die Betriebsgenehmigung und sorgte für Kohlen, die am 25. Mai geliefert wurden. Am 29. Mai wurde ein Sondertransport trotz großer Bedenken der Betriebsleitung mit eigenen Fahrzeugen nach Trautenau gefahren. Die Zusage des Kreiskommandanten, Personal und Fahrzeuge wieder zurückzuschikken, wurde prompt eingehalten. Im September kam dann der erste polnische Bahnverwalter nach Schömberg. Schon um 1960 wurde der Personenverkehr eingestellt, der Güterverkehr lief aber weiter, wobei der Einsatz der Ty 2 dokumentiert ist.

„Eulebahnel" nannten die Wüstewaltersdorfer ihre Kleinbahn, die seit dem 22. Juni 1914 ihr Dorf mit Hausdorf verband. Am Eröffnungstag steht der erste Zug abfahrbereit.

Für den späteren Betrieb an Werktagen genügten die Pendelfahrten des Triebwagens

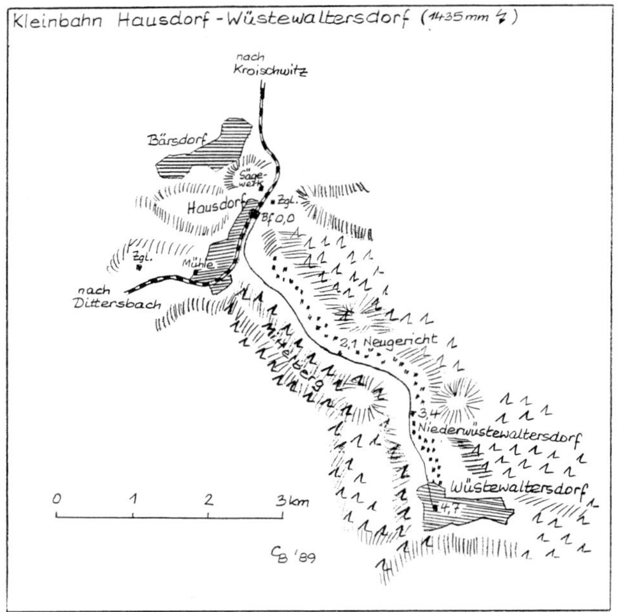

Beim Bau der Weistritztalbahn war das Weberdorf Wüstewaltersdorf abseits geblieben. Die Einwohner aber wußten, wie notwendig für ihre Textilindustrie unmittelbarer Bahnanschluß sei. Im Oktober 1912 genehmigte ihnen der Regierungspräsident von Breslau ihre Wüstewaltersdorfer Kleinbahn. Obwohl nur 4,72 km lang, sollte die Bahn etwas Besonderes werden.

Die gesamte Planung und Bauausführung wurde der AEG übertragen, die Schlesiens einzige mit 1 000 Volt Gleichstrom elektrifizierte Kleinbahn baute. Am 22. Juni 1914 ging sie in Betrieb – nur drei Wochen nachdem die KPEV in Schlesien den elektrischen Betrieb aufnahm. Die Strecke schließt im Bahnhof Hausdorf an die Weistritztalbahn an. Gleich nach Verlassen des Bahnhofs wird der Eulebach überquert, sodann wendet sich das Gleis am Südhang des Mittelberges dem Ziel entgegen. Es geht steil aufwärts (1 : 30), müssen doch bis zur Endstation 116 m Höhe gewonnen werden. Im km 2 liegt der HP Neugericht, im km 3 der HP Nieder Wüstewaltersdorf, beide nur für Personenverkehr und oberhalb der Ortschaften, die sich im Tal erstrecken. In der Endstation befindet sich die Verwaltung; ein kombinierter Bau enthält Fahrzeugschuppen, Werkstatt und Umformwerk. Die Fahrleitung ist einfach ausgeführt, auf der Strecke genügten Holzmaste, in den Bahnhöfen wurden Gittermaste mit Querabspannung verwendet. Zur Erstausrüstung gehörten ein zweiachsiger Triebwagen, eine zweiachsige Lokomotive, zwei Personen-, ein Güter- und zwei Spezialwagen. Trotz der kurzen Strecke wurden zwei Wagenklassen angeboten. Bei Bergfahrt konnte der Triebwagen 42 t, die Lok 80 t befördern, in der Praxis wurden jedoch diese Höchstlasten vermieden. 1927 beförderten 13 Mitarbeiter 106 868 Personen und 21 800 t, vornehmlich Langholz, Textilien und Kohle. 1938 gab es einen dritten Personenwagen. Elf Beschäftigte beförderten 101 483 Personen und 14 722 t. Als Ausgangspunkt für Wanderungen auf die Hohe Eule bot Wüstewaltersdorf im Sommer wie im Winter ideale Möglichkeiten. Die Züge waren bei gutem Wetter stets gut besetzt. Besonders eindrucksvoll war es, wenn an Sonntagen die Reichsbahn Wintersportsonderzüge nach Wüstewaltersdorf einsetzte. Da kamen sie im Schlesiertal heraufgekeucht, vorn und hinten eine Dampflok, dazwischen eine lange Reihe von Wagen. Breslau, Schweidnitz, Striegau waren die Ausgangsbahnhöfe, „von oben" kam oft auch noch ein Zug aus Waldenburg. Ein Foto, das der Vorstand der Kleinbahn, E. Michael, an einem Sonntag morgen im Januar 1938 machte, zeigt den Endbahnhof, in dem alle Gleise mit Sonderzügen vollgestellt waren. Wie da noch der Triebwagen planmäßig verkehren sollte? Vermutlich mußte der am Hauptgleis stehende Sonderzug nach Hausdorf zurückfahren, um dort tagsüber abgestellt zu werden. Die Bahn bot Zubringerdienste zu allen Zügen der Schlesiertalbahn, wies somit einen dichten Fahrplan auf. Als ich mich im Sommer 1968 in der Gegend umschaute, war der elektrische Betrieb längst eingestellt – es standen nur noch einzelne Maste –, es verkehrten nur noch Güterzüge bei Bedarf. Inzwischen ist auch dieser Restverkehr beendet, die Strecke weitgehend abgebaut.

Ob zum Zeitpunkt dieses Fotos die Bahn schon in Betrieb war, ist fraglich. Jedenfalls war später der Gleisplan des Endbahnhofs erweitert, mußten doch bei guter Schneelage lange Sonderzüge Platz finden.

Die „Eule“

Dem Leser soll hier keineswegs eine zoologische Abhandlung zugemutet werden, wie der Titel vielleicht vermuten läßt.
Die Eule, um die es hier geht, war vielmehr eine durchaus angesehene, wenngleich unter den üblichen Nöten aller Ausflugsstrecken leidende Eisenbahn meiner Heimat. Sie hatte auch etwas Besonderes, das sie weit über die vielen Bahnen Schlesiens hinaus bekannt machte. Von 1902 bis 1931 betrieb sie den östlichsten Zahnstangenabschnitt in Deutschland.
Anderswo, in Thüringen oder im Rheinischen Schiefergebirge, waren derartige Dampfzahnradbahnen häufiger. In Schlesien dagegen gab es nur die Zahnradstrekken der Görlitzer Kreisbahn und der „Eule“. Eule – so nannte sie der Volksmund – war eine Privatbahn, die unter dem Namen Eulengebirgsbahn in Reichenbach ihren Sitz hatte und von Lenz & Co. betrieben wurde. Ihre Strecke verband Reichenbach, Peterswaldau, Langenbielau mit Silberberg, führte über den Kamm des Eulengebirges hinüber nach Mittelsteine und endete in Wünschelburg. Weil sie das Eulengebirge überquerte und dessen Namen trug, war sie eben die „Eule“ – wen wundert's? Zu ihrer Zeit war sie beliebt, benutzt, wohlwollend belästert und alltäglich. Heute ist sie nur noch wehmütige Erinnerung bei denen, die sie erlebt haben.
Reichenbach, die Kreisstadt an der zweigleisigen Staatsbahnstrecke Liegnitz–Schweidnitz–Frankenstein–Kamenz gelegen, war Sitz der Betriebsleitung. Hier gab es auch ein Bw mit Rundschuppen. Die Strecke verlief von hier nach Peterswaldau hinüber, einem langgestreckten Straßendorf, in dem vier Stationen zu bedienen waren. Nach 11 km war der Bahnhof Langenbielau-Oberstadt erreicht, wo eine von Reichenbach geradlinig hierher geführte, 6 km lange Staatsbahnstrecke endete und Anschlüsse für Reisende vermittelte, die es eiliger hatten. Langenbielau und Peterswaldau waren die Zentren der schlesischen Weberei. Heute noch bekannte Firmen, wie Dierig, waren hier zu Hause und sorgten für manche Wagenladung und Stückgut. Nun zog die Eule am Gebirgsrand südwärts, bediente fünf Stationen, bis sie nach insgesamt 26 km Silberberg-Stadt (372 m Seehöhe) erreichte. Hier endete der westliche Abschnitt der Frankensteiner Kreisbahn, ebenfalls von Lenz & Co. betrieben. Von diesem Gemeinschaftsbahnhof und seinem Betrieb wird noch berichtet. Hier begann der Anstieg zum Scheitelbahnhof Silberberg-Festung (513 m), in km 29,7 gelegen. Der Höhenunterschied war nur mittels Abt'scher Zahnstange bei Maximalsteigung 1 : 16,7 zu schaffen. Die den Gebirgskamm beherrschende Festung war von Friedrich II. angelegt worden, um die Grenze gegen Österreich zu sichern. In Neudorf endet die Zahnstange. Im km 34,4 lag der Spitzkehrenbahnhof Volpersdorf. Es ging jetzt weiterhin steil abwärts über Schlegel, Heimat der süffigen „Kroatzbeere“, nach Mittelsteine. Hier wurde die Gebirgsbahn Dittersbach–Glatz überquert. Unterhalb des Staatsbahnhofes hatte die Eule ihren eigenen Bahnhof (km 45,4). Die Strecke führte weiter über Steine nach Rathen–Albendorf (km 50,3). Die berühmte Wallfahrtskirche in Albendorf, das „schlesische Jerusalem“, hatte hohen Anteil am Fahrgastaufkommen dieses Südabschnittes. Nach insgesamt 54,8 km endete die Bahn in Wünschelburg (375 m), unterhalb der Heuscheuer, deren markante Felsgruppen Ausflüglerscharen anlockten. Hier gab es noch das Güter-Anschlußgleis zur 1,7 km entfernten Heuscheuer-Ladestelle.
Außerdem bestanden Anschlußgleise von Schlegel zum Steinkohlenbergwerk Johann-Baptista und von Neubielau nach Suckershof, das schon 1930 stillgelegt war. Auch das Kraftwerk Mittelsteine, das den Fahrstrom für die elektrifizierten Staatsbahnstrecken Schlesiens erzeugte, wurde von der Eule über ein Anschlußgleis mit Kohlen versorgt.
Anschlüsse zur Staatsbahn bestanden in Reichenbach, Oberlangenbielau und Mittelsteine. Mittelsteine war übrigens ein hochinteressanter Ort für den Eisenbahnfreund. Außer der EGB – so die offizielle Abkürzung – und der Schlesischen Gebirgsbahn Dittersbach–Glatz mit ihrem starken Güter- und Reisezugverkehr, gab es noch die von Halbstadt in Böhmen herüberführende Strecke, die hier endete. Sie wurde bis 1918 von der k. k. Staatsbahn, dann bis 1938 von der CSD betrieben. Fahrzeuge dreier Verwaltungen gaben sich somit in Mittelsteine ein Stelldichein.
Für den Reibungsbetrieb beschaffte die EGB fünf C-Kuppler von Vulkan, Stettin, von denen vermutlich vier der preußischen Gattung T 7 angehörten (Werksnummern 1809 bis 1812, Baujahr 1900). Ihre robuste Bauart und hohe Zugkraft war für den Hügellanddienst bei oft schweren Zügen erforderlich. Für den 6,6 km langen Zahnradabschnitt wurden drei Eßlinger Loks (Werksnummern 3124 bis 3126, Baujahr 1900) mit der Achsfolge C 1 beschafft. Die Loks hatten mit der preußischen T 26 nur die Achsfolge gemeinsam, waren somit spezielle Konstruktionen. Ursprünglich nur mit einem Dom versehen, hatten sie später Doppeldom. Ein dem Verkehrsaufkommen angepaßter Wagenpark war ebenfalls vorhanden.
Dem aus Beuthen/Oberschlesien stammenden Pfarrer Günter Mappes war die „Eule“ besonders ans Herz gewachsen. Es verbinden sich für ihn mit ihr Kindheits- und Jugenderinnerungen. Seine Ferien verbrachte er nämlich meist mit seiner Mutter in der „Sommerfrische“ Silberberg, wo er dann Gelegenheit hatte, den Betrieb der Bahn zu beobachten. Einen Teil der Bilder verdanken wir ihm.
Silberberg-Stadt war Gemeinschaftsbahnhof mit der Frankensteiner Kreisbahn, von der EGB verwaltet. Der Gleisplan soll dem Interessierten helfen, sich den Betrieb dort besser vorstellen zu können.
Tagsüber war an Werktagen das Verkehrsaufkommen gering. Da genügte mittags oft nur ein Personenwagen zur Fahrt über das Gebirge. Den Zug brachte die T 7 von Reichenbach, dann setzte sie ab, während sich ans hintere Ende eine Zahnradlok setzte. Inzwischen war auch der Frankensteiner Zug eingelaufen, den eine T 3 brachte. Er endete hier. Schließlich kam vom Berg herunter ein Zug auf der Zahnradstrecke im Bahnhof an. Damit war die Strecke frei zur Bergfahrt. Mit der erforderlichen Kraftanstrengung ging die Lok mit 10 km/h die Zahnradstrecke an. An der vorderen Plattform des

ersten Wagens stand der Schaffner und betätigte vor Wegübergängen eine große Glocke, die am Wagendach herunterhing. Es ging an Herzogswalde vorbei über zwei Viadukte steil bergan. Im Scheitelbahnhof Silberberg-Festung mußte die Lok umsetzen, um wiederum am talseitigen Ende des Zuges zu stehen. Sie blieb jetzt bis zum Spitzkehrenbahnhof Volpersdorf am Zuge, wo sie erneut umsetzen mußte, ehe die Fahrt weiter nach Mittelsteine ging.
Soweit das übliche Bild der Bahn. An Sonntagen, bei schönem Wetter, sah das aber ganz anders aus. Da mußte die Bahn ihre ganzen Personenwagen und Lokomotiven aufbringen, um den Ansturm der Städter zu bewältigen. Sie kamen nicht nur aus den Orten, die die Bahn ohnehin bediente, sondern auch aus Schweidnitz, Strehlen und Breslau. Es zog sie in die Bergwälder, und sie bedienten sich zur An- und Abreise der EGB. Dann waren die Züge so schwer, daß sie entweder von zwei T 7 oder einer Zahnradlok schon im Reibungsabschnitt gezogen werden mußten. Die Last auf der Steilstrecke teilten sich dann zwei Zahnradloks: je eine an jedem Ende der Wagenreihe. In gleicher Weise wurden Sonderzüge für Reisegesellschaften befördert. Der Güterverkehr über den Berg war meist unbedeutend. Gab es nicht gerade Holz aus den Bergwäldern zu verfrachten, so war er schon nicht mehr erwähnenswert. Im Sommer konnte man beim Expreßgut noch mit Beeren und Pilzen rechnen. Mehr fiel in diesem Bereich nicht an. Hier lag auch das Problem der „Eule“. Hatte sie in den Talstrekken durchaus ihre Stammkunden (Berufspendler, Schüler, industrielle Verlader), so fehlten diese hier. Hatte sich auch 1913 im ehemaligen Fort Spitzberg der Festung eine beliebte Jugendherberge etabliert, so fehlte es doch an treuen Fahrgästen und Verladern. Und vom sonntäglichen Stoßbetrieb – zudem auch nur bei Ausflugswetter – konnte man den aufwendigen Zahnradabschnitt nicht finanzieren. So wurde versucht, wie anderswo mit Erfolg praktiziert, die Strecke auf Reibungsbetrieb umzustellen. Da dies mit den eigenen Loks nicht zu schaffen war, lieh man sich 1930 von der Reichsbahn zwei 94 [5], preußische T 16[1] also. So sehr sich Loks und Mannschaften auch plagten, sie mußten stets unverrichteter Dinge wieder zurück ins Tal rollen.
So wundert es nicht, daß 1931 zunächst gerüchteweise verlautete, die Zahnradstrecke solle eingestellt werden. Es war ja die schlimme Zeit der Weltwirtschaftskrise, und auch die Ausflüglerzüge waren rar geworden. Nichts erinnerte mehr an die Zeit vor 1914, als der Fahrplan verkündete: „An Sonn- und Feiertagen zusätzliche Fahrten.“ Auch der Kurswagen Berlin–Silberberg der KPEV, der in Langenbielau-Oberstadt auf die EGB überging, war längst Geschichte geworden.
Nach dreißigjähriger Betriebsdauer lief die Garantie für die beiden großen Viadukte ab. 500 000,– Mark hätte ihre Renovierung gekostet. Sie waren nicht vorhanden. So blieb nichts anderes übrig, als den Gesamtbetrieb am 15. Dezember 1931 zwischen Silberberg-Stadt und Neudorf einzustellen. Von hier bis Mittelsteine wurde nur noch der Güterverkehr aufrechterhalten. Den Personenverkehr übernahm eine Postbuslinie. Im Herbst 1933 sah der Gewährsmann Dampf über dem Westabschnitt der Zahnradstrecke. Voll Freude, sie könne zu neuem Leben erwacht sein, eilte er näher. Doch er sah nichts Hoffnungerweckendes. Er wurde vielmehr Zeuge der Abbauarbeiten dieses Streckenabschnittes. Ein langer Güterzug wurde mit Schienen und Schotter beladen. So verkürzte die Bahn täglich ihr eigenes Gleis, bis Neudorf erreicht war. Hier wurde ein Prellbock montiert. Dasselbe vollzog sich im Frühjahr 1934 im Ostabschnitt. Jetzt bestand die EGB aus zwei voneinander getrennten Strecken. Der Abschnitt Neudorf–Schlegel wurde nur einmal wöchentlich bedient, das genügte zur Holzabfuhr. Erst ab Schlegel änderte sich das Bild. Hier waren die Kohlentransporte von der Grube zum Kraftwerk lohnend und auch die Personenzüge Mittelsteine–Wünschelburg litten nicht so unter den Wetterbedingungen (Wallfahrten finden bei jedem Wetter statt!).
Die Zahnradloks blieben bei der Bahn, wurden jedoch des nicht mehr benötigten Zahnradantriebs beraubt.
Wenngleich die großen Zeiten Silberbergs als Sehenswürdigkeit für den Eisenbahnfreund vorüber waren, gab es auch in den dreißiger Jahren noch Bemerkenswertes, das aber weniger mit der „Eule“ zu tun hatte. Die Frankensteiner Kreisbahn modernisierte ihren Betrieb. Sie beschaffte zwei Elna 2 und einen zweiachsigen Triebwagen, so daß die T 3 vor den Zügen seltener wurden. Wenn jetzt ein größerer Sonderzug von Frankenstein nach Silberberg zu bringen war, mußte die EGB nicht mehr die T 7 dafür ausleihen. Es mag zwar imposant ausgesehen haben, wenn sich drei Maschinen mit der langen Reihe preußischer Abteilwagen abmühten, doch schafften es die Elna-Loks leichter. Dem abseits der großen Industrieorte gelegenen Silberberg sagt man nach, es sei verträumt gewesen. Wenn aber ein Sonderzug voller erholungssuchender Städter hier eintraf, mag es auch eine andere Seite gehabt haben.
Einige statistische Angaben: 1927 waren acht Lokomotiven – darunter drei Zahnradlokomotiven, fünf Pack-, 25 Personen-, 68 Güterwagen und ein Spezialwagen vorhanden. 140 Mitarbeiter beförderten 854 944 Personen und 315 368 t. Die Einnahmen betrugen 746 558,– Mark. Die für 1938 vorliegenden Zahlen belegen, daß der Versuch, durch die Stillegung des Zahnradabschnittes die Bahn zu sanieren, keinen Erfolg hatte. 97 Mitarbeiter beförderten 333 833 Personen und 279 399 t. Es wurden 409 948,– Mark eingenommen. Es waren noch sieben Loks, 22 Personen- und vier Packwagen vorhanden. Der Güterwagenbestand war dagegen auf 96 angestiegen. Das hängt vermutlich mit dem durch die weitere Elektrifizierung gestiegenen Kohlebedarf des Kraftwerks Mittelsteine zusammen, das über ein Anschlußgleis von der „Eule“ versorgt wurde. Dennoch war auch beim Gütertransport ein Rückgang zu verzeichnen. Die PKP reaktivierte den Personenverkehr zwischen Mittelsteine und Volpersdorf, wo im Sommer 1968 noch zwei Zugpaare verkehrten. Doch Anfang der siebziger Jahre war auch das Geschichte. Mit zwei Zugpaaren, die von Frankenstein bis Reichenbach durchliefen, wurde 1968 auch der Nordabschnitt Silberberg–Reichenbach bedient. Das war auch 1975 noch so, doch sparte man jetzt den Umweg über Peterswaldau. Seit 1977 gibt es nur noch zwischen Mittelsteine und Wünschelburg Reisezüge. Praktisch sind es zwei Zugpaare, doch wird der Frühzug (Mittelsteine ab 3.50 Uhr) im Kursbuch nicht aufgeführt. Wer will auch schon so zeitig nach Wünschelburg fahren?

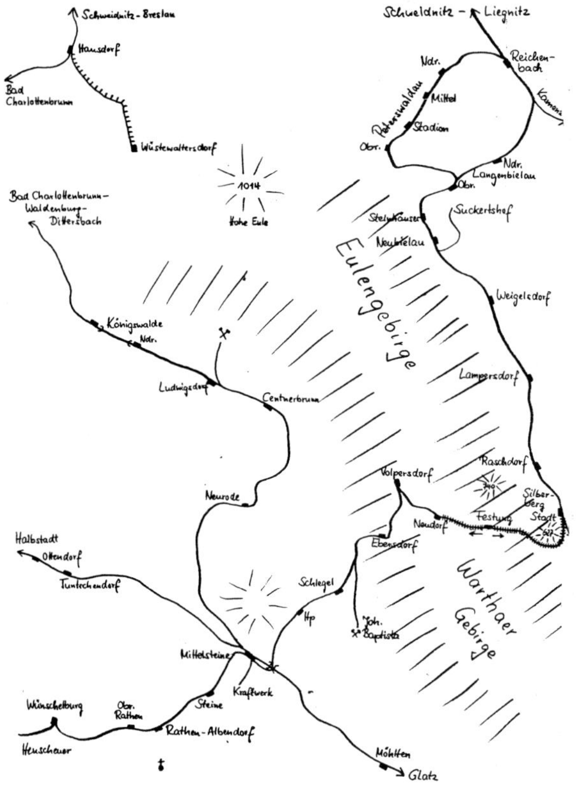

2244 Reichenbach—Mittelsteine.

km																	
	Reichenbach Klbf. ab	...	W5·50	7·20	9·40	W11·25	S11·30	...	W14·00	S14·00	15·40	17·31	...	19·15	S19·15	21·20	23·10
5	Mittel-Peterswaldau	...	6·06	7·33	9·54	11·42	11·44	...	14·17	14·17	15·54	17·45	...	19·31	19·31	21·34	23·24
7	Ober-Peterswaldau	...	6·22	7·42	10·03	11·52	11·55	...	14·39	14·35	16·04	18·02	...	19·42	19·43	21·42	23·34
11	Langenbielau Oberstadt	...	W6·33	7·55	S	W12·02	12·06	...	14·50	14·46	16·13	18·13	...	W	20·03	...	23·43
14	Neubielau	...	—	8·06	—	Sa12·20	12·26	...	15·03	15·00	Sa	18·25	...	...	20·15	...	S
18	Weigelsdorf	...	...	8·14	...	12·29	12·35	...	15·12	15·08	u.	18·34	...	...	20·24	...	...
20	Lampersdorf	...	...	8·22	...	12·37	12·44	...	15·20	15·15	S	18·42	...	...	20·32	...	...
24	Raschdorf	...	...	8·31	...	Sa12·47	12·53	...	15·30	15·24	...	18·52	...	...	×20·42	...	...
26	Silberberg Stadt	...	...	8·42	...	13·35	12·59	...	W15·36	16·00	...	18·59	...	...	S20·48	...	...
30	„ Festung	...	...	9·00	—	14·02	S	...	...	16·27	...	W	...	...	...	...	...
33	Neudorf	...	...	9·18	W	14·11	...	...	...	16·36	...	...	...	...	...	—	...
35	Volpersdorf	...	—	9·29	12·45	14·22	...	...	...	16·47	...	...	...	...	—	...	...
37	Ebersdorf	W	W	9·36	12·53	14·30	...	...	...	16·55	...	...	W	...	...	—	...
40	Schlegel	6·25	7·56	9·45	13·02	14·40	...	...	...	17·04	...	...	18·45	...	...	...	...
45	Mittelsteine Klbf. an	6·38	8·14	9·57	13·15	W14·53	...	...	...	S17·17	...	...	19·00	...	...	...	...

Mittelsteine Klbf. ab	...	6·00	7·00	...	...	S10·48	...	W10·55	...	W15·16	...	...	S17·45	17·48	...	...	...
Schlegel	...	6·18	7·18	...	...	10·59	...	11·12	...	15·32	...	...	17·59	18·02	...	...	...
Ebersdorf	...	W	W	...	...	11·06	...	11·37	...	15·42	...	...	18·08	W	...	...	...
Volpersdorf	...	—	—	...	...	11·12	...	12·00	...	15·52	...	...	18·18	—	...	...	...
Neudorf	...	—	...	...	...	11·21	...	12·10	...	16·02	...	...	18·28	...	...	...	...
Silberberg Festung	...	W	...	S	...	11·38	...	12·27	...	16·19	...	...	18·45	...	...	...	...
„ Stadt	...	5·20	...	7·00	...	12·00	Sa11·40	13·35	...	W16·37	16·53	...	19·12	...	...	...	...
Raschdorf	...	×5·26	...	7·07	...	12·05	11·46	13·42	...	↘	17·01	...	19·19	...	...	...	...
Lampersdorf	...	×5·35	...	7·17	...	12·12	11·56	13·52	Sa	...	17·13	...	19·29	...	...	...	...
Weigelsdorf	...	5·43	—	7·25	...	12·18	12·04	14·00	u.	...	17·23	...	19·37	...	...	...	...
Neubielau	...	5·52	W	7·34	...	12·26	Sa12·20	14·10	S	...	17·34	...	19·46	—	...	...	S
Langenbielau Oberstadt	...	6·05	7·55	7·55	S	12·36	W12·32	14·25	16·20	...	17·48	...	20·03	W	...	...	23·50
Ober-Peterswaldau	...	6·17	8·10	8·06	10·13	12·45	12·42	14·40	16·30	...	18·01	...	20·15	19·50	...	22·00	23·58
Mittel-Peterswaldau	...	6·27	8·28	8·16	10·25	12·54	12·54	14·52	16·40	...	18·11	...	20·26	20·00	...	22·08	0·06
Reichenbach Klbf. an	...	W6·40	8·44	8·29	10·38	S13·04	W13·04	W15·06	16·53	...	18·24	...	S20·39	20·14	...	22·18	0·16

Winter 1929

2245 Mittelsteine—Wünschelburg.

									km										
6·55	...	10·50	...	15·20	...	W19·02	...	20·25		ab Mittelsteine Klbf. an	5·30	W6·38	9·48	...	13·30	...	17·30	[illegible]	[illegible]
7·03	...	10·57	...	15·28	...	19·10	...	20·33	3	Steine	5·23	6·26	9·41	...	13·23	...	17·23	[illegible]	[illegible]
7·11	...	11·05	...	15·37	...	19·18	...	20·42	5	Rathen Albendorf	5·14	6·18	9·33	...	13·14	...	17·14	...	[illegible]
7·15	...	11·09	...	15·41	...	19·22	...	20·46	7	Ober-Rathen ×	5·09	6·13	9·28	...	13·09	...	17·09	...	[illegible]
7·22	...	11·15	...	15·50	...	W19·30	...	20·55	10	an Wünschelburg ab	5·00	W6·05	9·20	...	13·00	...	17·00		[illegible]

Gleisplan Silberberg Stadt

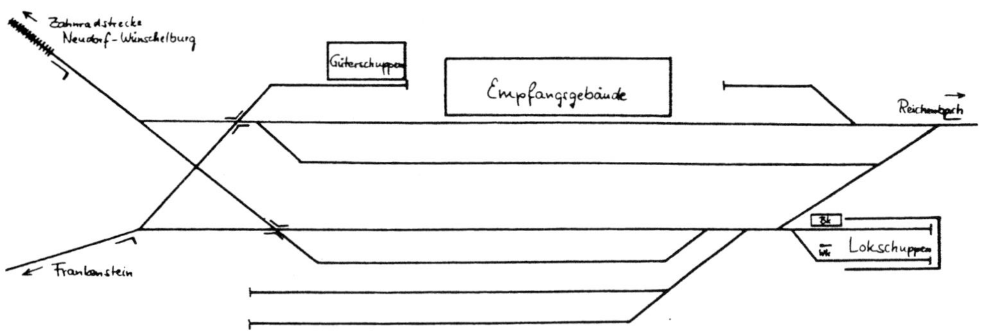

1902 waren auf dem großen Viadukt im Zahnradabschnitt Gleisbauarbeiten nötig. Oder sollte das Foto noch während des Streckenbaus entstanden sein? Kalisch

Am 1. Juni 1900 eröffnete die Eulengebirgsbahn ihren ersten 45,4 km langen Abschnitt Reichenbach–Mittelsteine. Von diesem Ereignis blieben zwei Fotos erhalten! Auf dem Dach standen die Handwerker, als der erste Zug mit T7 in Ober Peterswaldau einfuhr. Verkehrsmuseum

Noch ehe er in Mittelsteine ankam, spielte eine Militärkapelle den Festgästen am Kleinbahnhof einen Marsch. Gürsch.

Immerhin ein Dokument für die Zusammenstellung der Züge auf der Zahnradstrecke.

Nur bis zum 15. 12. 1931 sollten über diesen Viadukt planmäßig Züge fahren. Geisler

Im Scheitelbahnhof wartender gemischter Zug. Um 1910. Guthmann

In das Foto des Schlosses in Rathen mit dem Viadukt der EGB wurde das Bahnhofsgebäude Rathen-Albendorf hineinkopiert. Um 1908. Geisler

Endstation Wünschelburg mit am Bahnsteig für die Rückfahrt bereitgestelltem Zug. Vor dem Schuppen qualmt einstweilen die Lok. Um 1928. *Geisler*

Sommer 1940

Eulengebirgsbahn — **130 c Reichenbach** (Eulengeb)–**Silberberg** (Eulengeb) — Alle Züge 3. Klasse

w 20	S 22	w 14	S 14	w 16	S 16		24	18		km	Zug Nr / Zug Nr	w 11	w 13	S 13	S 21		15	w 17	S 17	25	
...	S 7.10	w 7.25	S 8.40	w 13.30	S 14.00	...	17.30	19.30	...	0,0 ab	Reichenbach (Eulengeb) Klbf 125 an	...	w 6.40	S 6.40	S 8.00	...	13.00	w 16.30	S 16.50	18.37	...
w	7.21	7.38	8.52	13.42	14.19	...	17.42	19.47	...	4,6 w	Peterswaldau Mittelbf ▲	an	6.30	6.30	7.58	...	12.49	16.19	16.40	18.27	...
6.00	7.30	7.49	9.01	13.51	14.21	...	17.51	19.51	...	7,1	Peterswaldau Oberbf	w 5.46	6.21	6.21	7.50	...	12.38	16.08	16.31	18.18	...
6.07	S 7.37	7.59	9.10	14.00	14.30	...	17.58	20.00	...	10,8	Langenbielau Oberstadt 125	5.39	w 6.12	6.12	S 7.41	...	12.28	15.58	16.22	18.05	...
an	an	8.20	9.27	14.17	14.47	...	an	20.17	..	17,5 ▼	Weigelsdorf (Schles) ▲	5.21	...	5.55	...	...	12.05	15.35	16.04	...	...
...	...	w 8.44	S 9.47	w 14.37	S 15.07	...	...	20.37	...	26,2 an	Silberberg (Eulengeb) 129d ab	w 5.00	...	S 5.34	...	...	11.40	w 15.10	S 15.43	...	...

Züge halten in km: 3,2 Peterswaldau Niederbf, km 5,8 Peterswaldau Stadion, km 13,8 Steinhäuser, km 14,5 Neubielau, km 20,4 Lampersdorf Kr Frankenstein (Schles), km 24,1 Reschdorf

Eulengebirgsbahn — **130 c Mittelsteine–Wünschelburg** (Heuscheuer) — Alle Züge 3. Klasse

	54				58		60		62		km	Zug Nr / Zug Nr		w 51		53		57		59	61	
...	6.50	...	...	...	15.10	...	17.55	...	20.30	...	0,0 ab	Mittelsteine Klbf 124c an	...	w 5.39	...	6.15	...	12.47	...	17.32	a 19.44	...
...	7.05	...	...	...	15.25	...	18.08	...	20.45	...	5,0 ▼	Rathen-Albendorf ▲	...	5.25	...	6.03	...	12.33	...	17.18	19.32	..
...	7.17	...	...	...	15.37	...	18.20	...	20.57	...	9,5 an	Wünschelburg (Heuscheuer) ab	...	w 5.12	...	5.50	...	12.20	...	17.05	19.20	...

Züge halten in km 2,4 Steine und km 8,3 Ober Rathen   a = 1. V. bis 29. IX täglich, sonst nur S

Die EGB 2 entsprach der pr. T 7. Reichenbach, im Sommer 1936. *Foto: Bellingrodt*
Sammlung: Knipping

Eine der Zahnradlokomotiven war die EGB 6. Im Sommer 1936 hatte man den Zahnradantrieb bereits entfernt.
Foto: Bellingrodt
Sammlung: Knipping

Frankensteiner Kreisbahn

Am 1. November 1908 eröffnete die Frankenstein–Münsterberg–Nimptscher Kreisbahn ihren Betrieb auf einem Netz von 49,88 km Länge, das – genau genommen – aus drei Strecken bestand, die von Lenz & Co. gebaut und betrieben wurden. Wegen Auflösung der Kreise Münsterberg und Nimptsch hieß das Unternehmen ab 1938 nur Frankensteiner Kreisbahn. Betriebssitz war Frankenstein, wo im als Kopfbahnhof ausgeführten Kleinbahnhof (zwei Minuten vom Staatsbahnhof entfernt) zwei Strecken einmündeten. Die von Silberberg war 12,71 km lang und führte über Schönwalde (km 3,58) und Peterwitz (km 7,33) zur Kreisstadt. Sie war beliebt wegen ihrer schönen Aussicht auf das Eulengebirge.

Die Nordstrecke unterfuhr zunächst die Staatsbahn Kamenz–Liegnitz und führte sodann durch hügeliges Gelände mit Steigungen bis 1 : 65 über Protzan (km 14,68 von Silberberg) nach Nickelwerke (km 18,84). Hier sorgte ein Bergwerk mit Anschlußgleis für Frachtaufkommen, während andernorts große Güter für Fracht sorgten. Über Tomnitz und Kobelau wurde Tepliwoda, ab 1938 Lauenbrunn, erreicht (km 27,37). Die Fahrt wurde fortgesetzt über Parchwitz und Alt Heinrichau nach Heinrichau (km 37,36), wo vom Kleinbahnhof aus ein Übergabegleis zur Staatsbahn – wie auch in Frankenstein und Kurtwitz – führte. In Frankenstein und Kurtwitz wurden über dieses Gleis im Herbst umfangreiche Rübentransporte zu den dortigen Zuckerfabriken abgewickelt. Die Zweigstrecke von Lauenbrunn nach Kurtwitz war 12,52 km lang. Im km 7,0 lag der HP Schmitzdorf-Silbitz mit einem großen Basaltsteinbruch. Es folgte Groß Kniegnitz im km 10,35. Zu Betriebsbeginn besaß die Bahn fünf T 3, 1907 von Vulkan mit Fabrik-Nr. 2312–2316 geliefert. Neun Personen-, drei Pack- und 30 Güterwagen vervollständigten 1927 den Fahrzeugpark. 77 Beschäftigte beförderten 275 324 Personen und 270 187 t. Rein rechnerisch war für jede Strecke eine Reisezuggarnitur vorhanden. 1938 liefen vier Loks, ein Triebwagen, elf Personen-, drei Pack- und 29 Güterwagen. Das Personal war um zehn Mann geschrumpft. Es wurden 164 939 Personen und 275 563 t befördert. Der seit 1935 eingesetzte Triebwagen hatte den Rückgang im Personenverkehr trotz dichterer Fahrpläne nicht aufhalten können. 1929 und 1930 waren zwei ELNA 2 beschafft worden, so daß bis 1931 drei T 3 verkauft bzw. ausgemustert werden konnten. Die PKP führte nach 1945 den Verkehr weiter. Um 1970 wurden die Durchläufe erweitert. So gab es zwei Zugpaare Brieg–Strehlen–Kurtwitz–Frankenstein sowie Kamenz–Frankenstein–Heinrichau–Kamenz. In Frankenstein und Heinrichau mußte dabei vom Staatsbahnhof über das Verbindungsgleis in den Kleinbahnhof gestoßen werden, um die Fahrt fortsetzen zu können. In Kurtwitz wurde der Kleinbahnhof aufgelassen und nur der Staatsbahnhof direkt über das Verbindungsgleis erreicht. Die Züge bestanden aus Tkt 48 und lediglich einem Wagen.

Schade, daß der Fotograf nicht wartete, bis die T3 den Telegrafenmast passiert hatte. Aber er wollte ja den Haltepunkt Peterwitz aufnehmen. – Um 1910.

Stationsgebäude Nickelwerke der Frankensteiner Kreisbahn.

Von nah besehen: Personenzug der Frankensteiner Kreisbahn mit T3 Nr. 25 im Sommer 1936. Er dürfte in gleicher Zusammenstellung auch auf manch anderer von Lenz & Co betriebenen Kleinbahn – nicht nur in Schlesien – zu finden gewesen sein.

Sommer 1940

130 d Frankensteiner Kreisbahn — Alle Züge 2. 3. Klasse

Silberberg (Eulengeb) — Frankenstein (Schles)

101	w 31	S 31	w 103	S 33	km	Zug Nr	Zug Nr	30	S 32	w 102	w 104	S 106	
6.43	9.00	11.51	17.45	19.00	0,0	ab Silberberg (Eulengeb)	an	8.42	13.19	13.59	19.00	20.19	Züge halten in: km 3,6 Schönwalde (Bz Breslau), km 5,2 Ober Peterwitz, km 7,3 Peterwitz (Kr Frankenstein Schl)
7.12	9.29	12.20	18.14	19.29	12,7	an Frankenstein (Schl) Klbf 125	ab	8.10	12.50	13.30	18.31	19.50	

Frankenstein (Schles) — Lauenbrunn (Tepliwoda) — Heinrichau

121	S 24	w 24	w 26	S 28	km	Zug Nr	Zug Nr	21	w 122	S 23	w 25	S 123	
8.09	12.51	13.31	17.44	19.45	0,0	ab Frankenstein (Schl) Klbf 125	an	7.10	11.03	12.19	15.35	19.28	Züge halten in: km 2,0 Protzan, km 6,2 Nickelwerke, km 7,7 Tomnitz, km 10,2 Kobelau, km 18,6 Torchwitz (Schles), km 20,7 Alt Heinrichau (Kr Frankenstein Schles).
8.44	13.26	14.11	18.20	20.20	14,8	an Lauenbrunn (Tepliwoda)	ab	6.35	10.28	11.45	14.46	18.53	a = S, Mi und Sa

41	w 43	45	km	Zug Nr	Zug Nr	42	w 44	46
5.52	12.00	a16.05	14,8	ab Lauenbrunn (Tepliwoda)	an	7.33	13.15	a17.51
6.16	12.25	a16.31	24,8	an Heinrichau (Bz Bresl) Klbf 125a	ab	7.10	12.50	a17.25

Lauenbrunn (Tepliwoda) — Kurtwitz

61	63	km	Zug Nr	Zug Nr	62	64	
7.38	18.25	0,0	ab Lauenbrunn (Tepliwoda)	an	9.33	20.18	Züge halten in: km 3,1 Siegroth, km 5,5 Siegroth Nord (Wannwitz), km 10,3 Groß Kaiegnitz.
7.56	18.53	7,0	▼ Schmitzdorf-Silbitz	▲	8.15	20.00	
8.11	19.07	12,5	an Kurtwitz Klbf 125g	ab	8.50	19.35	

Seit dem 3. November 1900 gibt es südlich des großen Bahnknoten Kamenz einen eigenen Kleinbahnhof, an dem die Kleinbahn Kamenz–Reichenstein ihren Ausgangspunkt hatte. Sie stand im Eigentum der Gebr. Güttler und wurde am Endpunkt Reichenstein (km 12,1) verwaltet, wo die Betreiber ein Arsenikwerk besaßen, das der Bahn zu Frachten verhalf. Außerdem war das Bergstädtchen als Sommerfrische beliebt.

Im Interesse besserer Anschlüsse wurde um 1930 der Kleinbahnhof aufgelassen und das Gleis der Kleinbahn direkt in den Südteil des Staatsbahnhofs eingeführt. Damit verkürzte sich die Strecke auf 11,86 km. 1927 betrug die Länge aller Gleise 17,1 km. Es könnte darin der von Dost behauptete 4 km lange Güteranschluß von Reichenstein nach Maifritzdorf enthalten sein, der zwar geplant, sich aber aus den Landkarten von 1921 und 1938 nicht ersehen läßt. Die stärkste Neigung betrug 1 : 50. Südlich des HP Baitzen mußte eine große Brücke über die Neisse errichtet werden. 1901 lieferte Linke-Hofmann zwei T 3, die Glückauf und die Reichenstein (Werksnummer 47 und 48). Es stellt sich die Frage, womit der Betrieb in den ersten Monaten abgewickelt wurde? Vier Personen-, zwei Pack- und 31 Güterwagen vervollständigten 1927 den Fahrzeugpark. 18 Mitarbeiter beförderten 95 088 Personen und 61 383 t. 1938 gab es 17 Mitarbeiter, außer den beiden Lokomotiven, einen Triebwagen, dafür noch zwei Personen-, einen Pack- und 18 Güterwagen. Es wurden 56 831 Personen und 82 647 t befördert.

1914 gab es täglich vier Zugpaare, an Sonn- und Feiertagen waren es sechs. Es wurden drei Wagenklassen angeboten. 1934 waren es nur noch zwei. Es liefen auch nur drei Zugpaare und eines zusätzlich am Samstag. 1939 war der VT für den Personenverkehr zuständig. Er bot nur die 3. Klasse, dafür aber einen dichten Fahrplan. Dieser wurde zwar im Krieg etwas ausgedünnt, jedoch planmäßig bis zum Ende durch den Triebwagen bestritten. Die PKP setzte später die Ty 2 ein, doch wurde die Strecke weit weniger bedient als zuvor.

Zug mit T3 Nr. 25 – wieder eine typische Lenz-Garnitur – im Kreisbahnhof Neisse, 1937. *Konrad*

Fahrplan
der
Neisser Kreisbahn.
Gültig vom 1. Mai 1912.

—	1	3	5	9 S.	7	Entfernung km	Zug № Stationen: Zug №			—	2	4	6	8	10 S
Werktags 2.—4., Sonn- und Festtags 2.—3. Kl.										Werktags 2.—4., Sonn- und Festtags 2.—3. Kl.					
				Sonn- und Festtags nach Bedarf.											Sonn- und Festtags nach Bedarf.
—	730	1112	231	648	852	—	ab	Neisse Stadt	an	—	653	1050	209	742	940
—	733	1115	234	651	855	1	an	Neisse Klbhf.	ab	—	650	1045	205	738	937
—	*734	1116	235	652	856	—	ab		an	—	648	1043	203	736	936
—	739	*1120	239	656	*901	2	↓	Ober-Neuland	↑	—	*644	*1038	*159	731	931
—	745	1126	246	703	908	5		Steinhübel		—	637	1031	152	723	924
—	754	1134	254	713	918	8		Bielau		—	629	1023	143	714	917
—	802	1140	301	720	925	10		Köppernig		—	621	1016	135	705	909
—	812	1149	310	729	934	14		Bauke-Tannenberg		—	613	1006	126	656	859
—	819	1155	317	735	940	16		Kalkau-Wiesau		—	606	959	119	649	852
—	828	1203	326	743	949	20	an	Weidenau	ab	—	558	950	110	640	843

21	23	27 S	25 W	29 S	Entfernung km	Zug № Stationen: Zug №			22	24	28 S	26 W	30 S
Werktags 2.—4., Sonn- und Festtags 2.—3. Kl.									Werktags 2.—4., Sonn- und Festtags 2.—3. Kl.				
		Sonn- und Festtags.	Nur Werktags	Sonn- und Festtags							Sonn- und Festtags	Nur Werktags	Sonn- und Festtags
535	1125	305	645	950	—	ab	Neisse Stadt	an	752	210	600	906	1200
538	1128	308	648	955	1	an	Neisse Klbhf.	ab	748	206	556	903	1156
539	1129	309	649	1005	—	ab		an	747	205	555	902	1155
545	1134	314	654	1010	3	↓	Neisse-Neuland	↑	743	201	551	858	*1151
553	1142	323	702	1019	6		Heidau		734	152	542	849	*1143
602	1151	331	711	1027	9		Deutsch-Kamitz		727	145	535	841	*1136
612	1201	340	721	1036	12		Oppersdorf		718	136	526	831	*1128
624	1213	350	733	1046	17		Prockendorf		707	125	515	820	*1118
*634	*1223	*400	*743	*1055	20		Steinsdorf		*655	*113	*503	*808	*1900
638	1228	403	747	1058	21	an	Steinau O.-S.	ab	652	110	500	805	1158

* bedeutet, daß die Züge nur nach Bedarf halten.

Betriebs-Abteilung Breslau der Ges. m. b. H. Lenz & Co., Berlin.

Neben dem Staatsbahnhof hatte die Neisser Kreisbahn ihren Stadtbahnhof. Das war für Übergangsreisende und Pendler praktisch. Eröffnet wurde die von Lenz & Co. betriebene Bahn am 5. Dezember 1911. Genehmigungen gab es für die preußischen Strecken am 18. April 1910 vom Regierungspräsidenten in Oppeln, für die Reststrecke nach Weidenau vom K. K. Eisenbahnministerium in Wien am 4. August 1911. Beteiligt waren der Staat, die Provinz, Land- und Stadkreis Neisse, die Gemeinde Steinau, Stadt Weidenau, die seit 1897 Lokalbahnanschluß von Haugsdorf an der Strecke Nieder Lindewiese–Ottmachau hatte. Dennoch unterstützte sie die Bestrebungen der Nachbarn jenseits der Grenze.

Im km 0,95 hatte die Kreisbahn ihren Kleinbahnhof, Betriebsmittelpunkt mit Übergabegleis zur Staatsbahn. Südlich davon verzweigten sich ihre Strecken. Die nach Steinau überführte die Hauptbahn Kamenz–Heydebreck, erreichte im km 2,49 Neisse-Neuland mit dem Kloster Heiligkreuz, einer Werkzeugmaschinenfabrik, Eisengießerei und Brauerei. Östlich der Hauptstrecke gings südwärts. Erst hinter Heidau (km 5,58) wandte sich die Linie nach Osten. Es ging durch malerische Hügellandschaft mit Land- und Viehwirtschaft. Im km 8,70 lag Deutsch Kamitz, es folgten Oppersdorf (km 12,04), Prockendorf (km 16,54) und Steinsdorf (km 20,43), ehe im km 21,09 die Endstation, Steinau, erreicht war. Lebhafter Marktverkehr und eine Ziegelei hielten hier die Bahn am Leben. Der Bahnhof lag nördlich außerhalb des Städtchens, um die Bahn nach Zülz verlängern zu können, wozu es allerdings nicht kam.

Die zweite Linie hatte in Ober Neuland (km 2,0) ihre erste Haltestelle, noch direkt neben den Gleisen der Staatsbahn. Erst kurz vor Steinhübel (km 4,81) wandte sie sich von der Staatsbahn ab nach Westen. Im km 7,83 folgte Bielau, im km 10,33 lag Köppernig. Über Banke-Tannenberg (km 13,78) und Kalkau-Wiesau (km 16,29) wurde schließlich nach 20 km Weidenau in Mährisch-Schlesien erreicht. Auf allen Unterwegsbahnhöfen gab es Ladegleise für die landwirtschaftlichen Erzeugnisse. Eindrucksvoll war die Sicht auf die Vorberge des Altvatergebirges während der Fahrt. Im Bahnhof Weidenau wurde der Dienst von der K. K.-Staatsbahn abgewickelt, nach 1918 von der CSD, ab Herbst 1938 von der DR; seit 1945 gibt es zwischen Kalkau-Wiesau und Weidenau keine Züge mehr. Bis 1945 wurden beide Strecken mit je drei Zugpaaren bedient, bis zu Kriegsbeginn waren es je vier gewesen. Der Betrieb begann mit fünf T 3, die 1910 Vulcan lieferte (Werksnummer 2607 bis 2611). 1927 waren ferner vorhanden sieben Personen-, zwei Pack- und 34 Güterwagen. Es wurden 138 4287 Personen und 121 114 t von 59 Mitarbeitern befördert. 1938 waren noch zwei Personenwagen hinzugekommen. Jetzt beförderten 52 Mitarbeiter 140 432 Personen und 98 078 t.

Die PKP ließ noch im Sommer 1969 drei Zugpaare nach Kalkau-Wiesau laufen; die Strecke nach Steinau wurde nicht mehr bedient. Mitte der siebziger Jahre gab es auch auf der Weststrecke keinen Fahrplan mehr.

2242 Gross-Peterwitz—Katscher.

Winter 1929

								km									
...	7·12	S10·08	W11·48	15·36	18·09	21·00	...		ab Gross-Peterwitz an		6·31	S9 45	W11·22	15 00	17·36	S19 51	W20 31
...	7·33	S10·29	W12·09	15·57	18·30	21·21		9	an Katscher ab		6·10	S9 24	W11·01	14 39	17·15	S19 30	W20 10

Sommer 1934

Kleinbahn Groß Peterwitz-Katscher

126 q Groß Peterwitz – Katscher

Alle Züge 2. 3. Klasse

											km											
n6 4.02 w4.16a	...	5.52	7.38	7.38	11.07	13.33	15.06	...	19.51	...		ab Leobschütz 126 n ..... an	6.22	6.22	w7.36	9.50	9.50	13.29	14.33	15.41	18.23	20.26
...	...	5.31	(W6.41	9.00	...	13.42	14.54	17.29	19.38	...		ab Ratibor Hbf 126 n ...... an	4.49	a 5.25	6.53	8.23	11.58	11.58	14.19	15.57	19.00	20.44
2		4	4a	6	8	8a	10	12	14		km	Zug Nr Zug Nr	1 nS	1	3	3a	5	7	7a	9	11	13
5.15	...	7.07	8.10	9.27	11.48	w14.06	15.45	18.03	20.29	...	0,00	ab Groß Peterwitz (Oberschl) an	4.21	b 5.00	6.27	8.00	9.07	11.31	w13.54	15.00	17.39	19.45
5.28	...	7.19	8.22	9.40	12.01	14.18	15.58	18.16	20.42	...	5,45	Y Ratsch .... (128 n ⅄	4.09	4.48	6.15	7.48	8.55	11.19	13.42	14.48	17.27	19.33
5.36	...	7.28	8.31	9.48	12.09	14.27	16.06	18.24	20.50	...	8,77	an Katscher .... ab	4.00	b 4.39	6.06	7.39	8.46	11.10	13.33	14.39	17.18	19.24

a = W außer nS b = täglich, außer nS

Fest- Zeitung

zugleich

Erinnerungsblatt

an die Eröffnung der Verbindungs-Bahn

Katscher—Gross-Peterwitz.

Katscher, Montag, den 27. April 1896.

Zeichnung des Endbahnhofs im Erinnerungsblatt zur Bahneröffnung am 27. April 1896. *Schall*

Im Kreis Leobschütz finden wir die Kleinbahn Groß Peterwitz–Katscher. Ihre Länge wird mit 7,99, 8,49 und 8,77 km angegeben. Dabei dürfte sich die Bahn zwischen dem 27. April 1896 und 1945 kaum verändert haben. Sie entstand auf Betreiben der Stadt Katscher, die mit den Orten im Einzugsbereich immerhin 10 000 Einwohner zählte – bei den Staatsbahnplanungen jedoch unberücksichtigt blieb. Dabei hatte man in Katscher nichts unversucht gelassen, zu einer „besseren" Bahn zu kommen.

1871 hatte man gar 795 Taler in die Vorarbeiten eines Hauptbahnprojekts gesteckt, das von Troppau über Katscher–Ratibor nach Tschenstochau führen sollte. 1891 bemühte man sich um eine Bahn nach Ratibor, doch hatte auch daran der Staat kein Interesse. An einem Projekt Bauerwitz–Katscher–Troppau, das man in Bauerwitz wollte, waren jedoch die Katscherer uninteressiert. Es scheiterte ohnedies. So wurde am 23. September 1893 ein Vertrag mit der Allgemeinen Deutschen Kleinbahngesellschaft in Berlin geschlossen, eine Kleinbahn nach Groß Peterwitz zu bauen und zu betreiben. Ein knappes Jahr dauerten die Bauarbeiten. Im km 5, 45 war die Station Ratsch anzulegen. Der Endbahnhof Katscher – gleichzeitig Betriebsmittelpunkt – erhielt einen zweiständigen Lokschuppen. Zu den 14 Mitarbeitern zählte auch ein Nachtwächter. 1927 beförderten 17 Mitarbeiter 105 597 Personen und 61 349 t. Es waren zwei B-Kuppler vorhanden, die Union zur Eröffnung geliefert hatte (Werksnummer 833, 834). Ferner liefen drei Personen-, ein Pack- und 16 Güterwagen, die auch 1938 noch vorhanden waren.

Die B-Kuppler waren spätestens 1934 durch drei T 3 abgelöst worden, die bei der Riesengebirgsbahn freigeworden waren. 1938 beförderten 21 Beschäftigte 69 950 Personen und 74 633 t. 1934 liefen fünf Zugpaare, 1939 waren es acht Zugpaare und eines zusätzlich an Werktagen. Selbst der letzte Fahrplan bot noch sieben Zugpaare. Die PKP betreibt die Strecke noch. 1975 lief werktags ein Zugpaar bis Ratibor, ansonst war der Fahrplan noch recht dicht.

Während Voßwalde schon durch die ROUE zum Bahnknoten wurde, blieb die Kreisstadt Guttentag abseits. Deren Einwohner änderten dies, indem sie Lenz & Co. beauftragten, eine 10,9 km lange Kleinbahn von Voßwalde zunächst neben der Kreuzburger Strecke, dann durch die Wälder bis an ihr Städtchen zu bauen und zu betreiben. Am 12. Mai 1913 genehmigt, erfolgte die Eröffnung bereits am 3. Dezember 1913. Anfangs – noch 1927 – standen zwei B-Kuppler von O & K zur Verfügung, ferner zwei Personen-, ein Pack- und acht Güterwagen. Später soll eine T 3 von der Neustadt–Gogoliner Eisenbahn herübergekommen sein, so daß ein Zweikuppler abgegeben werden konnte. 1938 war ein Personenwagen mehr, ein Güterwagen weniger im Bestand. Die Mitarbeiter waren von 16 auf 15 reduziert worden. Die Verkehrszahlen: 1927 58 612 Personen und 47 475 t. 1938 42 214 Personen, 31 281 t.

Bis 1945 liefen stets vier Zugpaare. Die PKP hat den Fahrplan gar verdichtet. 1975 liefen acht Zugpaare.

Auch diese Bahn beschäftigte verhältnismäßig viel Personal. Um 1930. *Schall*

Mit einem B-Kuppler kam anfangs die Kleinbahn Guttentag – Voßwalde zurecht. Erstaunlich: die große Zahl dort beschäftigter Eisenbahner.
Kalisch

Die Rosenberger Kreisbahn war nicht nur Oberschlesiens nördlichste Kleinbahn, sie bot auch sonst Außergewöhnliches. Eröffnet wurde das dem Kreis gehörende Unternehmen am 13. November 1896 im 17,64 km langen Abschnitt zwischen Rosenberg Kreisbahnhof und Landsberg in 750-mm-Spur. Noch vor 1914 erfolgte eine Verlängerung nach Zawisna, ab 1938 Grenzwiese genannt. Damit hatte die fast ständig auf und neben der Straße verlaufende Bahn eine Länge von 22,34 km erreicht. Sie wurde vermutlich zu Beginn des Ersten Weltkrieges für Nachschubzwecke über die Grenze hinweg zur polnischen Stadt Wielun verlängert. Nach 1918 an der Grenze auf 300 m Länge unterbrochen, wurde der polnische Teil von der PKP weiter betrieben. Kam man anfangs mit den im Eröffnungsjahr von O & K gelieferten B-Kupplern Hohenlohe und Rosenberg aus, so folgte 1898 eine C1n2t von Krauss. Sie blieb ein Einzelgänger, denn ab 1901 gab es nur noch O & K-Lokomotiven. Die Nr. 4 war ebenfalls eine C1n2t. Ab 1907 wurden planmäßig D-Kuppler beschafft. Im Weltkrieg kamen dann weitere Loks zur Bahn. 1927 besaß sie immerhin fünf Lokomotiven, zehn Personen-, zwei Pack- und 110 Güterwagen. 67 Mitarbeiter beförderten 108 109 Personen und 56 189 t. Im Rahmen des Grenzlandhilfeprogramms wurde die Bahn 1928 auf Normalspur umgebaut. Der Normalspurbetrieb wurde am 19. November 1928 eröffnet. Trassenverbesserungen hatten eine Verkürzung auf 21,75 km ergeben. Mußte man zuvor mit 1,5 Stunden Fahrzeit rechnen, kam man jetzt mit der Hälfte aus. Damit konnte auch der Fahrzeugpark reduziert werden. Es wurden neu beschafft zwei Cn2t von O & K. Sie ähnelten äußerlich der ELNA 1, lagen allerdings mit einem Dienstgewicht von 48 t außerhalb der auf 36 t begrenzten Norm. Vier Personen-, ein Pack- und sieben Güterwagen vervollständigten den neuen Fahrzeugbestand, mit dem 1938 30 Mitarbeiter 90 357 Personen und 53 813 t beförderten. Liefen im Sommer 1914 täglich vier, werktags fünf Zugpaare, so reduzierte sich das Angebot zur Normalspurzeit. 1929 bot man täglich drei, werktags vier Zugpaare. In den dreißiger Jahren waren es nur drei Zugpaare täglich. Erst 1944 ist an den Werktagen ein zusätzliches Zugpaar verzeichnet. Die PKP führte 1975 vier Zugpaare täglich. Der Betrieb ging damals von Rosenberg aus, während die Kreisbahn ihren Betriebsmittelpunkt in Grenzwiese hatte.

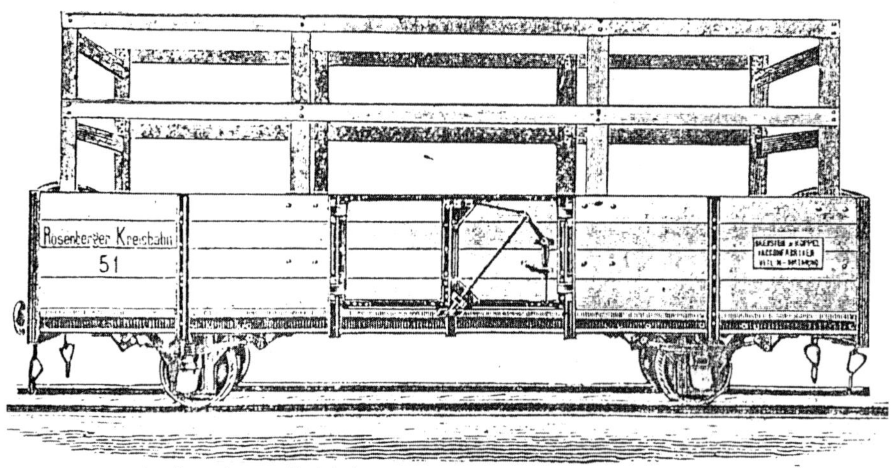

Aufsatzwagen der Rosenberger Kreisbahn.

Sommer 1944

147 r Rosenberg (Oberschl) –
Landsberg – Grenzwiese
Rosenberger Kreisbahn A G in Rosenberg (Oberschl)
* Abfahrt vom Kreisbahnhof
Alle Züge 2. 3. Klasse

2	W 4	S 6	W 8	W 10	S 12	km	Zug Nr		1	3		W 5	7	
9.20	(13.10	(14.50	(16.50	(21.15	(23.10	0,0	ab **Rosenberg** (Oberschl) 147 *	an	7.20	12.15	...	(16.00	19.25	...
9.32	(13.21	(15.01	(17.01	(21.28	(23.21	6,6	Alteneichen	↑	7.10	12.05	...	(15.50	19.15	...
9.37	(13.26	(15.06	(17.06	(21.33	(23.26	9,0	Weidental		7.05	12.00	...	(15.43	19.08	...
9.45	(13.33	(15.12	(17.13	(21.40	(23.33	11,6	**Josefshöhe**		6.54	11.55	...	(15.38	19.02	...
9.50	(13.38	(15.17	(17.18	(21.45	(23.38	13,8	Paulsdorf		6.48	11.49	...	(15.30	18.54	...
9.53	(13.42	(15.21	(17.21	(21.50	(23.41	15,6	↓ Wiesbach (Oberschles)		6.44	11.44	...	(15.24	18.49	...
9.57	(13.46	(15.25	(17.25	(21.54	(23.45	17,5	an **Landsberg** (Oberschles)	ab	6.41	11.41	...	(15.20	18.45	...
10.05	(13.55	(15.28	(17.30	(22.03	(23.50		ab	an	6.38	11.38	...	(15.10	18.34	...
10.10	(14.00	(15.33	(17.35	(22.08	(23.55	19,6	↓ Neudorf	↑	6.34	11.34	...	(15.05	18.30	...
10.15	(14.05	(15.37	(17.40	(22.12	(24.00	22,0	an **Grenzwiese** 142 n	ab	6.30	11.30	...	(15.00	18.25	...

Als Zawisna Grenzwiese hieß – um 1942 – entstand dort dieses Foto mit „Donnerbüchsen" und der Lok 1, die O & K 1928 zur Umspurung der Strecke lieferte. Pochadt

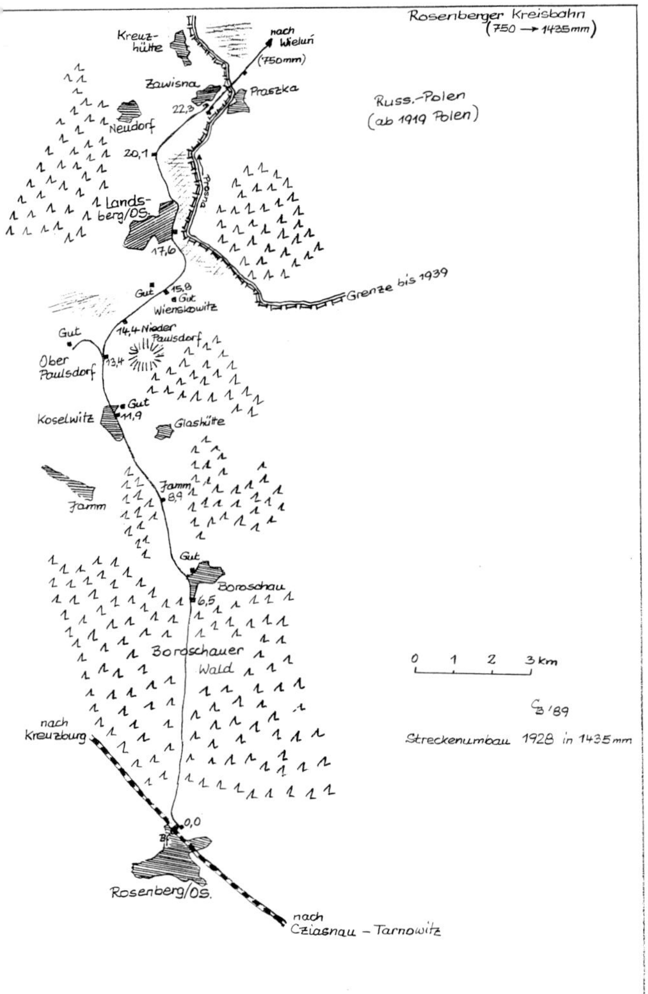

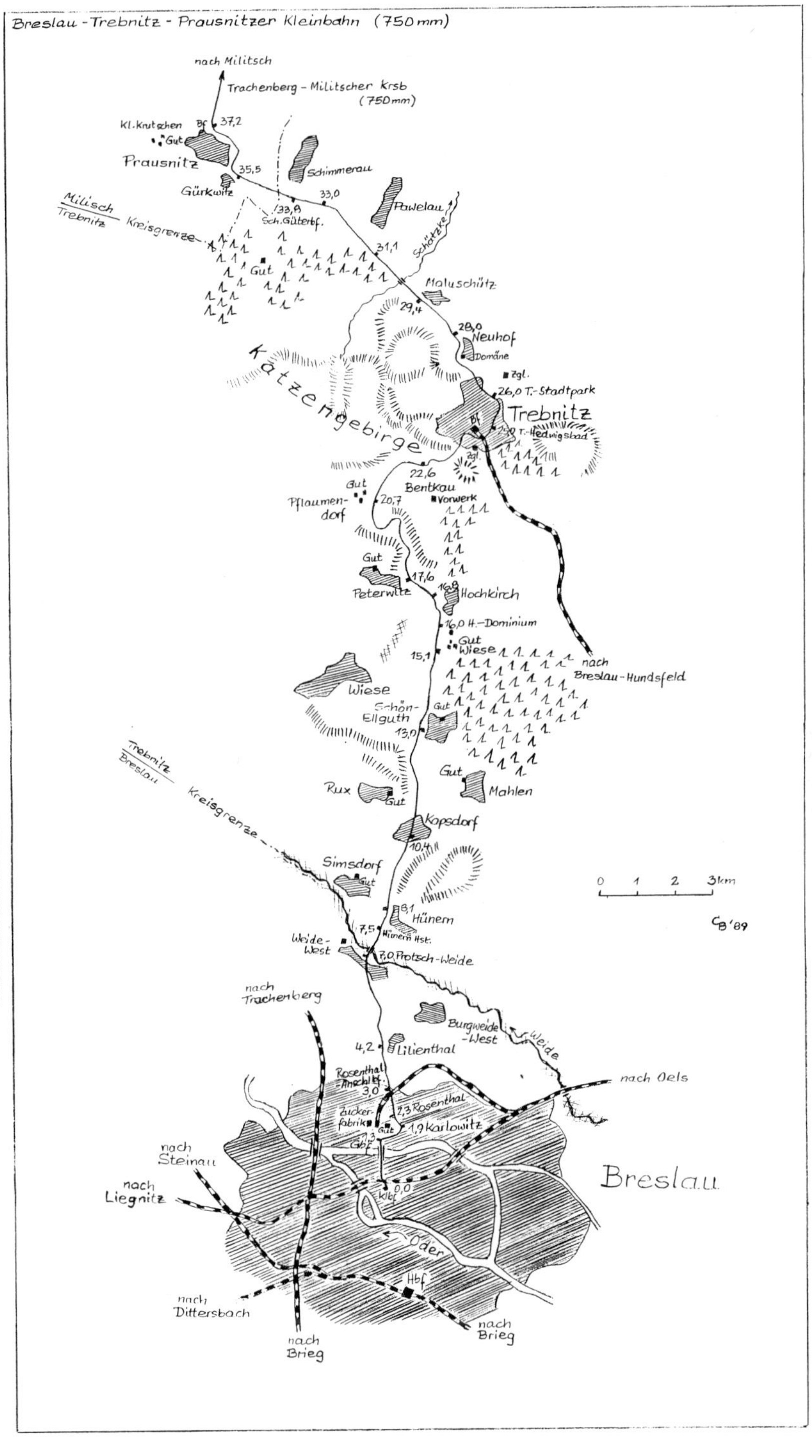

Sommer 1940

Kleinbahn **130 b Breslau–Trebnitz–Prausnitz** Alle Züge 2. 3. Klasse

	2		4		6	8		km	Zug Nr	Zug Nr
...	7.50	...	13.50	...	...	18.50	...	0.0	ab **Breslau** Klbf Pbf 121.122.124	an
...	8.22	...	14.22	...	...	19.22	...	7.5	Hünern (125 e, c, 127 c, A	
...	8.53	...	14.53	...	...	19.53	...	16.8	Hochkirch d, e, f, m, 121 A)	
...	X9.09	...	X15.09	...	...	X20.09	...	20.7	Pflaumendorf	
...	9.21	...	15.21	...	...	20.21	...	25.0	**Trebnitz** (Schles) Hedwigsbad	A
...	9.25	...	15.25	...	...	20.25	...	26.0	an **Trebnitz** (Schles) Stadtpark 127 c	ab
...	9.40	...	...	...	13.40	20.40	...		ab	an
...	10.10	...	...	...	14.10	21.10	...	37,1	an **Prausnitz**, Bez Breslau 130 u	ab

	1	3	5		7		
...	7.20	...	13.20	...	18.20	...	...
...	6.52	...	12.52	...	17.52	...	...
...	6.22	...	12.22	...	17.22	...	...
...	X6.06	...	X17.06	...	X17.06	...	...
...	X5.54	...	X11.54	...	X16.54	...	...
...	5.50		11.50	...	16.50	...	...
...		7.30	11.30	...	16.30	...	...
...		7.00	11.00	...	16.00	...	...

Züge halten in: km 1,9 Bresl-Karlowitz, km 3,0 Bresl-Rosenthal, km 4,2 Bresl-Lilienthal, km 6,8 Weide, km 8,1 Hünern-Simsdorf, km 10,4 Kapsdorf, km 13,8 Schön Ellguth, km 15,1 Wiese, km 17,6 Peterwitz (Kr Treb), km 29,4 Erbenfelde, km 33,1 Paulskirch, km 33,8 Schimmerau, km 35,5 Prausnitz Bst.

Kleinbahn Breslau–Trebnitz–Prausnitz

Sammlung: Loch

Personenwagen, gebaut von der Breslauer AG für Waggonbau.
Werkfoto

In Hünern ging's nach der Weidebrücke mitten durchs Dorf. *Baselt*

Arnold Ulitz

Der Zug der Besinnlichkeit

Breslau kann sich einer Kleinbahn rühmen; sie ist nicht ganz so niedlich wie die Liliputbahnen, die man für große und kleine Kinder auf Ausstellungsgeländen laufen läßt, aber doch klein genug, um schön wie ein Märchen zu sein.

Sie verkehrt zwischen Breslau und Trebnitz, einem winzigen Städtchen, das vor 700 Jahren, als das heute hundertmal so große Breslau noch in den Kinderschuhen steckte, schon durch die heilige Hedwig und ihr Kloster berühmt war.

Die Bahnhöfe an der 23 km langen Strecke sind Wellblechbuden von knapper Schrebergärtenlaubengröße – und manchmal sind sie überhaupt nicht da. Nur der Ausgangsbahnhof in Breslau und der Bahnhof Hedwigsbad in Trebnitz sind richtige Gebäude. Ach, der Kleinbahnhof in Breslau ist zwar der kleinste, aber doch der stimmungsvollste aller unserer Bahnhöfe. Er kuscht sich bescheiden in die Ecke eines großen Schmuckplatzes. Die Wohnhäuser überragen ihn ums Doppelte, und da auch noch zwei Kirchen in nächster Nähe liegen, schrumpft er völlig zum „Bahnhöfchen" zusammen. Das „Empfangsgebäude" ist einschließlich der Toiletten 31 Schritte lang, und das ganze dreieckige Bahnhofsgelände mit Schienensträngen vor und hinter dem Gebäude ist so niedrig umzäunt, daß Kinder ihr Kinn auf den Zaun stützen können, um in dieser träumerischen Haltung die drei täglich einlaufenden Züge zu beobachten. Hier wird nämlich gewaltig rangiert – und das ist sehenswert! Es ist überhaupt alles wie bei der ganz richtigen Eisenbahn, nur seelenvoller und beispielsweise der Wartesaal ist einfach eine gemütliche Stube. An allen Fenstern blühen Petunien, und obwohl die Beamten ganz richtige Uniformen tragen, sind sie zum Reisenden doch wie Gastgeber und gute Freunde.

Man könnte geneigt sein, unsere geliebte Kleinbahn als einen Rest der „guten alten Zeit" anzusehen, aber dem ist nicht so. Sie besteht erst seit 1898, ist also um zwölf Jahre jünger als die Hauptbahnverbindung zwischen Breslau und Trebnitz und muß doch einem dringenden Bedürfnis sowohl im Personen- wie im Frachtverkehr abgeholfen haben, denn sie lebt ja und wird, so Gott will, noch lange leben. Gleichzeitig „bimmelt" sie, und zwar mit gutem Grunde, denn sie fährt ja auf einer richtigen Straße, genau wie die Straßenbahn, die gleichfalls bimmelt, aber immerhin entgehen ihr alte Mütterchen oder Mädchen mit Kinderwagen leichter als der wütigen Straßenbahn, denn die Spurweite beträgt nur einen einzigen Schritt. Ich glaube nicht, daß sie je einen einzigen Menschen überfahren hat.

23 km in anderthalb Stunden! Ein Autofahrer flitzt so schnell vorbei, daß er den Zug überhaupt nicht sieht, ein Radfahrer in jüngeren Jahren überrundet den Zug, obwohl er bergauf strampeln muß, und winkt zynisch zurück, und nur die Fußgänger werden geschlagen. Aber wir wollen gar nicht so schnell nach Trebnitz, wir haben dort überhaupt nichts zu tun, wollen weder den herrlichen Buchenwald besuchen, noch ins Badeleben tauchen, weder das Grabmal der großen Heiligen, noch den Ansichtskarten verkaufenden „Einsiedler" besichtigen, sondern nur, ohne die Beine zu bewegen, in die weite Welt hinein – und also benutzen wir diesen Zug, den Zug der Besinnlichkeit.

Es ist und bleibt eine richtige Reise. Anfangs an Großstadthäusern vorbei. Und ich denke: Wie selig müssen die Kinder sein, die hier aufwachsen und Tag um Tag ein Riesenspielzeug vor Augen haben. Tanzlokale und Kaffeehäuser sind die ersten Stationen, aber dann beginnt die weite Welt mit Kornfeldern statt der Fabrikhöfe und Fliedersträuchern und Kastanienbäumen statt der Laternen. Und der Flieder streichelt mit seinen Dolden die wackelnden Wagen, deren jeder – die beiden Plattformen schon mitgerechnet – nur 14 Schritte lang ist. Auf der Plattform darf man verbotswidrig stehen und ist der immer lieblicher werdenden Landschaft mit allen Sinnen nahe.

Von Peterwitz an aber sind wir im Gebirge. Es paßt zur Kleinbahn! Seine größte Erhebung ist 255 m hoch, bleibt also hinter Schlesiens heiligem Berg, dem Zobten oder „Siling" noch um ein paar hundert Meter zurück. Das ganze Gebirge heißt „Katzengebirge", weil es aus Katzenbuckeln besteht. Es hat bezaubernde Täler voll blühender Bäume und leuchtender Felder. Der Kleinbahn bleibt oft genug nichts anderes übrig, als mächtige Halbkreise zu machen, um über die Höhen hinwegzupirschen. Das Lokomotivchen schnauft fürchterlich, aber wir schaffens und endlich blicken wir zurück und sehen die riesige Ebene, an ihrem Rande Breslau in zartem Dunst, aus dem die vielen Kirchen ragen, am deutlichsten der gewaltige Turm von Sankt Elisabeth.

Und wieder öffnet sich ein Tal, da drinnen ruht das Städtchen der heiligen Hedwig, still und anmutsvoll, und sieghaft bimmelnd fahren wir ein. Der Kloster- und Kirchenbezirk ist ehrfurchtgebietend, das Kloster, unser ältestes großes Bauwerk, frühe Gotik, aber um die Mitte des 18. Jahrhunderts barock umgebaut. Wer also die Kleinbahnfahrt als solche nicht nötig hatte, kommt jetzt reichlich auf seine Kosten. Aber grade die Fahrt ist ja das Wertvollste. Wir fahren mit der Eisenbahn und sind dennoch nicht „technisiert". Wir reisen – und haben doch Zeit zum Atmen – und selbst ein trauerndes Herz lernt hier wieder lächeln.

Eine Großstadt, die noch keine Kleinbahn hat, sollte aus seelenhygienischen Gründen eine solche bauen.

Auch der Zug der Besinnlichkeit führt an ein wichtiges Ziel!

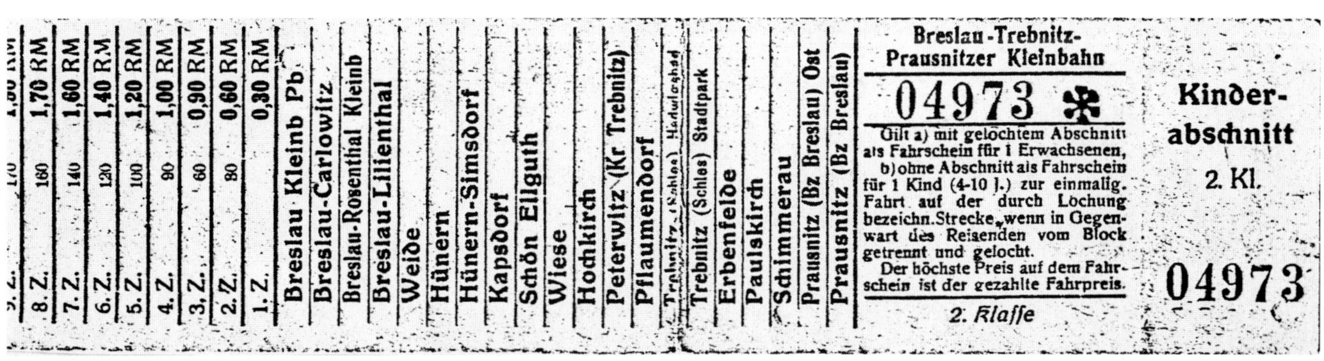

Am Schießwerder – später Benderplatz – hatte die „Trebnitzer Hedl" ihren Endbahnhof in Breslau (rechts). Um 1900. *Baselt*

Da er sehr beengt war, mußten die von Krauss gelieferten Lokomotivchen zum Umsetzen schon auf die Straße fahren. Sommer 1936.

Bis über die Gröschelbrücke verkehrten Klein- und Straßenbahn gemeinsam auf Drei-Schienengleisen. In der Oswitzer Straße um 1935. Im Hintergrund die Bahnüberführung beim Odertorbahnhof.

Eigentlich ist es ja verwunderlich, daß wir ausgerechnet in Breslau den Ausgangspunkt des niederschlesischen Schmalspurnetzes finden. Sonst ist man gewohnt, in einsamer Gegend nach den kleinsten Vertretern der Eisenbahn zu suchen. Wir müssen, um uns von der Kleinbahnatmosphäre einfangen zu lassen, den Benderplatz in Schlesiens Metropole ansteuern. Vom Ring, dem pulsierenden Herz der Stadt, bringt uns die Linie 15 der Straßenbahn in wenigen Minuten dorthin. Der Kleinbahnhof wirkt – gemessen an seinen großen Verwandten, dem Hauptbahnhof oder dem Freiburger Bahnhof – wirklich nicht anders als ein spärlicher Abkömmling. Keine rasanten Züge mit klingenden Namen fuhren hier ab, nein, es waren nur die Züge der Kleinbahn Breslau–Trebnitz–Prausnitz, die zu bestimmten, im Fahrplan vorgeschriebenen Zeiten von zischenden und fauchenden Lokomotivchen gezogen, ihre Reise ins Land hinaus antraten. Bei einer Reisegeschwindigkeit von 17 km/h dauerte es allerdings eine ganze Weile, ehe man zurückblickend von Breslaus Türmen nichts mehr sehen konnte. Wer also mit diesem „Expreß" nach Trebnitz fahren wollte, mußte sich auf eine eineinhalb Stunden dauernde Reise einrichten, um das 26 km entfernte Ziel zu erreichen. Eilige Zeitgenossen pflegten sich deshalb der Staatsbahn anzuvertrauen, die vom Odertorbahnhof über Breslau-Hundsfeld nach Trebnitz fuhr, wo für sie die Endstation in einem eigenen Bahnhof war, abseits von der Kleinbahnstation. Die ETA 177, die die Reichsbahn auf dieser Strecke einsetzte, schafften es immerhin in einer Stunde.
Eine lästige Konkurrenz also, die die Rentabilität unseres Bähnleins in Frage stellte? Mitnichten! Zwar war der Güterverkehr, obgleich auch normalspurige Wagen auf Rollwagen in Rosenthal übernommen und bis Hochkirch befördert werden konnten, zwischen Breslau und Trebnitz wirklich nicht überwältigend. Doch gab es wohl kaum einen Breslauer, der nicht wenigstens einmal jedes Jahr mit unserer Bahn hinausgefahren wäre zu einem Ausflug ins Katzengebirge. Von diesen Getreuen lebte die Bahn. Sie füllten die Wagen nicht nur am Wochenende, nein, auch an Wochentagen hatte sie ihre „Kunden". Außer den Berufspendlern kamen Schulklassen, die sich ihr am Tage des Schulausflugs anvertrauten, Leute aus den an der Strecke liegenden Orten, die zu Erledigungen in die Stadt mußten, nicht zu vergessen die Wallfahrer. Trebnitz, mit dem Grab der Heiligen Hedwig in der Klosterkirche, war eine bedeutende Wallfahrtsstätte. Schließlich galt die aus Andechs in Bayern stammende Heilige als Schutzpatronin Schlesiens, und so kam denn aus allen Teilen Schlesiens gläubiges Volk hierher – besser gesagt: man fuhr nach Trebnitz eben mit der Bahn, die weithin als die „Trebnitzer Hedl" bekannt war.
Ihre Beliebtheit hinderte jedoch zwei Lausbuben nicht, beim Haltepunkt Breslau-Lilienthal regelmäßig die Weiche mit Steinen zu verstopfen. Max und Moritz – so wollen wir sie hier nennen – hatten natürlich keine Ahnung, daß so etwas für das Zügle gefährlich sein konnte. Aus sicherem Versteck im Gebüsch beobachteten sie, wie der Lokführer den Zug anhielt, schimpfend die Schienen frei machte, um sodann die Fahrt fortzusetzen. Einmal, als sie wohl zu dreist hinter ihrem Busch hervorgeguckt hatten, um ja genau zu sehen, was er heute wohl wieder machen würde, hat er sie dann entdeckt. Unter dem Beifall der Reisenden im Zuge versohlte er ihnen mit der ihm eigenen „Handschrift" gehörig den Hosenboden. Schließlich ließ er dann von ihnen ab und betätigte den Regler seiner Lokomotive. Die fünf Minuten Verspätung wird er wohl bis Trebnitz nicht mehr aufgeholt haben. Von dem Tage an jedoch war bei Breslau-Lilienthal die Strecke frei, denn die „Abreibung" hatte sich unter den Lausbuben der Gegend schnell herumgesprochen.
Aus Breslaus Kleinbahnhof ausfahrend, ging es zunächst der Oder entgegen. Bis über die Brücke wurden die Straßenbahngleise mitbenutzt. Während die Straßenbahn nach Oswitz fuhr, hatte die Kleinbahn nun auf eigenem Gleis bald ihren ersten Haltepunkt Breslau-Karlowitz erreicht. Hier war auch ihr Betriebsbahnhof mit Lokschuppen. Ursprünglich hatte die Strecke hier erst ihren Anfang, doch war diese Station von Schrebergärten umgeben und zu sehr abgelegen. So kam es denn zur Verlängerung über die Oder bis zum Benderplatz, von dem sie seither abfuhr. Bald hatte der Zug die Hauptstraße Breslau–Trebnitz–Posen erreicht, neben der nun die Strecke lange Zeit entlangführte. Bis Breslau-Lilienthal hatte der Zug noch die Konkurrenz des städtischen Omnibusses, dann war er Hauptverkehrsträger. Beim Haltepunkt Weide lag die einzige größere Brücke über das gleichnamige Flüßchen. Hünern, Kapsdorf, Schön-Ellguth – lauter freundliche Bauerndörfer, deren Höfe sichtlich Wohlstand ausstrahlten. Zur Stadt war's nicht weit, und frische Eier, Landbutter, Landbrot, Schinken . . . all das war bei den Stadtbewohnern begehrt.
Ab Schön-Ellguth ging's langsam bergan, das Katzengebirge war erreicht. Ein Grund mehr, in Wiese zu verschnaufen und Wasser zu nehmen, ehe es weiterging nach Hochkirch, dessen wirklich große Kirche schon von fern auf der Fahrt herübergrüßte. Es waren tatsächlich nur Hügel, die im weiten flachen Land liegend, den Namen Katzengebirge trugen. Es ging allmählich über Pflaumendorf nach Trebnitz. Für heutige Verhältnisse untragbar war dabei die Einfahrt in Trebnitz; 1898 störte man sich nicht daran: In der Unterführung der Staatsbahnstrecke kreuzte die Bahn im spitzen Winkel die Reichsstraße, die an dieser Stelle ohnehin nicht gerade übersichtlich war. Nicht alle Züge liefen von Trebnitz aus weiter nach Prausnitz, wo 37,14 km von Breslau aus zurückgelegt waren. Dort besorgte man den Dienst für die Trachenberg-Militscher Kreisbahn mit, an die Anschluß bestand.
Was aus der „Trebnitzer Hedl" geworden ist? Es ging ihr nicht besser als ihren schmalspurigen Schwestern in Westdeutschland. Sie paßt nicht mehr in unsere auf Hast und Rekorde eingestellte Zeit. Drum fährt sie zwischen Breslau und Trebnitz nicht mehr. Allerdings wird auch die ehemalige Reichsbahnstrecke nur noch im Berufsverkehr bedient. Ihre Aufgabe hat eine Omnibuslinie übernommen, die Breslau mit Trebnitz heute verbindet. Die Schienen sind weithin entfernt worden, die Trasse ist grasüberwuchert, die Träger der Weide-

brücke fehlen. Kurz: ein Bild, das uns auch von Westdeutschland her nicht unbekannt ist. Um so überraschender ist es aber, wenn wir feststellen, daß von Trebnitz nordwärts das dünner besiedelte Land von der Bahn befahren wird. Der Personenverkehr ist dabei sogar stärker als 1939, wo es werktags nur drei Zugpaare gab, während es 1968 sieben sind. Von diesen laufen zwei bis Trachenberg, zwei bis Militsch, zwei bis Prausnitz und einer bis Gutweide. Teilweise sind sogar Dieseltriebwagen eingesetzt. Allerdings ist die Trasse stark verunkrautet, was für die Zukunft nicht gerade ein gutes Zeichen ist.

Nun noch einige Daten: Betreiber war die Allgemeine Deutsche Eisenbahn-Betriebsgesellschaft in Berlin.

Die 750-mm-Spur-Bahn wurde am 1. Juli 1898 zwischen Karlowitz und Trebnitz eröffnet. Im Oktober folgte der Abschnitt Trebnitz–Prausnitz, am 5. Januar 1899 Breslau Kleinbahnhof–Karlowitz. Es wurden 1898 zwei Ct und sieben C1n2t von Krauss geliefert, denen 1901 noch eine folgte. 33 Personen- und drei Packwagen lieferte die Breslauer AG für Waggonbau. Ferner gab es 1927 120 Güter- und vier Spezialwagen. Damals waren nur noch neun Loks vorhanden. 74 Beschäftigte beförderten 399 241 Personen und 54 660 t. 1938 waren nur acht Loks im Bestand, dafür hatte man die Güterwagen auf 146 aufgestockt. 63 Mitarbeiter betreuten 218 345 Reisende und 60 928 t. 125 200 Lok-km wurden geleistet, dabei 1339,6 t Kohle verfeuert. Die Zentralwerkstatt befand sich in Trebnitz; Lokstationen gab es in Hochkirch und Prausnitz. Im März 1908 verlangten die Breslauer die Einführung des elektrischen Betriebs im Stadtbereich südlich der Gröschelbrücke, wo ja auch die Straßenbahn elektrisch fuhr. Doch kam es nicht dazu.

Der Abschnitt Kleinbahnhof–Breslau–Karlowitz wurde 1955 stillgelegt, gleichzeitig dort ein neues Empfangsgebäude errichtet. Allerdings war auch der Abshnitt bis Trebnitz im Juni 1968 bereits stillgelegt. Im Kursbuch von 1975 hat die PKP den Restabschnitt Trebnitz–Prausnitz in den Fahrplan der einstigen Trachenberg–Militscher Kreisbahn einbezogen.

Diese schloß in Prausnitz an. Bei gleichem Betreiber und gleicher Spurweite war es selbstverständlich, daß die Fahrzeuge auch auf der Strecke der anderen Bahn verwendet werden konnten. Zumindest beobachtete ich in den Zügen in Breslau sowohl Personenwagen mit der Aufschrift Breslau–Trebnitz–Prausnitz, als auch solche mit Trachenberg–Militsch–Wiesental. Die Verbindung Prausnitz–Gutweide (bis 1938 Przittkowitz) war wohl mehr die Nabelschnur zwischen beiden Bahnen, denn im Sommer 1914 lief dort nur ein Zugpaar mittags von Trachenberg. In den zwanziger und dreißiger Jahren verkehrte es gar nur mittwochs und samstags ab Trachenberg-Stadt. Das war wohl an Markttagen. Im Krieg gabs für die Verbindung überhaupt keinen Fahrplan mehr. Auf der Hauptstrecke waren die Fahrpläne recht dünn: 1914 zwei Zugpaare, ab den zwanziger Jahren eines täglich und eines an Werktagen. Das eine Zugpaar war ein GmP mit an Werktagen verlängerter Fahrzeit. Auch sonst waren die Aufenthalte in Militsch recht ausgedehnt und in Gutweide mußte Kopf gemacht werden. War die Fuhre beträchtlich und der Wasserverbrauch der Lok entsprechend, so wurde einem Teich bei Fuchszahl auf freier Strecke Wasser entnommen. Also Zeit mußte man schon haben, wollte man mit dem „Meilscher (Militscher) Koaffebrenner" durch die Bartschniederung mit ihren Karpfenteichen fahren. Blumenpflücken müßte dabei genauso möglich gewesen sein wie das Beobachten der Wasservögel, die es hier in besonderer Vielfalt gab.

Betriebsmittelpunkt und Ausgangsbahnhof war Trachenberg, wo Anschluß zur Staatsbahn mit Rollbockanlage, zur Zuckerfabrik und zu einem Sägewerk bestand. Im km 3,0 lag der HP Hermenau mit Anschluß zur Stärkefabrik des Fürsten Hatzfeld. Im km 17,4 konnte beim HP Steinerne Säule Holz verladen werden. In Sulau (km 24,9) schloß das Sägewerk an. Der Haltepunkt lag 1 km südlich der Bartsch von der Stadt entfernt, obwohl die Bahn extra so nahe wie möglich an die Stadt herangeführt worden war. In Protsch (km 28,1) schloß ein Rittergut an. In Postel (km 30,7) gab's eine Rampe für Holzverladung. In Militsch (km 37,5) war der einzige Unterwegsbahnhof erreicht. Hier bestand Anschluß an die Staatsbahn und an ein Sägewerk. Im km 53,0 lag der HP Schönkirch, wo eine Ziegelei anschloß. Im km 54,3 folgte Preußental mit seiner Lokstation. Im km 57,0 (Wiesenthal) war ab 1920 Endstation. Der Restabschnitt mit dem HP Golkowe (km 59,8) unmittelbar vor der Grenze und der eigentlichen Endstation Sulmirschütz (km 60,9) – in der Provinz Posen gelegen – konnten seither nicht mehr bedient werden. Zum Übernachten blieb die Garnitur in Wiesenthal stehen, während die Lok ihren Schuppen in Preußental aufsuchte. Gab's im Winter zu viel Schnee, endete die Fahrt ohnehin in Preußental. Die Strecke Trachenberg–Sulmirschütz wurde am 8. Dezember 1894 eröffnet, die Linie Gutweide–Prausnitz am 1. Oktober 1895. 1927 gab es fünf Lokomotiven, sechs Personen-, drei Pack-, 147 Güter- und vier Spezialwagen. 44 Mitarbeiter beförderten 74 727 Personen und 60 670 t. 1938 waren bei gleichen Betriebsmitteln von 41 Mitarbeitern 39 904 Personen und 60 846 t befördert worden. Drei Lokomotiven kamen 1894 von Hagans (Werks-Nr. 296–298). 1895 lieferte die Mecklenburgische Maschinenfabrik in Güstrow eine Lok und später wurde noch eine Krauss-Lok von der Breslau-Trebnitz-Prausnitzer Kleinbahn übernommen. Es handelte sich bei den Lokomotiven ausschließlich um Cn2t, wenngleich unterschiedlicher

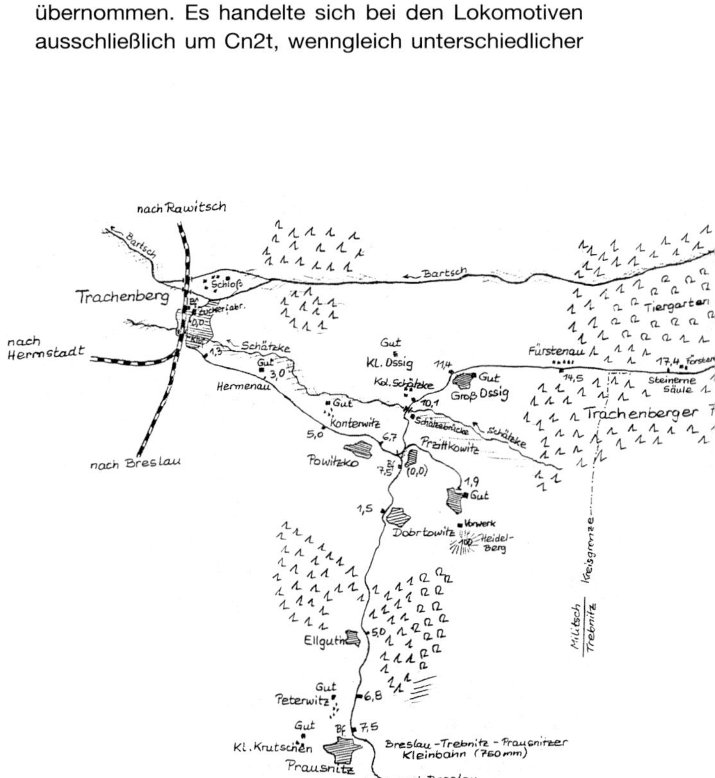

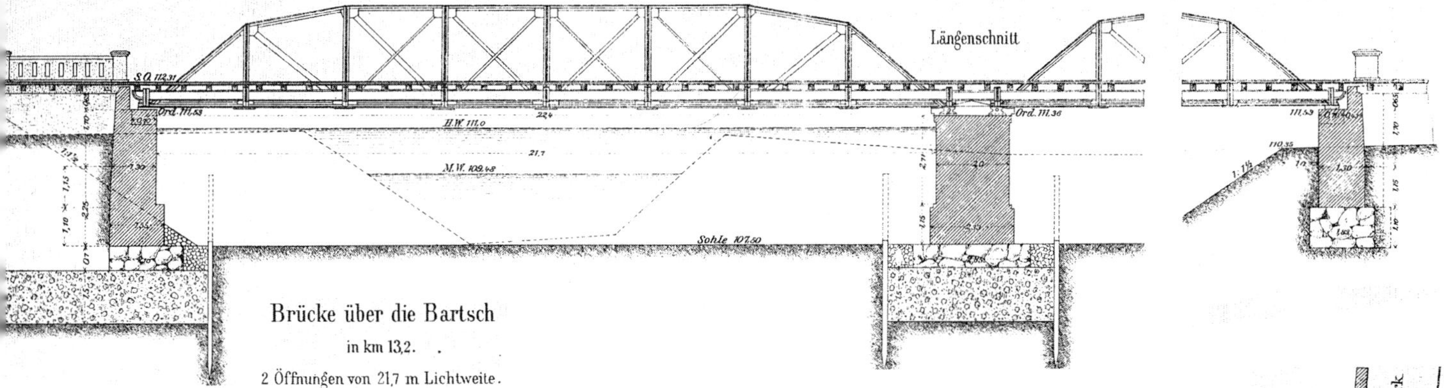

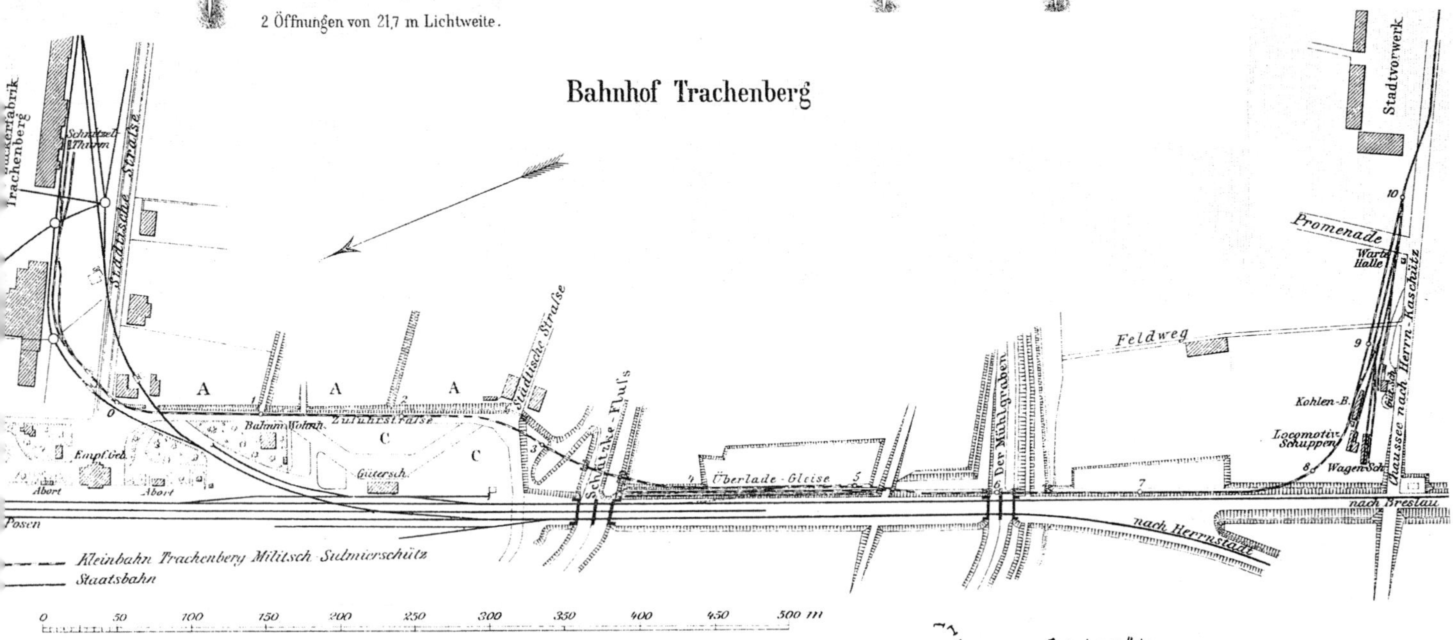

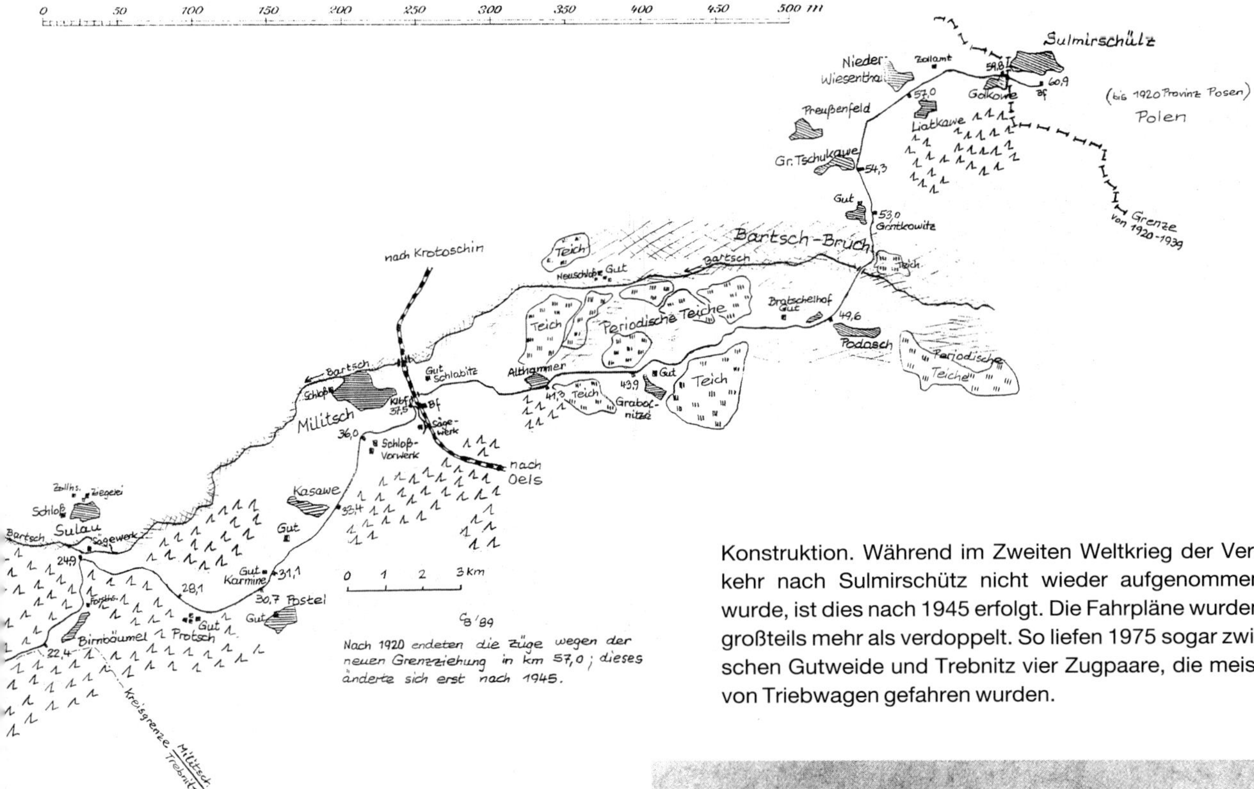

Konstruktion. Während im Zweiten Weltkrieg der Verkehr nach Sulmirschütz nicht wieder aufgenommen wurde, ist dies nach 1945 erfolgt. Die Fahrpläne wurden großteils mehr als verdoppelt. So liefen 1975 sogar zwischen Gutweide und Trebnitz vier Zugpaare, die meist von Triebwagen gefahren wurden.

Selten sind auch Fotos der Trachenberg-Militscher Kreisbahn, die auf 750-mm-Spur die Bartschniederung erschloß. Am 1. Oktober 1895 in Suhlau.

Um 1933 läuft das Zügle in den Haltepunkt Steinerne Säule ein, wo es eine Holzladerampe gab. Heimatbuch Kreis Trachenberg-Militsch.

Lageplan des Kleinbahnhofs und des Anschlusses an den Staatsbahnhof in Militsch.

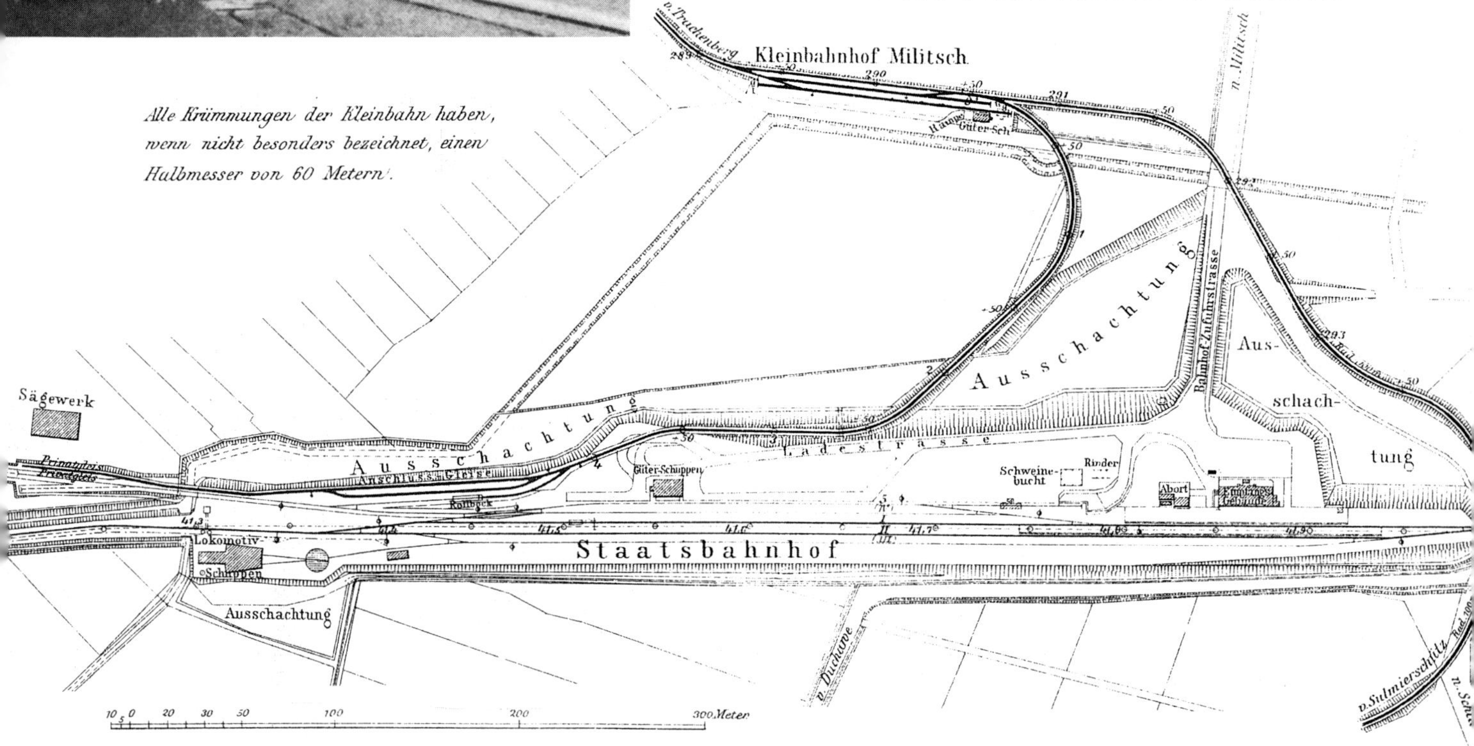

Oberschles. Ueberlandbahnen
G. m. b. H. Gleiwitz
Betriebsdirektion Gleiwitz, Nieberdingstraße 6
Telefon 3006—3008

Kleinbahn Gleiwitz-Rauden-Ratibor

Personenbeförderung in modernsten rauchlosen Triebwagen. **Kürzeste Verbindung zwischen:**
Hauptbahnhof **Gleiwitz und Ratibor.**
Kein Umsteigen!
Fahrzeit 2 Stunden und 6 Minuten.
Fahrpreis II. Kl. 3.80 Rm.; III. Kl. 2.55 Rm.
Hauptbahnhof **Gleiwitz und Rauden.**
Fahrzeit 1 Stunde und 8 Minuten
Fahrpreis II. Kl. 1.85 Rm.; III. Kl. 1.25 Rm.
Ratibor und Rauden.
Fahrzeit 56 Minuten
Fahrpreis II. Kl. 1,90 Rm.; III. Kl. 1,30 Rm.
Gesellschaftsfahrten. 20 Personen 25% Ermäßigung.
Sonntagsrückfahrkarten

von Gleiwitz—Trynek

nach	II. Kl.	III. Kl.
Schönwald	0.40 Rm.	0.30 Rm.
Nieborowitz	1.00 „	0.60 „
Pilchowitz	1.40 „	0.90 „
Rauden	2.10 „	1.40 „
Paprotsch	2.20 „	1.50 „
Ratibor	4,40 „	2.90 „

von Ratibor

nach	II. Kl.	III. Kl.
Gleiwitz—Trynek	4.40 Rm.	2.90 Rm.
Rauden	2.30 „	1.60 „
Paprotsch	2.20 „	1.50 „
Schymotschütz	1.40 „	0.90 „
Lukasine-Obora	0.40 „	0.30 „

Güterverkehr: Anschluß an die Reichsbahn in Gleiwitz und Markowitz. **Ohne Umladung** Wagenladungsübergang von und zur O.-S. Schmalspurbahn. In Markowitz Umladung durch die Kleinbahn.

Als Zweigbetrieb der Schlesischen Kleinbahn AG wurde die Kleinbahn Gleiwitz–Trynnek–Ratibor gebaut. Die Gesellschaft betrieb ja eigentlich das oberschlesische Straßenbahnnetz zwischen Gleiwitz und Königshütte. Die Spurweite von Straßen- und Kleinbahn war mit 785 mm dem Schmalspurnetz der Staatsbahn angepaßt. Damit konnten die Fahrzeuge freizügig auf die Strecken anderer Eigentümer übergehen, was speziell beim Güterverkehr vorteilhaft war. Die eigentliche Strecke maß 47,0 km, später wurden infolge des Durchlaufs der Züge auf dem Straßenbahngleis nach Gleiwitz Hbf 49,4 bzw. 49,2 km genannt. Außerdem gab es Anschlüsse zur staatlichen Schmalspurbahn (2,0 km), zur Gleiwitzer Grube (1,3 km), Öhringengrube (2,4 km), Dampfziegelei Nieder Wilcza (3,9 km), Raudener Holzverwertung, Kiesgrube Arndt & Baron, Lukasiner Mühle (0,2 km), zu den Chemischen Werken Ceres (1,6 km), Lukasiner Holzwerke und zu den Siemens-Plania-Werken an der Endstation in Ratibor. Der erste Abschnitt der Bahn wurde am 25. März 1899 bis Paprotsch eröffnet. Der Rest folgte bis 19. Dezember 1908. Hier mußte die Bahn den Besitz des Herzogs von Ratibor bei Rauden weitläufig umgehen. Aber die weiten Wälder um Rauden lockten die Städter zu Ausflügen, weshalb die Bahn bald sonntags ihre Fahrpläne zwischen Gleiwitz und Rauden verdichten mußte. Schon im Sommer 1914 liefen die Züge von und bis zum Hauptbahnhof in Gleiwitz durch. Damals hatte man zwar soeben den ersten Triebwagen erhalten, doch reichte sein Umlauf nicht aus.

Gleiwitz–Ratibor (Kattowitz Oberschl.)

km			Z 2	Z 4	F 6	Z 8	Z 10	F 12
	Gleiwitz Stsbf 42 . ⊙	Ab	4 14	8· 0	11·12	2·30	6 55	10 0
2,7	Gleiwitz-Trynek Bf.		4 30	8·18	11·30	2·48	7 13	10 18
6,2	Schönwald		4 40	8·29	11·40	2·59	7 24	10 28
7,8	Knurower Weg ...		4 45	8·35	11·45	3· 5	7 30	10 33
11,9	Nieborowitz		4 56	8·48	11·56	3·18	7 43	10 44
16,3	Pilchowitz		5 8	9· 2	12· 8	3·32	7 57	10 56
20,8	Stanitz		5 20	9·16	12·20	3·46	8 11	11 8
24,8	Rauden .... ⊙	An	5 30	9·27	12·30	3·57	8 22	11 18
		Ab	...	9·30	...	4· 0	F8 25	...
37,0	Schymotschütz		...	10· 2	...	4·32	8 54	...
39,4	Nensa 41. 44		...	10·11	...	4·41	9 2	...
41,6	Babitz		...	10·18	...	4·48	9 8	...
45,0	Markowitz 41. 44		...	10·29	...	4·59	9 17	...
48,0	Lucasine		...	10·38	...	5· 8	9 25	...
49,7	Ratibor Plania 404.41 44	An	...	10·42	...	5·12	F9 29	...

Sommer 1914

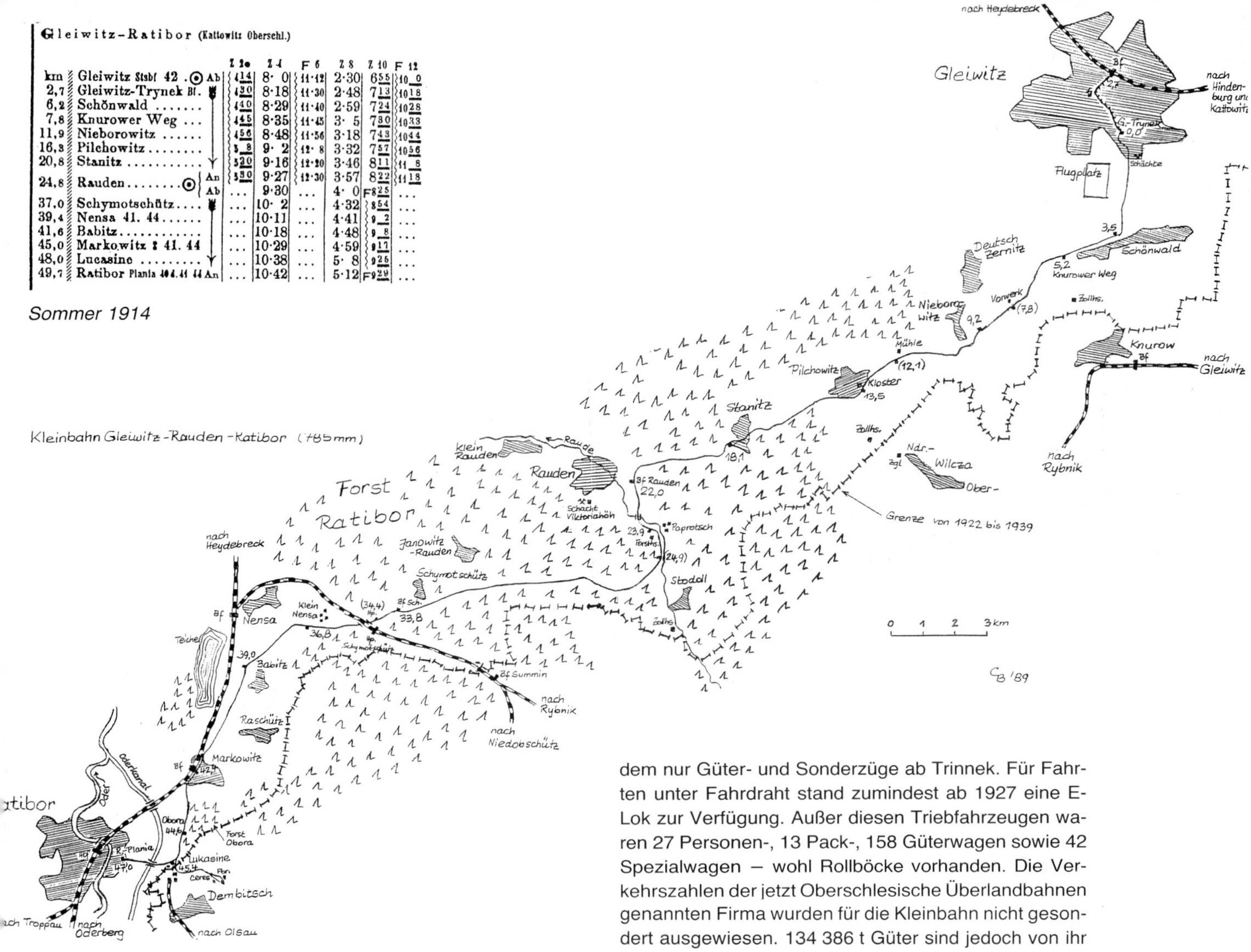

Es müssen also auch die Dampfzüge quer durch Gleiwitz gerollt sein. Die Lokomotiven lieferte Borsig, wobei erstmals 1901 vier C1n2t kamen. Zuvor wurden wohl nur die im Straßenbahnnetz nach dessen Elektrifizierung überflüssigen Trambahnlokomotiven auf der Kleinbahn eingesetzt. 1907 kamen zwei 1Cn2t, dann gab es erst 1919 Zuwachs durch eine Dn2t. Schließlich wurden 1925 noch zwei Eh2t von der AEG geliefert. 1926 lieferte die AEG zwei Benzoltriebwagen. Mit ihnen war es möglich, den Personenverkehr durch Gleiwitz dampffrei duchzuführen. Die Dampfloks führten seitdem nur Güter- und Sonderzüge ab Trinnek. Für Fahrten unter Fahrdraht stand zumindest ab 1927 eine E-Lok zur Verfügung. Außer diesen Triebfahrzeugen waren 27 Personen-, 13 Pack-, 158 Güterwagen sowie 42 Spezialwagen – wohl Rollböcke vorhanden. Die Verkehrszahlen der jetzt Oberschlesische Überlandbahnen genannten Firma wurden für die Kleinbahn nicht gesondert ausgewiesen. 134 386 t Güter sind jedoch von ihr befördert worden. 1938 war die Kleinbahn Bestandteil der Verkehrsbetriebe Oberschlesien AG. Am Fahrzeugpark hatte es lediglich eine Aufstockung auf 177 Güterwagen gegeben. 91 Mitarbeiter beförderten 393 005 Personen und 129 682 t.

Im Juli 1939 gab es wegen Hochwasser eine Streckenunterbrechung kurz vor der Endstation. Die geplante Brücke konnte wegen des Kriegsbeginns nicht mehr errichtet werden, so daß die Bahn in Ratibor Rybniker Straße endete. Von dort zum Hauptbahnhof waren 35 Minuten Fußmarsch nötig. Die PKP betreibt die Strecke nur noch bis Rauden.

Lok 5 der Kleinbahn Gleiwitz–Rauden–Ratibor mit aufgebockten Güterwagen in Gleiwitz-Trynek. Sievers

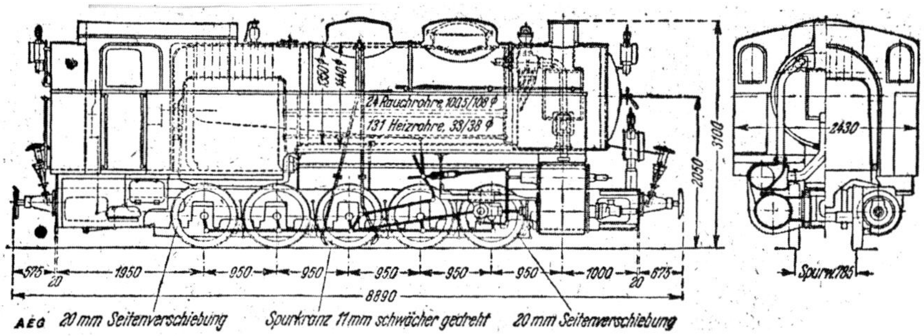

1925 lieferte die AEG zwei Maschinen dieses Typs an die Gleiwitz-Ratiborer Kleinbahn. *Werkfoto. Pochadt*

E-HEISSDAMPF-TENDER-LOKOMOTIVE
DER SCHLESISCHEN KLEINBAHN A.-G.

Spurweite	785 mm	Kesselheizfläche	61,9 m²	Kohlenvorrat	1,4 t
Triebwerk	2·470X400/850 mm	Überhitzerheizfläche	20,6 m²	Wasservorrat	4 m³
Dampfüberdruck	13 at	Leergewicht	32500 kg	Fester Radstand	1900 mm
Rostfläche	1,6 m²	Dienstgewicht	41500 kg	Gesamter Radstand	3800 mm
		Reibungsgewicht	41500 kg		

Um 1915 kam dieser Triebwagen von AEG/Steinfurt zur Kleinbahn nach Oberschlesien.
Werkfoto AEG. Dr. Löttgers

1926 erhielt sie dann ihren VT 2.
Werkfoto AEG. Dr. Löttgers

Das oberschlesische Schmalspurnetz

Aus der oberschlesischen Industriewelt gibt es verhältnismäßig viele Fotos. Hier mußten wir uns auf wenige Aufnahmen beschränken. Schmalspur-Selbstentladewagen an der Falvahütte in Schwientochlowitz.

Ungeachtet ihres Strebens in die Ferne – neuen Absatzmärkten der Kohle entgegen – war die OSE bemüht, auch das Schienennetz im eigentlichen Fördergebiet Oberschlesiens dem Bedarf anzupassen. Das bedeutete nichts anderes, als daß aus der früheren Durchgangslinie Breslau–Myslowitz(–Krakau) entsprechend den Eröffnungsdaten, sowie durch Verknüpfung mit der konkurrierenden OTE, später ROUE, hier ein dichtes Normalspurnetz entstand. Doch das genügte nicht. Abseits der Normalspurschienen siedelten sich auch Industriebetriebe an, die Bahnanschluß lohnenswert machten. Doch infolge enger Radien, mit denen nur dorthin Gleise zu legen waren, konnte nur in Schmalspur gebaut werden. Es wurde dabei eine Spurweite von 30 preußischen Zoll gewählt, was 785 mm entspricht. Die Konzession für den Bau und Betrieb einer Schmalspurbahn wurde am 24. März 1851 der OSE erteilt, unmittelbar darauf wurde schon mit dem Bau begonnen und der Betrieb zunächst mit Pferden aufgenommen.
Dem aufmerksamen Leser der Eröffnungsdaten ist sicher aufgefallen, daß diese bei den OS-Schmalspurbahnen erst 1895 beginnen. Offensichtlich gab es zuvor keine entsprechende Statistik, denn in einer Veröffentlichung von 1929 in *Die Reichsbahn,* nennt H. K. Mayer, Präsident der RBD Oppeln nur, was folgt: „In den Jahren 1854 bis 1857 sind dann die Hauptlinien Tarnowitz–Antonienhütte und Beuthen–Roßberg–Laurahütte–Kunigundenweiche (Kattowitz) mit zahlreichen Zweigverbindungen entstanden." Das waren insgesamt 90 km. Einer anderen Quelle zufolge waren das die ersten beiden Linien, wobei erstere von Hugo-Eisenhütte ausging und über Tarnowitz weiterführte.
Auch damals schon war offensichtlich der Ursprung des späteren Netzes unergründet geblieben. Es ist aber auch nicht auszuschließen, daß die ersten Strecken relativ bald aufgelassen wurden, weil sich herausstellte, daß man die Betriebe, sofern sie weiterexistierten, sinnvoller anderweitig anschließen konnte. 1855/56 kamen die ersten zehn Lokomotiven von Günther aus Wiener Neustadt. Es waren 1B1n2t-Maschinen, die ausschließlich auf den Hauptlinien liefen, die Nebenlinien blieben „Roßbahnen". Doch die Pferdewartung innerhalb der Bahngesellschaft bereitete Mühe – mit Lokomotiven kam man besser zurecht! Deshalb wurde der Roßbahnbetrieb 1856 an den Fuhrunternehmer Pringsheim vermietet. Bald stellte sich aber heraus, daß der verbliebene Dampfbetrieb nicht gerade rentabel arbeitete. Das war für die gewinngewohnte OSE eine geradezu unerhörte Situation. 1858 wurden Überlegungen angestellt, den Betrieb auf Normalspur umzustellen, doch an den engen Radien scheiterte der Plan. Einer wußte Rat. Pringsheim erbot sich, den Gesamtbetrieb zu pachten, wobei ihm schon vorschwebte, die Dampflokomotiven abzustellen und alles von Pferden ziehen zu lassen.
Am 1. Oktober 1860 kam der Transportvertrag zwischen ihm und der OSE für zwölf Jahre mit Genehmigung des Ministers für Handel und Gewerbe zustande. Die Wagen wurden Pringsheim mietweise überlassen, den Oberbau hatte die OSE zu unterhalten. Damit war die OSE zwar den unrentablen Betrieb los, doch gab es bald vielschichtigen Ärger. Die Kunden beklagten verspätete Durchführung der Transporte, Wagenmangel und ungleiche Behandlung. Insbesondere der Wagenmangel war nur durch Neubeschaffung zu lösen, denn das Transportvolumen stieg ungewöhnlich rasch an. Die ersten Dampfloks mußten indessen den Dienst quittieren und wurden 1862/63 verkauft. Auf die Dauer ging es jedoch nicht nur mit Pferden, weshalb ein neuer Pachtvertrag vom 1. Oktober 1872 ausdrücklich die Wiedereinführung des Dampfbetriebs vorsah. Zwischen 1872 und 1875 wurden tatsächlich 17 Bn2t beschafft, die von Hagans und Krauss, München, kamen. Die Beschaffung mußte dem steigenden Frachtaufkommen entsprechend weitergehen. Es kamen zwischen 1875 und 1880 22 Cn2t, die ab 1904 pr. T31 wurden, von denselben Herstellern. Eine verstärkte Type lieferte zwischen 1884 und 1899 in 28 Exemplaren Krauss, München allein. Es wurden ab 1904 die T31[1]. Strenggenommen waren das schon Lokomotiven der preußischen Staatsbahn, die am 1. März 1884 den Besitz der OSE-Schmalspurbahnen übernommen hatte, doch kurz zuvor, am 1. Januar 1884, war der Vertrag mit Pringsheim um zehn Jahre verlängert worden. Er wurde nochmals um zehn Jahre verlängert, so daß die KPEV erst 1904 den Betrieb des Schmalspurnetzes übernahm. Schon 1884 betrug das Anlagekapital 10 354 200,– Mark. In den neunziger Jahren wurden etliche Strecken neu gebaut (siehe Streckeneröffnungen), so daß 1901 die Betriebslänge 135,84 km betrug. Auf 6,46 km zogen noch Pferde die Frachtwagen. Es lagen 427 Weichen, es gab 16 Stellwerke, fünf Gleiswaagen, 19 Unter- und zwölf Überführungen. Die 51 Lokomotiven gehörten allesamt Pringsheim, von den 3 693 Wagen waren 1 938 sein Eigentum. Daraus ist ersichtlich, daß auch weitere Lokomotiven beschafft worden sind. Die steigenden Zuglasten bewirkten Überlegungen, die bisher übliche Achsfolge C zu verlassen. Es sollten jetzt gleich Lokomotiven mit fünf Triebachsen beschafft werden. Hagans bot eine Type mit entsprechend kurvengängigem Triebwerk. Waren die ersten drei Achsen fest im Rahmen gelagert, so liefen die beiden letzten in einem Drehgestell unter dem Führerhaus. Verbunden waren beide Teile des Triebwerks mit großen Schwinghebeln, die die Bewegungen des Drehgestells beim Befahren von Kurven ausgleichen sollten. Die nur vier 1896 und 1901 beschafften CBn2t-Maschinen bewährten sich allerdings nicht. Sie kamen zwar als T 36 zur KPEV, waren jedoch schon 1918 aus dem Bestand ausgeschieden, müssen aber noch vorhanden gewesen sein, denn es sind Verkäufe an die Rhein-Sieg-Eisenbahn (1923, zwei Stück) sowie an die Rosenberger Kreisbahn (ein Exemplar) belegt. Besser bedient war man mit zwei Dn2t-Heißdampf-Lokomotiven, die zwei feste Mittelachsen und Klien-Lindner-Endachsen besaßen. Diese von Hartmann, Chemnitz, gelieferten Außenrahmenloks waren für den Einsatz in OS robust und befriedigten voll. Deshalb beschaffte die KPEV zwischen 1904 und 1912 weitere 18 Exemplare dieser Type mit teilweise seitenverschiebbaren Mittelachsen für noch besseren Kurvenverlauf. Es wurden die T 37. Doch nochmals zurück zu Pringsheim. Er besaß gegen Ende der Pachtzeit für den Bahnbetrieb 72 Häuser mit Diensträumen sowie Wohnungen für seine Arbeiter und Beamten. Es gab ferner 108 Stations-, Wärter- und Arbeiterbuden. Die Länge der Telegrafen- und Telefonleitungen betrug rund 104 km. Für den maschinentechnischen Dienst standen elf Lokschuppen, 37 Wasserversorgungsanlagen, drei Drehscheiben und eine

Schiebebühne zur Verfügung. Im Bahnhof Roßberg entstand 1882 zunächst eine Werkstatt, die sich bald als zu klein erwies. Deshalb wurde in Roßberg eine weitere Werkstätte errichtet, in beiden waren zusammen 150 Mann beschäftigt. Ihnen standen 90 Lokführer und Heizer gegenüber. Der Rest der insgesamt 755 Mitarbeiter waren Verwalter, Weichen- und Schrankenwärter, Kontrolleure, Aufsichtsbeamte, Zugführer und Bremser. Bei der KED Kattowitz waren nochmals 151 Personen speziell zur Überwachung des Pringsheimschen Betriebs beschäftigt.

Insgesamt lebten also von der Schmalspurbahn 906 Beschäftigte. Als 1904 die Betriebsübernahme erfolgte, erhielt Pringsheim für die Betriebsmittel 3 270 000,– Mark. Es wurden allerdings nur 136 Beschäftigte übernommen. Es folgte jetzt eine Blütezeit, bedingt durch das starke Wirtschaftswachstum und die einheitliche Leitung und damit gut koordinierte Übergabe zwischen Vollspur- und Schmalspurnetz.

Im nördlichen Abschnitt ihres Schmalspurnetzes betrieb die KPEV ab 1906 übrigens planmäßigen Personenverkehr. Es soll auch anderswo Zubringerzüge zu den Fabriken für deren Personal gegeben haben, doch standen diese Fahrten nicht im Kursbuch. Dagegen verzeichnet das Kursbuch von 1914 den Fahrplan der Strecke Georgenberg (Schmalspurbahnhof ohne Anschluß zum Normalspurbahnhof)–Zyglin (km 2,6)–Bibiella-Ost (km 6,0). Es verkehrten werktags vier Zugpaare, von Georgenberg ausgehend, mit kurzen Wendezeiten in Bibiella, von denen das erste und letzte jedoch nur bei Bedarf eingesetzt wurde. Dieser Bedarf ergab sich wohl, wenn die Betriebe um Bibiella Schichtarbeit hatten, denn für die übliche Tagesschicht reichten die anderen Zugpaare aus. Die Kolonie Bibiella lag als Rodung inmitten der ausgedehnten Grenzwälder, und sie wäre normalerweise nie zu derartigem Personenverkehr gekommen, wenn sich hier nicht Eisenerze gefunden hätten, die es abzubauen galt. Außerdem wurden hier Sand und Grubenholz gewonnen. In dieser abgelegenen Gegend aber gab es nicht genügend Arbeitskräfte. Um diesem Mangel abzuhelfen, wurde der Personenverkehr eingerichtet. Es gab nur die 4. Klasse in vierachsigen Wagen, die von der oberschlesischen Eisenindustrie zur Verfügung gestellt worden waren. Der Ursprung der Strecke ist übrigens unklar. Sie soll als Feldbahn mit Pferden betrieben worden sein, ehe sie 1894/95 von Pringsheim im Auftrag des Kaufmanns Siegheim nach den Normen der Bahnordnung als Schmalspurbahn umgebaut und betrieben wurde. Wie lange der Personenverkehr stattfand, ist unklar. Er könnte von der PKP beendet worden sein. Jedenfalls findet er sich nicht mehr in den Fahrplänen der RBD Oppeln nach 1939.

Es gab weitere Pläne zur Netzerweiterung. So wurde der Anschluß von Kosel-Hafen geplant. Es sollte eine 50 km lange Linie von Ludwigsglück ausgehend über Gleiwitz–Laband–Ujest zum Oderhafen gebaut werden, um dort Kohle gegen Erz umzuschlagen. Auch Knurow sollte mit einer 13,5 km langen Linie von Guidogrube aus angeschlossen werden. Doch diese Pläne ließ der Erste Weltkrieg unausgeführt. Nicht beeinträchtigt wurde dagegen die Beschaffung von 27 neuen Lokomotiven der Gattung T 38, die von 1915 bis 1919 von Orenstein & Koppel geliefert wurden. Sie waren wiederum stärker als die T 37 und mit schräg stehenden Zylindern ausgestattet. Auch sie waren D-Kuppler mit guter Kurvenläufigkeit. Noch ehe es zur Teilung Oberschlesiens kam, wurden weitere neue Lokomotiven beschafft! Der wirtschaftlichen Lage zum Trotz lieferte O & K eine noch stärkere Type, die fünfachsig mit Luttermöller-Antrieben als Eh2t geliefert wurden. Dabei sind die erste und letzte Treibachse nicht mit den benachbarten durch Treibstangen, sondern durch ein Zahnradgetriebe verbunden. Acht Stück kamen als T 39 noch 1919 und 1920 zur Preußischen Staatsbahn.

Den Umfang des Netzes, wie er sich damals darstellte – die neue Grenze von 1922 ist bereits eingezeichnet – zeigt die Karte.

Aus ihr sind auch mit der Lupe die angeschlossenen Betriebe zu lesen. Diese besaßen teilweise innerbetrieblich ihrerseits recht umfangreiche Anschlußbahnen mit eigenem Fahrzeugpark und Personal. Als bedeutendster Anschließer galten von Giesches Erben in Rosdzin bei Schoppinitz. Ihr Netz, das mehrere Hütten und Bergwerke erschloß, war immerhin 36 km lang. Auch die Gräflich Henckelsche Verwaltung besaß eine umfangreiche Anschlußbahn.

Nach den Abstimmungskämpfen und der zugunsten Deutschlands (60 : 40 %) ausgegangenen Volksabstimmung kam die Teilung des Industriegebiets zugunsten Polens. Am 11. Juli 1922 mußten zwei Drittel des gesamten Schmalspurnetzes mit 41 Lokomotiven und 3 398 Wagen abgetreten werden. Die Wagen wurden bis 1937 gemeinsam benutzt, wobei die deutschen Wagen „Oberschlesien", die polnischen die Bezeichnung „Gorny Slask" trugen. Das beim Reich verbliebene Netz hatte nur noch eine Betriebslänge von 62,21 km.

Die Verwaltung erfolgte zunächst vom Betriebsamt Beuthen. Aber auch das Verkehrsamt und das Maschinenamt in Gleiwitz wirkten mit. Da sich diese Regelung nicht bewährte, wurde am 1. Januar 1926 das Schmalspurbahnamt in Beuthen gegründet. Den Aderlaß bei den Fahrzeugen versuchte man durch Neubeschaffungen auszugleichen. So wurden sechs T 39 bei O & K nachbestellt und 1923 bis 1925 geliefert. Auch 847 neue Wagen wurden beschafft, die nicht in den auch Polen zur Verfügung stehenden Fahrzeugpark eingereiht werden mußten und mit „Deutsche Reichsbahn" beschriftet waren. Nur so konnte der ständige Wagenmangel behoben werden. Des weiteren wurden 155 Privatwagen eingestellt. Durch die Trennung des Netzes wurden die Dienststellen Roßberg, Bobrek, Dreieck Beuthen, Dombrowa und Poremba zu Grenzbahnhöfen mit deutscher und polnischer Zollabfertigung. Im Bahnhof Gleiwitz bestand weiterhin der Übergang zur Kleinbahn Gleiwitz–Rauden–Ratibor. Während 1925 der Gesamtversand 939 031 t betrug, erhöhte sich dieser Wert 1928 auf 1 431 609 t.

Während anfangs die PKP bei Deutschland gebliebene Strecken für den Transit benötigte und dafür zu zahlen hatte, wurde dies in der Folge bald geändert. In Chorzow wurde eine neue Umladestelle zur Normalspur errichtet. Damit konnte auf den Transit zu den Umladeanlagen in Beuthen und Gleiwitz verzichtet werden. Außerdem baute man Verbindungen zwischen Bleischarley und Scharley, ferner zwischen Scharley, Kesselgrube und Rudy-Piekar, außerdem zwischen Kesselgrube und Naklo und zwischen Kesselgrube und Friedrichsgrube.

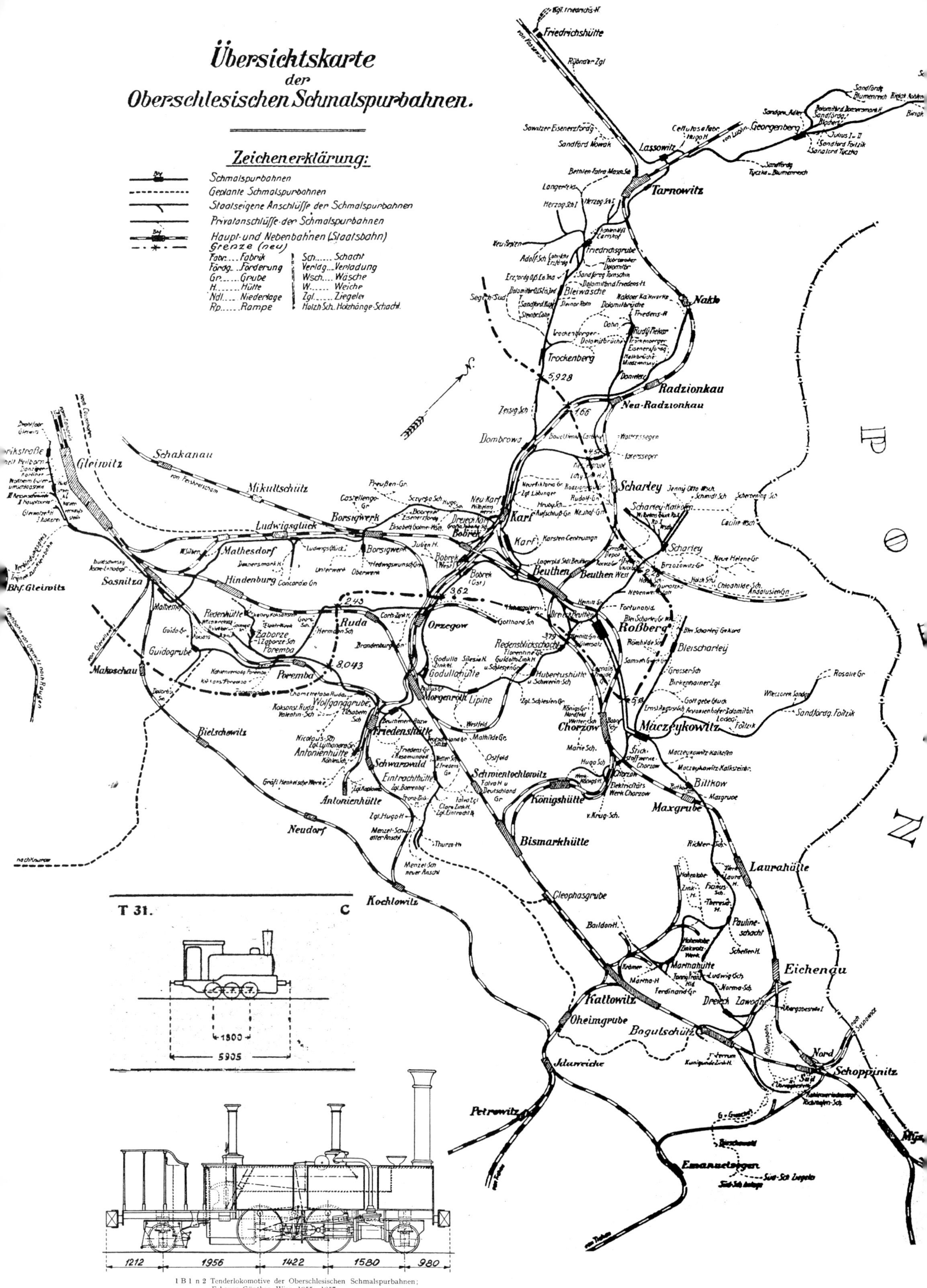

1 B 1 n 2 Tenderlokomotive der Oberschlesischen Schmalspurbahnen;
Erbauer Günther, Wien 1855—1857.

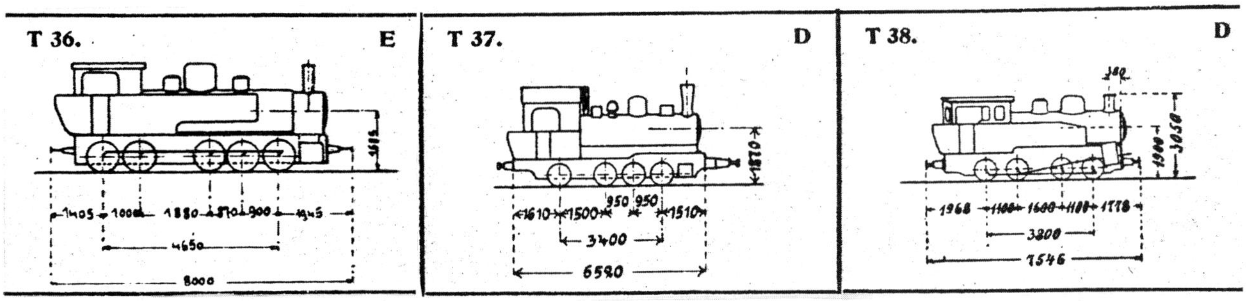

Die Übersichtskarte von 1922 zeigt das gesamte ungeteilte Oberschlesische Industriegebiet, allerdings schon mit der neuen Grenze. Die rigorose Trennung wird dabei besonders deutlich.

Auch die Lokomotiven der Oberschlesischen Schmalspurbahn wurden von Gattung zu Gattung stärker. 99 401 war eine pr. T 37. Knipping

99 420 war zuvor die pr. T 38. Beide hatten Außenrahmen.

99 442 besaß den Luttermöller-Endantrieb.

Auch bei der PKP reichte man mit den übernommenen Lokomotiven nicht, hatte man doch allein schon durch die Neubau-Umleitungsstrecken erhöhten Bedarf. Deutschland mußte als Reparation fünf fünfachsige Lokomotiven liefern, die der pr. T 39 ähnelten und 1923 von BMAG kamen. Weitere fünf Exemplare in geänderter Ausführung beschaffte die PKP in Chrzanow. Als die DR nach dem Polenfeldzug das gesamte Industriegebiet zur Verwaltung durch die RBD Oppeln übernahm, hatte das Netz eine Länge von 193,9 km. Der kleinste Halbmesser auf freier Strecke betrug 38 m. Er war im Dreieck Mariaweiche sowie zwischen Mariaweiche und Trockenberg zu finden. Der nächstgrößere – 40 m – war immerhin auf drei Strecken vorhanden. Die noch vorhandenen 27 Lokomotiven der PKP wurden alle im Reichsbahnschema als BR 99[4] erfaßt, unter der die DR-Lokomotiven schon in den zwanziger Jahren liefen. Der Gesamtbestand von 44 Loks mußte bis zur Eroberung durch die russischen Armeen ausreichen. Infolge der kampflosen Überlassung des Industriegebietes gelangte auch das Schmalspurnetz unversehrt erst in russische, dann in polnische Hand.

Von der Schmalspur bediente Firma Schikora & Gerdes in Karf, um 1925. *Buurman*

Beladener Kohlenwagen der Schmalspur auf Schiebebühne in Oberschlesischer Schachtanlage. *Reichsbahn-Kalender*

Elektrifizierte Bahn des Arsenikbergwerks in Reichenstein an der Verladeanlage. *von Rohr* ▶

Werks- und Wirtschaftsbahnen

Auch bei diesem Kapitel können wir nur Beispiele zeigen. Zu groß und vielfach längst vergessen ist die Zahl der Bähnchen, die in diesem Bereich unser Schlesierland belebten. Wer jetzt an die Oberschlesischen Sandbahnen mit den schwersten Tenderloks denkt, mag sich an dem Begriff Bähnchen gestört haben, wie dieser auch nicht für die Anschlußbahnen der Kohlengruben und Eisenhütten gelten kann. Repräsentativ ist er eher für die vielen Bahnen bei Ziegeleien, Steinbrüchen oder die Waldbahnen. Aber es gab auch Ungewöhnliches. So ist nur wenig bekannt, daß es in Schlesien einen Wismarer Schienenbus gab. Er lief ab 18. Januar 1936 bei den Lignose-Sprengstoffwerken in Kruppamühle/Os. Das nahe der Grenze an der Malapane gelegene Werk mußte mit ihm seine Arbeiter heranholen. Es bestand eine Anschlußbahn vom Bahnhof Keilerswalde der Strecke Vosswalde–Tarnowitz. Der Schienenbus diente auch den Bewohnern der Werkssiedlung als Zubringer zur Reichsbahn und fuhr sogar an Sonn- und Feiertagen planmäßig.

In diesem Gebiet betrieb seit 1903 das Gräfl. v. Garniersche Forstamt Turawa eine Waldbahn in 600-mm-Spur zwischen Turawa und dem Bahnhof Klein Kochen. Bei ca. 100 Weichen waren 25 km Gleis fest verlegt, 10 km kamen je nach Holzabfuhr variabel hinzu. Es liefen zwei Benzolloks von Orenstein & Koppel, später drei Diesel-loks. Zur Verfügung standen ca. 100 Rungengestelle, 15 Kippwagen. Die Bahn war bis ca. 1967 in Betrieb.

Geradezu gigantisch war das Netz der Oberschlesischen Eisenbahn-Bedarfs-AG. Auf 23 km Normalspur liefen zehn Loks, vermutlich der pr. T 3. Auf weiteren 24 km in 785-mm-Spur wurden 36 Lokomotiven eingesetzt. Eigene Hafenbahnen unterhielten zumindest die Städte Breslau, Ohlau (ab 1913) und Oppeln. Die Oppelner Hafen AG betonte, daß in ihrem Bereich mehr als 8 km Gleis liegen, die mit eigenem Anschlußgleis direkt in den Güterbahnhof Oppeln Ost führen. Mehrere Züge täglich – sie wurden um 1942 von der G 10 geführt – würden den Hafen mit dem Industriegebiet verbinden. Die DR unterhielt im Hafen eine eigene Güterabfertigung.

Zu den bekannten im Lande zählte die Waldeisenbahn Muskau. Vielleicht, weil sie am 1. Januar 1951 von der DR übernommen und von dieser bis zur Stillegung der letzten Abschnitte am 29. März 1978 betrieben wurde. Dem Grafen von Arnim, einem Nachfolger des legendären Fürsten von Pückler, der seine umfangreichen Besitzungen und Betriebe besser erschließen wollte, verdankt die 600-mm-Bahn ihr Entstehen. Der Betrieb begann 1895 zunächst mit Pferden, doch schon 1896 kam die erste Lokomotive zum Einsatz. 1920 hatte das Netz immerhin 75 km Länge erreicht. 1936 besaß die Bahn zwölf Lokomotiven und an die 500 Wagen, darunter einen Salonwagen, mit dem sich Graf von Arnim gelegentlich zur Jagd fahren ließ. Das währte allerdings nur bis zum 11. Juli 1945, als der Graf enteignet wurde. Fortan war die Bahn, wie der ganze Besitz, volkseigen, zunächst unter der Verwaltung der Stadt Muskau. Als die Bahn in den Betrieb der DR überging, erhielt sie eine spezielle Dienstanweisung. Das Streckennetz betrug jetzt rund 100 km; es reichte über Weißwasser weit nach Westen. Betriebsmittelpunkt war ab 1920 Krauschwitz, zuvor in der Papierfabrik Muskau.

Das Netz war dem Bedarf entsprechend konzipiert worden. Diente die Bahn anfangs nur dem Holz- und Kohlentransport, so wurde sie im Laufe der Jahre zum Zubringer und Abholer für die verschiedensten Unternehmen, denn es gab in dem Gebiet große Braunkohlen-, Ton- und Kieslagerstätten. Diese Rohstoffvorkommen führten zur Errichtung von Sägewerken, Pappen- und Kartonfabriken, Brikettfabriken, Ziegeleien, Glashütten und Keramikwerken. All diesen Betrieben diente die Bahn über Jahrzehnte, fuhr Ton von den Gruben bei Müllrose zu den Ziegeleien, aber auch Moor aus dem Raum Sagar nach Muskau für die Patienten des Kurbades. Die Gleise lagen auf Bettung, die aus eigener Kiesgrube stammte. Welchen Umfang all diese Transporte hatten, ist daraus ersichtlich, daß 1966 im Tagesdurchschnitt 416,7 t befördert wurden, darunter 4,9 t Moor für das Moorbad. In den Bahnhöfen Muskau und Weißwasser der Staatsbahn sowie in Krauschwitz konnte von und zur Normalspur umgeladen werden.

Bis 1928 querte die Strecke nach Ruhlmühle die Stadt Weißwasser. Nachdem die Anwohner die Belästigung durch den Rauch, obwohl dieser ohnehin laut Dienstanweisung zu vermeiden war, nicht mehr hinnehmen wollten, mußte diese Verbindung unterbrochen werden. Eine Lok mit Zusatztender bediente von da an die westliche Inselstrecke, wofür sie am Tiergarten-Ost einen eigenen Schuppen erhielt. Kohlen mußten ihr künftig per Lkw geliefert werden. Im verbliebenen Netz wurde der Verkehr zwischen Weißwasser und der Papierfabrik Muskau im Drei-Schichtenbetrieb so dicht, daß man um 1960 überlegte, diesen Abschnitt zweigleisig auszubauen. Es wurden allerdings nur einige Ausweichen und eine Wasserstelle angelegt. Die erste Lok kam von Krauss, München, Fabrik-Nr. 3311. Die Cn2-Lok erhielt in Muskau den Namen „Graf Arnim“ und lief bei der DR noch als 99 3301 bis 1967. Es kamen 1896 und 1899 weitere Loks von Krauss, zuletzt 1919 die „Elefant“, eine C1n2, Fabrik-Nr. 7251. In künftige Lieferungen teilten sich Orenstein & Koppel, Borsig und Henschel. Borsig lieferte u. a. 1912 die Diana, eine Dn2, Fabrik-Nr. 8472. Alle anderen Loks waren für die Heeresfeldbahnen des Ersten Weltkriegs gebaut worden und dienten danach hier zivilen Zwecken. Außer der „Graf Arnim“ trugen noch neun Loks Baureihen Nummern, nämlich 99 3310 bis 3318. Schließlich gab's auch noch eine von Henschel gebaute Diesellok und eine im Eigenbau entstandene Benzinlok, deren Motor und Getriebe von einem Lkw stammten.

Zurückgehende Frachten und die zunehmenden Schwierigkeiten, die alten Fahrzeuge weiterhin wirtschaftlich zu erhalten, führten schließlich zur schrittweisen Einstellung dieser interessanten Bahn.

Ein Kuriosum war die Bahn der Stradauer Tonwerke. Dieses bei Kanth gelegene Unternehmen hatte 1897 die Konzession für eine öffentliche Kleinbahn in 750-mm-Spur zum Bahnhof Rogau-Rosenau erhalten. Es wurde allerdings nur Güterverkehr betrieben, weshalb man 1928 beabsichtigte, die Bahn als Privatanschluß weiter zu betreiben. Vermutlich mußte sie jedoch während der Weltwirtschaftskrise eingestellt werden, denn in Karten der späten dreißiger Jahre ist sie nicht mehr zu finden.

Einer verhältnismäßig spät gebauten Bahn sollen die letzten Zeilen dieses Kapitels gewidmet sein. Im Februar 1922 faßte der Kommerzienrat Hugo Hilbert der wirtschaftlichen Not gehorchend den Entschluß, den bisherigen Transport zwischen seiner Mühle in Reichenbach/Eulengebirge und dem Bahnhof auf die Schienen zu verlagern. Bis dahin trabten tagaus, tagein Kaltblüter durch die Klinkenhaus-Straße. Die Bahn war einfach zu trassieren. Sie führte in einem Viertelkreisbogen von der Hauptbahn Liegnitz–Kamenz weg, in einer langen Geraden ging's über die Peile und Gansau hinweg zu den Zu- und Abstellgleisen der Mühle. Die weiteren Abzweigungen der Mühle wurden über eine Drehscheibe bedient. Schwierig war eigentlich nur, die Genehmigung der DR zu erhalten, daß die Anschlußbahn außerhalb des Einfahrhauptsignals aus Richtung Gnadenfrei abzweigen könne. Der Bau ging rasch vonstatten und schon am 27. November 1922 konnte die erste Lok die Bahn bedienen. Eventuell wurde der innerbetriebliche Rangierdienst mit einer Akku-Lok abgewickelt, denn es ist von einem „elektrischen Pferd" die Rede, das der frühere Oberkutscher Leuschner jetzt zu bedienen hatte.

Von diesem Bähnchen und seinem Umfeld sollen uns noch diese Fotos erfreuen; sie dürften um 1920 entstanden sein. *v. Rohr*

OHLAUER HAFENBAHN u. LAGEREI AKT.-GES.

OHLAU

Postscheckkonto: Nr. 16996 Breslau
Fernsprecher: Nr. 35

Bankkonto Städtische Bank, Breslau
Ohlauer Bankverein

Eigener Bahnbetrieb, Lagerei und Umschlagverkehr
Hochwasserfrei gelegene Lagerspeicher mit Transitlager 15000 qm
sowie freie Lagerplätze mit Gleis- und Wasseranschluß
Übernahme von Speditionen aller Art, auch Verteilung
von Wagenladungen pp.

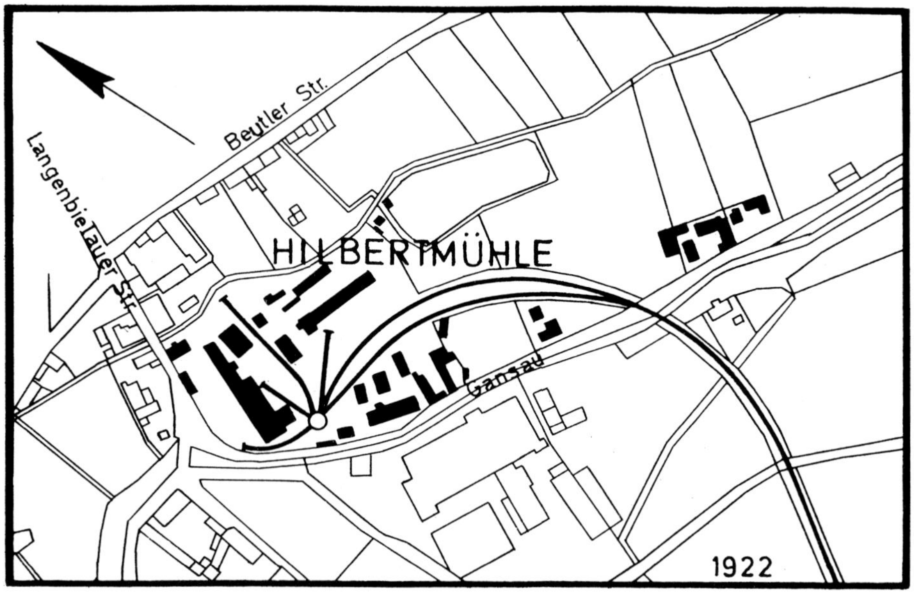

Planskizze der Lage der Hilbertmühle und der Bahnführung

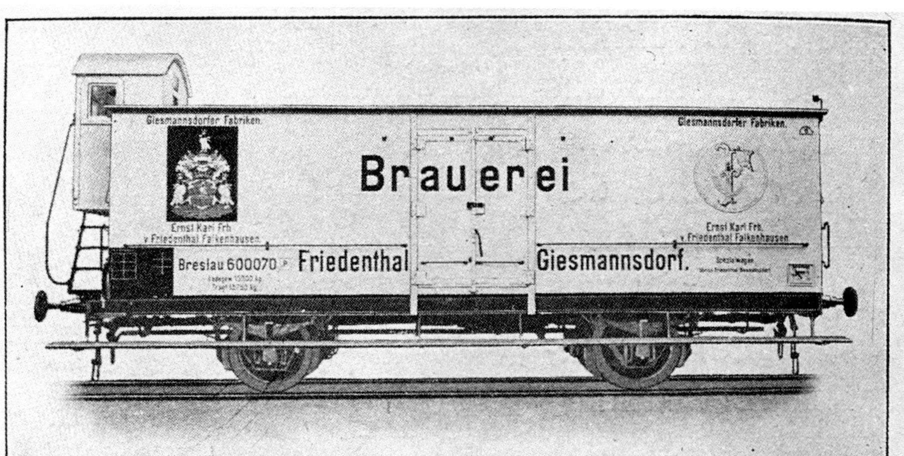

Abb. 5. Biertransportwagen.
Kastenlänge 8300 mm; Kastenbreite 2800 mm; Tragfähigkeit 15 750 kg; ausgerüstet mit Eiskästen und Preßkohlenheizung.

Bierwagen der Brauerei Friedenthal-Giesmanndorf (bei Neisse), gebaut von der Breslauer AG für Eisenbahnwaggonbau.

Bei Striegau gab es nahe der Strecke Striegau–Merzdorf bedeutende Granitsteinbrüche. Beide Fotos entstanden im Juli 1937. Die Werksbahn hatte Anschluß im Bahnhof Gräben.

Im Werksgelände von C. F. Lehmann am 6. Juli 1937. *Knipping*

Reges Leben herrschte um 1936 am Anschlußgleis der Dachziegelfabrik Sturm in Freiwaldau. Werkfoto Sturm

In Tschirne besaß dasselbe Unternehmen eine Feldbahn.

Der Feldbahnbetrieb in Tschirne

Die Zuckerfabrik Fraustadt soll als Beispiel für die vielen Werksbahnen bei Zuckerfabriken stehen. Die Aufnahme mit dem Güterwagen „Elsaß-Lothringen" dürfte um 1910 entstanden sein. Becker

Die elektrische Fahrleitung verdeutlicht, daß wir jetzt im Waldenburger Industriegebiet sind. Vor dem Schacht rangiert eine pr. T 9³, die bei der DR nicht mehr benötigt wurde. Um 1940. Reichsbahnkalender

Der Mölkeschacht wurde vom Bahnhof Ludwigsdorf mit einer Anschlußbahn erschlossen.

Schon die Vorgänger der bekannten Sandbahnlokomotiven der dreißiger Jahre waren kräftige Tenderloks. Die Gewerkschaft Altenberg-Gleiwitz besaß um 1922 diese 1Eh2 von Borsig.

Dieser sehr ähnlich war die 1Eh2 von Borsig der Bergwerksdirektion in Hindenburg.

Europas schwerste Tenderloks waren mit 23 t Achslast ab 1936 die Lok 8 und 9 der Bergwerksdirektion in Hindenburg. Die BMAG-Lok mit der Betriebsnummer 9 bei Anlieferung. Für die Schleppfahrt von Berlin hatte sie Schraubenkupplung und Puffer erhalten; die Treibstangen lagen auf den Wasserkästen. Pochadt

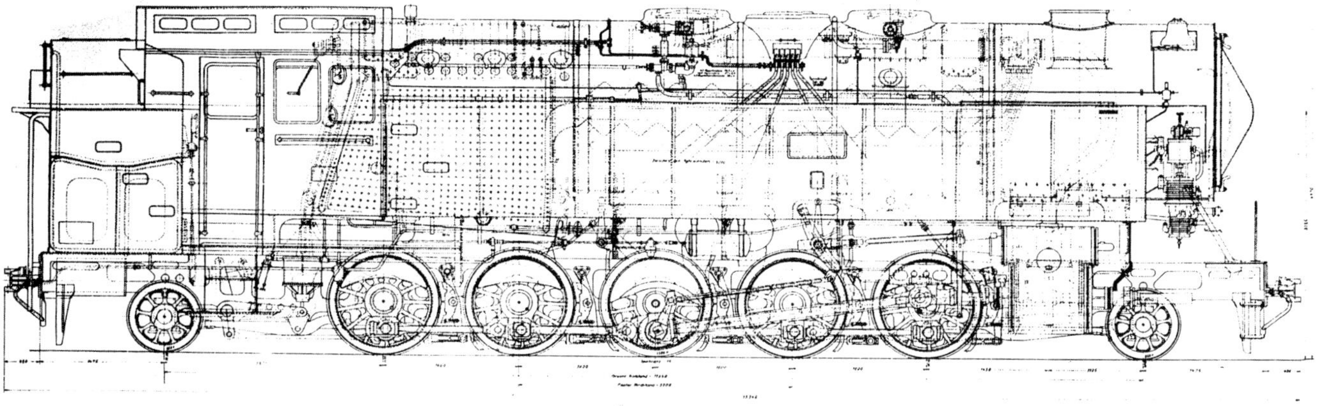

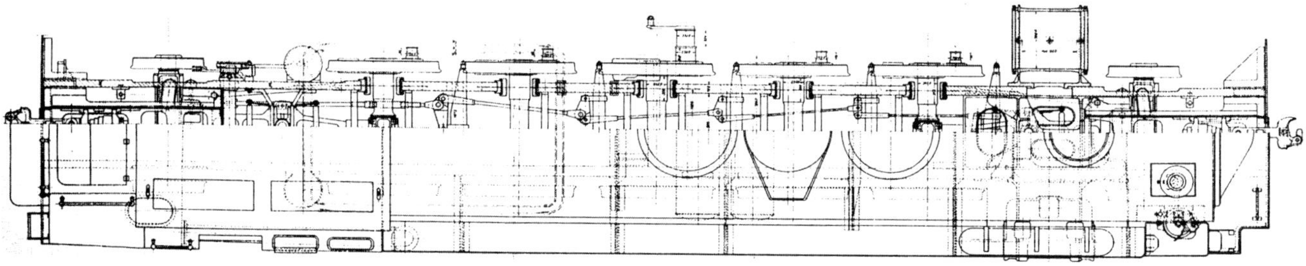

So sahen die Kraftprotze im Betrieb aus. *Verkehrsmuseum*

Schon umgerüstet (siehe Pufferbohle) war zur Einweihung die Lok 8, geliefert von Borsig.

Verladeanlage der Schaffgotschen Hohenzollerngrube in Beuthen.

Ladegleise vor der Königshütte.

Eine feuerlose Lok rangiert vor der Gleiwitzer Grube.

Gegenüber dem Bahnhof lag in Chorzow zur Jahrhundertwende der Bahnschacht.

Verladeanlage der Castellengogrube in Ruda.

Ein C-Kuppler rangiert beim Carmer-Schacht in Gieschewald. *Kalisch*

Wismarer Schienenbus der Lignose-Sprengstoffwerke in Kruppamühle. *Werkfoto Bohlmann*

Anläßlich der Jahrhundertfeier der Befreiungskriege drehte im Vergnügungspark diese Liliputbahn ihre Runden.

99 3311 war von Krauss, München, 1917 für die Heeresfeldbahn gebaut worden. Nach Einstellung der Muskauer Waldbahn wurde sie in die Schweiz verkauft, wo sie bei der Schinznacher Baumschulbahn im Einsatz ist. *Foto: Nagel*

99 3312 lautete die letzte Nummer einer der Lokomotiven der Muskauer Waldbahn. *Nagel*

Die Eisenbahnindustrie

Obwohl sich in Schlesien eine recht vielfältige Eisenbahnindustrie entwickelte, finden wir ihre herausragenden Vertreter nicht in den Industriegebieten, sondern eher in den Städten, die man nicht unbedingt als Industrieschwerpunkte ansprechen kann. Manche denken bei diesem Thema sogleich an den Breslauer August Borsig, doch der baute seine Lokomotiven in Berlin. Er legte allerdings in Oberschlesien die Basis zur Stahlerzeugung im Borsigwerk zwischen Gleiwitz und Beuthen. Wir können also davon ausgehen, daß die bei Borsig in Berlin gebauten Lokomotiven aus in Oberschlesien erzeugtem Stahl entstanden. Immerhin verhalf Borsig dem deutschen Lokomotivbau zu einem entscheidenden Einbruch in ein zuvor englisches Monopol dank seiner uns Schlesiern eigener Beharrlichkeit.
Ein echter Industriepionier war auch der am 19. Dezember 1772 in Baudis Kreis Neumarkt/Schlesien geborene Gottfried Linke. Er hatte das Stellmacherhandwerk erlernt. Dies befähigte ihn, 1839 einen Auftrag über einige 100 Schubkarren für die Erdbewegungsarbeiten an der Oberschlesischen Eisenbahn auszuführen. Linke hatte damals noch ein Darlehen seitens des Direktors der OSE nötig, um den gesamten Vorrat an Brettern bei den Breslauer Holzhändlern aufkaufen zu können. Es gelang ihm so, die Schubkarren pünktlich auszuliefern. Das beeindruckte den Direktor Lewald von der OSE, so daß bald ein Auftrag über 100 offene Eisenbahnwagen – damals noch Lowries genannt – folgte. Sie dürften dem Kohlentransport gedient haben. Bei der ersten Schlesischen Gewerbeausstellung 1852 stellte Linke in Breslau, wo sich sein Unternehmen angesiedelt hatte, einen „Fensterwagen" aus, mit dem er offensichtlich mit der Personenwagenfertigung beginnen wollte. 1861 beschäftigte sein Unternehmen bereits 446 Arbeiter. Als Linke am 28. Februar 1867 starb, übernahmen seine beiden Söhne das Werk und betrieben es bis 1871 als Familienbesitz weiter. Dann wurde das Unternehmen zwecks besserer Kapitalbasis in die neu gegründete Breslauer AG für Eisenbahnwagenbau überführt. Als man 1897 die Maschinen- und Lokomotivenfabrik G. H. von Ruffer übernahm, begann auch der Lokomotivenbau. Ruffer hatte schon seit 1860 in verhältnismäßig kleinem Rahmen 44 Lokomotiven gebaut, die ausschließlich an schlesische Bahngesellschaften gingen, die Nr. 1 als deren Nr. 125 an die OSE. Es war dies eine 1A1, der 1861 mit Fabrik-Nr. 3 die 140 der OSE folgte. Man sieht daraus, welch geringen Anteil die schlesische Lokindustrie anfangs am Gesamtbedarf hatte. Doch das sollte sich nach der Fusion mit Linke bald ändern. Bis 1930 – als die Weltwirtschaftskrise die Aufgabe des Lokbaus erzwang, wurden in Breslau immerhin 3 175 Lokomotiven gebaut. Gingen die beiden ersten Loks nach der Fusion – es waren pr. T 3 mit Kobelschornstein gegen Funkenflug und Heusinger-Steuerung – an die Breslauer Hafenbahn, so folgte als Käufer der nächsten die mecklenburgische Friedrich-Franz-Bahn. Bald zählten zu den Bestellern die Sächsische und die Preußische Staatsbahn, viele Privat- und Industriebahnen sowie die K. K. Heeresbahn. Nach 1920 gehörten zu den Kunden die PKP und die Rumänische Staatsbahn, aber auch nach Angola, Spanien, Rußland, Holland, ja sogar nach Brasilien gingen in Breslau gebaute Lokomotiven. Schon 1856 hatte Linke Konkurrenz erhalten, als die Waggonfabrik Gebr. Hofmann & Co. AG gegründet wurde. Doch 1912 ging auch dieses Unternehmen in der größeren Firma auf, deren Name jetzt Linke-Hofmann-Werke lautete.
Das Unternehmen vergrößerte sich laufend, es wurden 1913 6 425, 1917 gar rund 12 000 Mitarbeiter beschäftigt.
1922 fusionierte das Unternehmen mit der im Stahlbrükkenbau bekannten Lauchhammer AG zur Linke-Hofmann-Lauchhammer AG. Doch damit nicht genug: 1928 erfolgte der Zusammenschluß mit Busch, Bautzen, und der Sächsischen Waggonfabrik Werdau zur Linke-Hofmann-Busch AG (LHB) mit Sitz in Breslau. Damit hatte sich der größte Waggonbaukonzern Deutschlands gebildet, der jeden vierten DR-Waggon und 25 % des gesamten Exports an Waggons lieferte.

Seither wurden auch verstärkt Triebwagen gebaut, deren erste bereits 1914 (die späteren ET 87) das Werk verließen. Prominentester Vertreter dieses Bereichs war wohl der „Fliegende Schlesier", ein Schnelltriebwagen des Typs Leipzig. LHB konnte sich nach 1945 in Salzgitter-Watenstedt neu einrichten und ist heute ein bundeseigenes Unternehmen, das weiter großen Anteil am Waggon- und Triebwagenbau hat. Auf dem Breslauer Betriebsgelände hat sich eine polnische Waggonfabrik niedergelassen.
So intensiv und erfolgreich die Breslauer Waggonbauer auch arbeiteten – mit einer Konkurrenz mußten sie stets rechnen: ihren Kollegen in Görlitz. Dort hatte sich bereits 1851 die AG für Fabrikation von Eisenbahn-Material gebildet – später Waggon- und Maschinenbau AG – kurz WUMAG genannt. Zunächst galt ihre Aufmerksamkeit der Ausrüstung von Kleinbahnen. Um 1893 entwickelte man speziell für diesen Typ Eisenbahn – meist kurze, leichte Züge auf nur geringen Neigungen – die Görlitzer Gewichtsbremse, die vom Zugführer zu betätigen war. Mit ihr ausgerüstete, in Görlitz gebaute Kleinbahnwagen liefen zuerst bei der Bromberger Kreisbahn und fanden dann Verbreitung bei vielen Kleinbahnen, bei denen Lenz & Co. die Fahrzeuge beschaffte.
In diesem Jahrhundert war es das Görlitzer Drehgestell, das mit dem modernen Wagenpark der DR erst das Schnellfahren ermöglichte. So lieferte die WUMAG in den dreißiger Jahren einen Großteil der modernen Schnell- und Eilzugwagen. Darüber hinaus widmete sie sich intensiv dem Triebwagenbau. Als erstes entstand 1925 ein zweiachsiger, benzolmechanischer Triebwagen für 68 Personen, der sich gut bewährte und zu einem Auftrag von sechs vierachsigen VT führte, der ab 1926 ausgeführt wurde. Sie wurden 1927 an die DR ausgeliefert, die vier von ihnen bald beim Bw Breslau Hbf einsetzte. In der Zeit werden auch zutage tretende Kinderkrankheiten weitgehend behoben. Aber auch in Königsberg, Trier und Oldenburg werden die WUMAG-VT getestet, ehe 1930 alle sechs beim Bw Nürnberg Hbf zusammengezogen werden, wo sie bis 1952 verblie-

ben. Vier werden noch an Privatbahnen verkauft, bei denen einer der Veteranen überlebte. Die Buxtehude-Harsefelder Eisenbahn und ihre Freunde halten ihn liebevoll im DR-Anstrich der dreißiger Jahre für Sonderfahrten bereit.

Zur gleichen Zeit entstanden in Görlitz die „Rübezahl"-Triebwagen für die Schreiberhauer Strecke. Der repräsentativste Triebwagen war aber wohl der „Fliegende Hamburger", mit dem die Reichsbahn die Epoche ihres Schnellverkehrs begann. Es folgten – weniger spektakulär – Triebwagen für Kleinbahnen und die DR, aber auch der Bau von Straßenkippern für den Waggontransport.

Nach 1945 wurde die WUMAG zum VEB Waggonbau. Jetzt baute sie jahrelang in großen Serien Doppelstockwagen für die DR, die CSD und PKP, die vorwiegend dem Berufsverkehr dienen.

Die Görlitzer Waggonbauer hatten ab 1898 in Neuhof bei Niesky Konkurrenz in der Christoph & Unmack AG erhalten.

In Niesky wurden Selbstentladewagen, gedeckte Güterwagen, U-Bahn-Wagen für Berlin, Schnellzugwagen – auch für die Rumänische Staatsbahn und Feldbahnlokomotiven gebaut.

In der Weinstadt Grünberg gab's ab 1876 die Firma Beuchelt & Co., die Brücken baute, darunter 30 Oderbrücken, unter denen man wiederum auf die Kaiserbrücke in Breslau besonders stolz war. Seit 1886 baute das Unternehmen auch Waggons, vielfach für Kleinbahnen. In den zwanziger Jahren versuchte man sich auch mit dem Triebwagenbau, konnte auf diesem Gebiet mit den Großen auf die Dauer nicht mithalten. Die Königshütter Waggonfabrik baute speziell Kohlenwagen aus Preßblech.

Auf Feldbahnlokomotiven hatte sich ab 1898 die Feldbahn-Industrie Schmoschewer & Co. in Breslau-Schmiedefeld spezialisiert, von der wir leider keine komplette Lieferliste besitzen. Bis 1944 lieferte das Unternehmen immerhin 1 094 Lokomotiven, die meisten in 600-mm-Spur. Zu den Abnehmern zählten die K. K. Heeresbahn, die Rumänische Staatsbahn, viele Werksbahnen, auch in Frankreich und Polen. Eine Normalspurlok kam mit Fabrik-Nr. 684 zu den Aschaffenburger Zellstoffwerken, von wo sie auf einen Spielplatz gelangte.

Die Oberschlesische Eisenbahn-Bedarfs-AG stellte ab 1871 in Friedenshütte und Gleiwitz Schienen, Radsätze und andere Gußteile her. In der Marienhütte bei Kotzenau wurden komplette Wasserversorgungsanlagen, Bahnsteigdächer, Lampen und Drehscheiben gefertigt. Das schon 1827 gegründete Krause-Werk in Neusalz war ab 1865 Zulieferer der Bahn. Auch hier wurden Einrichtungen für Wasserstationen gefertigt. Sofern noch nicht abgebaut – grüßte noch in letzter Zeit die Schrift Krause-Werk Neusalz/Oder von den Auslegern der Wasserkräne in den Bahnhöfen – zur Dampflokzeit waren die Krause-Wasserkräne weit verbreitet. Aber auch Signaltafeln fertigte man in Neusalz.

Die 1te Lokomotive der Linke-Hofmann-Werke,
1-A-1 Schnellzug-Lokomotive der Oberschlesischen Eisenbahngesellschaft
(im Jahre 1861 erbaut).

2-B. Personenzug-Verbund-Lokomotive d. Kgl. Sächs. Staats-Eisenbahn. VIII V 2.
Erbaut v. d. Breslauer Maschinenbau-Anstalt 1901. Geschwindigkeit 75 km

Nur wenige Beispiele müssen für den schlesischen Fahrzeugbau genügen.
Baselt

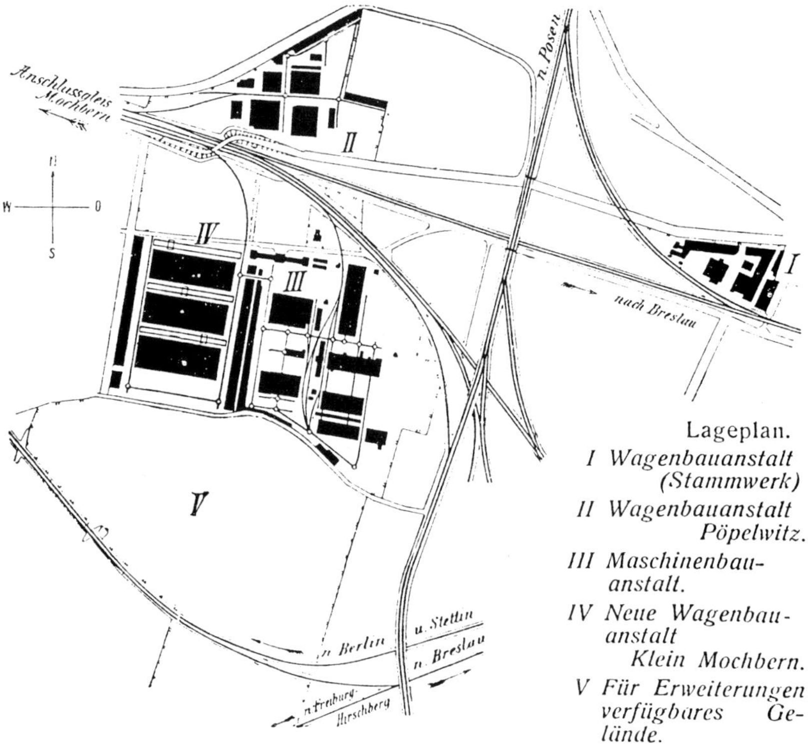

Die pr. S6 – verbreitete Vorgängerin der S 10. *Baselt*

Aus dem Jubiläumskatalog „50 Jahre Linke-Hofmann" stammen diese Abbildungen. Preußische S 10.

Preußische G 8^1 für die Schwedische Staatsbahn.

Abstellgleise der Lokomotivfertigung

SCHMALSPURIGE WALDBAHNLOKOMOTIVE VON 600 mm SPURWEITE

SCHMALSPURIGE ABRAUMLOKOMOTIVE BESONDERER BAUART

Abraumlokomotive auf der Schiebebühne.

Baulokomotive mit 160 PS für 900-mm-Spur

Breslauer Actien-Gesellschaft für Eisenbahn-Wagenbau und Maschinen-Bau-Anstalt Breslau.

Kaiserlich Deutscher Hofzug.

Sechsachsiger Salonwagen Seiner Majestät des Kaisers.

In Breslau entstand auch der Hofzug für Kaiser Wilhelm II.

Im Frühjahr 1914 verläßt der ET 835 – einer der ET für die Strecke Nieder Salzbrunn–Halbstadt – gezogen von der werkseigenen Akkulok das Linke-Hofmann-Werk in Breslau-Mochbern. Becker

Diesellokomotive der Linke-Hofmann-Werke (28. März 1923)

Am 28. März 1923 wurde erstmals diese 120-PS-Rangierlok mit Diesel-Lentz-Antrieb zwischen Breslau und Obernigk erprobt. Gruppenfoto der Fachleute im Bahnhof Obernigk. *Werkfoto Linke-Hofmann*

Die 3000. Linke-Hofmann-Lok wurde am 22. Februar 1926 zur Ablieferung an die Brasilianische Zentralbahn bereitgestellt. Das Schmuckstück für 1000-mm-Spur hatte kirschrote Räder, blankes Kesselblech und Zierringe aus Messing. *Hintermeier*

Die WUMAG baute ihre ersten Benzoltriebwagen 1926 für die Reichsbahn. Sie wurden zwar in Schlesien nicht lange planmäßig eingesetzt, aber erprobt. Bei solcher Gelegenheit entstand das Werkfoto auf dem Neißeviadukt in Görlitz.

Selbst der berühmte „Fliegende Hamburger“ war ein Kind Schlesiens. Er wurde 1932 bei der WUMAG in Görlitz gebaut. Baselt

Feldbahn- und Lokomotivfabrik Smoschewer & Co.

Breslau.

Die Firma besitzt in dem Breslauer Vorort Schmiedefeld ausgedehnte Fabrikanlagen, in denen rollendes Material aller Art hergestellt wird.

Die eine Abteilung befaßt sich mit der Fabrikation von

Feldbahnmaterial aller Art,

wie Drehscheiben, Weichen, Kippwagen, Kastenkippern und transportablen Gleisen, sowie allen sonstigen Materialien, welche für die Beförderung von Massengütern, Rohstoffen usw. erforderlich sind.

Geliefert werden ferner:

Kleinbahnwaggons, Güterwagen, Hauptbahnweichen, Prellböcke usw.

Als Spezialität wird der Bau, die Projektierung und die Lieferung von

Anschlußgleisen, Nebengleisen, Kleinbahnen

betrieben. — Ein besonderes technisches Büro führt die landmesserischen Arbeiten zur Projektaufnahme aus, so daß der Auftraggeber von der Tracierung bis zur Uebernahme des fertiggebauten Gleißanschlußes alles durch die Firma erhalten kann.

Eine zweite Abteilung befaßt sich mit der Anlage von

Rangier-Anlagen (Spills).

Diese Vorrichtung ist von der Firma in idealster Weise vervollkommt worden, so daß damit ein absolut sicheres, von jeder Witterung unabhängiges Rangieren von Eisenbahnwaggons bewirkt werden kann. In der Hauptsache werden die Rangieranlagen für normalspurige Anschlußgleise verwandt, vielfach aber auch auf Bahnhöfen, bei Werkstättenämtern usw.

Die dritte Abteilung besteht aus der sehr umfangreichen, mit den modernsten Maschinen ausgerüsteten Lokomotivfabrik. Hier werden

Lokomotiven aller Art

von Grund aus gebaut.

In den dreißiger Jahren war die Wumag auch an der Entwicklung des Culemeyer Straßenrollers beteiligt. Hier stellt sie eine Variante mit Kippvorrichtung vor.

Bestens gepflegt rollt 64 1317 dem nächsten Einsatz entgegen.

Ein edler Renner im Görlitzer Hbf am 7. April 1975. *Foto: Schneeberger*

MCi-Behelfspersonenwagen aus dem Zweiten Weltkrieg – und eine ELNA-Lok, BR 92 2902, liefen noch lange auf der Görlitzer Kreisbahn. Im Sommer 1960 im Bahnhof Königshain-Hochstein. *Sammlung: Przystolik*

Schlesien westlich der Görlitzer Neisse blieb nach 1945 im Bereich der Deutschen Reichsbahn, die diesen Bereich ihrer neu gegründeten RBD Cottbus zur Verwaltung übertrug. Über die Entwicklung des Verkehrs gilt das in den Kapiteln über die Bw und die PKP Gesagte. Während die Verbindungen über die Neisse bis auf ein Minimum reduziert wurden – zwischen Kohlfurt und Horka gibt es nur Güterverkehr – mußte nordöstlich Hoyerswerda eine Strecke neu gebaut werden. Dort fand man bei Schwarze Pumpe erhebliche Braunkohlevorkommen. Deshalb baute man vom Bahnhof Knappenrode (vorher Werminghoff) der Strecke Kohlfurt–Wittenberg eine 18,2 km lange Stichbahn über Spreewitz nach Schwarze Pumpe. Dort lief im Sommer 1957 sogar ein wöchentliches Personenzugpaar von und nach Dessau. Montag Vormittag wurden die Arbeiter gebracht, am Freitag durften sie wieder nach Hause. Ansonst diente die Strecke der Kohlenabfuhr. 1949 übernahm die DR im Rahmen der Verstaatlichung die beiden Kleinbahnen.

Immerhin gab es im Sommer 1962 schon moderne Wagen für die einstige Kreisbahnstrecke. *Foto: Griebl*

Polnische Staatsbahn (PKP)

Über die Hemmsteinbrücke der Weistritztalbahn bringt die Ol 49-100 im Juni 1968 ihren Personenzug bergwärts. *Foto: Bufe.*

Einer der Beschlüsse auf den Konferenzen von Jalta und Potsdam schuf die Lausitzer Neiße und die Oder als Demarkationslinie, woraus sich im Laufe der Zeit die Oder-Neiße-Linie entwickelt hat. Das östlich davon gelegene Land kam daraufhin unter polnische Verwaltung. Das bedeutete Vertreibung für Millionen Deutsche aus Schlesien, Pommern und Ostpreußen, natürlich auch aus den Gebieten der ehemaligen Provinzen Posen und Westpreußen, erst recht aus Ost-Oberschlesien. In die Dörfer und Städte wurden nunmehr im wesentlichen die Bewohner Ostpolens angesiedelt, denen ebenfalls die Heimat infolge Annektion dieses Gebietes durch die Sowjetunion genommen wurde.
Naturbedingt brachte die hermetisch abgeriegelte Grenze im Westen Schlesiens mit der neuen Bevölkerung eine völlige Umorientierung. Nicht mehr nach Berlin oder Dresden weisen die Bindungen. Die polnische Hauptstadt ist Warschau, von dort gehen die Impulse aus, dort liegt die Metropole, dorthin schaut man, dorthin reist man. Schlesien liegt nun im südwestlichen Randgebiet, und da auch innerhalb des Ostblocks die „Friedensgrenzen" so gut wie unüberwindbare Barrieren gegenüber den Nachbarn darstellen, hat Schlesien die Stellung eines ausgesprochenen Randgebietes eingenommen.
Aber nicht nur in dieser Veränderung lagen die Aufgaben, mit denen sich die PKP befassen mußte, als es um die Ordnung des Bahnverkehrs nach 1945 ging. Zunächst betrachtete die sowjetische Besatzungsmacht Schlesien als erobertes Feindesland. Und sie verhielt sich danach. Für die Eisenbahn bedeutete das: Demontage. Diese Demontagen wurden übrigens in den siebziger Jahren angezweifelt. Schließlich standen ja hier und da noch Fahrleitungsmaste, gleich, ob aus Beton oder Stahl. Erhebungen ergaben aber das Folgende: Die Hauptbahnen wurden ihres zweiten Gleises entledigt. Es wurden bei den elektrifizierten Strecken zunächst die Fahrleitungen und die Isolatoren demontiert. Am 23. Juni 1945 hatte es zwischen Dittersbach und Königszelt noch elektrischen Zugverkehr gegeben. Dann war dies nicht mehr möglich, weil von Breslau her die Demontagetrupps Königszelt erreicht hatten. Es wurden auch die Fernleitungen demontiert und Stellwerkseinrichtungen und Schaltanlagen ausgebaut und alles in „auffallend nervöser Eile" abtransportiert, was dazu führte, daß Fahrleitungsmaste aus Stahl nicht abgeschraubt, sondern mit Schneidbrennern abgeschnitten wurden. Als man sich des Unsinns dieser Maßnahmen bewußt war, ließ man bereits abgeschnittene Maste liegen und beendete das Abtrennen weiterer.
Selbst die Konsolen für die Beleuchtung an den Ecken des Empfangsgebäudes in Königszelt waren am 24. Juli 1945 entfernt. Ausgeräumt wurden u. a. das Kraftwerk Mittelsteine und das AW Schweidnitz sowie die Unterwerke für den elektrischen Betrieb. Zurück blieben nur die leeren Hallen. Mit den elektrischen Triebfahrzeugen hatten die Russen zunächst wenig im Sinn. Sie wurden in Lokzügen zusammengestellt und über Königszelt–Liegnitz–Kohlfurt zum mitteldeutschen Netz gebracht. Was dabei Schwierigkeiten machte, blieb stehen. So wurde im September 1945 ein in Liegnitz abgestellter ET 31 in recht desolatem Zustand beobachtet. 1946 besann man sich eines anderen und demontierte auch die Einrichtungen für den elektrischen Betrieb des mitteldeutschen Netzes, wobei man jetzt alle Triebfahrzeuge – von nicht lauffähigen Ausnahmen abgesehen – in die Sowjetunion brachte.
Mit diesen nachträglichen Zerstörungen mußten sich die polnischen Eisenbahner abfinden, als sie sich um die Wiederaufnahme des Betriebes auf den Strecken Schlesiens zu kümmern hatten. Bei allen Aufbauarbeiten war bereits erkennbar, daß die Verkehrswege in Richtung Warschau den eindeutigen Vorzug genossen. Das zeigte sich besonders an der provisorischen Instandsetzung von Brücken und an dem Zusammenzug von Betriebsmitteln. Dabei wurde kein Unterschied zwischen ehemals privaten und Staatsbahnlinien gemacht, denn alle Eisenbahnen Schlesiens wurden der polnischen Staatsbahn unterstellt.
Natürlich zwang die neue Situation auch zu Experimenten. So wurde u. a. eine Schlafwagenverbindung zwischen Warschau und Bad Kudowa eingerichtet, die im Sommer 1959 über Ostrowo–Kreuzburg–Oppeln–Neisse, also teilweise auf eingleisigen Strecken, verkehrte. Zwischen Kreuzburg und Neisse war man für 97 km immerhin zwei Stunden unterwegs, wobei in Oppeln Hbf acht Minuten Aufenthalt war. Schon 1960 war diese Verbindung über das Industriegebiet geführt worden, wo man ein größeres Fahrgastaufkommen erwarten konnte. Damals gab es übrigens Überlegungen, die Strecke Oppeln–Kreuzburg zweigleisig auszubauen, was bis heute unterblieb. Auf die fünfziger Jahre geht die Einrichtung des CSD-Durchgangverkehrs zwischen Jägerndorf und Hannsdorf über Ziegenhals zurück.
Der folgende Abschnitt schildert die Situation anhand von Beobachtungen und Fahrplänen im Sommer 1969, als auch bei der PKP ein, gegenüber heute, ungleich bunteres Bild bei den Zugverbindungen herrschte und manche inzwischen stillgelegte Bahn noch betrieben wurde.
Entsprechend der neuen Orientierung gewannen manche Strecken an Bedeutung, andere verloren. Generell kann gesagt werden, daß die Strecken westlich von Breslau – verglichen mit früheren Zeiten – weniger befahren werden.
Dagegen kann auf den nach Osten führenden Hauptbahnen teilweise eine beachtliche Zunahme des Verkehrs beobachtet werden. Diesen aufgewerteten Strekken stehen viele Bahnlinien gegenüber, auf denen heute kaum noch etwas an die frühere Lebhaftigkeit erinnert. Über die Görlitzer Neiße-Brücke fahren jetzt in der Hauptreisezeit (wieder) vier Zugpaare, und neben den drei Zugpaaren, die bei Mittelwalde die Grenze nach der Tschechoslowakei überqueren (davon ist nur der „Bohemia" ein Durchgangszug), ist dies schon der ganze grenzüberschreitende Verkehr, der in bzw. über Schlesien stattfindet; andere Grenzübergänge dienen höchstens dem Güterverkehr. Die alte „Rennstrecke" zwischen Sagan und Liegnitz sieht heute lediglich fünf Personenzugpaare.
Zu einer ungeahnten Bedeutung brachte es eine der kürzeren früheren Privatbahnen, nämlich die Linie Nikolausdorf–Schönberg. Bei der Planung der Bahnlinie Görlitz–Zittau vor rund 100 Jahren brauchte man sich nur nach den geografischen bzw. topografischen Verhältnissen zu richten und von den wirtschaftlichen Gesichtspunkten leiten zu lassen. Niemand wäre auf die

Idee gekommen, daß dieses Land dereinst zerrissen werden würde. So ergab sich, daß die Trasse Görlitz–Zittau, welche bald diesseits bald jenseits der Neiße verlief, wie es sich aus dem Gelände ergab, zweimal durch die Grenzziehung an den Neißebrücken unterbrochen wurde, als man im fernen Jalta Beschlüsse faßte. Auf östlicher Seite blieben die Stationen Ostritz, Marienthal und Rohnau. Damit waren den Einwohnern des kleinen westlich der Neiße liegenden Städtchens Ostritz mit ihrem jenseits liegenden Bahnhof die Trauben plötzlich arg hoch gehängt!
Andererseits mußten die Polen feststellen, daß sie in diesem Raum drei zusammenhanglose Stückchen Bahnlinie erhalten hatten, deren Anfangs- und Endpunkte jeweils im „Ausland" lagen. Außer dem schon erwähnten Abschnitt an der Neiße entlang, lag nämlich die in Hagenwerder von dieser Strecke abzweigende Bahn Görlitz–Seidenberg–Reichenberg ebenfalls mit 7 km Länge und dem Bahnhof Seidenberg in ihrem Bereich. Der Grenzwinkel bei Reichenau wiederum war vorher von der Schmalspurbahn Zittau–Hermsdorf–Friedland (Isergebirge) erschlossen worden. Um diesen Landstrich, der vor 1945 zu Sachsen gehörte und u. a. durch eine große Braunkohlengrube bei Hirschfelde gesegnet ist, an das Hinterland anzuschließen, mußte man sich an einen beachtlichen Neubau begeben. Dabei kam die einstmalige Privatbahn Nikolausdorf–Schönberg zu Ehren, und zwar durch eine Verlängerung nach Südwesten. An Seidenberg nördlich vorbeiführend wird bei Ostritz der Anschluß erreicht. Bei Seidenberg besteht übrigens ein Abzweig zur früheren Strecke, so daß manche Züge dessen Bahnhof anlaufen können. Der Rest der alten Linie wurde abgebaut. Ab Ostritz benutzen die Züge nun die Strecke Görlitz–Zittau bis Rohnau, von wo sie auf die neue Trasse übergehen und die Orte Seitendorf und Türchau bedienen, um im Bahnhof Reichenau zu enden. Technisch ist es durch Verbindungsgleise bei Nikolausdorf und Görlitz-Moys möglich, die Strecke von Kohlfurt her ohne „Kopfmachen" der Züge zu befahren. Eine im Ostblock fast einmalige Sondervereinbarung erlaubt es den Zügen der Reichsbahn, die Strecke entlang der Neiße ebenfalls zu befahren, wobei in Ostritz sogar gehalten wird, allerdings ausschließlich für die Bewohner des westlich der Neiße gelegenen Ortes. Und, um die Kuriosa dieser Gegend möglichst vollständig zu berichten: Es läuft nun über die Kleinbahn auch ein Schlafwagen von Warschau nach Reichenau!
Kurswagen bzw. ganze Züge ab Warschau nach Zielbahnhöfen in Schlesien gibt es übrigens eine ganze Reihe. Besonders stark ist der Direktverkehr ins oberschlesische Industrierevier, doch auch Hirschberg, Bad Kudowa, Seitenberg, Lauban, Oberschreiberhau, Glatz, Grünberg, Sagan, sind Zielorte von Zügen aus Warschau.
Daß es auch direkte Züge zwischen Warschau und Breslau gibt, braucht wohl nicht besonders erwähnt zu werden. Andererseits laufen auch von Lublin und Gdingen über Breslau Züge zu den Erholungsorten in den schlesischen Bergen. Bemerkenswert sind auch Zugläufe Pzemysl–Krakau–Breslau–Stettin oder Swinemünde–Breslau–Prag, ferner Brest–Liegnitz, Kolberg–Breslau, Zakopane–Breslau–Posen, Bialystok–Breslau.
Nachdem die Mehrzahl dieser Züge ihre Ausgangspunkte in den Abendstunden verlassen, kommt es in Breslau zu einer ungewöhnlichen Ballung des Fernverkehrs während der Nacht. Zwischen den Zeiten des Berufsverkehrs, der sich in den Nachmittagsstunden abwickelt, herrscht hier bis zum Eintreffen der Fernverkehrszüge eine anormale Ruhe. So fahren zwischen 9.00 und 13.00 Uhr pro Stunde nur zwei oder drei Züge ab, wobei zwischen 10.33 und 11.38 Uhr überhaupt absolute Stille ist. Eine fast so lange Pause dehnt sich von 18.34 bis 19.30 Uhr über die Gleise des Breslauer Hauptbahnhofs. Dann aber beginnt der Fernverkehr, der sich bis ca. 5.00 Uhr morgens abwickelt. Ihm folgt dann der Berufsverkehr bzw. der Verkehr für die kürzeren Anschlüsse. Zwischen 7.00 und 7.45 Uhr fährt kein Zug ab, dafür kommen die Arbeiterzüge aus allen Richtungen in die Bahnhofshalle.
Interessant ist es auch, die Züge hinsichtlich des rollenden Materials zu untersuchen. Gerade im Berufsverkehr werden die Doppelstockwagen eingesetzt, die in Mitteldeutschland zugunsten der Transportkapazität und zu Lasten des Reisekomforts entwickelt wurden. Wo sie nicht ausreichen, werden sie vielfach durch alte preußische Abteilwagen verstärkt, so daß die Züge des Berufsverkehrs von ihrer Zusammenstellung her ein zwar interessantes, aber nicht ansprechendes Bild ergeben. Da machen sich schon „rassereine" preußische Züge mit der alten P 8 oder auch Personenzüge mit der alten preußischen Güterzuglok G 8 besser.
Der Hauptbahnhof Breslau hat sein äußeres Bild nicht wesentlich verändert. Im Inneren fallen allerdings die Fahrleitungen auf, die für den elektrischen Betrieb mit Gleichstrom 3 000 V installiert wurden. Man fährt seit 1964 elektrisch nach Oberschlesien, wie auch seit 1957 Kattowitz von Warschau aus mit elektrischer Traktion erreichbar ist.
Bei der Elektrifizierung hat man sich in erster Linie von der Wichtigkeit (Belegung) der Strecke und in zweiter Linie von den technischen Erfordernissen leiten lassen. Deshalb ist auch die Strecke in die schlesischen Berge erst bis Hirschberg (wieder) elektrifiziert. Der Freiburger Bahnhof ist dabei fast in einen Dornröschenschlaf verfallen, denn bis auf zwei Züge fahren jetzt alle Kurse in die schlesischen Berge vom Hauptbahnhof ab. Mag der Weg auch ganz geringfügig länger sein, so kann dieser Umstand nicht merklich ins Gewicht fallen. Während man 1939 in einem mit der E 18 bespannten Schnellzug von Breslau nach Hirschberg in 114 Minuten fuhr – bei sechs Halten, wovon allein 6 Minuten auf den Halt in Waldenburg-Dittersbach entfielen – braucht heute der schnellste Zug bei nur zwei Aufenthalten immerhin 132 Minuten.
Das mag einen Schluß auf den Oberbau zulassen, der ja die Geschwindigkeit begrenzt, wenn er nicht in einwandfreiem Zustand ist. Ein in dieser Hinsicht aufschlußreiches Bild ergibt sich auch, wenn man die Fahrtzeiten von früher und heute auf den Hauptstrecken längs der Oder vergleicht. Nachdem in die Elektrifizierung zwischen Gleiwitz und Oppeln auch die Strecke über Groß-Strehlitz einbezogen wurde, die kürzer ist als die über Heydebreck, fährt der schnellste Zug, der „Slacak" (Schlesier) von Kattowitz über Groß-Strehlitz nach Breslau in einer Stunde und 50 Minuten, während der „Fliegende Schlesier", ein Dieseltriebzug, die län-

gere Strecke über Heydebreck trotz eines zusätzlichen Aufenthaltes in nur einer Stunde und 23 Minuten bewältigte. Ganz allgemein kann man zu der Feststellung kommen, daß heute auf den Hauptstrecken langsamer gefahren wird als im Sommer 1939. So brauchte damals der Schnellzug Breslau–Warschau für den Abschnitt Breslau Hbf–Oels bei einem Halt in Breslau-Odertor 29 Minuten. Heute fährt der schnellste Zug ohne Aufenthalt 33 Minuten. Und die Distanz Breslau–Liegnitz war seinerzeit die Angelegenheit von 39 Minuten, jetzt ist man mit 58 Minuten fast eine Stunde unterwegs.

Wie schon erwähnt, endet heute der elektrische Fahrdraht in Hirschberg. Hinauf in die Berge Rübezahls und weiter in Richtung Görlitz geht es mit Dampfloks. Neben Tenderloks aus dem Neubauprogramm der PKP haben hier die alten Reichsbahnlokomotiven der Baureihen 41 und 52 ein neues Betätigungsfeld gefunden. Welche Triebfahrzeuge begegnen uns auf den schlesischen Strecken überhaupt? Zunächst wird auffallen, daß der Anteil an deutschen Lokomotiven relativ gering ist. Ohne daß uns darüber genaue Zahlen vorliegen, dürfte der Anteil schätzungsweise im Höchstfall ein Drittel betragen. Alte Vertraute sind vor allem die Maschinen der Baureihen 38^{10} (P 8), 78, 55^{25} und 57 der preußischen Staatsbahn. Als Einheitslokomotiven der ehemaligen Deutschen Reichsbahn finden wir meistens die Baureihen 03, 44, 50, 52, 64 und 86 vertreten. Die Lokomotiven sind durchwegs ausgezeichnet gepflegt und in erfreulich gutem Zustand, was darauf schließen läßt, daß mit ihrer Ausmusterung nicht so bald zu rechnen ist.

Womit werden sonst die Züge gefahren? Meist sind es polnische Neubauloks, während die Dampflokomotiven aus der Vorkriegsproduktion, wie z. B. die Ty 23, selten anzutreffen sind. Bestenfalls kann man sie in untergeordneten Diensten finden, wozu auch noch die erste Lok der PKP, seinerzeit aus den USA geliefert, die Reihe Tr 20, gut genug ist. Die Neubauloks sind durchweg sehr formschöne Maschinen, die dem Dampflokfreund durchaus als Augenweide dienen können. Die bei einigen Typen hoch neben dem Schornstein angebrachten Windleitbleche verleihen ihnen ein uns ungewohntes, aber rassiges Aussehen.

Ein Dorado für den Eisenbahnfreund, der ja mit seinem Herzen doch an den „heißen Öfen“ hängt, ist die den alten Breslauern allbekannte Strecke über Zobten nach Bad Charlottenbrunn. Nicht nur, daß man hier die ästhetisch-schönsten Exemplare der polnischen Lokomotivwerke findet, wie die Ol 49, die auch kräftemäßig den Anforderungen dieser Strecke gewachsen ist, sondern auch in bezug auf die Reisezugwagen wird dem Beschauer einiges geboten.

Die Strecke wird heute seltener bedient als früher. Es gibt hier einen Zug, den es zu Zeiten der Deutschen Reichsbahn nie gegeben hat: Breslau–Rößlingen–Schweidnitz-Niederstadt–Bad Charlottenbrunn–Glatz–Mittelwalde. Sicher wird auch heute niemand die ganze Strecke hintereinander befahren, weil die Linie über Kamenz natürlich viel kürzer ist. Doch bedeutet dieser Zuglauf für die Orte um Neurode und Mittelsteine eine früher nie gekannte Direktverbindung mit Breslau, und wenn der Zug nicht besetzt wäre, würde man sich zumindest einige Wagen sparen.

Triebzüge besorgen in vielen Relationen den Personenverkehr. Und daß sie trotz Halt an jeder Station eine gute Durchschnittsgeschwindigkeit erzielen, läßt auf ein hohes Beschleunigungsvermögen schließen. Auf der Rennbahn Breslau–Brieg–Oberschlesien sind sie den dort früher verkehrenden Dampfzügen deutlich überlegen. Einige Triebwagen zeigen über dem Führerstand auf dem Brose-Band den Zielbahnhof an. Die vierachsigen Triebwagen sind durchaus in der Lage, bis zu drei vierachsige Umbauwagen mitzunehmen, was natürlich eine erstrebenswerte Anpassungsfähigkeit an die Verkehrsbedürfnisse darstellt.

Die Verdieselung macht langsame Fortschritte. Entsprechend den Plänen über die Koordinierung der Wirtschaft in den Ostblockländern erhält die PKP aus Rumänien kräftige Dieselloks für den Streckendienst. Diese sind nicht nur leistungsfähig, sondern auch noch formschön. Diesellokomotiven geringerer Leistung, auch für die Schmalspurstrecken, stammen aus polnischer Produktion, die 1957 den Bau von Dampflokomotiven eingestellt hat.

Beachtenswert sind die Fortschritte auf dem Gebiet der Elektrifizierung des Bahnverkehrs. 1956 standen die ersten Elloks aus einheimischer Produktion zur Verfügung. Sie kamen aus den Werken in Breslau, die früher unter dem Namen Linke-Hofmann ganz Europa belieferten und nun unter „PAFAWAG“ firmieren. In Form und Farbe müssen die Maschinen als vorbildlich gelten, doch können sie auch unter den Gesichtspunkten von 1956 mit ihren 2 700 PS (bei einem Eigengewicht von 120 t und einem Achsstand CoCo) in ihrer Leistung nicht als überragend bezeichnet werden. Inzwischen haben die Breslauer Fahrzeugwerke seit 1964 auch eine Reihe von Universal-Elloks verlassen, die in englischer Lizenz gebaut werden, wie auch die hauptsächlich für den Nahverkehr benötigten Elektro-Triebzüge ihre Geburtsstätte an der Oder haben. Daneben produzieren aber auch andere Werke, z. B. in Posen, Triebfahrzeuge, die jetzt auf schlesischen Strecken zu finden sind.

Unter dem gesamten Bereich der Polnischen Staatsbahn gibt es eigentlich nur zwei Zentren. Um Warschau herum wickelt sich – besonders zu Zeiten des Berufsverkehrs – ein reger Betrieb mit Personenzügen ab. Innerhalb der Eisenbahndirektion Warschau fallen ca. 25 % des gesamten Personenverkehrs der PKP an. Eigentlicher Schwerpunkt, und zwar nicht nur für Reisezüge, sondern vor allem für den Gütertransport, bildet jedoch Oberschlesien. In einem Gebiet, das nur etwa 3 % des von der PKP zu bedienenden Territoriums ausmacht, unterstehen rund 9 % des Streckennetzes der Eisenbahndirektion Kattowitz. Dort liegt für ca. 30 % aller Güter die Zielstation, und fast 50 % aller Ladungen, die der PKP übergeben werden, beginnen dort ihre Reise. Etwa 150 Ganzzüge mit Kohle verlassen täglich das Revier, zum großen Teil in Richtung auf die Ostseehäfen.

Die wirtschaftlichen Verhältnisse der heutigen Bevölkerung sind mit denen Westdeutschlands nicht vergleichbar. Wenn auch gerade das industrialisierte Oberschlesien sich von dem Innern Polens abhebt, so spielt doch der Individualverkehr auch in Oberschlesien eine untergeordnete Rolle. Wer verreisen muß, nimmt die Bahn; das Auto gilt als Privileg. Der Bahnhof, dessen Empfangsgebäude nur selten ein neues Gesicht bekommen hat, ist der Trichter für den Reisenden schlechthin geblieben. Nur in wenigen Fällen sind es größere Entfernungen, die man zurücklegt. Der Berufsverkehr dominiert stark, was leicht aus der Tatsache zu erkennen ist, daß nur etwa 8 % der Reisenden am Fernverkehr (über 150 km) teilnehmen.

Hier ist zwar eine Tendenz zu erkennen, die verdeutlicht, daß auch für den Urlaub die Eisenbahn wieder ihren Platz bekommt – und man möchte hoffen, daß den Menschen, die im Gleichklang eines harten Tagewerks ihre Kräfte am Arbeitsplatz lassen, auch oft die Freude einer Eisenbahnfahrt in den Urlaub gegeben sein möge – doch hat die sozialistische Wirtschaft auch aus Gründen der systembedingten Isolierung für den Fremdenverkehr bisher zu wenig übrig gehabt, um in großem Stil von den natürlichen Gegebenheiten Gebrauch zu machen. Anders kann es nicht zu erklären sein, daß eine Fahrt in das Riesengebirge zu Erholungszwecken vom Westen her so gut wie unmöglich ist. Wer dennoch den Versuch mit Erfolg ausführen konnte, ist enttäuscht.

Die gegebene Verbindung über Görlitz zeigt eine entsprechende Intensität. Während früher 44 Zugpaare die Brücke über die Neiße passierten, sind es jetzt nur vier; hinzu kommt an Wochenenden während der Saison ein Zug für Ausflügler von Görlitz (West) nach Krummhübel, der früh in Richtung Riesengebirge fährt und abends wieder zurückkehrt. Und von dem traditionellen Bäderzug, der das Glatzer Bergland über die Schlesische Gebirgsbahn anlief, ist keine Notiz im Kursbuch zu finden.

Zwei Jahrzehnte später – also in diesen Tagen – zeigt sich das folgende Bild. Die Dampflok ist aus dem Plandienst weitgehend verdrängt worden. Nur noch wenige Exemplare werden für Reservedienste und als Museumsbestand im Einsatz gelassen. Ihre Nachfolge hat die Diesellok angetreten, sofern Strecken nicht elektrifiziert wurden.

Natürlich gab es bei den Nebenbahnen Fahrplanausdünnungen und weitere Stillegungen. Besucher, die sich über derartiges empören und darin ein Symptom für „polnische Wirtschaft" sehen wollen, vergessen allerdings nur zu leicht, daß die Deutsche Bundesbahn ungleich radikaler rationalisiert hat. Vorangetrieben wurde auch die Elektrifizierung, die jüngst sogar wieder Oberschreiberhau erreicht hat. Seit Ende 1987 fahren dorthin die Züge wieder mit sauberer Energie.

Auch Krummhübel ist wieder unter Fahrleitung erreichbar und die Gebirgsbahn kann nach Kohlfurt elektrisch befahren werden. Von hier ist inzwischen auch die Flachlandstrecke nach Breslau unter Fahrdraht. Elektrifiziert wurden auch die Hauptbahnen Breslau–Glogau–Stettin, Liegnitz–Raudten–Queisen, Breslau–Posen (schon 1970), Breslau–Oels–Krotoschin, Groß Graben–Ostrowo, Oels–Kreuzburg–Kattowitz, Kreuzburg–Posen sowie die von Oppeln ostwärts führenden Strecken mit Ausnahme der Verbindung Vosswalde–Brunnek. Insbesondere im Industriegebiet sind aber praktisch alle Strecken unter Fahrdraht, der auch Ratibor erreicht hat und weiter nach Oderberg zum Anschluß an die CSD führt.

In Breslau Hbf bereitstehende Pt 47-10. Sie war die schnellste unter den polnischen Neubaulokomotiven. 1. Juni 1977. *Foto: Kleine*

Aus Brockau, dessen großer Rangierbahnhof heute von der elektrischen Fahrleitung der PKP überspannt ist, fährt langsam keuchend ein schwerer Kohlenzug ab. Zuglok ist die BR 44 mit der polnischen Bezeichnung Ty 4. Eine Reichsbahnfahrleitung hat der Bahnhof nie besessen. Foto: Bufe

Kurz vor Kynau hat Ol 49-100 in der Steigung kräftig zu arbeiten. Juni 1968. Foto: Bufe

Die Neubaulok Ol 49 befährt heute die Strecke Breslau–Bad Charlottenbrunn, einstige Domäne der BR 64. In Kynau hat sie eine kurze Verschnaufpause, ehe es weiter bergan geht. Auf den Gleisen 3 und 4 des früheren Kreuzungsbahnhofs wächst Gesträuch. Die schwache Belegung der Strecke hat sie entbehrlich gemacht. Juni 1968. Foto: Bufe

Auf vielen Strecken liefen noch lang die Kriegslokomotiven der Baureihe 52. Ty 2-949 bei Ausfahrt in Hausdorf auf der Brücke über den Eulebach. Juni 1968.

Güterzug von Kamenz bei Breslau-Dürrgoy. Im Hintergrund die Umgehungsbahn. Juni 1968. Fotos: Bufe

Beim früheren Haltepunkt Bornhöhe rollt der Güterzug vom Landeshuter Kamm talwärts. Juni 1968.

Am Einfahrtsignal von Arnsdorf kommt die Tkt 48 mit Eilzugwagen von Krummhübel herab. Juni 1968.
Fotos: Bufe

Unverkennbar „unsere 50“, wenngleich ohne Vorwärmer: Ty 5-50 am 9. Juni 1975 im Bw Sagan. Foto: Zopf

Gleich zwei P 8 beherrschen die Szene in Königszelt am 31. Mai 1977. *Foto: Kleine*

Vor der Neuelektrifizierung der Schreiberhauer Strecke hatten hier Dieselloks die Dampflokomotiven abgelöst. Bei Ausfahrt aus Hermsdorf/Kynast. *Przystolik*

Zur Übernahme ihres Zuges wartet im Hauptbahnhof Görlitz die Ty 2, eine ehemalige BR 52, um ihn über den Neisseviadukt ostwärts zu führen.
Lokrundschau

Am Neujahrstag rollt der von der OK 1–359, ex DR 38 2123 geführte Zug über die Weistritzbrücke zwischen Tannhausen-Charlottenbrunn und Hausdorf im Schlesiertal abwärts.
Foto: Kempf

Nicht rentabel, aber für Dampflokfreunde das Höchste! Ausfahrt der Px 49-1792 aus Sulau am 15. Mai 1979.

Am gleichen Tag war der MBxd 1-164 in Przittkowitz (Gutweide) anzutreffen.
Fotos: Zopf

Abfahrbereit in Rauden: Lxd 2-361 am 14. Mai 1978. *Foto: Zopf*

Ty 45-158 im Bw Peiskretscham, 14. Mai 1979. Foto: Zopf

Der Bahnhof Strickerhäuser wird seit 1958 von der CSD bedient. Hinter dem Fotografen verliert sich das Gleis im aufwachsenden Wald. Mai 1973. Foto: Bufe

Wo früher die Neisser Kreisbahn ausfuhr, schließt seit 1945 ein Prellbock den Bahnhof Weidenau ab. CSD-Triebwagen M 152 im Februar 1988. Foto: Schreier

Bei der Oberschlesischen Sandbahn hat die robuste pr. G 8[1] die schweren Tenderlokomotiven der dreißiger Jahre überlebt, was auch auf die leichtere Ersatzteilbeschaffung zurückzuführen sein dürfte. Am 9. 6. 1981 bei Beuthen. *Foto: Kempf*

Literatur

In Anbetracht des Umfangs dieses Bandes und daß in mehr als zwei Jahrzehnten eine Vielzahl von Quellen ausgewertet wurde, kann hier nur auf die wichtigsten hingewiesen werden.

Obst: Die Grundlagen der Verkehrsentwicklung Schlesiens und die Entstehung des schlesischen Eisenbahnnetzes. Breslau, 1942

Bufe/Klaer: Eisenbahnen in Schlesien. Düsseldorf, 1971

Führer durch den Reichsbahndirektionsbezirk Breslau. Breslau, 1928

Stationsverzeichnis der Eisenbahnen Europas. Berlin, 1939

Gürsch: Die Eisenbahn zwischen Riesen- und Altvatergebirge. Forchheim, 1979

Jünemann/Preuß: Schmalspurbahnen zwischen Spree und Neiße

Der Schlesier, Recklinghausen

Bohlmann: Die schweren Wumag-Triebwagen der Deutschen-Reichsbahn-Gesellschaft Gifhorn, 1985

Bohlmann: Die Wismarer Schienenomnibusse der Bauart Hannover. Gifhorn, 1976

Die Lokrundschau, Hamburg

Moll/Wenzel: Die Baureihe 89.70. Freiburg, 1981

Koenner: ELNA Dampflokomotiven. Münster, 1985

Joachim: Elektrische Lokomotiven. Düsseldorf, 1973

Iffländer u. a.: Die Elektrischen Einheitstriebwagen der Deutschen Reichsbahn 3 Bände. München, 1987 bis 1989

Handbuch der deutschen Straßenbahnen, Kleinbahnen und Privatbahnen 1928. Freiburg, Nachdruck

dito. 1940. Berlin

Pierson: Die Preußischen Dampflokomotiven 1850 bis 1922. Stuttgart, 1981

Kurz: Die Triebwagen der Reichsbahn-Bauarten. Freiburg, 1988

Quill/Ebel: Privatbahnen in der DDR seit 1949 im Reichsbahn-Eigentum. Stuttgart, 1982

Reichskursbücher 1914, 1928, 1934, 1939, 1941, 1944

Generalstabskarten 1 : 100 000

Bufe: Ostdeutsche Eisenbahnerinnerungen. Darmstadt, 1974

Reichsbahn-Kalender, Jahrgänge 1927–1943. Leipzig

Hundert Jahre deutsche Eisenbahnen. Berlin, 1935

Scharf: Eisenbahnen zwischen Oder und Weichsel. Freiburg, 1981

Lok-Magazin, Stuttgart

Eisenbahn-Kurier, Freiburg

Der Modelleisenbahner, Berlin

Archiv für Eisenbahnwesen

Verkehrstechnik

Die Reichsbahn

Das Deutsche Eisenbahnwesen der Gegenwart, Band 1 und 2. Berlin, 1911

Metzeltin: Die Entwicklung der Lokomotive 1835 bis 1880. Berlin, 1930

Blum/Borries/Barkhausen: Die Lokomotiven. Wiesbaden, 1897

Jahn: Die Lokomotiven. Danzig, 1924

AEG-Mitteilungen

Elektrische Bahnen

Aus unserem Verlagsprogramm

160 Seiten, 300 Abbildungen
DM 59,–
ISBN 3-922138-71-3

Siegfried Bufe

Eisenbahnen in Ostbrandenburg und Posen

Ostdeutsche Eisenbahngeschichte, Band 2

Von der Oder führt uns dieser geschichtliche Rückblick entlang der Königlichen Ostbahn bis Schneidemühl. Über die Neiße geht's bis Sorau in die Niederlausitz und schließlich wird die Entwicklung der Eisenbahn in der preußischen Provinz Posen behandelt. Bestmögliche reichhaltige Illustration aller Kapitel ist selbstverständlich, wobei besonders intensiv auf die Bahnhöfe und legendären Kleinbahnen des Posener Landes eingegangen wird.
Ein Buch, das ein Stück deutscher Eisenbahngeschichte von den Anfängen bis 1945 würdig erhält. Die Entwicklung seither wird lediglich gestreift.

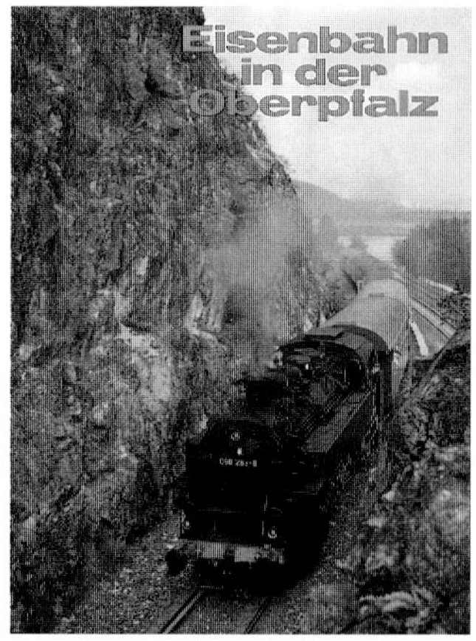

DM 72,–

Wilfried Rettig

Eisenbahnknoten Görlitz

248 Seiten, 356 Abbildungen, davon 34 in Farbe
DM 72,– / SFR 65,50 / ATS 526,–
ISBN 3-922138-53-5

„Vor fast 150 Jahren (1847) fuhren die ersten Züge in den Görlitzer Bahnhof ein, wobei die Überbrückung der Neiße mit einem Steinbogenviadukt damals eine technische Meisterleistung darstellte. Innerhalb der ersten fünfzig Jahre entwickelte sich der Ort zu einer Großstadt, was die ständige Erweiterung der Bahnanlagen erforderte. Außerdem entstanden in diesem Zeitraum zahlreiche privatfinanzierte Haupt- und Nebenstrecken wie die Schlesische Gebirgsbahn, die Berlin-Görlitzer-Eisenbahn oder die Görlitzer Kreisbahn. Der ausgedehnte Rangierbahnhof Schlauroth (ab 1901), mehrere Bw und das RAW gesellten sich hinzu. Das Buch berichtet eingehend über alle diese Entwicklungen sowie über die unterschiedlichen Tätigkeitsfelder der Bahn-Versuchsanlage in Schlauroth von 1964 bis heute. Erfreulich ist zu registrieren, daß der Autor auch „ein Auge" auf nicht-bahntechnische Themen geworfen hat: die Bahnhofsmission, die Arbeits- und Lebensbedingungen der Eisenbahner, die Verwaltungsorganisation, die Bahnpost usw. Werden diese Bereiche in vergleichbaren Büchern deshalb so häufig ignoriert, weil man glaubt, Eisenbahnfreunde wären nur an rauchenden Loks in Farbe interessiert? Lesenswerte Geschichten aus Führerständen, Lokschuppen und Diensträumen verraten ferner, daß es sich beim Verfasser um einen ausgesprochenen Insider des Bahnwesens handelt. Obwohl das Thema regional angesiedelt ist: „Eisenbahnknoten Görlitz" liefert spannend geschriebene, interessante Fakten und ist somit für alle Eisenbahnfreunde lesenswert. Das Werk ist eine gut gelungene Veröffentlichung zur Eisenbahngeschichte Niederschlesiens.

Märklin Magazin

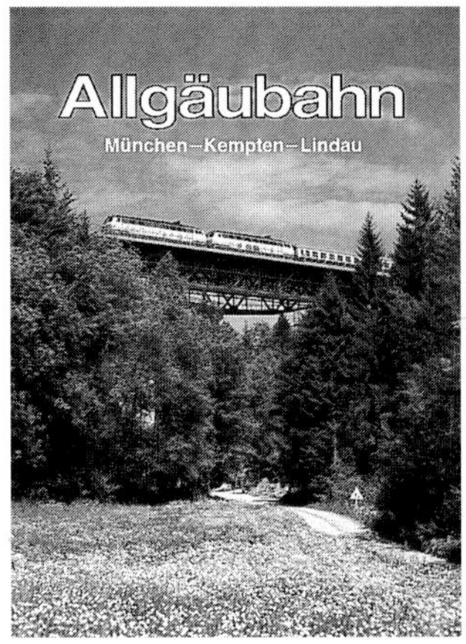

DM 64,–

Siegfried Bufe / Heribert Schröpfer

Eisenbahnen im Sudetenland

244 Seiten, 463 Fotos, davon 43 in Farbe **DM 72,–**

„Ein für geschichtsinteressierte Eisenbahnfreunde wichtiges Nachschlagewerk, reich mit einmaligen und ausschließlich historisch wertvollen Fotos und Skizzen illustriert, erschienen im Münchener Bufe-Verlag. Die Geschichte der Eisenbahnen im Sudetengebiet, die Übernahme dieser Bahnen durch die Deutsche Reichsbahn im Jahre 1938 und die zahlreichen Lokalbahnen werden ausführlich dargestellt. Werk- und Wirtschaftsbahnen sowie Impressionen vom heutigen Zustand einiger Strecken ergänzen dieses durch unzählige Daten und Fakten ergänzte Buch. Besonders lesenswert sind jene Berichte, die Zeitzeugen schrieben. Das Buch gehört zu den besten Publikationen, die derzeit zum Thema Eisenbahngeschichte zu einem vertretbaren Preis erhältlich sind."

Modelleisenbahner

104 Seiten, 170 Abbildungen
DM 42,–/SFR 39,30/ATS 306,60
ISBN 3-922138-68-3

Bufe-Fachbuch-Verlag

Friedenstraße 4 · 84385 Egglham · Tel. u. Fax (08543) 36 77

Fahrkartenausgabe
21. JAN. 1945
Br.-Schmiedefeld

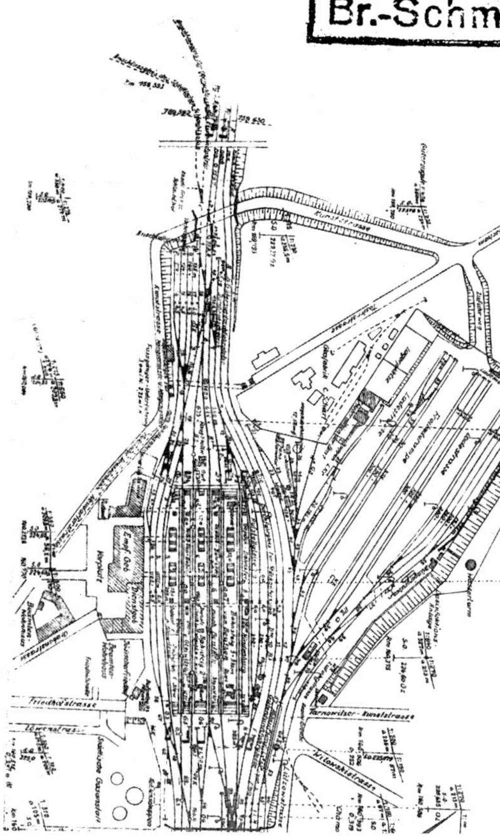

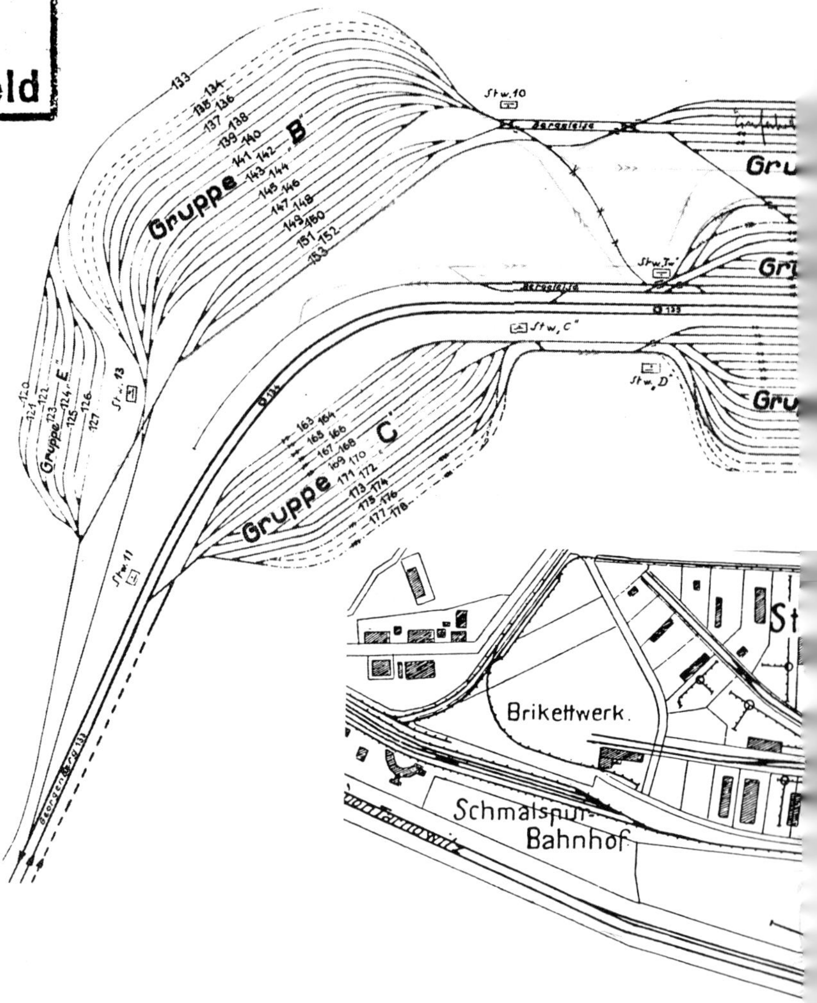

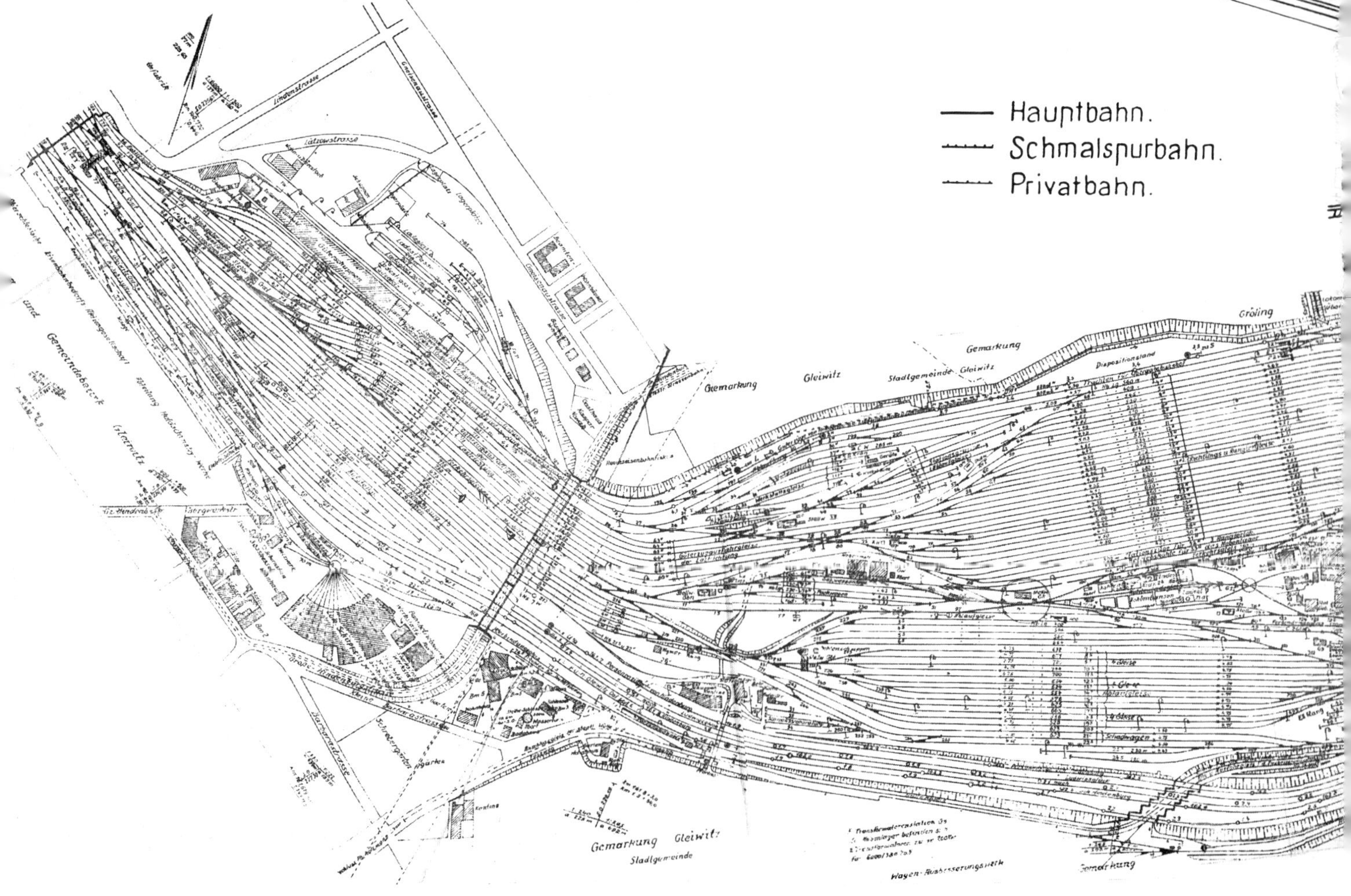

Hauptbahn.
Schmalspurbahn.
Privatbahn.